前　言

本书是根据教育部《关于中等职业教育专业技能课教材选题立项的函》（教职成司［2012］95号），由全国机械职业教育教学指导委员会和机械工业出版社联合组织编写的“十二五”职业教育国家规划教材，是根据教育部于2014年公布的《中等职业学校数控技术应用专业教学标准》，并根据数控铣工国家职业标准（中级）技能要求和理实一体化课程改革的需求编写的。本书采用“项目引领，任务驱动，一体化教学”教学模式，内容强调理论与实践相结合，遵循学生的认知规律，以实用够用为原则，突出实践操作与技能训练，充分体现“学、练、做一体化”的教学思想。

本书主要以华中 HNC-22M 及 SIEMENS 802D 两个系统为主，从理论知识到技能操作训练进行了较为系统的讲授。在内容安排上注重理论基础知识与技能操作的统一，通过理论知识的讲解及大量的实例训练，使学生能够掌握数控铣削加工中最实用的技术内容。

本书理论部分包括：数控铣床（加工中心）工、量具的使用，编程基础，机械结构及数控机床维护保养与故障诊断等；实训技能与操作部分包括：数控系统操作面板的训练、简单平面及沟槽加工、内外轮廓加工及孔系零件加工等，内容由浅入深，由易到难，使学生掌握数控铣削技术。全书共四个单元，各单元项目均由任务描述、任务工单、任务准备、任务实施、零件加工与检测、注意事项及任务扩展等部分组成，每个任务均附有相关训练题，以便于师生参考。最后通过综合实训及考级与提升从而达到数控铣削中级工水平的基本要求。

本书由郎一民任主编，杜海清、黄医博、马红军任副主编。参加本书编写的还有邢德赞、张苑、郭聿荃、张利梅、孙亚男、于晓昂、杜巍。在编写过程中，同时得到一汽集团的多位企业工程技术人员的技术支持与帮助，在此表示衷心感谢。全书由郎一民统稿，由任国兴主审。

由于编者水平有限，加上时间仓促，书中难免有错误和不妥之处，敬请读者批评指正。

编　者

目　录

“十二五”职业教育国家规划教材
经全国职业教育教材审定委员会审定

数控铣削（加工中心）加工技术与综合实训

（华中、SIEMENS系统）

主　编　郎一民
副主编　杜海清　黄医博　马红军
参　编　邢德赞　张　苑　郭聿荃　张利梅
　　　　孙亚男　于晓昂　杜巍
主　审　任国兴

本书是经全国职业教育教材审定委员会审定的“十二五”职业教育国家规划教材，是根据教育部于2014年公布的《中等职业学校数控技术应用专业教学标准》，同时参考数控铣工职业资格标准编写的。本书包含了华中HNC-22M及SIEMENS 802D两个系统的数控机床理论基础及实践操作。全书共四个单元：单元一主要介绍数控铣床的加工特点、功能、刀具、工量夹具、机床坐标系统、基本指令、各系统的基本操作、对刀、机械结构、机床的维护维修等；单元二中含五个项目，主要有平面、槽、内外轮廓、岛屿、孔系及螺纹类零件的加工，每个项目中涵盖若干任务，在每个任务的讲解过程中，均采用任务驱动教学法，将相关知识、编程技巧、工艺分析、相关计算、加工路线、工序简图、刀具选择、切削用量、参考程序等有机融合在一起，并配备有大量习题以便于教学及实训加工；单元三包括单面、双面及配合综合零件铣削加工三个方面的综合实训；单元四为考核鉴定模拟理论试题库（附答案）及技能考核试题库，以便于培训、考核鉴定和自查。

本书可作为中等职业学校数控应用技术专业实训教材，也可以作为从事数控铣床（加工中心）工作相关人员的实训参考书。

为便于教学，本书配有相关教学资源，选择本书作为教材的老师可登录www.cmpedu.com网站，注册、免费下载。

图书在版编目（CIP）数据

数控铣削（加工中心）加工技术与综合实训：华中、SIEMENS系统/郎一民主编.—北京：机械工业出版社，2015.6（2024.7重印）
“十二五”职业教育国家规划教材
ISBN 978-7-111-50790-1

Ⅰ.①数… Ⅱ.①郎… Ⅲ.①数控机床—铣削—中等专业学校—教材 Ⅳ.①TG547

中国版本图书馆CIP数据核字（2015）第150170号

机械工业出版社（北京市百万庄大街22号 邮政编码100037）
策划编辑：汪光灿 责任编辑：汪光灿 章承林
版式设计：霍永明 责任校对：刘怡丹
封面设计：张 静 责任印制：邓 博
北京盛通数码印刷有限公司印刷
2024年7月第1版第4次印刷
184mm×260mm · 17印张 · 420千字
标准书号：ISBN 978-7-111-50790-1
定价：51.00元

电话服务	网络服务
客服电话：010-88361066	机 工 官 网：www.cmpbook.com
010-88379833	机 工 官 博：weibo.com/cmp1952
010-68326294	金 书 网：www.golden-book.com
封底无防伪标均为盗版	机工教育服务网：www.cmpedu.com

单元一

数控铣床（加工中心）加工基础

课题一　数控铣床（加工中心）简介

学习目标

- 了解数控铣床（加工中心）的组成、分类、功能。
- 掌握数控铣床（加工中心）的加工特点、功能及主要加工范围。
- 熟悉数控铣床几何精度的检验。

知识一　数控铣床简介

数控铣床是指利用计算机数字化信号控制但需手动换刀的铣床。它可以加工由直线、圆弧及非圆弧曲线等几何要素构成的平面轮廓、立体曲面及空间曲线。

一、数控铣床的基本组成

数控铣床一般由数控机床本体和计算机数控系统两大部分组成。

1. 数控机床本体

数控机床主体由主轴箱、进给伺服系统、控制系统、机床的基础部件及辅助装置等几大部分组成。它不仅要实现由数控装置控制的各种运动，而且还要承受包括切削力在内的各种力，因此机床本体必须保证有良好的几何精度、足够的刚度、小的热变形、低的摩擦阻力，才能有效地保证机床的加工精度。数控铣床的其结构外形如图 1-1 所示。

2. 计算机数控系统

计算机数控系统是数控机床的核心，包括硬件装置和数控软件两大部分，其中硬件装置部分由输入/输出设备、数控装置、伺服单元、驱动装置（或执行机构）、可编程序控制器（PLC）及电气控制装置和检测反馈装置等组成，如图 1-2 所示。数控装置内的计算机对以数字和字符编码方式所记录的信息进行一系列处理后，向机床进给等执行机构发出命令，执行机构则按其命令对加工所需各种动作（如刀具相对于工件的运动轨迹、位移量和速度等）实现自动控制，从而完成工件的加工。

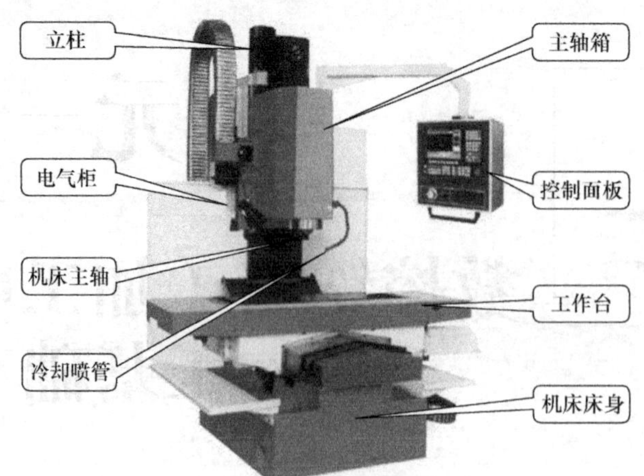

图 1-1 数控铣床的结构外形

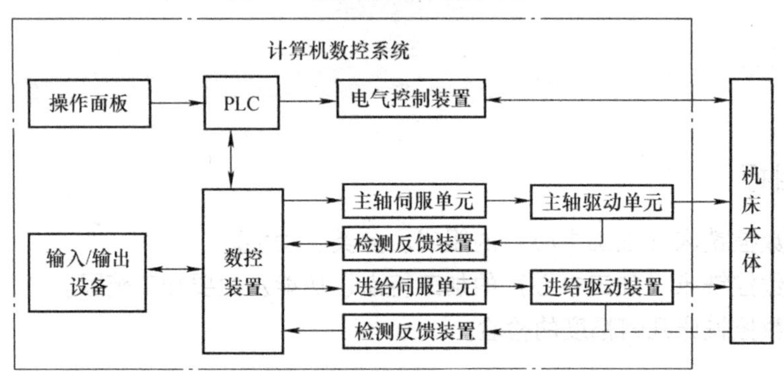

图 1-2 计算机数控系统

二、数控铣床的分类

1. 数控铣床按主轴结构形式分类

（1）立式数控铣床　立式数控铣床目前是数控铣床中占有量最多的一种，其主轴轴线垂直于水平面，如图 1-3 所示。从机床数控系统控制的坐标数量来看，目前三坐标立式数控铣床占大多数，一般可进行三坐标联动加工，小型立式数控铣床 *X*、*Y* 方向的移动一般都由工作台完成，*Z* 方向的移动一般都由主轴箱完成，主运动为主轴旋转。

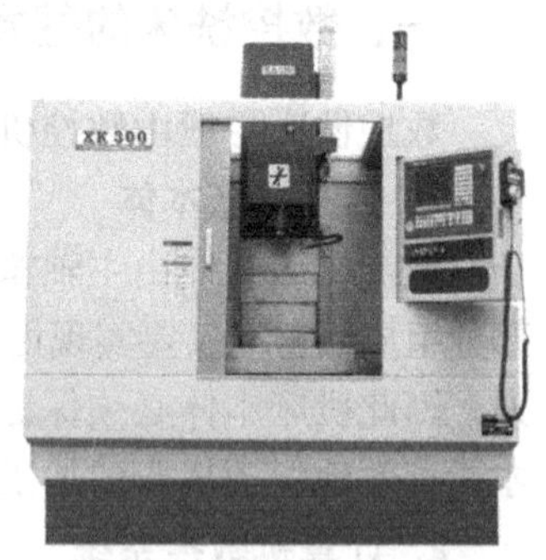

图 1-3 立式数控铣床

（2）卧式数控铣床　如图 1-4 所示，卧式数控铣床的外形结构与普通卧式铣床相似，其主轴呈水平布置。为了扩大机床的加工范围和功能，常采用增加数控转盘或万能数控转盘来实现四、五坐标加工，这样不但工件侧面上的连续回转轮廓可以加工出来，而且可以实现在一次安装中，通过转盘改变工位，进行四面加工。

（3）龙门数控铣床　对于大型数控铣床多采用双柱龙门结构，这类数控铣床主轴可以在龙门架的横向与垂直方向作进给运动，而龙门架则沿床身作纵向运动。大型数控铣床因考

虑到扩大行程、缩小占地面积及刚性等技术上的问题，往往采用龙门架移动式。龙门数控铣床如图 1-5 所示。

图 1-4　卧式数控铣床

图 1-5　龙门数控铣床

（4）立、卧两用数控铣床　其主轴轴线方向可以变换，能达到在一台机床上既可以实现立式加工，又可以实现卧式加工，即同时具备两类机床的功能。这类铣床的适应性更强，适用范围更广，选择加工对象的余地更大，生产成本更低。这类铣床可以靠手动和自动两种方式更换主轴方向，有些立、卧两用数控铣床采用主轴头可以任意方向转换的万能数控主轴头，使其可以加工出与水平面成不同角度的工件表面。另外，还可以在这类铣床的工作台上增设数控转盘，以实现对零件的“五面加工”。

2. 按控制功能分类

（1）经济型数控铣床　经济型数控铣床属于低、中档机床，多采用开环控制，成本低，功能少，主轴转速与进给速度比较低，主要用于精度要求不高的简单平面、曲面加工，如图 1-6 所示。这类数控铣床工作台可以纵向和横向移动，实现 X、Y 方向的进给运动，主轴垂直上下作 Z 向进给运动，主轴头升降式数控铣床在精度保持、承载质量、系统构成等方面具有很多优点，已成为数控铣床的主流。

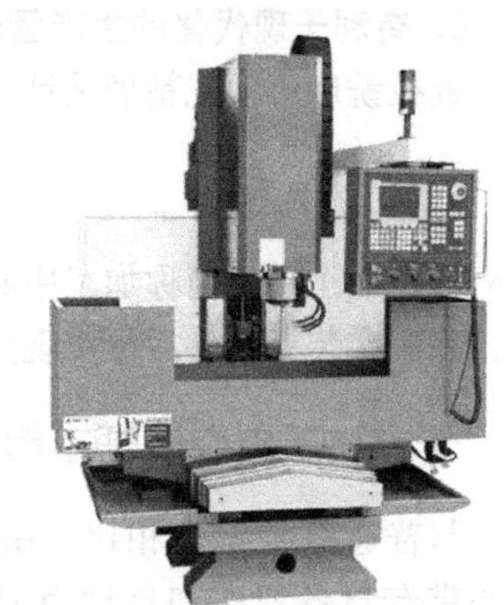

图 1-6　经济型数控铣床

（2）全功能型数控铣床　这类数控铣床主轴采用调速直流电动机或交流主轴控制单元来驱动，进给采用伺服电动机，半闭环或全闭环控制，属于高档数控铣床，如图 1-7 所示。其系统功能和加工适用性强，一般可实现四坐标轴或四坐标轴以上的联动。

图 1-7　卧式数控铣床

（3）高速数控铣床　这类数控铣床的主轴转速可达 8000 ~ 40000r/min，进给速度可达 10 ~ 30m/min，采用全新的机床结构、电主轴、直线电动机驱动进给及强大的数控系统，并配以加工性能优越的刀具系统，可实现高速、高效、高质量加工。

三、数控铣床与普通铣床的比较

数控铣床与普通铣床相比，具有以下特点：

1. 柔性好

数控铣床对零件的适应性强，为单件、小批量零件加工及新产品试制提供了极大的便利，也方便了改型设计后零件的加工。

2. 加工精度高

数控机床的加工精度一般可达0.005～0.1mm，而且机床进给传动链的反向间隙与丝杠螺距平均误差可由数控装置进行补偿，因此其定位精度比较高。

3. 加工质量稳定、可靠

加工同一批零件，在同一机床、相同加工条件下，使用相同刀具和加工程序，刀具的进给轨迹完全相同，数控铣床加工零件的一致性好，质量稳定。

4. 生产率高

数控铣床可有效地减少零件的加工时间和辅助时间，数控铣床移动部件的快速移动和定位及高速切削加工，极大地提高了生产率，另外配合加工中心的刀库使用，实现了在一台机床上进行多道工序的连续加工。

5. 劳动条件好

操作数控铣床主要是进行程序的输入、编辑、装卸零件、刀具准备、观测加工状态及零件的检验等工作，因此大大降低了操作者的劳动强度。

6. 有利于现代化的生产管理

数控铣床可预先精确估计加工时间，所使用的刀具、夹具可进行规范化、现代化管理。

知识二　加工中心简介

数控加工中心简称加工中心，是指利用计算机数字化信号控制并配有刀库和自动换刀装置，在一次装夹工件后可实现多工序或全部工序加工的数控机床。

一、加工中心的基本组成

与普通数控铣床相比，由于数控加工中心带有自备刀库和自动换刀装置，它能把铣削、镗削、钻削、攻螺纹等功能集中在一台设备上，同时它还具有多种辅助功能，如固定循环、刀具半径和长度补偿、刀具破损报警、刀具寿命管理、过载保护、丝杠螺距误差补偿、丝杠间隙补偿、故障自诊断、加工过程显示、在线检测及自动补偿等功能，使其自动化水平、效率及精度得到提高，因此，它是一种功能较全、加工精度较高的数控机床。加工中心的结构外形如图1-8所示。

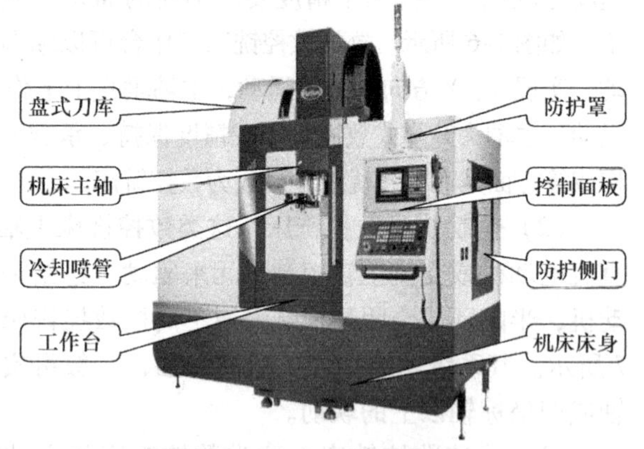

图1-8　加工中心的结构外形

二、加工中心的分类

加工中心是从数控铣床发展而来的，其自动化程度高于数控铣床。由于工具系统的发展使其工艺范围不断扩展，更大程度地实现了工件一次装夹后多表面、多工位的连续加工。

加工中心按其功能分类，可分为立式加工中心、卧式加工中心和复合式加工中心三种类型。

1. 立式加工中心

其主轴与机床工作台垂直，工件装夹方便，加工时便于观察，但不便于排屑。采用固定式立柱结构，工作台不升降。主轴箱做上下运动，并通过立柱内的重锤平衡主轴箱的自重。由于受机床的结构所限，主轴中心线距立柱导轨面的距离不宜过大，因此，这种结构主要用于中、小尺寸的加工中心。立式加工中心适合加工板材类、壳体类工件，如图 1-8 所示。

2. 卧式加工中心

其主轴与机床工作台面平行，加工时不便于观察，但排屑顺畅。一般配有数控回转工作台，便于加工工件的不同侧面。卧式加工中心适合加工箱体类零件和小型模具型腔，如图 1-9 所示。

图 1-9 卧式加工中心

图 1-10 复合式加工中心工件加工部分的结构

3. 复合式加工中心

它主要包括车铣复合加工中心、立式和卧式两轴加工中心。此类设备的出现，为提高复杂异型产品的加工效率和加工精度提供了一种有效解决方案。复合式加工中心一次装夹可加工多个表面，适用于复杂箱体和复杂曲面工件的加工，其工件加工部分的结构如图 1-10 所示。

三、加工中心的特点

随着现代制造技术的发展，为提高加工效率，“工序集中”便成为数控加工的首选，即在一台机床上经过一次装夹，可进行铣削、钻削、镗削、铰削和攻螺纹等多工序的集中加工，为此加工中心在现代制造业中得到了广泛的应用。

1）加工中心能控制机床按不同工序，自动选择和更换刀具，自动改变机床主轴转速、进给量和刀具相对工件的运动轨迹及其他辅助机能，可依次完成工件多个平面或多个角度位置的多工序加工，加工中心由于具有“工序集中”和“自动换刀”的特点，因而减少了工件的装夹、测量和机床调整的时间，使机床的切削时间达到机床开动时间的 80% 左右（一般机床仅达到 20% 左右），又可避免由重复装夹而带来的定位误差，同时也减少了工序之间的工件周转、搬运和存放时间，缩短了生产周期，从而提高了生产率。

2）加工中心控制功能较多，机床运动可实现三轴或三轴以上（甚至可达十几个轴）联动控制，以保证刀具进行复杂表面的加工，加工中心除了具有直线插补和圆弧插补功能以外，还具有各种辅助机能，如加工固定循环、刀具半径及长度自动补偿、刀具破损报警、刀具寿命管理、过载超程自动保护、丝杠螺距误差及间隙的补偿、故障自动诊断、加工过程图形模拟显示、人机对话、离线编程等功能，这些对提高设备的加工效率，保证产品的加工精度和质量等都起到了保证作用。

3）加工中心既可以单机使用，也可以在计算机辅助控制下多台机同时使用，构成柔性生产线，还可以与工业机器人、立体仓库等组合成无人化工厂。随着现代制造业技术的发展，机械加工的工艺与装备在数字化的基础上正向智能化、信息化、网络化方向迈进。

知识三　数控铣床（加工中心）的主要功能及加工范围

一、数控铣床（加工中心）的主要功能

各种数控铣床（加工中心）所配置的数控系统虽然各有不同，但各种数控系统的功能，除一些特殊功能不尽相同外，其主要功能基本相同。

1. 点位控制与连续轮廓控制功能

点位控制功能可以实现对相互位置精度要求很高的孔系加工；连续轮廓控制功能可以实现直线、圆弧的插补功能及非圆曲线的加工。

2. 刀具半径补偿与长度补偿功能

半径补偿功能可以根据零件图样的标注尺寸来编程，而不必考虑所用刀具的实际半径尺寸，从而减少编程时的复杂数值计算；长度补偿功能可以自动补偿刀具的长短，以适应加工中对刀具长度尺寸调整的要求。

3. 比例及镜像加工功能

比例功能可将编好的加工程序按指定比例改变坐标值来执行。镜像加工又称轴对称加工，如果一个零件的形状关于坐标轴对称，那么只要编出一个或两个象限的程序，而其余象限的轮廓就可以通过镜像加工功能来实现。

4. 旋转功能

旋转功能可将编好的加工程序在加工平面内旋转任意角度来执行。

5. 子程序调用功能

有些零件需要在不同的位置上重复加工同样的轮廓形状，将这一轮廓形状的加工程序作为子程序，在需要的位置上重复调用，就可以完成对该零件的加工。

6. 宏程序功能

宏程序功能可用一个总指令代表实现某一功能的一系列指令，并能对变量进行运算，使程序更具灵活性和方便性。

二、数控铣床（加工中心）的加工范围

数控铣床（加工中心）具有多坐标轴联动功能，主要包括平面铣削、轮廓铣削和曲面铣削，也可以对零件进行钻削、扩削、铰削、镗削、锪孔等加工。数控铣床（加工中心）主要适合于加工下述零件。

1. 平面类零件

平面类零件是指加工面平行或垂直于水平面，或加工面与水平面的夹角为固定值的零件，这类加工面可展开为平面，这些平面类零件只需用三轴联动数控铣床或两轴半联动就可将它们直接加工出来。平面类零件是数控铣削加工中最简单的常见零件。

（1）内腔曲线轮廓面 如图 1-11 所示，该曲线轮廓 *A* 面展开后为平面，由于它与水平面垂直，因此加工时只需水平放置在工作台上装夹、铣刀垂直安装即可加工。

（2）斜肋轮廓面 如图 1-12 所示，该斜肋轮廓 *B* 面，一般可以用专用角度铣刀来加工，省时、易加工且成本低。如采用五轴联动控制摆角数控铣床加工反而不经济。

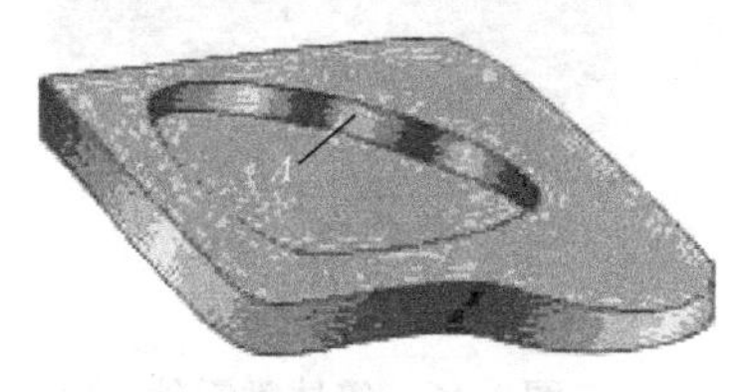

图 1-11　内腔曲线轮廓面

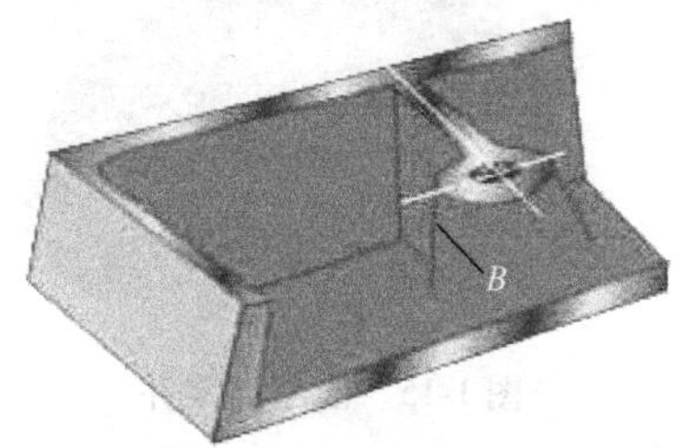

图 1-12　斜肋表面

（3）平斜面 如图 1-13 所示，当该斜面 *C* 不大时，可根据零件斜度的大小用垫铁将其垫平后进行加工，若机床主轴可摆动，则将其摆成适当角度进行加工；当零件尺寸很大而其斜度又较小时，常用行切法加工，但会在加工面上留下叠刀峰残痕，需要钳修法加以清除。加工平斜面的最佳方法是在五轴联动摆动铣头式数控机床上利用铣头摆动功能加工。

2. 变斜角类零件

变斜角类零件如图 1-14 所示。该变斜角面 *D* 与水平面的夹角呈连续变化，此类零件多为飞机零件，如梁、框、肋条、缘条等，另外检验夹具与装配型架也属于变斜角类零件。由于变斜角加工面不能展开为平面。但在加工时，加工面与铣刀圆周接触的瞬间为一条线。因此最好采用四坐标或五坐标数控铣床摆角加工，当工件精度要求不高时，也可以采用三轴数控铣床或两轴半数控铣床近似加工。

图 1-13　平斜面

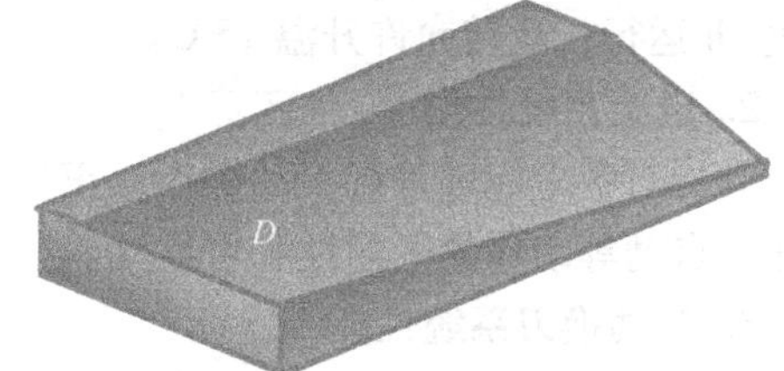

图 1-14　变斜角平面

3. 曲面类零件

加工面为空间曲面的零件称为曲面类零件，如图 1-15 所示。汽轮机芯叶片、螺旋桨等都属于曲面类零件。其加工特点是：加工面不能展成平面，且加工过程中的加工面和铣刀始终保持点接触。常采用球头铣刀利用三轴数控铣床进行加工，当加工曲面较复杂时，要采用四轴或五轴数控铣床加工，以免在加工曲面时产生干涉现象而铣伤邻近表面，还可用于加工螺旋桨、叶片等空间曲面零件。

4. 箱体类零件

箱体类零件一般是指具有一个以上孔系，内部有一定型腔或空腔，在长、宽、高方向有一定比例的零件，如图1-16所示。箱体类零件的加工可以采用数控铣床加工，但因为用到的刀具较多，所以一般采用加工中心来加工。当加工工位较多、需工作台多次旋转角度才能完成的零件时，一般选卧式镗铣类加工中心。当加工的工位较少，且跨距不大时，也可选立式加工中心，从一端进行加工。

图1-15 曲面类零件

图1-16 箱体类零件

知识四 数控铣床（加工中心）的性能测试与检测验收

一、数控机床的性能测试

数控机床的性能测试是验证数控机床的实际性能是否达到规定的性能指标要求。机床性能测试项目主要包括主轴系统性能、进给系统性能、自动换刀系统性能、机床的噪声、电气装置、数控装置、安全装置、气-液装置、润滑装置、附属装置、连续无载荷运行及程序功能等。

1. 主轴系统性能

用手动方式选择主轴高、中、低三挡速度，连续进行五次正转与反转的起动、停止和准停装置动作，来测试主轴动作的灵活性和可靠性。另外，用数据输入方式，起动主轴从最低速逐级提高到允许最高速度，测试各级转速，允差为设定值的±10%，同时观察机床振动。经过2h运行，运转允许升温15℃。

2. 进给系统性能

分析对各坐标轴进行手动操作，正反方向的低、中、高速进给，以及快速移动的起动、停止、点动等动作的平稳性和可靠性。

3. 自动换刀系统性能

手动操作和自动运行时，刀库满负荷条件下，运动的平稳性、机械手抓取最大允许自重刀柄的可靠性与灵活性、刀库内刀号选择的准确性，以及测定换刀的交换时间。

4. 机床的噪声

检查主轴电动机的冷却风扇和液压系统液压泵的噪声是否超过标准规定。

5. 电气装置

在运行前后分别进行绝缘检查，检查接地线质量，确认绝缘的可靠性等。

6. 数控装置

检查数控柜的各种指示灯、操作面板、电柜冷却风扇及密封性等动作及功能是否正常。

7. 安全装置

检查对操作者安全性和机床保护功能的可靠性。

8. 气-液装置

检查压缩空气和液压回路的密封、调压性能、液压油箱的正常工作情况。

9. 润滑装置

检查定时定量润滑装置的可靠性，检查润滑油路有无渗漏等。

10. 附属装置

检查机床各附属装置工作的可靠性，如切削液装置、排屑装置、防护门、APC 交换工作台、坐标轴超程、电流过载保护、电动机过热过负载自动停机功能、欠压过压保护功能等。

11. 连续无载荷运行

一台加工中心安装调试完毕后，由于其功能繁多，在安装后，可在一定负载下经过长时间的自动运行，比较全面地检查机床的功能是否齐全和稳定。可运用考机程序连续运行 8h、24h 或 36h，若连续运行时不出故障，则表明该机床的可靠性已经达到一定性能要求。

12. 程序功能

程序功能是指按机床配备的数控说明书，用手动或自动编程检查数控系统的程序使用功能，如定位、直线插补、暂停、自动加减速、坐标选择、平面选择、刀具位置补偿、刀具直线补偿、拐角功能选择、固定循环、选择停止、程序结束、切削液起动与停止、单段运行、进给保持、紧急停止、程序号显示、检索、位置显示、镜像功能、间隙补偿及用户宏程序等功能的准确性及可靠性。

二、数控机床精度的检测

数控机床的精度验收是一项复杂的检测技术工作。它包括对机床的机、电、液、气各部分的综合性能检测及机床静、动态精度的检测。在具体的机床验收时，各项验收内容可按照机床厂标准和行业标准进行，主要集中在数控机床几何精度检测、数控机床重复定位精度检测及数控机床切削精度检测三个方面。

1. 数控机床几何精度检测

数控机床的几何精度能综合反映机床的关键机械零部件组装后的几何形状误差，是数控机床验收的重要组成部分，几何精度的高低直接决定了机床安装的优劣。

常用的检测工具有精密水平仪、直角尺、精密方箱、平尺、百分表或测微仪、高精度主轴检验棒，每项几何精度按照加工中心的验收条件的规定进行检测。

注意：检测工具的等级必须比所测的几何精度高一等级。同时，必须在机床稍有预热的状态下进行，在机床通电后，主轴按中等转速旋转 15min 以后再进行检验。在检验操作过程中，数控铣床（加工中心）应严格按照国家标准（GB/T 20958. 2—2007）的要求进行检验，其检查内容如下：

（1）机床工作台调平　用精密水平仪调整机床工作台面误差≤0. 04mm/1000mm。

（2）工作台面的直线度误差　使用百分表、精密方箱测量工作台面的平面度误差，在任意 200mm 测量长度上，其直线度误差≤0. 025mm。

（3）主轴箱垂直移动对工作台面的垂直误差　使用检验棒、百分表及专用表架测量主轴箱垂直移动对工作台面的垂直度误差≤0.05mm/300mm。

（4）主轴检验棒端面的径向圆跳动误差　使用检验棒、百分表及专用表架测量主轴检验棒端面的径向圆跳动误差≤0.01mm/100mm。

（5）主轴回转轴线对工作台面的垂直度误差　使用检验棒、百分表及专用表架，断电后用手转动主轴，垂直度误差≤0.01mm/100mm。

2. 数控机床重复定位精度检测

数控机床重复定位精度表明所检测的机床各运动部件，在数控装置控制下运动后所能达到的定位精度，它是决定数控机床所加工零件质量的重要因素，在数控机床安装检测验收时，应进行试切试验来检验机床的重复定位精度。因此，根据实测的重复定位精度数值，可以判断出该机床以后在自动加工过程中，所能达到的最好的工件加工精度。

常用的检测工具有精密水平仪、平尺、百分表、精密方箱、等高块及高精度主轴检验棒，每项几何精度均按照加工中心的验收条件规定进行检测，其检测内容如下：

（1）工作台面沿 X 方向移动对工作台的平行度误差　使用等高块、平尺、百分表检测工作台面沿 X 方向移动对工作台的平行度误差≤0.056mm。

（2）工作台面沿 Y 方向移动对工作台的平行度误差　使用等高块、平尺、百分表检测工作台面沿 Y 方向移动对工作台的平行度误差≤0.060mm。

（3）工作台面沿 X 方向移动对工作台 T 形槽的平行度误差　使用百分表检测工作台面沿 X 方向移动对工作台基准 T 形槽的平行度误差≤0.050mm。

（4）工作台面沿 X 方向移动对 Y 方向的垂直度误差　使用百分表和直角尺检测工作台面沿 X 方向移动对 Y 方向的垂直度误差≤0.040mm/300mm。

（5）X 坐标在线运动的精度　使用激光干涉仪、专用检具检测以下项目：X 坐标在线运动的定位精度≤0.060mm、X 坐标在线运动的重复定位精度≤0.030mm、X 坐标在线运动的反向差值≤0.025mm。

3. 数控机床切削加工的精度检测

数控机床切削加工的精度检测实质是对机床的几何精度与定位精度在切削条件下的一项综合考核。一般来说，进行切削加工的精度检测，可以是单项加工或加工一个标准的综合性试件。多以单项加工为主，对于加工中心，其主要单项精度有：

1）镗孔精度。

2）面铣刀铣削平面的精度（X-Y 平面）。

3）镗孔的孔距精度和孔径分散度。

4）直线铣削精度。

5）斜线铣削精度。

6）圆弧铣削精度。

7）对于卧式铣床包括箱体调头镗孔的同轴度。

8）水平转台回转 90°铣削四方体的加工精度。

思考练习

1. 数控加工中心可分为哪几类？其主要特点有哪些？
2. 数控铣床（加工中心）适合加工哪些零件？

3. 数控铣床与加工中心主要区别有哪些？

4. 数控铣床按主轴结构形式可分为哪几类？

5. 简述数控机床几何精度检验的内容。

6. 简述数控机床重复定位精度检验的内容。

课题二　数控机床的安全操作、维护保养及故障诊断

学习目标

- 掌握数控机床的安全操作规程、维护与保养部位及要求。
- 了解数控机床的故障诊断方法。
- 能够进行数控机床常见故障的诊断与排除。

知识一　数控机床的安全操作规程

数控机床的日常维护保养是数控机床运行稳定性和可靠性的保证，也是延长设备使用寿命的手段。对于数控机床来说，数控系统是其核心部件，因此数控机床的维护主要是数控系统的维护。数控系统经过一段较长时间的使用，电子元器件性能会老化甚至损坏，机械零部件也如此，为了尽量地延长电子元器件的使用寿命和机械零部件的磨损周期，防止各种故障及事故的发生，应对数控系统进行日常的维护。

一、数控机床的安全使用环境

应避免阳光的直接照射和其他热辐射，应避免潮湿及粉尘过多，尤其是有腐蚀气体的场所，以避免使电子元器件受到腐蚀，并要远离振动大的设备。

二、数控机床的安全操作规程

数控机床的安全使用应制定安全操作规程，这是保证数控机床安全运行的首要条件之一。

1. 安全操作规程

1）工作时穿好工作服、安全鞋，戴好工作帽及防护镜，操作机床不允许戴手套，不得与他人闲谈。

2）不得在机床周围放置障碍物，工作空间应足够大。

3）不得任意修改数控系统内厂商所设定的参数。

4）若遇设备电动机异常发热、声音不正常等情况，应立即停机查看。

5）操作完毕后应断开电源，清理机床及周边工作场地。

6）合理选用刀具、夹具。装夹精密工件时，装夹方式要适当并保证装夹牢固可靠，不得猛力敲打，可用软锤或加垫轻微敲打。

7）机床工作台快速移动时，应注意四周情况，防止碰撞。

8）操作时机床导轨及工作台上不要放置工具、量具和工件等物品。

9）加工时，不允许两人及两人以上同时操作机床。

10）手控沿 X、Y 轴方向移动工作台时，必须使 Z 轴处于安全高度位置，并观察刀具移动是否正常。

2. 工作前的准备工作

1）开动机床前应预热，检查机床各部位的润滑、液压、气压及防护装置等。

2）机床上电顺序为机床先上电后数控系统上电，关机则正好相反。

3）开机后首先进行返回机床参考点的操作，先 Z 轴后 X、Y 轴，若某轴在回参考点前已处在原点位置，应将该轴移动到距离原点 100mm 以外位置后再回参考点。

4）在进行工作台回转交换时，台面上、防护罩上、导轨上不得有异物。

5）程序输入校验后要对刀具补偿值（半径、长度）、刀具补偿号、补偿值、正负号及小数点进行认真核对。

6）调整刀具所用工具不要遗忘在机床工作台上。

3. 工作过程中的安全注意事项

1）禁止用手或以其他任何方式接触正在旋转的主轴、工件或其他运动部位。

2）单段试切时，“快速倍率”开关必须置于低挡。

3）试切和加工中，更换刀具、辅具后，一定要重新测量刀具长度并修改好刀具补偿值和刀具补偿号。

4）机床运行时严禁离开工作岗位或做与操作无关的事情。

5）手摇进给和手动连续进给操作时，必须检查各种开关所选择的位置是否正确。

6）机床在加工过程中，禁止打开机床防护门。

7）量具应在固定地点使用和摆放，加工完毕后，应把量具擦拭干净。

8）自动加工中出现报警等异常时，应立即按下复位或急停按钮，查明报警原因并采取相应措施，取消报警后，再进行操作。

4. 工作完成后的注意事项

1）加工中心批量加工完毕后，应核对刀具号、刀具补偿值，使程序、偏置界面、调整卡及工序卡中的刀具号、刀具补偿值完全一致。

2）从刀库中卸下刀具，按调整卡或程序清理编号入库。

3）清除切屑、擦拭机床，使机床与周围环境保持清洁状态。

4）检查润滑油、切削液的状态，及时添加或更换。

5）依次关掉机床操作面板上的电源和总电源。

三、数控机床的电源保证

为了避免电源波动幅度大（大于 ±10%）和可能的瞬间干扰信号等影响，一般采用专线供电，以减少供电质量的影响和其他电气对其干扰。

四、数控机床不宜长期封存

购买数控机床以后要充分利用，以尽量提高机床的利用率，尤其是投入使用的第一年，使故障的隐患尽可能在保修期内得以排除。加工中，尽量减少数控机床主轴的启闭，以降低对离合器、齿轮等器件的磨损。长期不使用时，要定期通电，每次空运行 1h 左右，以利用机床本身的发热量来降低机内的湿度，同时，也能及时发现有无电池电量不足报警，以防止系统设定的参数丢失。

知识二　数控机床的维护与保养

数控机床种类繁多，功能、结构及系统不同。其维护保养的内容和规则也不同，具体应根据其种类、型号及实际使用情况，并参照机床使用说明书要求，制订和建立必要的定期、定级保养制度。

一、数控系统的维护保养

1. 严格遵守操作规程和日常维护制度

数控设备操作人员要严格遵守操作规程和日常维护制度，操作人员的技术业务素质的优劣是影响故障发生频率的重要因素。当机床发生故障时，操作者要注意保留现场，并向维修人员如实说明出现故障前后的情况，以利于分析、诊断出故障的原因，及时排除。

2. 防止灰尘、污物进入数控装置内部

在机械加工车间的空气中一般都会有油雾、灰尘甚至金属粉末，一旦它们落在数控系统内的电路板或电子器件上，容易引起元器件间绝缘电阻下降，甚至导致元器件及电路板损坏。有的用户在夏天为了使数控系统能超负荷长期工作，采取打开数控柜门的方式来散热，这是一种极不可取的方法，其最终将导致数控系统的加速损坏，应该避免打开数控柜和强电柜门散热。

3. 防止系统过热

检查数控柜上的各个冷却风扇工作是否正常。每半年或每季度检查一次风道过滤器是否有堵塞现象，若过滤网上灰尘积聚过多，不及时清理，会引起数控柜内温度过高。

4. 直流电动机电刷的定期检查和更换

直流电动机电刷的过度磨损会影响电动机的性能，甚至造成电动机损坏。为此，应对电动机电刷进行定期检查和更换。数控车床、数控铣床、加工中心等，应每年检查一次。

5. 定期检查和更换存储用电池

一般情况下电池应每年更换一次，以确保系统正常工作，电池的更换应在数控系统供电状态下进行，以防更换时 RAM 内信息丢失。

二、机械部分的维护保养

1）主轴以带传动系统的应定期检查调整主轴驱动带的松紧程度，防止因带松弛产生丢转现象。主轴刀具夹紧装置长时间使用后，会产生间隙，影响刀具的夹紧，需及时调整液压缸活塞的位移量。另外，注意观察主轴箱温度，检查主轴润滑系统，每年定期补充润滑油量，并防止各种杂质进入主轴箱，使用手动变速的主传动系统，必须在主轴停机后才可变速。

2）定期检查、调整丝杠螺母副、换刀系统、工作台交换系统的轴向间隙等，保证反向传动精度和轴向刚度，以减少各运动部件之间的形状和位置偏差。

3）定期调整导轨副压板间隙、镶条间隙，对导轨进行预紧和润滑，检查导轨的防护罩。

4）严禁把超重、超长的刀具装入刀库，以避免机械手换刀时掉刀或刀具与工件、夹具

发生碰撞；经常检查刀库的回零位置是否正确、主轴回换刀点位置是否到位；机床上电时，应使刀库和机械手空运行，检查各部分工作是否正常，特别是各行程开关和电磁阀能否正常动作；检查刀具在机械手上锁紧是否可靠。

5）定期对各润滑、液压、气压系统的过滤器或分滤网进行清洗或更换；定期对液压系统进行油质化验检查、添加和更换液压油；经常检查压缩空气气压，调整到标准要求值，定期对气压系统分水滤气器放水。

6）经常检查轴端、切削液箱体及各处的密封状态，防止润滑油、切削液的泄漏。

三、机床精度的维护保养

定期进行机床水平和机械精度检查并校正。机械精度的校正方法有软、硬两种。其软方法主要是通过系统参数补偿，如丝杠反向间隙补偿、各坐标定位精度定点补偿、机床回参考点位置校正等。

四、电气部分的维护保养

1）应尽量减少打开数控柜和强电柜门的次数，以防止油雾、浮尘甚至金属粉末落入数控装置内的印制电路板或电子元器件上，容易引起电子元器件间绝缘电阻下降，并导致电子元器件及印制电路板的损坏。

2）经常检查数控装置上各个冷却风扇工作是否正常，风道过滤网是否堵塞。如过滤网上灰尘积聚过多，需及时清理，否则将会引起数控装置内温度过高（一般不允许超过55℃），以影响数控系统的正常工作，甚至出现过热报警现象。

3）长时间闲置数控机床，应每月定期对数控装置通电 2～3h，以避免系统受潮。

4）系统参数及用户加工程序由存储器储存，并由电池保持供电，当系统发出电池电压报警时，应立即更换电池。

5）经常监视数控装置用的电网电压，数控装置允许电网电压通常在额定值的 +10% ～ +15% 的范围内波动。若超出此范围就会造成系统不能正常工作，甚至会损坏数控系统内的电子元器件。

6）直流伺服电动机电刷的检查及更换。直流伺服电动机带有数对电刷，电动机旋转时电刷与换向器摩擦而逐渐磨损，因此电刷可以根据用户的实际使用情况每年检查一次，对于频繁工作的伺服电动机需每三个月检查一次，同时使用工业酒精（乙醇）对电刷表面进行清洗，当电刷剩余长度在 10mm 以下时，须及时更换相同型号的电刷。

数控铣床（加工中心）日常维护、保养的部位及要求见表 1-1。

表 1-1　数控铣床（加工中心）日常维护、保养的部位及要求

序号	检查周期	检查部位	检查要求
1	每天	导轨润滑	检查润滑油的油面、油量，及时添加油，润滑油泵能否定时起动、供油及停止，导轨各润滑点在供油时是否有润滑油流出
2	每天	*X*、*Y*、*Z* 轴及回旋轴导轨	清除导轨面上的切屑、脏物、切削液，检查导轨润滑油是否充分，导轨面上有无划伤及锈斑，导轨防尘刮板上有无夹带切屑，如果是安装滚动滑块的导轨，当导轨上出现划伤时应检查滚动滑块

（续）

序号	检查周期	检查部位	检查要求
3	每天	压缩空气气源	检查气源供气压力是否正常，含水量是否过大
4	每天	机床进气口油水自动分离器和自动空气干燥器	及时清理分水器中滤出的水分，加入足够的润滑油，空气干燥器是否能自动切换工作，干燥剂是否饱和
5	每天	气液转换器和增压器	检查储油面高度并及时补油
6	每天	主轴箱润滑恒温油箱	恒温油箱正常工作，由主轴箱上油标确定是否有润滑油，调节油箱制冷温度能正常启动，制冷温度不要低于室温太多（相差2～5℃，否则主轴容易产生空气水分凝聚）
7	每天	机床液压系统	油箱、液压泵无异常噪声，压力表指示正常压力，油箱工作油面在允许范围内，回油路上背压不得过高，各管接头无泄漏和明显振动
8	每天	主轴箱液压平衡系统	平衡油路无泄漏，平衡压力指示正常，主轴箱上下快速移动时压力波动不大，油路补油机构动作正常
9	每天	数控系统及输入/输出	如光电阅读机的清洁，机械结构润滑良好，外接快速穿孔机或程序服务器连接正常
10	每天	各种电气装置及散热通风装置	数控柜、机床电气柜进、排气扇工作正常，风道过滤网无堵塞，主轴电动机、伺服电动机、冷却风道正常，恒温油箱、液压油箱的冷却散热片通风正常
11	每天	各种防护装置	导轨、机床防护罩应动作灵敏而无漏水，刀库防护栏杆、机床工作区防护门开关应动作正常，恒温油箱、液压油箱的冷却散热片通风正常
12	每周	各电柜进气过滤网	清洗各电柜进气过滤网
13	半年	滚珠丝杠螺母副	清洗丝杠上旧的润滑油脂，涂上新的油脂，清洗螺母两端的防尘网
14	半年	液压油路	清洗溢流阀、减压阀、过滤器、油箱池底，更换或过滤液压油，注意加入油箱的新油必须经过过滤和去水分
15	半年	主轴润滑恒温油箱	清洗过滤器，更换润滑油，检查主轴箱各润滑点是否正常供油
16	每年	检查并更换直流伺服电机电刷	从电刷窝内取出电刷，用酒精清除电刷窝内和换向器上炭粉，当发现换向器表面有被电弧烧伤时，抛光表面、去毛刺，检查电刷表面和弹簧有无失去弹性，更换长度过短的电刷并抱合后才能正常使用
17	每年	润滑油泵、过滤器等	清理润滑油箱池底，清洗或更换滤油器
18	不定期	各轴导轨上镶条，压紧滚轮，丝杠	按机床说明书上的规定调整
19	不定期	冷却水箱	检查水箱液面高度，切削液装置是否工作正常，切削液是否变质，经常清洗过滤器，疏通防护罩和床身上各回水通道，必要时更换并清理水箱底部
20	不定期	排屑器	检查有无卡滞现象
21	不定期	清理废油池	及时取走废油池以免外溢，当发现油池中油量突然增多时，应检查液压管路中是否有漏油点

知识三 数控机床的故障分类、诊断及排除方法

数控机床是一种技术复杂的机电一体化设备，通常由电气控制、机械传动控制、液压传动控制等系统组成，它们之间相互制约，相互关联，其故障发生的原因一般都比较复杂，每一个部分出现故障时都会影响整个机床的运行状态。当数控系统发生故障时，可利用相应程序诊断出故障源所在范围或具体位置。

一、数控机床故障分类

1. 按数控机床发生故障的部件分类

（1）主机故障　数控机床的主机部分，主要包括机械、润滑、冷却、排屑、液压、气动与防护装置。常见的主机故障是因机械安装、调试及操作使用不当等原因引起的机械传动故障与导轨副摩擦过大故障。故障表现为传动噪声大，加工精度差，运行阻力大。例如，传动链的挠性联轴器松动，齿轮、丝杠与轴承缺油，导轨塞铁调整不当，导轨润滑不良以及系统参数设置不当等原因均可造成以上故障。尤其应引起重视的是，机床各部位标明的注油点（注油孔）须定时、定量加注润滑油（脂），这是机床各传动链正常运行的保证。另外，液压、润滑与气动系统的故障主要是管路阻塞或密封不良，引起泄漏，造成系统无法正常工作。

（2）电气故障　电气故障分弱电故障与强电故障。弱电部分主要指 CNC 装置、PLC 控制器、CRT 显示器以及伺服单元、输入/输出装置等电子电路，这部分又有硬件故障与软件故障之分。硬件故障主要是指上述各装置的印制电路板上的集成电路芯片、分立元件、接插件以及外部连接组件等发生的故障。常见的软件故障有加工程序出错，系统程序和参数的改变或丢失，计算机的运算出错等。强电故障是指继电器、接触器、开关、熔断器、电源变压器、电磁铁、行程开关等电子元器件及其所组成的电路故障。这部分的故障十分常见，必须引起足够的重视。

2. 按数控机床发生故障的性质分类

（1）系统性故障　是指只要满足一定的条件或超过某一设定的限度，工作中的数控机床必然会发生的故障。这一类故障现象极为常见。例如，液压系统的压力值随着液压回路过滤器的阻塞而降到某一设定参数时，必然会发生液压系统故障报警使系统断电停机；在加工中因切削用量过大达到某一限值是必然会发生过载或超温报警，导致系统迅速停机等。

（2）随机性故障　是指在同样的条件下工作时只偶然发生一次或两次的故障。由于此类故障在各种条件相同的状态下只偶然发生一两次，因此，随机性故障的原因分析与故障诊断较其他故障困难得多。一般情况下，这类故障的发生往往与机械结构的局部松动、错位、数控系统中部分元件工作特性的漂移、机床电气元件可靠性下降等诸因素有关。如电路板上的元器件松动变形或焊点虚脱，继电器触点、各类开关触头因污染锈蚀以及直流电刷不良等所造成的接触不可靠等。

3. 按数控机床发生故障的有无报警显示分类

（1）有报警显示的故障　这类故障又可分为硬件报警显示与软件报警显示两种。

1）硬件报警显示故障。硬件报警显示故障是指各单元装置上的警告灯的指示。在数控

系统中有许多用以指示故障部位的警告灯，如控制操作面板、位置控制印制电路板、伺服控制单元、主轴单元、电源单元等常外设警告灯。一旦数控系统的这些警告灯指示故障状态后，借助相应部位上的警告灯均可大致分析判断出故障发生的部位与性质。

2）软件报警显示故障。软件报警显示通常是指 CRT 显示屏上显示出来的报警号和报警信息。由于数控系统具有自诊断功能，一旦检测到故障，即按故障的级别进行处理，同时在 CRT 上以报警号形式显示该故障信息。这类报警显示常见的有存储器警示、过热警示、伺服系统警示、轴超程警示、程序出错警示、主轴警示、过载警示以及短路警示等。

（2）无报警显示的故障　这类故障发生时无任何硬件或软件的报警显示，但机床却是在不正常状态，如机床通电后，手动方式或自动方式运行 X 轴时出现爬行现象，而 CRT 显示器上无任何报警显示。还有在运行机床某轴时发生异常声响，一般也无报警显示等。对于无报警显示故障，通常要具体情况具体分析，要根据故障发生的前后变化状态进行分析判断。

4. 按数控机床发生故障的原因分类

（1）破坏性故障　这类故障的发生会对机床和操作者造成侵害导致机床损坏或人身伤害，如飞车、超程运动、部件碰撞等。

（2）非破坏性故障　大多数故障属于此类故障，这种故障往往通过“清零”即可消除。维修人员可以重现此类故障，通过现象进行分析、判断。

二、数控机床的故障诊断及排除方法

数控机床系统出现报警，发生故障时，维修人员不要急于动手处理，而应多进行观察，应遵循两条原则。一是充分调查故障现场，充分掌握故障信息，从系统的外观到系统内部的各个印制电路板都应细心察看是否有异常之处。在确认数控系统通电无危险的情况下，方可通电，观察系统有何异常，CRT 显示哪些内容。二是认真分析故障的起因，确定检查的方法与步骤。目前所使用的各种数控系统，虽有各种报警指示灯或自诊断程序，但智能化的程度还不是很高，不可能自动诊断出发生故障的确切部位。往往是同一报警号可以有多种起因。因此，分析故障时，无论是 CNC 系统，还是机床强电、机械、液压、气动等装置，只要有可能引起该故障的原因，都要尽可能全面地列出来，进行综合判断。对于数控机床发生的大多数故障，总体上来说可采用下述几种方法来进行故障诊断及排除。

1. 直观法

直观法是最基本的方法，也是最简单的方法。维修人员通过对故障发生时产生的各种光、声、味等异常现象的观察，以及认真检查系统的每一处，观察有无烧毁和损伤痕迹，往往可将故障范围缩小到一个模块，甚至一块印制电路板，但这要求维修人员具有丰富的实践经验以及综合判断的能力。

2. PLC 检查法

（1）利用 PLC 的状态信息诊断故障　PLC 检测故障的机理是通过机床厂家为特定机床编制的 PLC 梯形图，根据各种逻辑状态进行判断，对一些 PLC 产生报警的故障或一些没有报警的故障，可以通过分析 PLC 的梯形图对故障进行诊断，利用 CNC 系统的梯形图显示功能或者机外编程器在线跟踪梯形图的运行，从而提高诊断故障的速度和准确性。

（2）利用PLC梯形图跟踪法诊断故障　数控机床出现的绝大部分故障都是通过PLC程序检查出来的，有些故障可在屏幕上直接显示出报警原因，对于有些故障虽然在屏幕上有报警信息，但并没有直接反映报警的原因，还有些故障不产生报警信息，只是有些动作不执行。遇到后两种情况，跟踪PLC梯形图的运行是确诊故障很有效的方法。

3. 诊断程序法

用诊断程序进行故障诊断一般有三种形式：启动诊断、在线诊断及离线诊断。

（1）启动诊断　是指将数控系统每次从上电开始到进入正常的运行准备状态为止，系统内部诊断程序自动执行的诊断。诊断的内容为系统中最关键的硬件和系统控制软件，如CPU、存储器、I/O单元等模块以及CRT/MDI单元、纸带阅读机、软盘单元等装置或外部设备。

（2）在线诊断　指通过数控系统的内装程序，在系统处于正常运行状态时，对系统本身以及与数控装置相连的各个伺服单元、伺服电动机、主轴伺服单元和主轴电动机及外部设备等进行自动诊断检查和故障信息显示。

故障信息显示的内容一般有上百条，最多可达600条。其中许多信息大都以报警号和适当注释的形式出现。一般可分成以下几大类：

1）软件故障类，如过热报警、系统报警、存储器报警、编程/设定等。

2）连接故障类，如行程开关报警、印制电路板间报警等。

（3）离线诊断　是利用专用的检测诊断程序进行，目的是对故障点进行大致定位，力求把故障定位在尽可能小的范围内。现代CNC系统的离线诊断用软件，一般已与CNC系统控制软件一起存在CNC系统中，这样维修诊断时更为方便。

1）通信诊断。用户将CNC系统中专用通信接口连接到普通电话线上，再将专用通信诊断计算机的数据电话也连接到电话线路上，然后由计算机向CNC系统发送诊断程序，并将测试数据输回到计算机进行分析并得出结论。

2）自修复系统。配置备用模块后，则系统能自动使故障模块脱机而接通备用模块，从而使系统较快地进入正常工作状态。

3）专家诊断系统。具有AI（人工智能）功能的专家故障诊断系统，在处理实际问题时，通过具有某个领域的专门知识的专家分析和解释数据并作出决定。

数控系统是涉及多个应用学科且十分复杂的综合系统，但故障诊断是遵循一定规律的，需要综合运用各个方面的知识进行判断和处理，一般操作者只需要处理与操作有关的故障与报警问题。

4. 参数检查法

在数控系统中有许多参数（机床数据）地址，其中存入的参数值是机床出厂时通过调整确定的，它们直接影响数控机床的性能。

5. 换板法

就是在分析出故障大致起因的情况下，维修人员可以利用备用的印制电路板、模板、集成电路芯片或元器件替换有疑点的部分，甚至用系统中已有的相同类型的部件来替换，从而把故障范围缩小到印制电路板或芯片一级。这实际上也是在验证分析的正确性。

6. 测量法

测量法就是使用万用表、示波器、逻辑测试仪等仪器对电子线路进行实际测量。

7. 分析法

根据数控系统的组成原理，可从逻辑上分析出各点的逻辑电平和特征参数（如电压值或波形等），然后用万用表、逻辑测试仪、示波器等对其进行测量、分析和比较。

8. 经验法

就是维修人员根据自己的知识和经验对故障进行深入具体的诊断，根据故障现象判断出故障诊断的方向。

知识四　数控机床常见故障及排除实例

一、机床回零及故障

【现象】　回参考点不到位，屏幕坐标显示零点位置非零状态。

【原因】　行程开关失灵报警，进行“回零”操作时，工作台与零点位置太近，导致“回零”失败。

【排除】　检查行程开关，开关内进入切削液造成粘连或开关触头弹性不好造成失灵。移动工作台使其远离参考点，保证“回零”时坐标移动有一个升速距离。

二、急停不能取消

【现象】　“急停”报警不能取消。

【原因】　急停回路没有闭合。

【排除】　检查超程限位开关的常闭触头，检查急停按钮的常闭触头，检查电池模块故障连锁，检查电池模块是否报警。

三、行程报警

【现象】　操作 X 轴或 Y 轴位置超过其设计的行程范围。

【原因】　操作范围超出数控铣床设定活动范围。

【排除】　调整数控机床的行程范围，如微小范围可调整挡块的位置或调整机床轴参数。

四、程序通信不通

【现象】　程序不能传输。

【原因】　机床侧与 PC 侧的通信参数设置不一致，通信线焊针错接。

【排除】　调整通信参数。另外 FANUC 系统的主程序与子程序不能组成在一个文本内，程序结尾须加“%”，否则易出现报警。

五、切削液泵不工作

【现象】　切削液上不来。

【原因】　电动机缺相或反相，切削液泵底部被杂质堵塞。

【排除】　判断电动机是否运转，切削液管有无液体上升。若无，则检查电动机相序；若有，则拆除泵体检查，清除杂物。

六、控制面板死机

【现象】　按面板上所有的按键均无反应。

【原因】　“死机”原因一般由主板故障、内存空间不足或系统散热不良造成。

【排除】　检查散热风扇是否运转良好，删除过多的程序，开箱检查计算机系统散热片是否积累灰尘。

七、数控系统不启动

【现象】　系统不能正常启动。

【原因】　系统文件破坏、电子盘或硬盘物理损坏。

【排除】　请专业人员重新安装、复制系统程序，更换电子盘或硬盘，重新上电启动系统。

八、自动换刀装置

【现象】　定位误差过大、换刀动作卡位。

【原因】　气缸压力不足、各限位开关位置出现偏差。

【排除】　检查气缸压力、调整各限位开关位置、检查反馈信号线及调整换刀动作相关机床参数等。

九、机床加工零件精度差

【现象】　机床加工零件尺寸精度差。

【原因】　传动丝杠出现间隙或进给轴缺少润滑油产生爬行现象。

【排除】　重新调整和改变间隙补偿、加注润滑油等。

十、工作台运行中断

【现象】　工作台未达到规定的位置、运行中断、定位精度下降。

【原因】　各运动副预紧力降低或调整环松动、反向间隙过大。

【排除】　重新调整各运动副预紧力、调整松动环节、提高运动精度及调整补偿环节等。

十一、机床上电后屏幕无画面

【现象】　监控灯闪烁、黑屏。

【原因】　电源电压不正确、亮度过低或过高。

【排除】　检查电源电压，应该为 AC24V 或 DC24V，调整控制面板上亮度调节旋钮。

十二、过载闷车

【现象】　铣削过程中突然闷车报警。

【原因】　进给运动的负载频繁正反向运动。

【排除】　调整数控加工程序，以适应数控铣床承受的负载，检查主轴电动机传动装置有无松动现象。

十三、刀具运动发生碰撞

【现象】　刀具在运行程序过程中"回零"，与工件、机用平口钳等发生碰撞。

【原因】　在"回零"过程中，移动坐标轴、取消刀补等情况下未能正确考虑工作台 X、Y 轴与 Z 轴的运行范围。

【排除】　谨慎操作，调试倍率到最小位置，提高编程技巧可在很大程度上避免发生碰撞。

十四、铣削中零件变形

【现象】　数控铣削过程中，零件形状发生较大变化，如圆形变成椭圆形。

【原因】　X 向与 Y 向比例不正确。

【排除】　调整设置外部脉冲当量分子和外部脉冲当量分母以改变电子齿轮比，保证正常的形状要求。

思考练习

1. 简述数控机床日常维护的内容。
2. 数控机床常见的故障分类包括哪几种？
3. 怎样才能做好数控机床的维护与保养？
4. 数控机床的故障诊断及排除常用方法有哪些？
5. 数控机床常见故障检测方法有哪些？

课题三　数控铣床（加工中心）的机械结构

学习目标

- 掌握数控铣床（加工中心）的机械结构组成及特点。
- 理解数控铣床（加工中心）主传动系统、进给传动系统、滚珠丝杠等的特点组成。
- 了解数控铣床（加工中心）常见导轨、工作台、加工中心刀库装置形式及特点。

知识一　数控铣床（加工中心）的机械结构组成及特点

一、数控铣床（加工中心）的机械结构组成

1. 基础支承件

基础支承件主要由床身、立柱、横梁、工作台、底座等结构件组成，它构成了机床的基础框架。

2. 主轴系统

主轴系统包括主轴电动机、主轴传动系统以及主轴组件。和常规机床主轴系统相比，加工中心主轴系统要具有更高的转速、回转精度、结构刚性和抗振性。

3. 进给传动系统

进给传动系统可直接实现直线或旋转运动的进给和定位。

4. 工作台交换系统及回转工作台

回转工作台通常分为数控转台和分度转台。数控转台在加工过程中参与切削，相当于进给运动坐标轴；分度转台只完成分度运动，它要求有分度精度和在切削力作用下位置保持不变的特点。

5. 加工中心刀库、自动换刀装置

它要求结构简单、功能可靠、交换迅速，为了在一次安装后能尽可能多地完成同一工件不同部位的加工要求，并尽可能减少非故障停机时间。

6. 其他机械功能部件

其他机械功能部件主要有冷却、润滑、排屑和监控装置等。

下面以 JCS-018 型立式加工中心为例说明其机械结构，如图 1-17 所示。

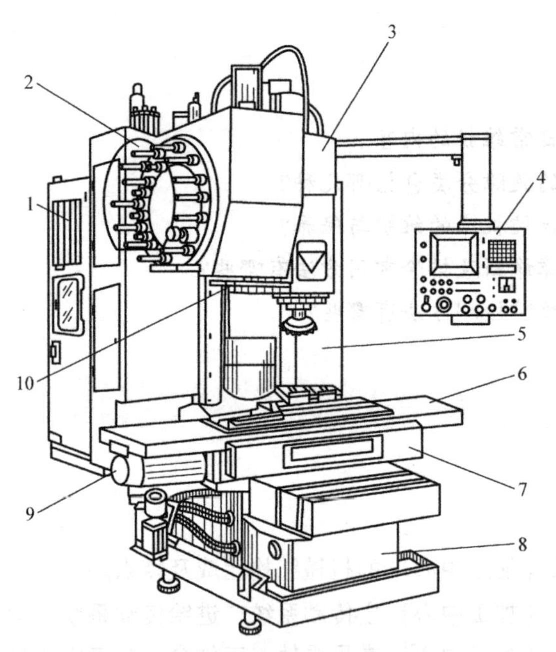

图 1-17　JCS-018 型立式加工中心的结构外形

1—数控柜　2—盘式刀库　3—主轴箱　4—操作面板　5—电源柜
6—工作台　7—滑枕　8—底座　9—进给伺服电动机　10—换刀机械手

7. JCS-018 型立式加工中心的主要技术参数

JCS-018 型立式加工中心为小型立式加工中心，能实现工件在一次装夹后可连续进行铣、钻、镗、锪及攻螺纹等多种工序加工，该机床适用于小型板件、盘件、壳体、模型及箱体等复杂零件的多品种、小批量加工。

JCS-018 型立式加工中心的主要技术参数见表 1-2。

表 1-2 JCS-018 型立式加工中心的主要技术参数

工作台外形尺寸	1200mm×450mm
工作台 T 形槽宽×槽数	18mm×3
X/Y/Z 轴行程	750mm/400mm/470mm
主轴转速	22.5~2250r/min
主轴电动机	5.5kW/7.5kW
X、*Y* 轴快速移动速度	14m/min
Z 轴快速移动速度	10m/min
X、*Y*、*Z* 轴进给速度	1~400m/min
X、*Y*、*Z* 轴进给驱动电动机	1.4kW
刀库电动机	1.4kW
刀库容量	16 把
选刀方式	任选
最大刀具尺寸	ϕ100mm×300mm
最大刀具质量	8kg
主轴端面至工作台面的距离	180~650mm
主轴锥孔	BT-45
工作台最大承重	500kg
滚珠丝杠尺寸（*X*、*Y*、*Z* 轴）	ϕ40mm×10mm
钻孔能力（一次钻出）	ϕ32mm
攻螺纹能力	M24
铣削能力	110cm^3/min
重复定位精度	±0.012mm/300mm
气源	(5~7)×10^{5}Pa（250L/min）
机床净质量	5000kg

二、数控铣床（加工中心）的机械结构特点

数控机床是高精度、高效率的自动化机床。其加工过程中的顺序、运动部件的坐标位置及辅助功能，都是按预先编制好的加工程序自动进行的，操作者在加工过程中无法干预，因此，数控机床几乎在任何方面均要求比普通机床设计得更加完善，制造得更为精密。其设计已形成自己的独立体系，其结构特点主要有以下几个方面。

1）机床的刚度高、抗振性好。为了满足加工中心高自动化、高速度、高精度、高可靠性的要求，加工中心的静刚度、动刚度和机械结构系统的阻尼比都高于普通机床。

2）机床的传动系统结构简单，传递精度高，速度快。加工中心传动装置主要有三种，即滚珠丝杠副、静压蜗杆-螺母条及预加载荷双齿轮-齿条。它们均由伺服电动机直接驱动，省去齿轮传动机构，传递精度高，速度快。一般速度可达 15m/min，最高可达 100m/min。

3）主轴系统结构简单，无齿轮箱变速系统，主轴电动机功率大，调速范围宽，并可无级调速。目前加工中心 95% 以上的主轴传动都采用交流主轴伺服系统，速度可从 10~20000r/min 无级变速。驱动主轴的伺服电动机功率一般都很大，是普通机床的 1~2 倍，由

于采用交流伺服主轴系统，主轴电动机功率虽大，但输出功率与实际消耗的功率保持同步，因此，其工作效率最高。

4）加工中心的导轨都采用了耐磨损材料和新结构，能长期保持导轨的精度，在高速重切削下，保证运动部件不振动，低速进给时不爬行及运动中的高灵敏度，表现在摩擦因数小、耐磨性好、减振消声及结构工艺性好。

5）设置有刀库和换刀机构。这是加工中心与数控铣床的主要区别，使加工中心的功能和自动化加工的能力更强了。加工中心的刀库容量少的有几把，多的达几百把。这些刀具通过换刀机构自动调用和更换，也可通过控制系统对刀具寿命进行管理。

6）控制系统功能较全。它不但可对刀具的自动加工进行控制，还可对刀库进行控制和管理，实现刀具自动交换。有的加工中心具有多个工作台，工作台可自动交换，不但能对一个工件进行自动加工，而且可对一批工件进行高柔性的自动加工。

7）智能化、高效化的程度越来越高，如 FANUC 16 系统可实现人机对话、在线自动编程，通过彩色显示器与手动操作键盘的配合，还可实现程序的输入、编辑、修改、删除，具有前台操作、后台编辑的前后台功能。另外还可以在加工过程中实现在线检测，检测出的偏差可自动修正，从而有效地防止废品的产生。

知识二　数控铣床（加工中心）的主传动及变速系统

数控铣床（加工中心）主传动系统的作用就是产生不同的主轴切削速度，以满足不同的加工条件要求。

主传动系统主要包括电动机、传动系统和主轴部件，与普通机床相比在结构上比较简单。这主要是由于数控机床的变速功能全部或大部分是由无级调速电动机及驱动单元和机械传动机构实现的。无级调速电动机的特点为：小于额定转速的为恒转矩范围，大于额定转速的为恒功率范围。一般调速为 500r/min、750r/min、1000r/min、1500r/min、2000r/min 等几种，通常使用较多的为 1500r/min。如果直接使用额定转速为 1500r/min 以上的电动机而不经过机械减速，则输出的恒功率范围和低速转矩较小，不能满足很多场合下的正常使用要求。

为适应不同的加工要求，目前数控铣床主传动系统主要有三种变速系统，如图 1-18 所示。一种为两级齿轮变速系统，变速装置多采用齿轮结构，如图 1-18a 所示，使用滑移齿轮实现两级变速的主传动系统，其优点是能满足各种切削运动的转矩输出，且有大范围的调速能力，但结构较为复杂；另一种为一级带传动变速系统，多采用同步带传动装置，如图 1-18b 所示，其优点是结构简单，安装调试方便，且在一定条件下能满足转速与转矩的输出要求，但系统的调速范围受电动机的约束；最后一种为主轴调速电动机直接驱动系统，如图 1-18c 所示，其优点是结构紧凑，占用空间少，转换频率高，主轴转速变化、转矩的输出和电动机的输出特性完全一致，但电动机的发热对主轴的精度影响较大，因此其使用范围受到一定限制。

数控铣床（加工中心）主传动系统的特点如下：

（1）转速高、功率大　可采用电动机与主轴组件直联方式或通过同步带传动方式，结构简单，易获得高转速和进行大功率切削。

（2）变速范围宽　数控机床有较宽的调速范围，一般调速范围大于 100r/min，以保证加工时能选用合理的切削用量，从而保证工件的加工精度、表面质量及提高生产效率。

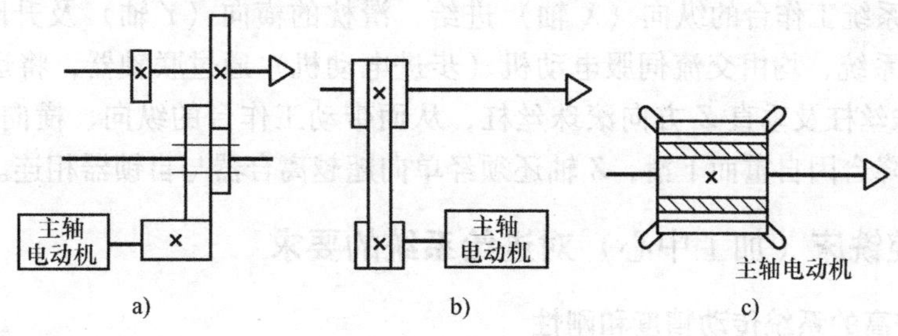

图 1-18　数控铣床的主传动变速系统

a）两线齿轮变速系统　b）一级带传动变速系统　c）调速电动机直接驱动系统

（3）主轴变速迅速、可靠　由于直流和交流主轴电动机的调速系统日趋完善，不仅能够方便地实现宽范围的无级变速，还能减少中间传递环节，提高变速的可靠性。

（4）主轴组件的耐磨性高　这能使传动系统长期保证精度。凡有机械摩擦的部位都有足够的刚度和良好的润滑。

（5）有较高的精度和刚度，传动平稳　由于数控机床的主轴部件本身的精度高，传动链短，故数控机床的主轴传动系统的精度高。而且为了提高传动件的制造精度与刚度，齿轮齿面多采用高频感应加热淬火以增加耐磨性，最后一级采用斜齿轮传动，使传动平稳。采用精度高的轴承及合理的支承跨距等，以提高主轴组件的刚性。

（6）有良好的抗振性和热稳定性　主轴组件均有较高的固有频率，实现动平衡，并保持合适的配合间隙及实现循环润滑等，以提高抗振性和热稳定性。

知识三　数控铣床（加工中心）的进给传动系统

进给传动系统负责接收数控系统发出的脉冲指令，并经放大转换后驱动机床运动执行部件以实现预期的运动。

进给传动系统包括减速齿轮、联轴器、滚珠丝杠螺母副、丝杠支承、导轨副、传动数控回转工作台的蜗杆蜗轮等机械环节。图 1-19 所示为数控铣床进给传动系统示意图。

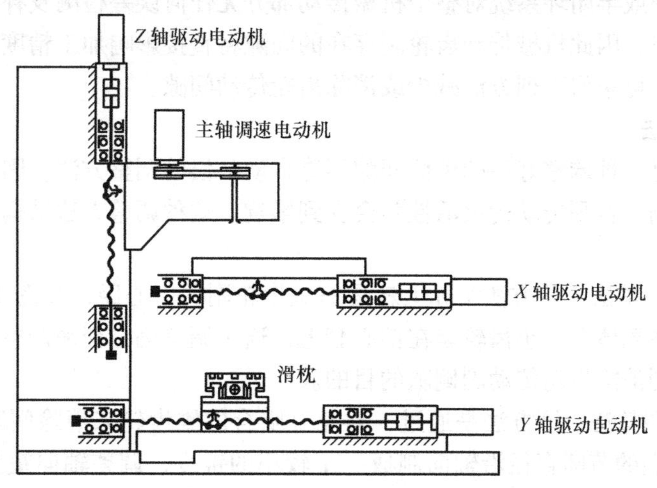

图 1-19　数控铣床进给传动系统示意图

进给传动系统工作台的纵向（X 轴）进给、滑枕的横向（Y 轴）及升降台的垂直（Z 轴）进给传动系统，均由交流伺服电动机（步进电动机）通过联轴器，将运动传动至水平 X、Y 方向滚珠丝杠及垂直 Z 方向滚珠丝杠，从而带动工作台的纵向、横向及升降台运动，另外为防止升降台因自重而下滑，Z 轴还须经单向超越离合器与自锁器相连。

一、数控铣床（加工中心）对进给系统的要求

1. 具有较高的系统传动精度和刚性

传动精度包括动态误差、稳态误差和静态误差，即伺服系统的输入量与驱动装置实际位移量的精确程度。而导轨结构、丝杠螺母、蜗轮蜗杆的支承结构则是决定系统传动精度和刚性的主要部件，因此首先要保证此类结构件的加工精度和表面质量，以提高系统的刚度。此外传动链中的齿轮减速可以减少脉冲当量，减少传动误差，提高传动精度。

2. 具有较高的系统稳定性

系统的稳定性是指系统在启动状态或外界干扰作用下，经过几次衰减振荡后，能迅速地稳定在新的或原来的平衡状态的能力。系统阻尼既可以降低伺服系统的快速响应特性，又能够提高系统稳定性，因此在系统中要有适当的阻尼。

3. 具有较高的动态响应特性

系统的响应体现了驱动装置的加速能力。实现这一措施通常包括：采用低摩擦的传动副，耐磨滑动导轨、滚动导轨及静压导轨、滚珠丝杠等；保证机械部件的精度，采用合理的预紧、合理的支承形式以提高传动系统的刚度；选用最佳降速比以提高数控机床的分辨率，并使系统折算到驱动轴上的惯量减少；尽量消除传动间隙，减小反向死区误差，提高位移精度。

二、进给系统传动齿轮副

进给系统采用齿轮传动装置，是为了使丝杠、工作台的惯性在系统中占有较小的比例，同时可使高转速低转矩的伺服驱动装置的输出变为低转速大转矩，从而适应驱动执行元件的需要，另外，在开环系统中还可以计算所需的脉冲当量。

由于开环系统或半闭环系统对整个机械传动部分无任何误差检测及补偿，或根据测试数据只有静态的补偿，因此机械传动齿轮副存在的间隙将直接影响加工精度，为提高数控机床伺服系统的性能，可采取下列方法减少或消除齿轮传动间隙。

1. 刚性调整法

刚性调整法是一种调整好后的齿侧间隙不能自动补偿的调整方法，因此齿轮的周节公差及齿厚要严格控制，否则传动的灵活性就会受到影响。这种调整方法结构简单，且有较好的传动刚度。

（1）偏心套调整法　该方法实际上就是缩短齿轮副的中心距，如图 1-20 所示。电动机通过偏心套安装在壳体上，小齿轮装在偏心套上，通过调整偏心套来调整主动轮和从动轮之间的中心距，达到消除齿轮传动副侧隙的目的。

（2）锥齿轮调整法　该方法是通过一对相互啮合的锥齿轮来消除间隙的方法，如图 1-21 所示，若将它们的节圆直径沿轴向制成一个较小的锥度，调整轴向垫片 3 的厚度，就可以改变锥齿轮 2 与锥齿轮 1 的相对位置，当分度圆直径变化而齿数不变时，锥齿轮厚度是会发生变化的，不同齿厚的锥齿轮啮合时，侧隙是会变化的，通过调整可以消除间隙。

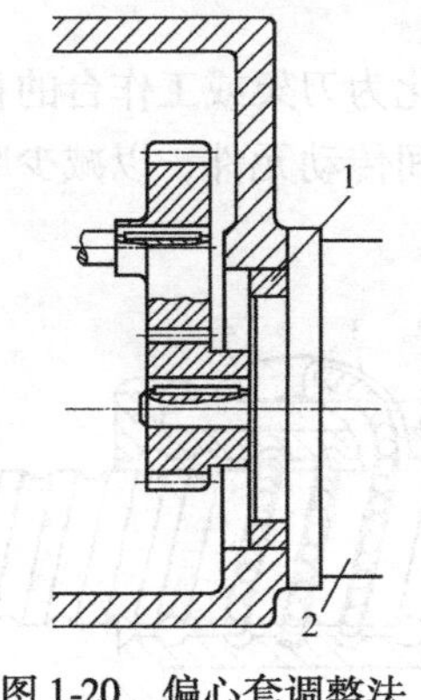

图 1-20　偏心套调整法

1—偏心套　2—电动机

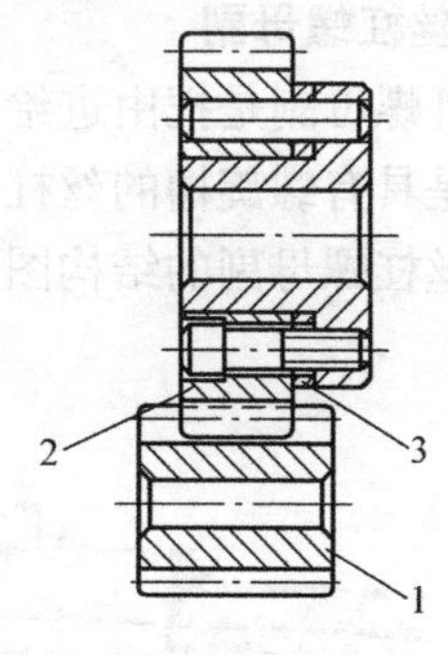

图 1-21　锥齿轮调整法

1、2—锥齿轮　3—垫片

2. 柔性调整法

柔性调整法主要是通过调整弹簧张力的大小来调整平移量的大小，调整方便。

（1）轴向压簧调整法　轴向压簧调整法利用错齿消隙的原理，薄片斜齿圆柱齿轮的轴向平移是通过弹簧的弹力来实现的，如图 1-22 所示，两个薄片斜齿轮 1 和 2 用滑键 4 套在轴 6 上，用螺母 5 来调节压簧 3 的轴向压力，使齿轮 1 与 2 的左、右齿面分别与宽斜齿轮 7 齿槽的左右侧面贴紧。

（2）周向压簧调整法　周向压簧调整法是利用双齿轮错齿时通过弹簧的张力实现的。随着加工的进行，轮齿间侧隙的改变，可以通过改变弹簧的弹力来调节。如图 1-23 所示，两个齿数相同的薄片齿轮 1 与 2 与另一个宽齿轮相啮合，齿轮 1 空套在齿轮 2 上，可以相对回转。每个齿轮端面分别装有凸耳，齿轮 1 的端面还有四个通孔，凸耳可以从中穿过，弹簧 8 分别钩在调节螺钉 5 和凸耳上，旋转螺母 6、7 可以调整弹簧 8 的拉力，弹簧的拉力可以使薄片齿轮错位，即两片薄齿轮的左、右齿面分别与宽齿轮齿槽的左、右侧贴紧，从而消除侧隙。

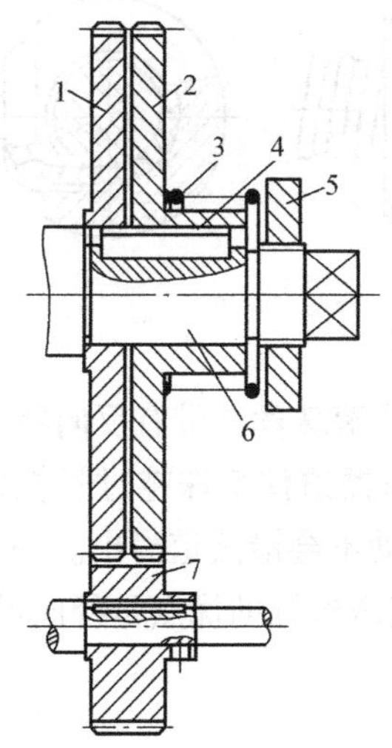

图 1-22　轴向压簧调整法

1、2—齿轮　3—压簧　4—滑键

5—螺母　6—轴　7—宽斜齿轮

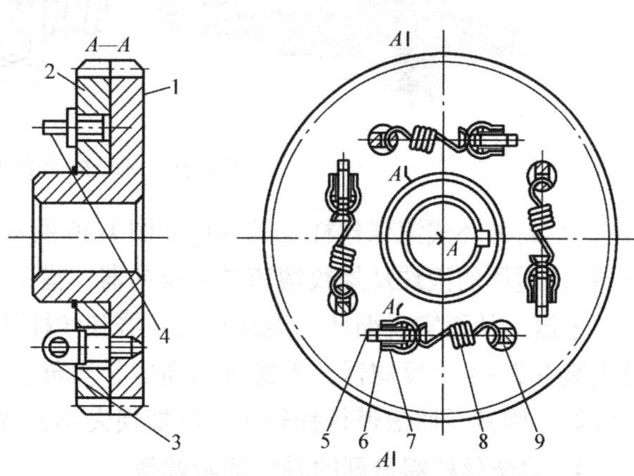

图 1-23　周向压簧调整法

1、2—齿轮　3、4、9—凸耳　5—调整螺钉

6、7—旋转螺母　8—弹簧

3. 滚珠丝杠螺母副

滚珠丝杆螺母副是把由进给电动机带动的旋转运动转化为刀架或工作台的直线运动，它的结构特点是具有螺旋槽的丝杠、螺母间装有滚珠作为中间传动元件，以减少摩擦。图1-24所示为滚珠丝杠螺母副的结构图。

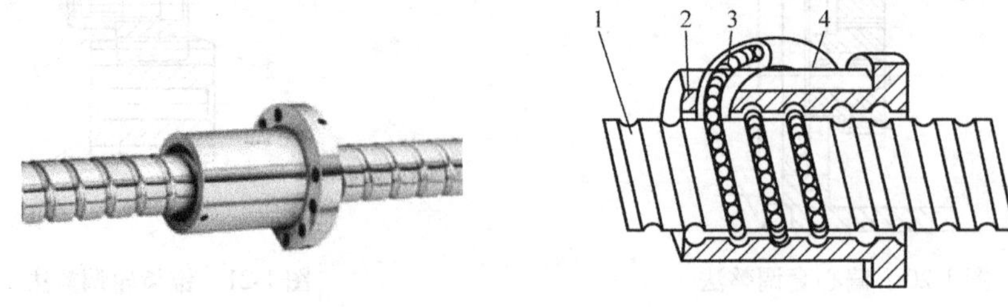

图1-24　滚珠丝杠螺母副结构图

1—滚珠丝杠　2—螺母　3—滚珠　4—回珠器

（1）工作原理　在丝杠和螺母上加工有弧形螺旋槽，将它们安装在一起时可形成螺旋滚道，且滚道内填满滚珠，当丝杠相对于螺母作旋转运动时，两者间发生轴向位移，而滚珠则可沿着滚道滚动，减少摩擦阻力，滚珠在丝杠上滚过数圈后，通过回珠器逐一滚回到丝杠和螺母之间，构成一个闭合的回路管道。

（2）滚珠循环方式

1）外循环式滚珠丝杠。其结构如图1-25所示，在螺母体上轴向相隔数个半导程处有两个孔与螺旋槽相切，作为滚珠的进口与出口与外回珠槽相连，而构成一个封闭的循环滚道，称为外循环式。外循环式滚珠丝杠的特点是结构简单、容易制造，但由于返回滚道突出于螺母体外，所以径向尺寸较大，且弯管两端耐磨性和抗冲击性差，滚道连接处很难做得平滑，影响滚珠运动的平稳性，甚至出现卡珠现象，噪声较大。

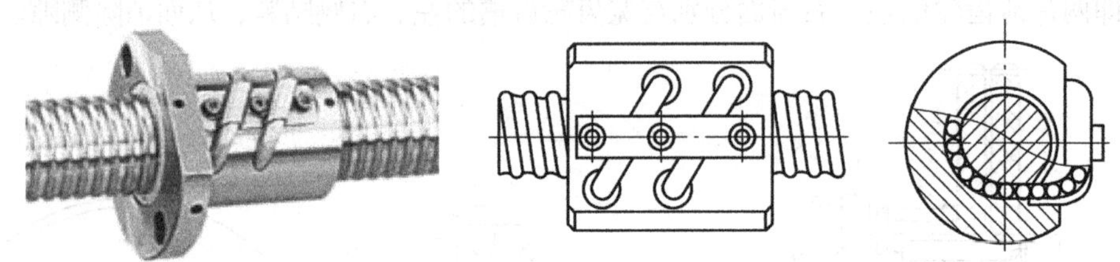

图1-25　外循环式滚珠丝杠结构图

2）内循环式滚珠丝杠。其结构如图1-26所示。内循环式滚珠丝杠带有反向器（反向回珠器），返回的滚珠从螺纹滚道进入反向器，借助于反向回珠器迫使滚珠越过丝杠牙顶进入相邻滚道，从而实现循环。滚珠在反向器和丝杠外圆之间滚动不会沿滚道滑出。一般一个螺母上装有2~4个反向器，沿螺母圆周等分均布。内循环式滚珠丝杠的优点是径向尺寸紧凑、刚性好。因其返回滚道行程较短，摩擦损失小，故效率高。

4. 滚珠丝杠螺母副的轴向间隙调整

滚珠丝杠机构的轴向间隙，是指丝杠固定不动，在限制螺母回转状态下，螺母受到轴向力时，螺母相对螺杆的轴向位移量。消除滚珠丝杠螺母的间隙和对其施加预紧力，一般采用双螺母结构进行调整。

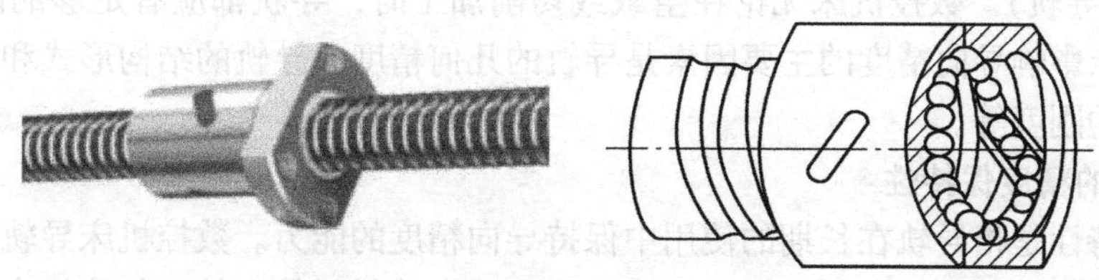

图 1-26　内循环式滚珠丝杠结构图

（1）垫片调整法　如图 1-27 所示，用螺钉把两个带凸缘的螺母 1、2 固定在壳体的两侧，并在其中一个螺母的凸缘中间加垫片 4，调整垫片的厚度使螺母产生轴向位移，以消除间隙和产生预紧力。

特点：结构简单可靠，刚性好，拆卸方便。因调整时需对垫片进行修磨，工作中不能随时调整，适用于一般精度的机构。

（2）螺纹调整法　如图 1-28 所示，一个外端有凸缘螺母 1，另一个螺母的外端无凸缘，而只有伸出套筒外的螺纹，并用两个预紧螺母 4、5 锁紧，调整预紧螺母即可消除间隙。

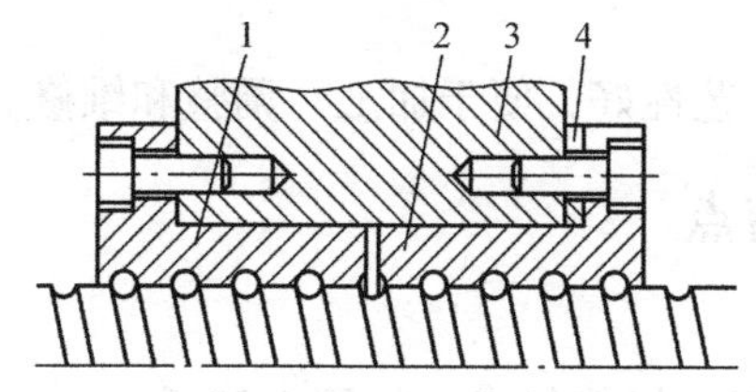

图 1-27　垫片调整法
1、2—螺母　3—螺母座　4—垫片

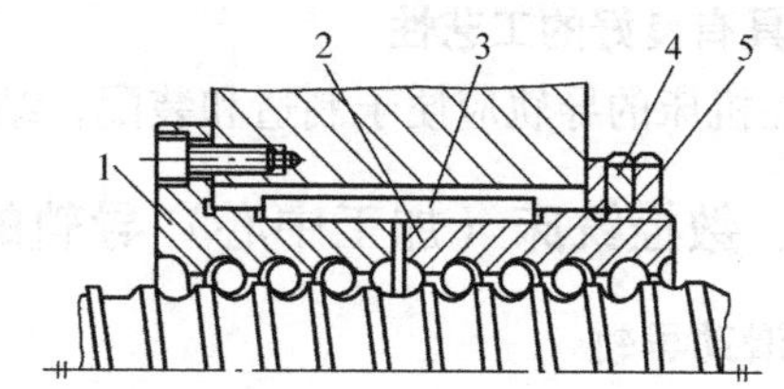

图 1-28　螺纹调整法
1—凸缘螺母　2—螺母　3—平键　4—调整螺母　5—预紧螺母

特点：结构紧凑，调整方便，应用较广泛，但调整的轴向位移量不精确。

（3）齿差调整法　如图 1-29 所示，在两个螺母的凸缘上各制有圆柱外齿轮，分别与固紧在套筒两端的内齿圈相啮合，其齿数分别为 z_1、z_2 并相差一个齿。调整时，先取下内齿圈，使两个螺母相对于套筒同方向均转动一个齿，然后插入内齿圈，则两个螺母便产生相对角位移，即轴向位移量。

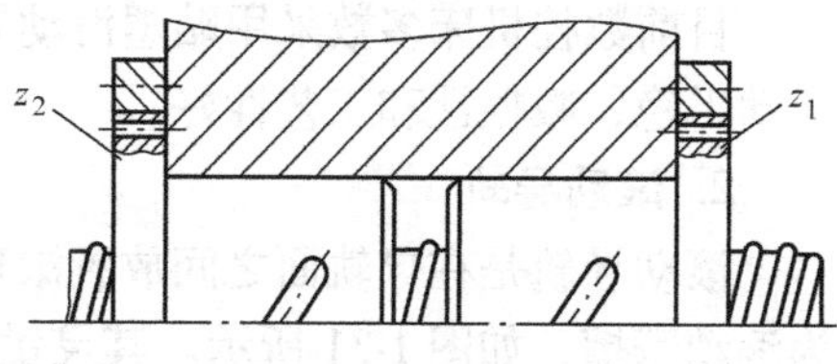

图 1-29　齿差调整法

特点：能精确调整预紧量，调整方便、可靠，但结构尺寸较大，多用于高精度的传动。

知识四　数控铣床（加工中心）导轨

导轨主要用来支承和引导运动部件沿着一定的轨道运动。在导轨副中，运动的一方称为动导轨，不动的一方称为支承导轨。动导轨相对于支承导轨的运动，通常是直线运动或回转运动。导轨是进给系统的重要环节，是机床基本结构要素之一。

一、对数控机床导轨的要求

1. 导向精度高

导向精度是指数控机床的动导轨沿支承导轨运动的直线度（对直线运动导轨）或圆度

（对圆周运动导轨）。数控机床无论在空载或切削加工时，导轨都应有足够的刚度和导向精度。数控机床影响导向精度的主要因素是导轨的几何精度、导轨的结构形式和装配质量及导轨与基础件的刚度等。

2. 良好的精度保持性

精度保持性是指导轨在长期的使用中保持导向精度的能力。数控机床导轨的耐磨性是保持精度的决定性的因素，它与导轨的摩擦性能、导轨的材料等有关。数控机床导轨面除了力求减少磨损量外，还应使导轨面在磨损后能自动补偿和便于调整。

3. 具有足够的刚度

机床各运动部件所受外力，最后都由导轨面来承受。导轨若受力变形过大，不仅破坏了导向精度，而且恶化了导轨的工作条件。导轨的刚度主要取决于导轨的类型、结构形式和尺寸大小，导轨与床身的连接方式，导轨的材料和表面加工质量等。

4. 具有良好的耐磨性

导轨长期使用后，能保持一定的使用精度。数控机床导轨的耐磨性决定了导轨的精度保持性。耐磨性受导轨副的材料、硬度、润滑和载荷的影响。

5. 具有良好的工艺性

数控机床的导轨应便于制造和装配，结构简单，工艺性好，便于加工、调整和维修。

二、数控铣床（加工中心）导轨的类型与特点

1. 滑动导轨

滑动导轨具有结构简单、制造方便、刚度好、抗振性好等优点，如图 1-30 所示。由于滑动导轨的动摩擦系数随着速度变化而变化，摩擦损失大，低速易产生爬行现象，从而降低了运动部件的定位精度，故除了经济型机床以外，在其他数控机床上已不再采用。

目前数控机床多数采用贴塑滑动导轨。贴塑滑动导轨的特点是摩擦特性好，耐磨性好，运动平稳，减振性和工艺性好。

2. 滚动导轨

滚动导轨是在导轨面之间放置滚珠、滚柱、滚针等滚动体，使导轨面之间的滑动摩擦变为滚动摩擦，如图 1-31 所示。其灵敏度高，运动平稳，低速移动时不易出现爬行现象，定位精度高，摩擦阻力小，移动轻便，磨损小，精度保持性好，使用寿命长。但其抗振性较差，对防护要求较高，结构复杂，制造比较困难，成本较高。

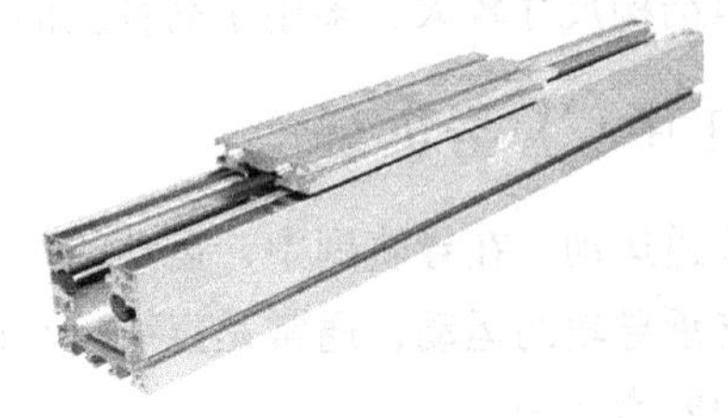

图 1-30 滑动导轨

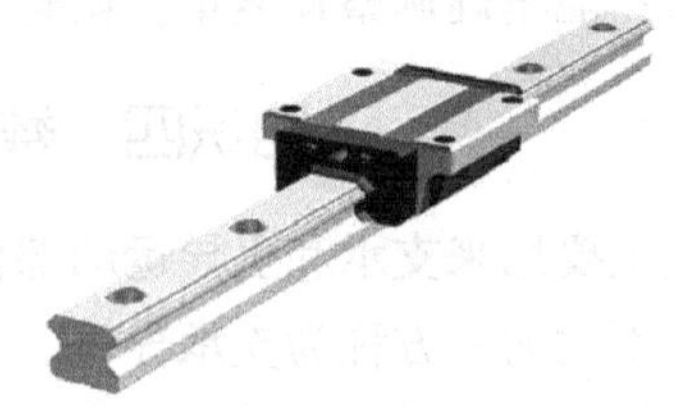

图 1-31 滚动导轨

3. 静压导轨

静压导轨分为液体静压导轨与空气静压导轨两种。

1）液体静压导轨如图 1-32 所示，在两导轨工作面之间开有油腔，通入具有一定压力的

润滑油后，可形成静压油膜，使导轨工作表面处于纯液体摩擦，不产生磨损，精度保持性好；同时，摩擦因数也极低，使驱动功率大大降低；低速无爬行，承载能力大，刚度好；此外，油液有吸振作用，抗振性好。其缺点是结构复杂，要有专门的供油系统，油的清洁度要求高。静压导轨在机床上已得到日益广泛的应用。

2）空气静压导轨如图 1-33 所示，在两导轨工作面之间通入具有一定压力的空气后，可形成静压气膜，使两导轨面形成均匀分离，以得到高精度的运动；同时，摩擦因数小，不易引起发热变形，但会随空气压力波动而使空气膜发生变化，且承载能力小，常用于负载不大的场合。此外，必须注意导轨面的防尘，因为尘埃落入空气导轨面内会引起导轨面的损伤。

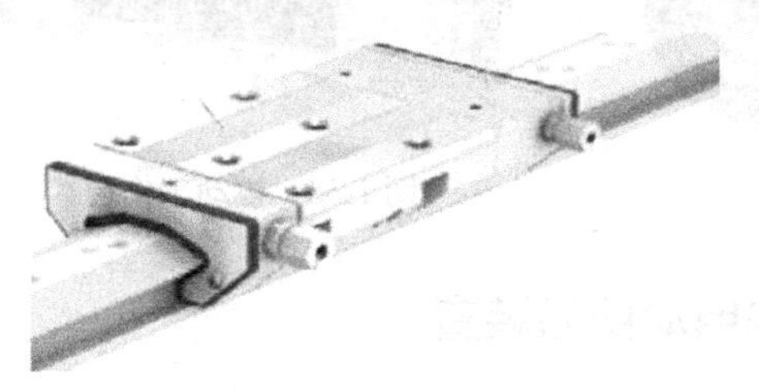

图 1-32　液体静压导轨

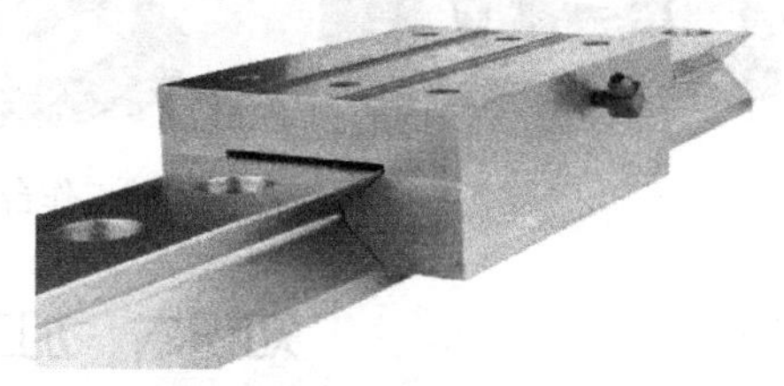

图 1-33　空气静压导轨

知识五　数控铣床（加工中心）工作台

工作台主要用于加工时安装工件，是数控机床的重要部件，其形式往往表征机床规格和性能。工作台有多种形式，常用的有矩形工作台（用于直线坐标进给）、回转工作台（用于回转坐标进给）和摆动工作台。常见的回转工作台包括方形回转工作台、圆形回转工作台及万能倾斜回转工作台等。

一、矩形工作台

矩形工作台使用最多，以表面上的 T 形槽与工件、附件等连接，基准一般设在中间，如图 1-34 所示。

图 1-34　矩形工作台

二、回转工作台

方形回转工作台用于卧式铣床，表面以众多分布的螺纹孔安装工件，如图 1-35 所示；圆形回转工作台可作任意角度的回转和分度，表面 T 形槽呈放射状分布，如图 1-36 所示。

图 1-35　方形工作台

图 1-36　圆形回转工作台

万能倾斜回转工作台如图 1-37 所示，它能使机床增加一个或两个回转坐标，从而使三坐标机床实现四轴、五轴加工功能。

三、摆动工作台

摇臂式摆动工作台可以将工件装夹在两摇臂之间，并在一定角度范围内进行摆动加工，如图 1-38 所示。它适合于在摆动过程 中进行五坐标联动加工。

图 1-37 万能倾斜回转工作台

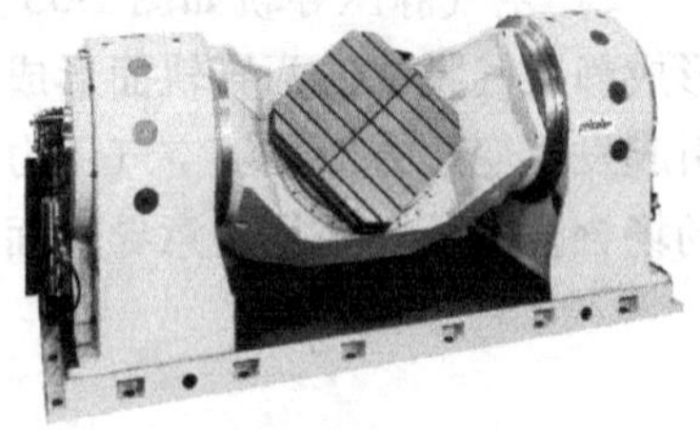

图 1-38 摆动工作台

知识六 加工中心自动换刀装置

数控机床多采用刀库式自动换刀装置。带刀库的自动换刀系统由刀库和刀具交换机构组成，它是多工序数控加工中心上应用最广的换刀方法。其换刀过程较为复杂，首先将加工过程中需要使用的全部刀具分别安装在标准的刀柄上，在机外进行尺寸预调整后，按一定的方式放入刀库，换刀时先在刀库中进行选刀，并由刀具交换装置从刀库和主轴上取出刀具。在进行刀具交换之后，将新刀具装入主轴，把旧刀具放回原刀库。存放刀具的刀库具有较大的容量，它既可安装在主轴箱的侧面或上方，也可作为单独部件安装到机床以外。

一、常见刀库的种类

刀库用于存放刀具，它是自动换刀装置中的主要部件之一。根据刀库存放刀具的数目和取刀方式，刀库可设计成不同类型，常见的刀库有圆盘刀库和链式刀库两种形式。

1. 圆盘刀库

圆盘刀库的存刀量可达 6 ~ 60 把，占有较大空间，可分两种形式：一种是径向分布盘式刀库，如图 1-39 所示，一般置于机床立柱上端，刀库轴线水平放置；另一种是轴向分布盘式刀库，如图 1-40 所示，常置于主轴侧面，刀库轴线垂直放置。

图 1-39 径向分布盘式刀库

图 1-40 轴向分布盘式刀库

2. 链式刀库

链式刀库是较常使用的形式，如图 1-41 所示，常用的有单排链式刀库和加长链条的链式刀库。链式刀库的容量比盘式刀库大，结构也比较灵活。它可以采用加长链条的方式增加刀库的容量，也可以采用链条折叠回绕的方式提高空间的利用率，在要求刀具容量很大时还可以采用多链条结构。

二、加工中心换刀方式

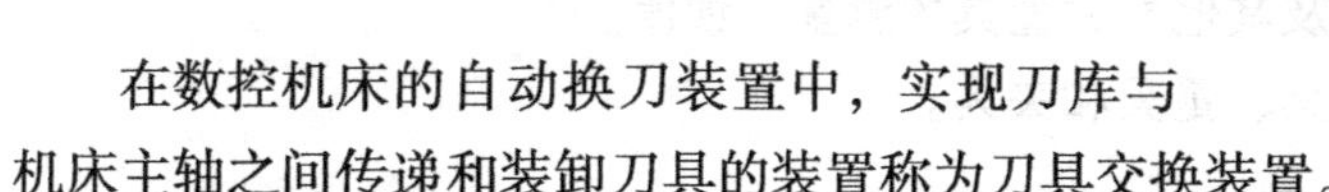

图 1-41　链式刀库

在数控机床的自动换刀装置中，实现刀库与机床主轴之间传递和装卸刀具的装置称为刀具交换装置。

1. 无机械手换刀

采用无机械手换刀时，刀库中存放刀具的轴向方向与主轴平行，刀具放在主轴可到达的位置换刀时，主轴箱移动到刀库换刀位置的上方，利用刀盘运动将加工用完的刀具先插入刀库指定的空位处，然后刀盘作回退运动，将待换刀具转到待命位置，刀盘再移动到主轴换刀位置将待用刀具从刀盘中取出插入主轴。这两个动作不可能同时进行，因此换刀时间较长。无机械手换刀如图 1-42 所示。

2. 机械手换刀

采用机械手换刀时，机械手臂中间轴转动 180°，一端将加工用完的刀具从主轴中夹住，与此同时机械手臂另一端将刀库中待命的刀具同时夹住，然后手臂下降一段距离分别将两把刀具带出，再转动 180°，交换位置，手臂归位完成换刀动作，这两个动作同时进行，因此换刀时间短。机械手换刀如图 1-43 所示。

图 1-42　无机械手换刀

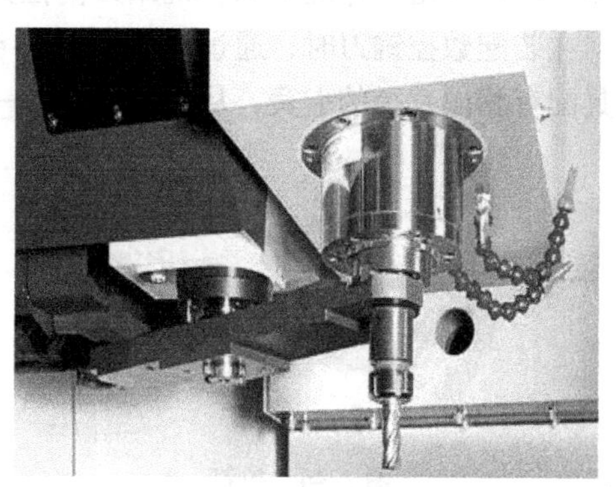

图 1-43　机械手换刀

思考练习

1. 数控机床对结构的要求主要有哪几个方面？
2. 简要说明数控铣床的主运动系统的特点。
3. 数控铣床（加工中心）对进给运动系统有哪些要求？

4. 滚珠丝杠如何预紧？

5. 数控机床的导轨副有哪几种形式？

6. 数控加工中心常用的换刀方式有哪些？

课题四 数控铣床（加工中心）刀具、夹具及量具的使用

学习目标

- 掌握数控铣削常用刀具、夹具和量具及在加工中的选用。
- 学会游标卡尺、外径千分尺及其他相关量具的测量、读值。
- 能根据加工零件正确使用刀具、量具和夹具。

知识一 数控铣床（加工中心）常用刀具系统

数控铣削刀具必须适应数控机床高速、高效和自动化程度高的特点，这就要求其刀具本身应具有高效率、高精度、高可靠性和专业化的特点，广泛应用于高速切削、精密和超精密加工、干切削、硬切削和难加工材料的加工等先进制造技术领域。

数控铣削刀具由刀柄和刃具两个部分组成。刀柄要求规定铣床配备相应的刀柄及拉钉的标准、尺寸和规格，否则无法安装；刃具包括钻头、铣刀、铰刀、丝锥、镗刀等。

一、刀柄

数控铣床所使用的刃具是通过刀柄与主轴相连的，刀柄通过拉钉（图1-44）固定在主轴上，拉钉通过螺纹与刀柄相连。机床通过拉紧拉钉将刀柄与刃具固定在主轴上。根据各个机床生产厂的出厂标准不同，机床刀柄拉紧机构也不统一。

在装配数控铣刀时，通过卡簧（图1-45）来实现刀柄与刃具之间的连接，不同直径的刃具配有相同直径的卡簧，从而可以实现一种规格的刀柄装配出多种尺寸的刃具。

图1-44 拉钉

图1-45 卡簧

常用刀柄与主轴的配合锥面一般采用7:24的锥柄，因为这种锥柄具有不自锁，可以实现快速装卸刀具，刀柄的锥体在拉杆轴向拉力的作用下紧密与主轴的内锥面接触，由刀柄夹持传递转速、转矩等优点，因此刀柄的强度、刚性、耐磨性、制造精度以及夹紧力等对加工有直接影响。常用刀柄的分类如下：

1. 按刀具的夹紧方式分

按刀具夹紧方式可分为弹簧夹头铣刀柄（图1-46），和强力铣刀刀柄（图1-47）。

2. 按所夹持的刀具分

1）圆柱铣刀刀柄如图1-48所示，用于夹持圆柱铣刀。

2）面铣刀刀柄如图1-49所示，用于与面铣刀盘配套使用。

3）丝锥刀柄如图1-50所示，用于工件上的攻螺纹，它由夹头柄部和丝锥夹套两部分组成，攻螺纹时能自动补偿螺距，攻螺纹夹套有转矩过载保护装置，以防止攻螺纹时丝锥折断。

4）直柄钻头刀柄如图1-51所示，用于装夹直径在13mm以下的中心钻、直柄麻花钻等。

5）锥柄钻头刀柄如图1-52所示，用于夹持莫氏锥度刀杆的钻头、铰刀等，带有扁尾槽及装卸槽。

6）镗刀刀柄如图1-53所示，用于各种尺寸孔的镗削加工，有单刃、双刃以及重切削等类型。在孔加工刀具中占有较大比例，是孔精加工的主要手段，其性能要求也很高。

TSG工具系统常用刀柄的形式和尺寸代号见表1-3。

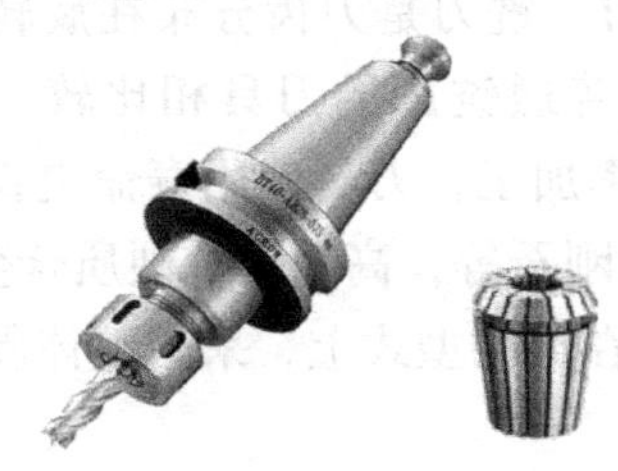

图1-46　弹簧夹头刀柄及卡簧

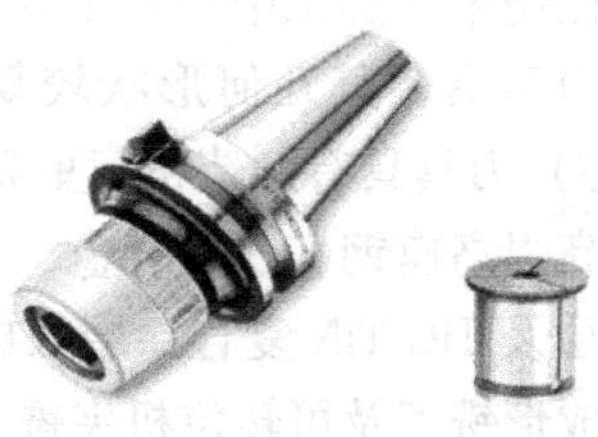

图1-47　强力铣刀刀柄及卡簧

图1-48　圆柱铣刀刀柄

图1-49　面铣刀刀柄

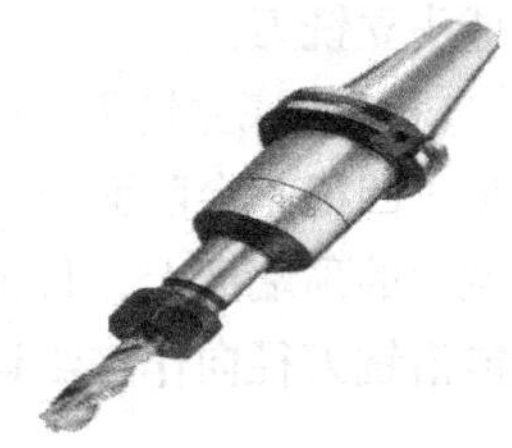

图1-50　丝锥刀柄

图1-51　钻夹头刀柄

图1-52　锥柄钻头刀柄

图1-53　镗刀刀柄

表 1-3　TSG 工具系统常用刀柄的形式和尺寸代号

柄部的形式		柄部的尺寸	
代　号	代号意义	代号含义	举　例
BT	7:24 锥度的锥柄，柄部带机械手夹持槽	ISO 锥度号	BT40
JT	加工中心用锥柄，柄部带机械手夹持槽	ISO 锥度号	JT50
ST	一般数控机床用锥柄，柄部无机械手夹持槽	ISO 锥度号	ST40
MTW	无扁尾莫氏锥柄	莫氏锥度号	MTW3
MT	有扁尾莫氏锥柄	莫氏锥度号	MT1
ZB	直柄接杆	直径尺寸	ZB32
KH	7:24 锥度的锥柄接杆	锥柄的锥度号	KH45

二、刀具

在数控铣床（加工中心）上使用的刀具主要是铣刀。铣刀是刀齿分布在旋转表面或端面上的多刃刀具，其几何形状较复杂，种类较多。与普通铣床的刀具相比较，数控铣削(加工中心) 刀具具有制造精度更高，要求高速、高效率加工，刀具使用寿命更长。刀具的材质选用高强高速钢、硬质合金、立方氮化硼、人造金刚石等，高速钢、硬质合金采用 TiC 和 TiN 涂层及 TiC-TiN 复合涂层来提高刀具使用寿命。在结构型式上，采用整体硬质合金铣刀、整体成形铣刀及可转位机夹铣刀。

1. 整体硬质合金铣刀

整体硬质合金铣刀是数控铣床上应用较多的一种铣刀，主要分平底立铣刀、键槽立铣刀和球头立铣刀。

(1) 平底立铣刀　平底立铣刀是数控铣削加工中应用最广的铣刀，主要用在立式铣床上加工凹槽、台阶面及成形面等。其特征为主切削刃分布在铣刀的圆柱面上，副切削刃分布在铣刀的顶端面上，且顶端面中心有顶尖孔，因此铣削时一般不能沿铣刀轴向作进给运动，只能沿铣刀径向作进给运动。常见的平底立铣刀如图 1-54 所示。

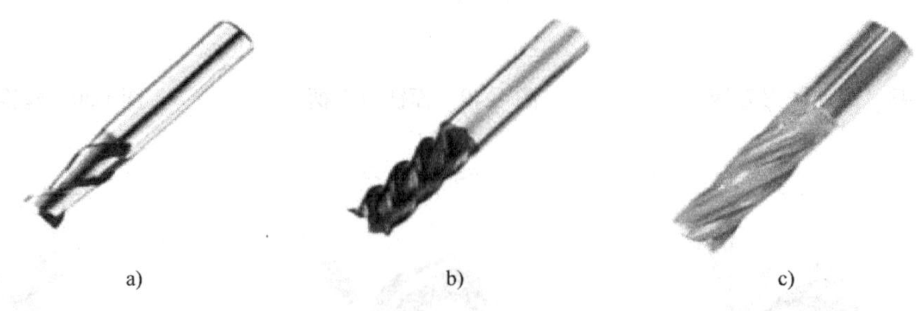

a)　　b)　　c)

图 1-54　常见的平底立铣刀

a) 平底双刃立铣刀　b) 平底三刃立铣刀　c) 镶合金螺旋立铣刀

(2) 键槽立铣刀　平底立铣刀与键槽立铣刀的区别主要在于平底立铣刀是用来加工平面的，且对侧刃要求切削平稳，一般做成三个以上的刀齿，由于刀齿呈螺旋形，在铣削时有两个以上的刀齿同时参与切削，工作平稳，排屑良好，加工效率较高，容易得到良好的加工表面；而键槽铣刀主要是用来加工键槽的，要求一次铣削出的键槽宽度尺寸符合技术要求，为消除径向切削力的影响，故将刀具设计为两个互相对称的刀齿，在铣削时，分布在两个刀齿上的切削力矩形成力偶，径向力互相抵消，因此一次可以加工出与刀具回转直径相同宽度的键槽。键槽立铣刀如图 1-55 所示。

平底立铣刀与键槽立铣刀外形相似，有直柄、锥柄之分，但用法不同，平底立铣刀有三个或三个以上的刀齿，圆周切削刃是主切削刃，用于加工内、外轮廓面，且只能沿刀具径向作进给运动；而键槽铣刀仅有两个刀齿，端面铣削刃为主切削刃，强度较高，圆周切削刃是副切削刃，专门用于加工圆头封闭槽，可沿刀具轴向或径向作进给运动。

（3）球头立铣刀　球头立铣刀的端面不是平面，而是带切削刃的球面，刀体形状有圆柱形和圆锥形两种，又分为整体式和机夹式。球头立铣刀主要用于模具的曲面铣削加工，加工时一般采用三坐标联动，铣削时不仅能沿铣刀轴向进给，也能沿铣刀径向进给，刀具与工件的接触往往为一点，可加工出各种形状复杂的成形表面。球头立铣刀如图 1-56 所示。

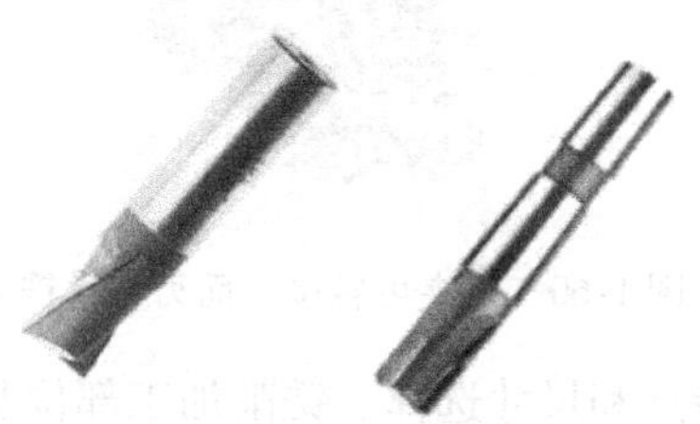

图 1-55　键槽立铣刀

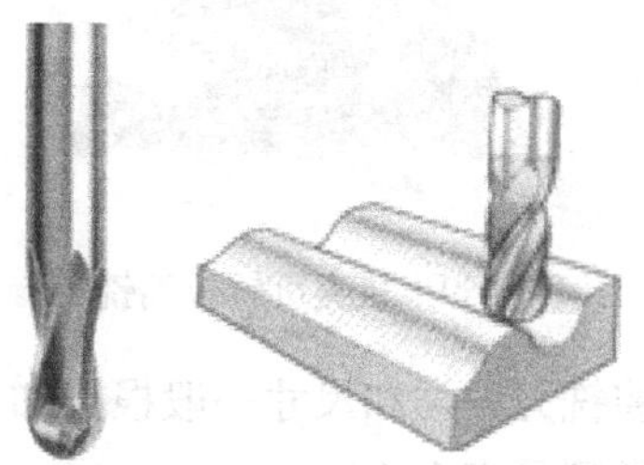

图 1-56　球头立铣刀

2. 整体成形铣刀

整体成形铣刀一般都是为特定的工件或加工内容专门设计制造的专用刀具，适用于加工平面类零件的特定形状的孔、角度面、凹槽面等，也适于特形孔或台阶，常用于模型面的加工。几种常见整体成形铣刀的外形如图 1-57 所示。

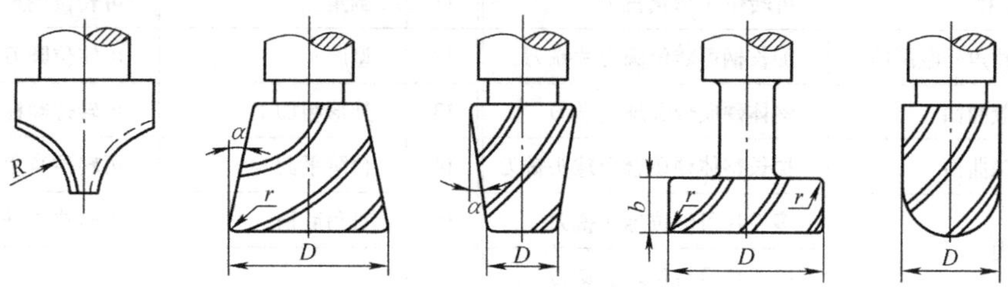

图 1-57　几种常见整体成形铣刀的外形

3. 可转位机夹铣刀

可转位机夹铣刀也是数控铣床（加工中心）上应用较多的一类铣刀，主要分为机夹可转位立铣刀、机夹可转位面铣刀及机夹可转位三面刃直槽铣刀等。

（1）机夹可转位圆柱立铣刀　机夹可转位圆柱立铣刀的刀片呈螺旋线排列，加工中同时参与切削的刃口增加，切削力平稳，排屑流畅，一刀多用。它广泛应用于各种粗加工和半精加工，如模具型腔粗加工，铣削较宽、较深的槽时有显著优势。机夹可转位圆柱立铣刀及切削加工示意图如图 1-58 所示。

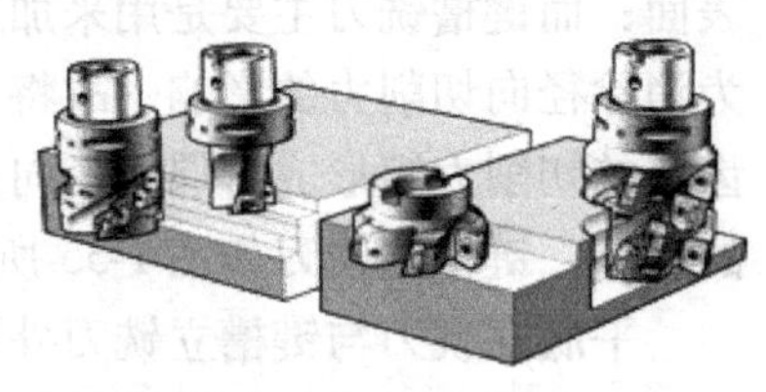

图 1-58　机夹可转位圆柱立铣刀及切削加工示意图

（2）机夹可转位面铣刀　机夹可转位面铣刀的圆周表面和端面上都有切削刃，端部切削刃为副切削刃，多制成套式镶齿结构和刀片机夹可转位结构，如图 1-59 所示。

由于机夹可转位面铣刀刀体自重轻，容屑空间大，排屑流畅，切削轻快，通用性好，因此它既可以用于粗加工也可以用于精加工。

（3）机夹可转位三面刃直槽铣刀　机夹可转位三面刃直槽铣刀主要用来加工直沟槽或台阶面，其圆周上是主切削刃，两侧面是副切削刃，如图 1-60 所示。

图 1-59　机夹可转位面铣刀

图 1-60　机夹可转位三面刃直槽铣刀

数控铣刀种类和尺寸一般根据加工表面的形状特点和尺寸选择。铣削加工部位及所使用铣刀的类型见表 1-4。

表 1-4　铣削加工部位及所使用铣刀的类型

序号	加工部位	可使用铣刀类型	序号	加工部位	可使用铣刀类型
1	平面	可转位平面铣刀	9	较大曲面	多刀片可转位球头铣刀
2	带倒角的开敞槽	可转位倒角平面铣刀	10	大曲面	可转位圆刀片面铣刀
3	T 形槽	可转位 T 形槽铣刀	11	倒角	可转位倒角铣刀
4	带圆角开敞深槽	加长柄可转位圆刀片铣刀	12	型腔	可转位圆刀片立铣刀
5	一般曲面	整体硬质合金球头铣刀	13	外形粗加工	可转位圆柱铣刀
6	较深曲面	加长整体硬质合金球头铣刀	14	台阶平面	可转位直角平面铣刀
7	曲面	多刀片可转位球头铣刀	15	直角腔槽	可转位立铣刀
8		单刀片可转位球头铣刀			

三、铣刀的安装

1. 刀具在刀柄中的安装

铣刀安装在刀柄上以后才能装夹在机床主轴上。铣刀刀柄多为直柄，其结构分解图如图 1-61 所示，采用弹簧夹头装置将铣刀夹紧，具体应根据刀具直径尺寸选择相应的弹簧夹头，将铣刀杆装入弹簧夹头孔内，可根据加工深度控制刀具伸出量，再将弹簧夹头按入锁紧螺母内，然后放入锁刀座，用钩扳手顺时针锁紧螺母，如图 1-62 所示。

2. 刀具在数控机床主轴中的安装

打开供气气泵，向数控铣床（加工中心）的气动装置供气；手握刀柄底部，将刀柄柄部伸入主轴锥孔中；按下气动按钮，同时向上推刀柄；松开气动按钮，然后松开握刀柄的手，完成刀柄在铣床上的安装，如图1-63所示。

图1-61　铣刀刀柄结构分解图　　图1-62　锁刀座及钩扳手　　图1-63　刀柄在铣床主轴上的安装

知识二　数控铣床（加工中心）常用夹具

数控铣床（加工中心）零件常见装夹方法包括使用机用平口钳、压板、弯板、V形块、T形螺栓、托盘、组合夹具、专用夹具装夹工件。

一、平口钳

平口钳包括手动平口钳、机用平口钳及正弦平口钳三种形式。

（1）手动平口钳　如图1-64所示，使用时找正钳口用固定扳手将工件夹紧。

（2）机用平口钳　如图1-65所示，使用时找正钳口再将工件装夹在钳口上，这种方式装夹方便，应用广泛，常用于装夹形状规格小的工件。

（3）正弦平口钳　如图1-66所示，使用时通过钳身上的孔及滑槽来改变角度，可用于斜面零件的装夹。

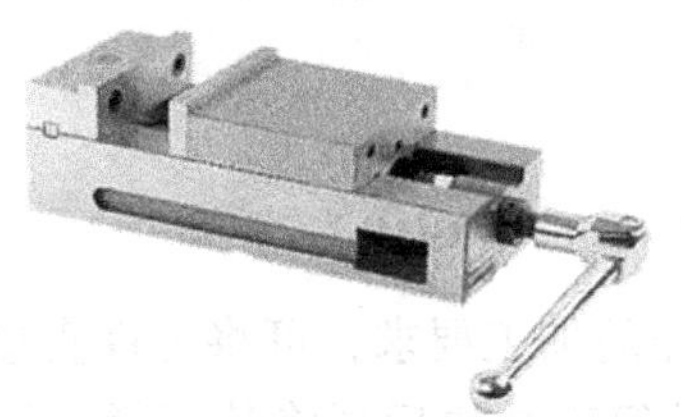

图1-64　手动平口钳

图1-65　机用平口钳

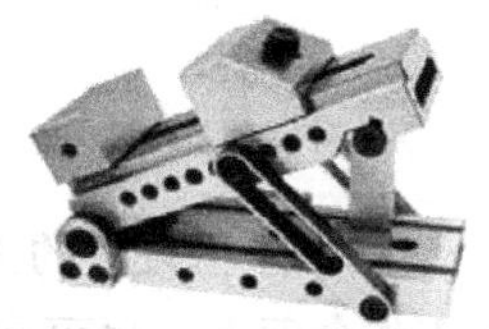

图1-66　正弦平口钳

二、平口钳的找正

平口钳应安装在机床工作台中间的T形槽内，钳口位置居中，如图1-67所示。装夹工件前，必须要找正钳口。首先松开平口钳体与底座转盘的紧固螺母，水平回转90°稍略紧固后，用百分表找正钳口，与工作台横向（或纵向）进给方向平行，如图1-68所示。

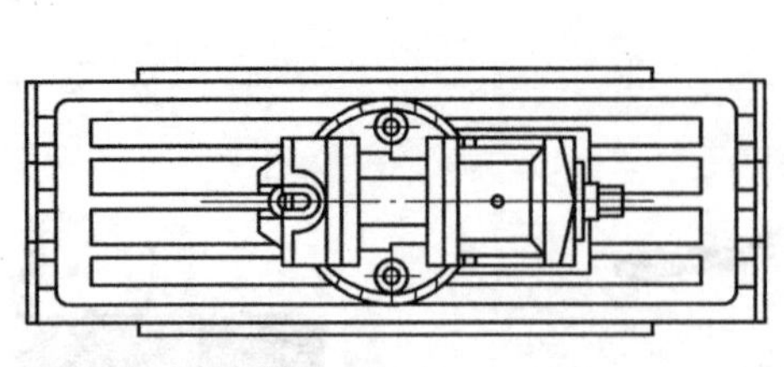

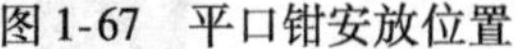

图 1-67 平口钳安放位置

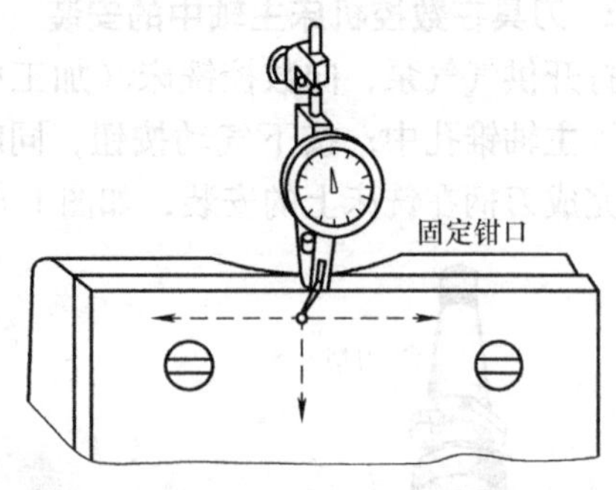

图 1-68 百分表找正平口钳

找正时，将百分表磁座吸在主轴底端，注意防止百分表座与连接杆的松动。进行找正操作时，先将百分表触头与固定钳口长度方向的中部接触，然后移动横向工作台，根据显示值微调回转角度，直至钳口与横向（或纵向）平行。同时，Z 向移动，可以找正固定钳口与工作台面的垂直度误差。装夹工件时，应装夹毛坯的两侧面，在工件下表面与平口钳之间放入精度较高的平行垫铁，垫铁的厚度与宽度要适当，应保证工件在本次定位装夹中所有需要完成的待加工面充分暴露在外，以方便加工，最后用塑胶榔头敲击工件，使垫铁不能移动后夹紧工件。

三、压板

如果工件比较大，常采用压板装夹工件，如图 1-69a 所示。数控铣床（加工中心）工作台面上有数条 T 形槽，即利用 T 形槽螺栓和压板将工件固定在机床工作台上即可。装夹工件时，需根据工件装夹精度要求，用百分表等找正工件。

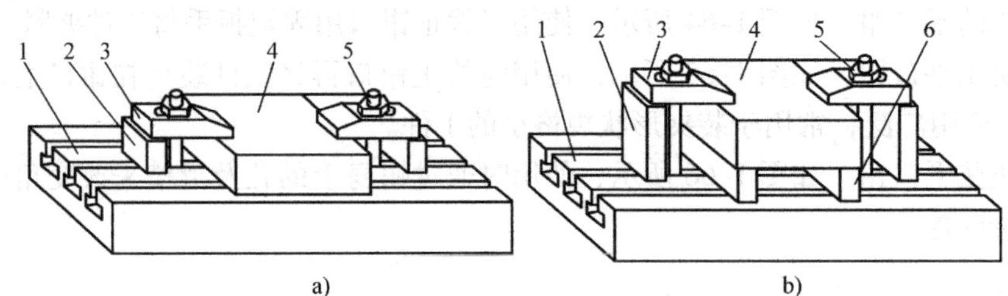

图 1-69 压板装夹工件

1—工作台 2—支承块 3—压板 4—工件 5—双头螺柱 6—等高垫块

对于体积较大的工件大都用组合压板来装夹，根据图样的加工要求，可将工件直接压在工作台面上。也可在工件下面垫上厚度适当且要求较高的等高垫块后再将其压紧（图 1-69b），这种装夹方法可进行贯通的挖槽或钻孔加工。

四、采用平口钳垫 V 形块定位装夹

在铣削加工时，常使用平口钳配合 V 形块夹来紧工件，它具有结构简单，夹紧牢靠等特点。当采用 V 形块定位装夹时可分双 V 形块定位装夹（图 1-70）和单 V 形块装夹（图 1-71）。

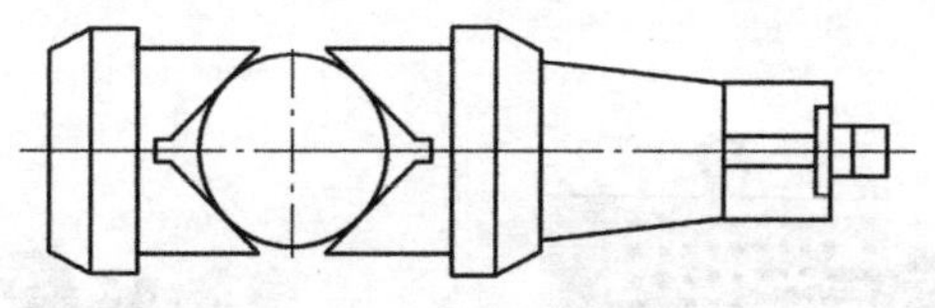

图 1-70　双 V 形块定位装夹

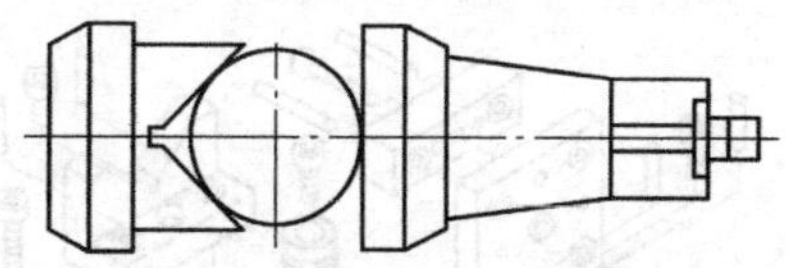

图 1-71　单 V 形块定位装夹

安装 V 形块时必须先将平口钳两夹紧面擦干净，利用百分表找正钳口夹紧面与工作台垂直，同时找正钳口夹紧面与横向或纵向工作台方向平行，以保证铣削的加工精度。

五、铣床用卡盘

对圆盘料在数控铣床上的装夹一般多用自定心卡盘或单动卡盘，如图 1-72 所示。

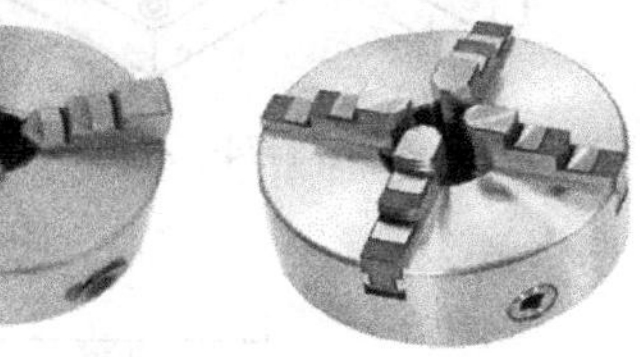

图 1-72　自定心卡盘与单动卡盘

六、组合夹具

组合夹具是一种标准化、系列化、通用化程度很高的工艺装备，其应用广泛。组合夹具是按照一定的工艺要求，由一套预先制造好的通用标准元件和部件组合而成的夹具。其特点是可拆卸、可组装，是一种较为经济的夹具。

1. 组合夹具的分类

组合夹具分槽系组合夹具和孔系组合夹具两类。

（1）槽系组合夹具　槽系组合夹具靠基础板上标准间距、相互平行及相互垂直的 T 形槽或键槽，通过键在槽中的定位，就能准确定位各元件在夹具中的位置，再通过螺栓的连接而组合在一起，分大、中、小三种规格，如图 1-73 所示。

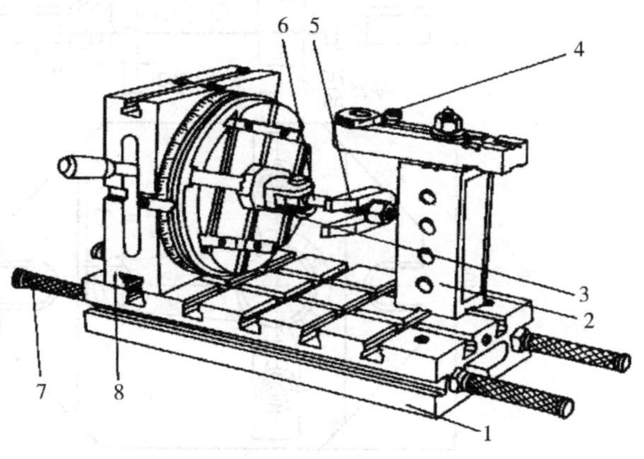

图 1-73　槽系组合夹具

1—长方形基础板　2—正方形支承件　3—菱形定位盘　4—钻套　5—叉形压板　6—螺栓　7—手柄杆　8—分度合件

（2）孔系组合夹具　孔系组合夹具是指夹具元件之间的相互位置由孔和定位销来确定，元件之间由螺栓连接，在使用时能够快速地组装成机床夹具，如图 1-74 所示。其特点是结构简单、刚性好、组装方便、定位精度高。图 1-75 所示为法兰盘在孔系组合夹具上的装夹。

2. 组合夹具的组成结构

以铣连杆槽组合夹具的组成结构为例，如图 1-76 所示。工件在夹具中的位置是靠夹具体 1 的上平面、圆柱销 11 和菱形销 10 来保证的。夹紧时，转动螺母 7 压下压板 2，压板 2 的一端压着夹具体，另一端压紧工件，保证工件的正确位置不变。由此可以看出，数控机床夹具主要由以下几部分组成。

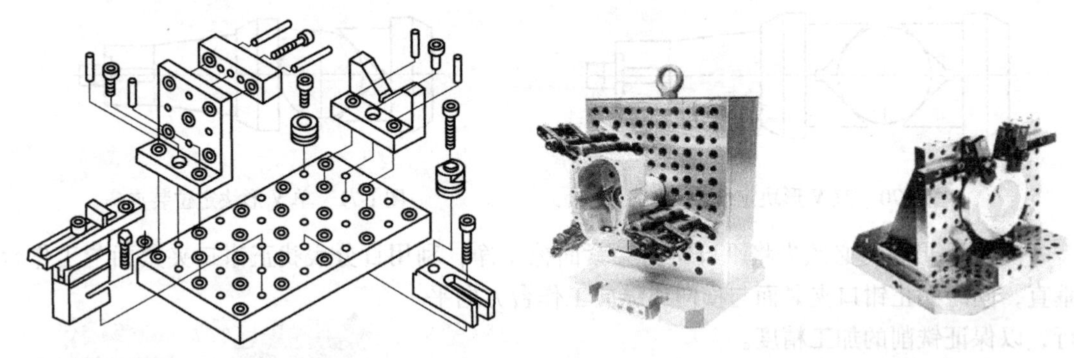

图 1-74　孔系组合夹具　　　图 1-75　法兰盘在孔系组合夹具上的装夹

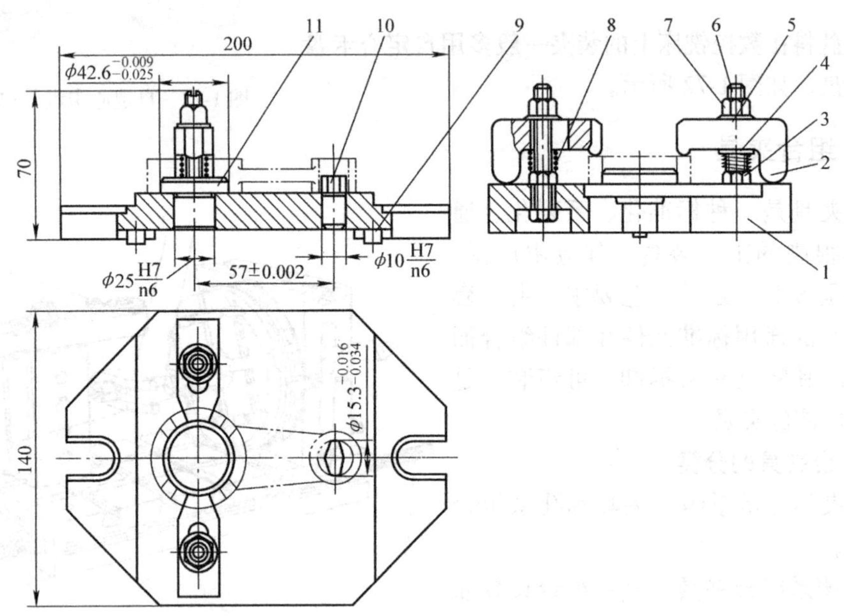

图 1-76　铣连杆槽组合夹具的组成结构

1—夹具体　2—压板　3、7—螺母　4、5—垫片　6—螺栓　8—弹簧　9—定位键　10—菱形销　11—圆柱销

（1）定位装置　由定位元件及其组合而构成。它用于确定工件在夹具中的正确位置。如图 1-76 中的圆柱销 11、菱形销 10 等都是定位元件。

（2）夹紧装置　用于保证工件在夹具中的夹紧，使其在外力作用下不会产生移动。它包括夹紧元件、传动元件以及动力元件等。如图 1-76 中的压板 2、螺母 3 和 7、垫片 4 和 5、螺栓 6 及弹簧 8 等元件组成的装置都是夹紧装置。

（3）夹具体　用于连接夹具上每个元件及装置，使其成为一个整体的基础件，以保证夹具的精度和刚度。如图 1-76 中的夹具体 1。夹具体常为铸件、锻件及焊接件结构。

（4）其他元件及装置　是指夹具中因特殊需要而设置的装置或元件。为方便、准确地定位，常设置预定位装置、分度装置等；对于大型夹具，常设置吊装元件、平衡块、起动或液压操纵机构等。

知识三　数控铣床（加工中心）常用量具

数控铣床（加工中心）常用量具主要包括内外径游标卡尺、千分尺、游标万能角度尺、百分表、三坐标测量仪、对刀仪等。

一、游标卡尺

游标卡尺是生产中应用较广泛的通用量具，可以用来测量工件外径、孔径、长度、深度及沟槽宽度等。其分度值有0.02mm、0.05mm和0.1mm三种。如图1-77所示，游标由主标尺和游标尺等组成，使用时，松开制动螺钉，用手轻拉轻推移动游标，使活动测量爪移动与零件表面相接触，从而来检测零件相关尺寸。使用游标卡尺时应注意测量力要适当，过大或过小都会产生测量值误差。

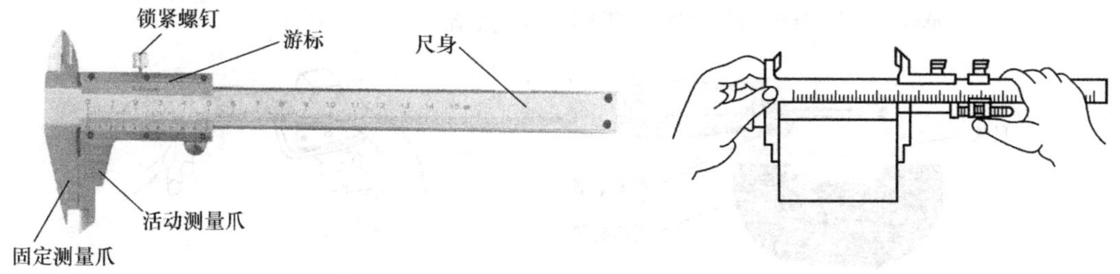

图1-77　游标卡尺及其使用

游标卡尺的其他使用测量方法如图1-78所示。

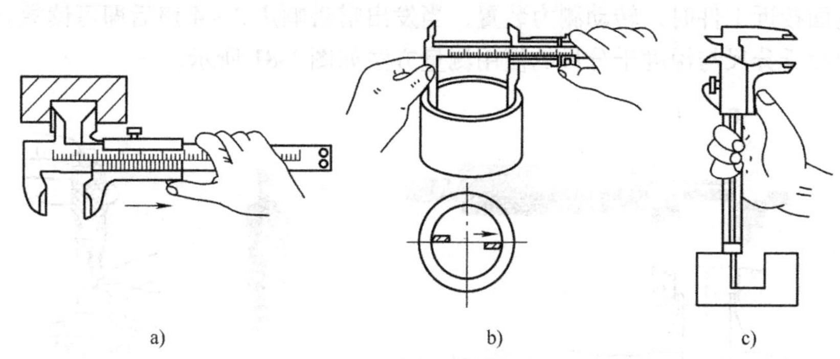

图1-78　游标卡尺的其他使用方法

a）测量槽宽　b）测量孔径　c）测量深度

常见分度值为0.02mm游标卡尺的使用及读数方法如下：

1）将工件置于固定卡爪与活动卡爪之间，工件紧密接触不能倾斜。

2）先读整数、再读小数。看游标尺零标线的左边，主标尺上最靠近的一条标尺标线的数值，读出被测尺寸的整数部分；看游标尺零标线的右边，数出游标尺第几条标尺标线与主标尺标尺标线对齐，读出被测尺寸的小数部分，即游标读数值乘其对齐标尺标线的顺序数，如图1-79所示。

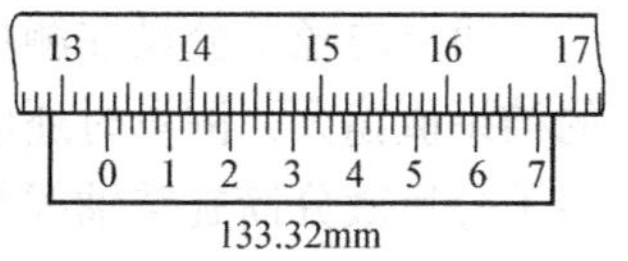

图1-79　游标卡尺读数示例

3）得出被测尺寸，把上面两次读数的整数部分和小数部分相加，即是所测尺寸，示例中读数的整数部分是133mm，游标的第11条线与主标尺标尺标线对齐，所以读数的小数部分是0.02mm×11=0.22mm，则被测工件尺寸为（133 +0.22）mm=133.22mm。

二、千分尺

外径千分尺是生产中常用的一种精密量具，其分度值为0.01mm、0.001mm、0.002mm和0.005mm四种。外径千分尺的外形及使用方法如图1-80所示。在千分尺的固定套管中间刻有一条读数的基准线，在基准线的上、下两侧刻有两排标尺标线，每排标尺标线间距为1mm，上下两排错开0.5mm，这样根据这两排标尺标线就可以很直观地读出毫米数和半毫米数。微分筒圆周平分为50格，每转动一格，测微螺杆轴向移动0.01mm，当微分筒转动一周时，测微螺杆轴向移动0.5mm，即固定套管上的半格。

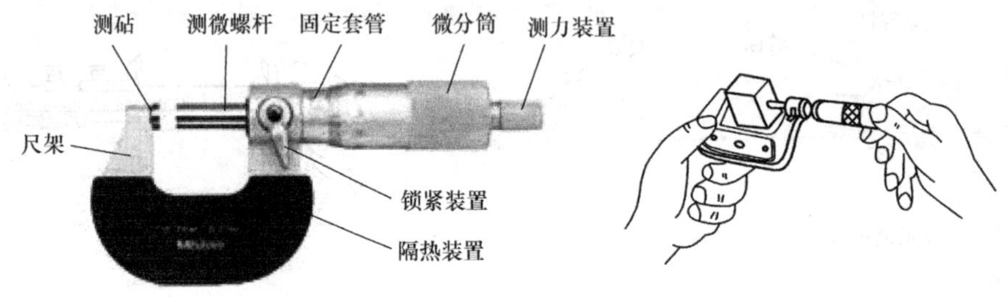

图1-80 外径千分尺的外形及使用

使用千分尺测量时，可以单手握、双手握或将千分尺固定在尺架上，注意先转动微分筒，当测量面接近工件时，转动测力装置，当发出嗒嗒响声2～4声后即可读数。

两点内径千分尺与深度千分尺的使用测量方法如图1-81所示。

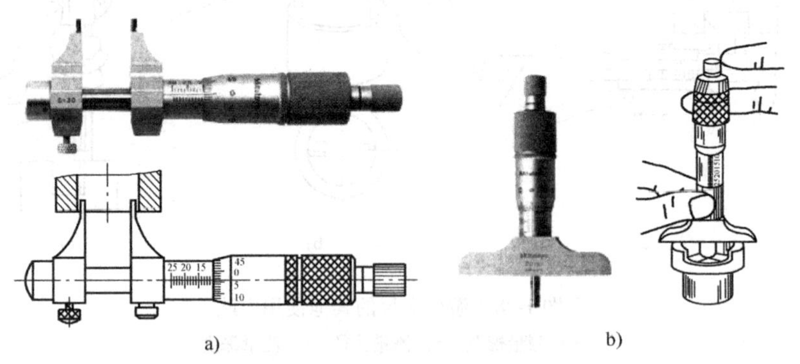

图1-81 两点内径千分尺及深度千分尺的使用测量方法
a）两点内径千分尺 b）深度千分尺

两点内径千分尺在测量内槽时，必须将千分尺微分筒旋转轴线与槽侧面垂直，否则测出的结果值偏大，测量时还应看测微螺杆固定和松开时的变化量。深度千分尺在测量时，必须使千分尺微分筒旋转轴线与槽底面相垂直，否则测出的结果值偏大，测量时也要看测微螺杆固定和松开时的变化量，两者的读数方法同外径千分尺。

如图1-82所示，两点内径千分尺的读数方法可以分为以下三个步骤：

1）读出微分筒边缘在固定套管上所在位置的毫米数和半毫米数。

2）读出小数部分数值，固定套管基准线对齐的微分筒的格数×0.01mm。

3）读数 = 固定套管上的毫米数 + 微分筒的格数×0.01mm。

三、游标万能角度尺

游标万能角度尺是用来测量精密零件内外角度或进行角度划线的角度量具，如图 1-83 所示。测量时，根据被测部位的情况，首先调整直角尺或直尺的位置，用卡块上的锁紧装置把它们紧固住，再来调整基尺测量面与其他有关测量面之间的夹角。这时，要先松开制动头上的螺母，移动主尺作粗调整，再转动扇形板背面的微动装置作细调整，直到两个测量面与被测表面密切贴合为止。然后拧紧锁紧装置上的螺母，把主尺和游标尺取下来进行读数。

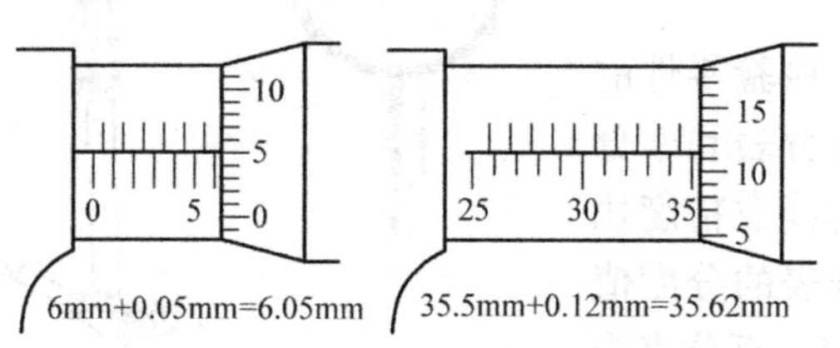

图 1-82　两点内径千分尺的读数方法

图 1-83　游标万能角度尺

游标万能角度尺的分度值有 2′和 5′两种，测量范围为 0°～320°，测量不同范围角度分四种组合方式，测量角度分别是 0°～50°、50°～140°、140°～230° 和 230°～320°。

（1）测量 0°～50°之间角度　直角尺和直尺装配如图 1-84a 所示，将工件的被测部位放在基尺和直尺的测量面之间进行测量。

（2）测量 50°～140°之间角度　直尺装配如图 1-84b 所示，使它与扇形板连在一起，将工件的被测部位放在基尺和直尺的测量面之间进行测量。

（3）测量 140°～230°之间角度　直角尺装配如图 1-84c 所示，须将直角尺短边与长边的交线和基尺的尖棱对齐。将工件的被测部位放在基尺和直角尺短边的测量面之间进行测量。

（4）测量 230°～320°之间角度　装配如图 1-84d 所示，只留下扇形板和主尺（带基尺）。将工件被测部位放在基尺和扇形板测量面之间进行测量。

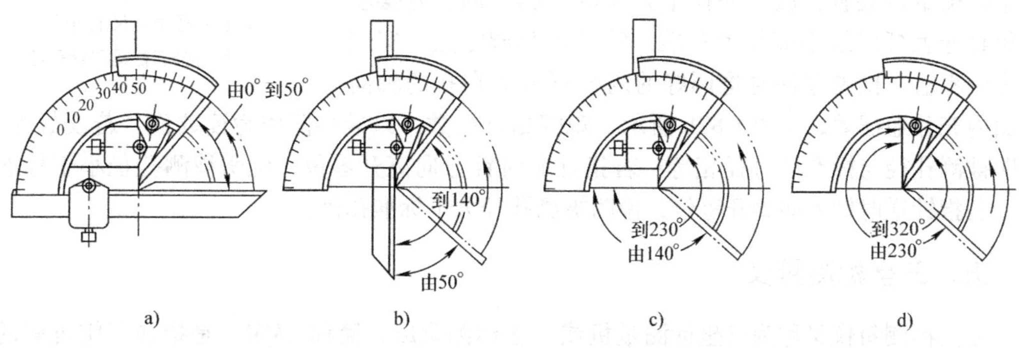

图 1-84　游标万能角度尺不同角度组合示意图

游标万能角度尺的标尺原理：主尺（尺身）标尺每格为1°，游标尺上30格与尺身上29格的弧长相等，即游标尺上每格对应的角度为29°/30，所以尺身1格与游标1格相差1°－29°/30＝1°/30，即相差2′，即游标万能角度尺的分度值为2′。

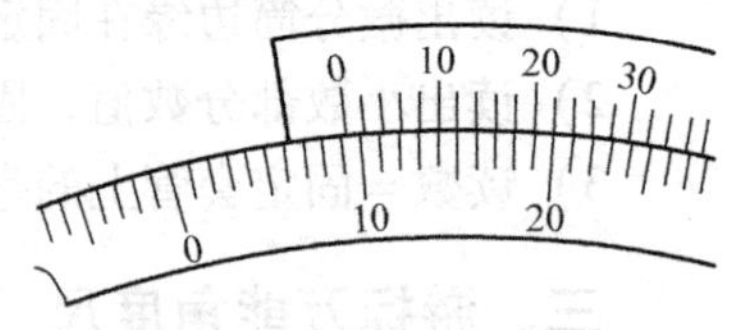

图1-85　游标万能角度尺读数

游标万能角度尺与游标卡尺的读数方法相同，即从尺身上读出与游标零线左边最近的标尺标线数值，该数值即为被测角度的整数值；再从游标上读出与尺身标尺标线对齐的那一标尺标线的数值，该数值即为被测角度的“分”数值；然后将两数值相加得到被测角度的读数值。如图1-85所示，读数的整数部分是9°，游标的第8条线与尺身标尺标线对齐，所以读数的小数部分是2′×8＝16′则被测工件角度为（9°＋16′）＝9°16′。

四、百分表

图1-86　百分表头及内径百分表

百分表用来找正工件或夹具的安装位置，检验零件的内孔形状精度、尺寸精度或相互位置精度。百分表和千分表的结构原理基本相同，两者比较，千分表的读数精度比较高，即千分表的分度值为0.001mm，而百分表的分度值为0.01mm，在企业车间里经常使用的是百分表。百分表头及内径百分表如图1-86所示。

内径百分表经常用来检验测量工件的尺寸精度、形状和位置误差。按制造精度不同可分为0级（IT4～IT6）、1级（IT6～IT16）和2级（IT7～IT16）。

将内径百分表头安装在表杆上可用来测量孔径及孔的形状误差，内径百分表的测量范围有6～10mm、10～18mm、18～35mm、35～50mm、50～100mm、100～160mm、160～250mm等。

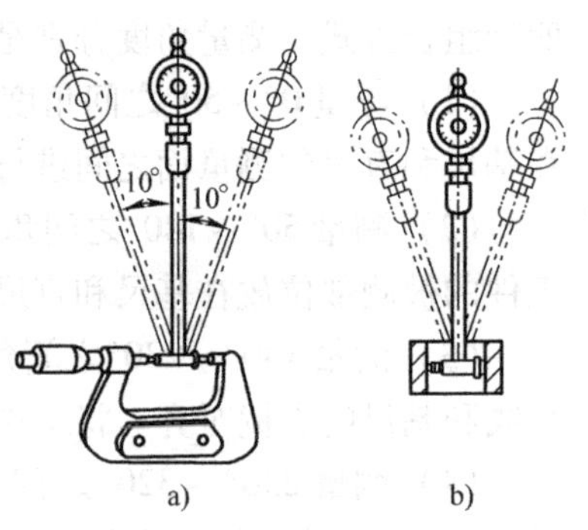

图1-87　百分表测量工件
a）在外径千分尺上对值
b）内径百分表摆动测量孔径

内径百分表检测工件与内径千分表相比较，误差较大，一般为±0.015mm。具体测量孔径时，先在外径千分尺上取孔径的整数值，如图1-87a所示。将内径百分表活动测头用手轻按定位装置，放入外径千分尺两个测杆内，并摆动内径百分表杆以最小值作为基准，转动表盘调零点，实施预先调零值。检测零件时将调好的内径百分表在孔的轴向截面内充分地摆动，如图1-87b所示，观察指针读数，以最小值作为读数值。若读数为零，说明被测孔径与标准的直径相等；若指针顺时针方向离开零位，说明被测孔径小于标准孔径；若指针逆时针方向离开零位，说明被测孔径大于标准孔径。

五、三坐标测量仪

三坐标测量仪又称为三坐标测量机或三坐标测量床，简称CMM，是指在三维可测的空间范围内，能够表现几何形状、长度及圆周分度等测量能力的仪器。三坐标测量仪是将被测工件放入它允许的测量空间，精确地测出被测工件表面多点在空间三个坐标位置（X，Y，Z）的数值，能够根据测头系统返回的点数据，将这些点的坐标数值经过计算机数据处理，拟合形成测量元素，如圆、球、圆柱、圆锥、曲面等，再经过计算机进行数据处理得出其形状、位置公差及其他几何量数据。三坐标测量仪如图 1-88 所示。它包括导向机构、测长元件、数显装置及工作台等。

三坐标测量仪应用相当广泛，它是一种设计开发、检测、统计分析的现代化的智能检测工具。目前使用的三坐标测量仪有桥式测量仪、龙门式测量仪、水平臂式测量仪和便携式测量仪。测量方式大致可分为接触式与非接触式两种。

操作时须注意：探针的有效长度，以及用探针去碰触工件时应尽可能与工件的被测量面保持垂直。正确有效地使用探针来碰触量测工件，可以避免许多测量上不必要的误差产生。但是在实际碰触取点时，至少需保持与垂直面角度在 ±30°以内，以防止探针打滑而造成检测重复精度不准。

六、对刀仪

对刀仪主要用于刀具预调、确定所用刀具在刀柄上装夹好后的轴向尺寸和径向尺寸以供加工时使用，或刀具磨损后需重新测量刀具的主要参数，确定刀具的补偿值，输入机床后再进行加工。对刀仪如图 1-89 所示。

图 1-88 三坐标测量仪

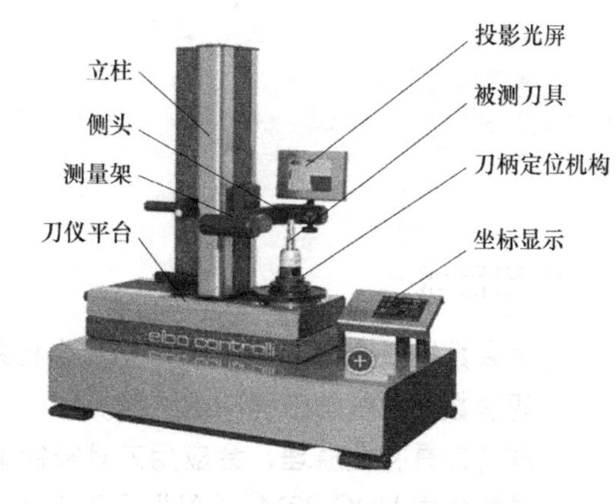

图 1-89 对刀仪

1. 对刀仪的组成结构

（1）刀柄定位机构　用一个回转精度很高且与刀柄锥面接触面很好且带拉紧机构的装置，将刀柄紧固于对刀仪主轴端处，该主轴轴线对测量轴 Z、X 向有很高的平行度和垂直度要求。

（2）测头部分　测头部分有接触式和非接触式测量之分。接触式测量用百分表直接测刀齿最高点，这种检测精度可达 0.002 ~0.001mm，特点是直观，但容易碰伤表头与刀具切削刃部分。非接触式测量用得最多的是投影光屏，投影物镜放大倍数有 10 倍、15 倍、30 倍等，测量误差一般在 0.005mm 左右，特点是测量不直观，但可以综合检测切削刃的质量。

（3）Z、X 轴尺寸测量机构　Z、X 轴尺寸测量机构可以通过带动测头部分两个坐标移动，测得 Z、X 轴尺寸，即为刀具轴向尺寸和半径尺寸。

（4）测量数据处理装置　对刀仪配置测量数据处理装置可以实现对参数数据的存储、输出、打印等，若通过联网还可以实现 FMC、FMS 的有效刀具管理。

2. 对刀仪的使用注意事项

1）测量前应用标准对刀心轴进行校准（包括 X、Z 两坐标轴）。

2）静态测量的刀具尺寸与实际加工出的尺寸之间有差别，因此对刀时要考虑一个修正量，径向尺寸一般要偏大 0.01 ~0.05mm。

思考练习

1. 简述数控铣削夹具选择的一般原则。
2. 分度值为 0.02mm 的游标卡尺读数如图 1-90a、b 所示，请读出其读数。
3. 分度值为 0.01mm 的千分尺读数如图 1-91a、b 所示，读出其读数。

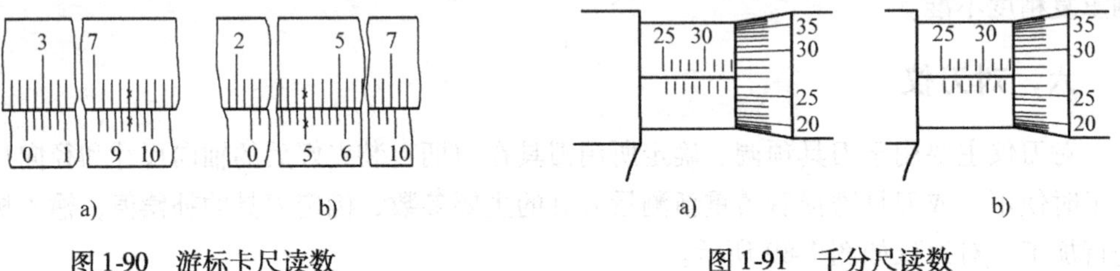

图 1-90　游标卡尺读数

图 1-91　千分尺读数

课题五　数控铣床（加工中心）坐标系统及编程基础

学习目标

- 学会数控铣床（加工中心）机床坐标系和工件坐标系的设定原则。
- 明确数控铣削加工程序的结构。
- 理解刀具补偿原理，会应用刀具补偿编写程序及在数控系统中的设置。
- 掌握华中 HNC-22M、FANUC 0i 及 SIEMENS 802D 系统常用 G 功能及辅助功能。

知识一　数控铣床（加工中心）坐标系统

一、坐标系的确定

在数控铣床（加工中心）坐标系统中，从相对运动角度上看，始终认为工件静止，而刀具是运动的，因此规定编程人员在不考虑机床上工件与刀具运动的情况下，就可以依据零件图样，确定机床的加工过程。

1. 数控铣床坐标系的规定

标准机床坐标系中 X、Y、Z 坐标轴的相互关系用右手笛卡儿直角坐标系决定。

数控立式铣床的纵向运动“$+Y$”、横向运动“$+X$”及垂向运动“$+Z$”是由数控装置来控制的，为了确定数控铣床上的成形运动和辅助运动，必须先确定机床上运动的位移和运

动的方向，这就需要通过坐标系来实现，这个坐标系被称之为机床坐标系。数控立式铣床的坐标系如图 1-92 所示。标准机床坐标系中 *X*、*Y*、*Z* 坐标轴的相互关系用笛卡儿坐标系确定，如图 1-93 所示。其方法及步骤如下：

1）伸出右手的大拇指、食指和中指，并互为 90°，则大拇指代表 *X* 坐标，食指代表 *Y* 坐标，中指代表 *Z* 坐标。

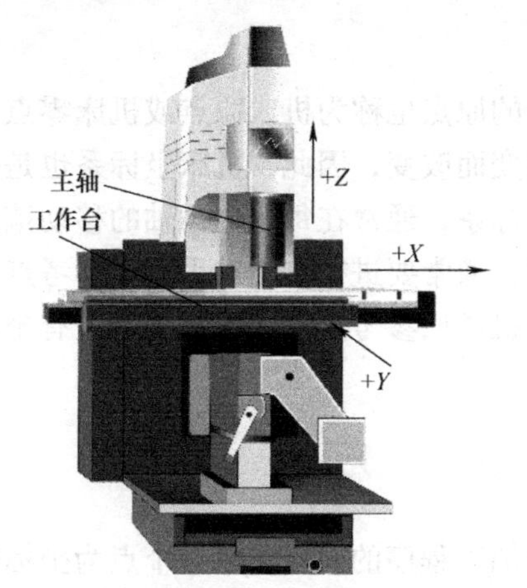

图 1-92　数控立式铣床的坐标系

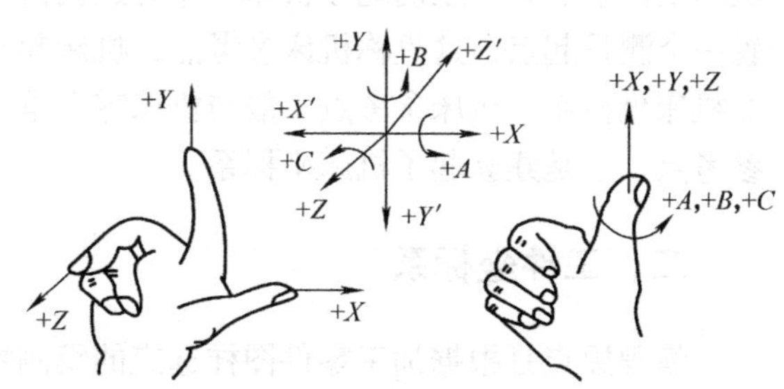

图 1-93　笛卡儿坐标系

2）大拇指的指向为 *X* 坐标的正方向，食指的指向为 *Y* 坐标的正方向，中指的指向为 *Z* 坐标的正方向。

3）围绕 *X*、*Y*、*Z* 坐标旋转的旋转坐标分别用 *A*、*B*、*C* 表示，根据右手螺旋定则，大拇指的指向为 *X*、*Y*、*Z* 坐标中任意轴的正向，则其余四指的旋转方向即为旋转坐标 *A*、*B*、*C* 的正向。

2. 运动方向的规定

增大刀具与工件距离的方向为各坐标轴的正方向。

3. 坐标轴方向的确定

（1）*Z* 坐标　*Z* 坐标的运动方向是由传递切削动力的主轴所决定的，即平行于主轴轴线的坐标轴即为 *Z* 坐标，*Z* 坐标的正向为刀具离开工件的方向。

如果机床上有几个主轴，则选一个垂直于工件装夹平面的主轴方向为 *Z* 坐标方向；如果主轴能够摆动，则选垂直于工件装夹平面的方向为 *Z* 坐标方向；如果机床无主轴，则选垂直于工件装夹平面的方向为 *Z* 坐标方向。

（2）*X* 坐标　*X* 坐标平行于工件的装夹平面，一般在水平面内。确定 *X* 轴的方向时，要考虑以下两种情况：

1）如果工件做旋转运动，则刀具离开工件的方向为 *X* 坐标的正方向。

2）如果刀具做旋转运动，则分为两种情况：*Z* 坐标水平时，观察者沿刀具主轴向工件看时，+*X* 运动方向指向右方；*Z* 坐标垂直时，观察者面对刀具主轴向立柱看时，+*X* 运动方向指向右方。

（3）*Y* 坐标　在确定 *X*、*Z* 坐标的正方向后，可以用根据 *X* 和 *Z* 坐标的方向，按照右手笛卡儿坐标系来确定 *Y* 坐标的方向。

知识二　机床坐标系、工件坐标系及程序格式

对于一个坐标系，必须确定各坐标轴所在的原点。数控机床的原点分为机床原点和编程原点，以机床原点和编程原点所建立起来的坐标系分别称为机床坐标系和工件坐标系。

一、机床坐标系

机床坐标系是机床固有的坐标系，机床坐标系的原点也称为机床原点或机床零点，它是机床上一个固定的点，不因使用者或加工工件的改变而改变，因此，机床坐标系也是一个固定的坐标系。为了正确地在机床工作时建立机床坐标系，通常在每个坐标轴的移动范围内设置一个测量起点，这里称机床参考点，机床起动时，通常要进行自动或手动回参考点，以建立机床坐标系。机床参考点一般与机床零点重合，机床回参考点后，便找到了所有坐标轴的参考点，于是建立起了机床坐标系。

二、工件坐标系

编程原点是根据加工零件图样选定的编制零件加工程序的原点，以这个点为坐标原点建立起来的坐标系即为工件坐标系。不同的工件有不同的工件坐标系，同一个工件也可以有不同个坐标系。所以工件坐标系并不是唯一的，也不是固定的，机床坐标系与工件坐标系如图 1-94 所示，工件坐标系一旦建立便一直有效，直到被新的工件坐标系所取代。CNC 在运行程序时会自动将相对于程序原点的任意点的坐标转换为相对于机床零点的坐标。

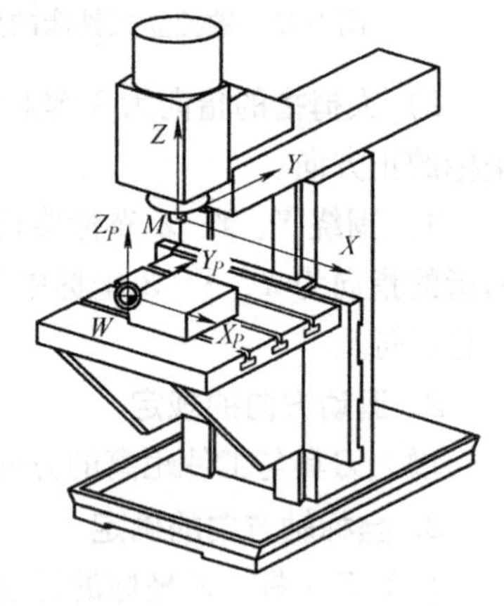

图 1-94　机床坐标系与工件坐标系

工件坐标系的原点选择要尽量满足编程简单，尺寸换算少，引起的加工误差小等条件。一般情况下，以坐标式尺寸标注的零件，程序原点应选在尺寸标注的基准点；对称零件或以同心圆为主的零件，程序原点应选在对称中心线或圆心上。*Z* 轴的程序原点通常选在工件的上表面。

三、程序格式

加工程序使用数控装置能识别的指令代码和数字代码描述数控机床的工艺过程，国际上广泛使用 ISO 标准 G 指令和 M 指令。

1. 程序名

1）华中系统程序名采用“%”开头加 1 ~4 位数字，但不能为“0”。

2）SIEMENS 系统开始的两个符号是以任意字母做开头，有属性系统，其后的符号可以是字母、数字或下划线，最多为 16 个字符，不得使用分隔符，如“PR80 __ 4”，它是由字母、数字及下划线混合组成，并列一段。

程序名必须写在程序的最前面，并单独占用一行；它是零件加工的代号，是加工程序的识别标记，因此在同一数控机床中，程序名不可重复使用。

2. 加工程序的组成

一个完整的数控加工程序由程序名、若干个程序段、程序结束部分组成，其中每个程序段又由若干个指令字及数据字组成。加工程序的组成见如表1-5。

表1-5　加工程序的组成

程　序	说　明
%1205	程序开始（程序名）
N10 G54 G90 G17 G40 G49 G80	第一段程序
N20 S1000 M03	第二段程序
N30 G00 X20 Y20 Z10	第三段程序
……	……
N100 M30;	程序结束

3. 程序段结构

程序段由若干个程序字和程序段结束符组成。华中系统不需要结束符，而SIEMENS系统在程序编写输入过程中进行换行或按“输入”按钮时，可以自动产生程序段结束符“;”。程序段是可作为一个单位来处理的、连续的字组，是数控加工程序中的一条语句；在每次运行过程中，不需要执行，即可以跳过去的程序段前输入斜线“/”；一个数控加工程序是若干个程序段组成的。

例如：N01　G01　Z-44　F200；

其中：N01　　程序段号，地址符（顺序号）

G01　　准备功能地址符，运动方式指令（G01为直线插补）

Z-44　　程序字（由地址符和数字组成），Z坐标移动距离指令

F200　　进给速度地址符，表示进给速度为200mm/min

;　　程序段结束符

常用尺寸字地址字母见表1-6。

表1-6　常用尺寸字地址字母

机　能	地　址	意　义
尺寸字地址字母	X、Y、Z	坐标轴地址指令
	U、V、W	附加轴地址指令
	A、B、C	附加回转轴地址指令
	I、J、K	圆弧起点相对于圆弧中心坐标指令

四、常用功能字

功能字是由一个英文字母（也称地址，如G、M、T、S等）及后续数字组成。它用来规定刀具和工件的相对运动轨迹，有模态指令和非模态指令之分。模态指令又称续效指令，若某一个程序段中指定，便一直有效，直到后面出现同组另一指令或被其他指令取消。编写程序时，与上段相同的模态指令可以省略不写。不同组模态指令编在同一程序段内，不影响其续效。非模态指令也称非续效指令，其功能仅在出现的程序段内有效。

知识三　华中系统数控铣床（加工中心）编程基础

一、华中 HNC-22M 系统简介

华中 HNC-22M 系统全称为“华中数控世纪星 HNC-22M 系统”，它是武汉华中数控股份有限公司在华中Ⅰ型、华中 2000 系列数控系统的基础上，为满足市场用户对低价格、高性能、简单、可靠的要求而开发的数控系统。其系列产品包括 HNC-21M 与 HNC-22M。该系统已在国内市场占有相当大的比例。华中数控系统目前已升级至华中 8 型，该产品为全数字总线高档数控四轴数控系统，如 HNC-818A、HNC-818B、HNC-818C 等系列产品，可使机床加工出更复杂、更完美的机械零部件，以满足企业加工高精尖产品的需求。

HNC-22M 数控系统采用先进的开放式体系结构，内置嵌入式工业 PC，配置彩色液晶显示屏和通用工程面板，集成进给轴接口、主轴接口、手持单元接口、内嵌式 PLC 接口于一体，支持硬盘、电子盘等程序存储方式及 DNC、以太网及 USB 接口等程序交换功能，极大地方便用户的程序输入，支持在线帮助、蓝图编程、后台编辑，具备标准 PC 键盘接口。其特点是低价格、高性能、配置灵活、结构紧凑、易于使用、可靠性高。

二、华中系统数控铣编程基础

准备功能 G 又称 G 功能或 G 代码，由指令字 G 及后面数字组成，它用来规定刀具和工件的相对运动轨迹、机床坐标系、坐标平面、刀具补偿、坐标偏置等多种加工操作。

1. 快速点定位功能指令 G00

【格式】　G00 X__Y__Z__

【说明】　快速定位指令控制刀具以点位控制的方式快速移动到目标位置，快速定位移动速度由系统参数设定“*X*、*Y*、*Z*”的值为刀具目标点的坐标，可以使用绝对坐标，也可以使用增量坐标，当使用增量方式时“*X*、*Y*、*Z*”的值为目标点相对于起点的增量坐标值，不运动的方向坐标可以省略。注：不能通过 F 指定进给速度，不允许进行切削，其速度可以由数控机床内部参数进行设定，也可由面板上的快速修调旋钮修调。

快速移动的轨迹有两种形式：一种是直线形，刀具轨迹是连接起点和终点的直线；另一种是折线形，不管各坐标轴的移动距离是否相同，各轴的速度分量始终相同，直到最后在某一轴上单向移动到终点。

2. 直线插补指令 G01

【格式】　G01 X__Y__Z__F__

【说明】　直线插补指令表示按指定的进给速度 F 值进行的空间直线运动。可以使用绝对坐标或增量坐标，不运动的方向坐标可以省略不写。F 值为刀具的进给速度。直线插补的刀具轨迹类同快速定位指令 G00 中的直线形轨迹，是连接起点和终点的一条直线。

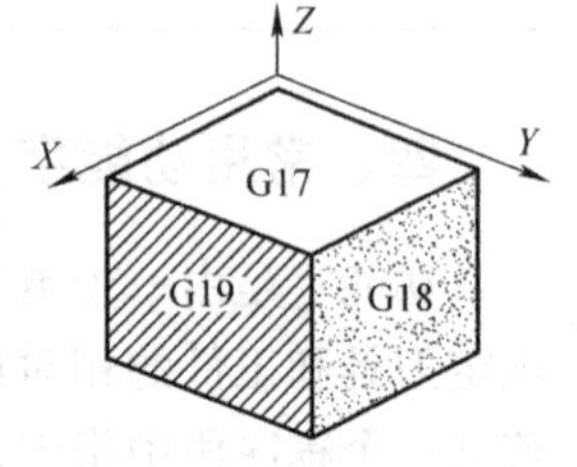

图 1-95　坐标平面选择示意图

3. 坐标平面选择指令 G17、G18、G19

【格式】　G17/G18/G19

【说明】　G17 为选择 *XY* 平面为加工平面指令；G18 为选择 *ZX* 平面为加工平面指令；G19 为选择 *YZ* 平面为加工平面指令。如图 1-95 所

示，该组指令选择 *XY* 平面为圆弧插补和刀具半径补偿的平面。G17、G19 为同组模态功能，可相互注销，G17 为默认值。

4. 圆弧插补指令 G02 和 G03

【格式】 G17 G02（G03）X __ Y __ I __ J __（R __）F __

G18 G02（G03）X __ Z __ I __ K __（R __）F __

G19 G02（G03）Y __ Z __ J __ K __（R __）F __

【说明】 X __ Y __ Z __为圆弧终点坐标值，可以用绝对值，也可以用增量值，由 G90 或 G91 决定；I __ J __ K __为圆弧起点到圆心的矢量在 *X*、*Y*、*Z* 轴上的分量，既可用于圆弧编程又可用于整圆编程；也可以采用圆弧半径 R __编程，如图 1-96 所示。

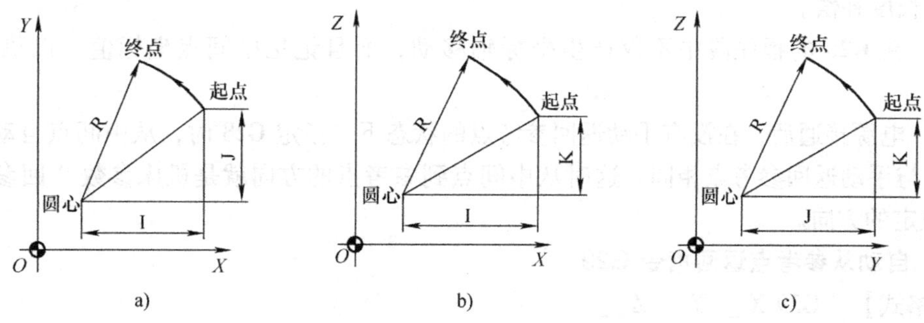

图 1-96 圆弧插补指令中的 I、J、K

注意：当采用指定半径“R”编程时，指定半径值有正负之分，当圆弧对应的圆心角为 0°～180°时，R 取正值；当圆弧对应的圆心角为 180°～360°时，R 取负值，另外，指定半径“R”只能用于圆弧编程，而不能用于整圆编程。

圆弧插补指令 G02 顺圆和 G03 逆圆的判定：在直角坐标系中，对于不同平面均从第三轴的正方向向负方向看圆弧所在平面，顺时针方向为 G02，逆时针方向为 G03，如图 1-97 所示。其中，G02 为顺时针圆弧插补，G03 为逆时针圆弧插补。

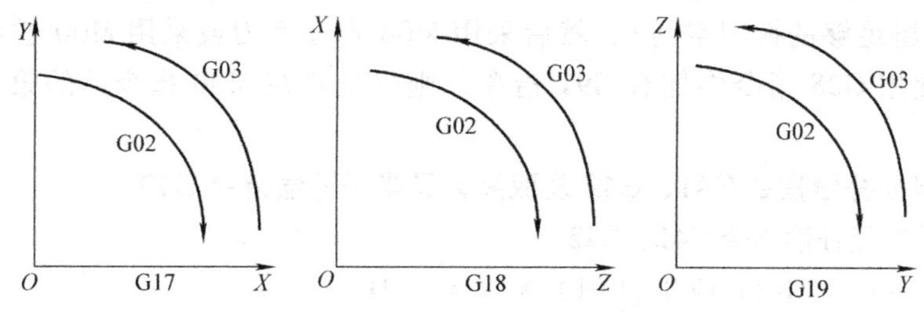

图 1-97 不同平面 G02 和 G03 的选择

5. 进给暂停指令 G04

【格式】 G04 P __

【说明】 P——进给暂停时间，单位为 ms（仅在加工程序段中有效）

该指令用于加工中刀具的进给暂停，由于数控机床在执行该指令时，除了进给暂停外其他动作不变，因此该指令经常用于对某一部位的重复加工，以利于获得较小的表面粗糙度值。

6. 自动返回参考点指令 G28

【格式一】 G28 Z __ Z 向回参考点。

【格式二】 G28 X __ Y __ Z __ 主轴回参考点。

【说明】

1）*X*、*Y*、*Z* 坐标设定值为指定不超过参考点的某一中间点，该点可以为绝对值（G90），也可以为增量值（G91）。

2）G28 指令首先使所有的编程轴快速定位到中间点，然后再从中间点返回参考点。一般 G28 指令用于刀具自动更换或者消除机械误差，在执行该指令之前应取消刀具半径补偿和刀具长度补偿。

3）在 G28 的程序段中不仅产生坐标轴移动，而且记忆中间点坐标值，以供 G29 使用。

4）电源接通后，在没有手动返回参考点的状态下，指定 G28 时，从中间点自动返回参考点，与手动返回参考点相同。这时从中间点到参考点的方向就是机床参数“回参考点方向”设定的方向。

7. 自动从参考点返回指令 G29

【格式】 G29 X __ Y __ Z __

【说明】

1）X、Y、Z：返回的定位终点，在 G90 时为定位终点在工件坐标系中的坐标；在 G91 时为定位终点相对于 G28 中间点的位移量。

2）G29 指令可使刀具按快速移动速度从机床参考点经过 G28 指令设定的中间点，快速移动到 G29 指令设定的返回点，如图 1-98 所示。其中，G28 轨迹为 $A \rightarrow B \rightarrow R$，G29 轨迹为 $R \rightarrow B \rightarrow C$。

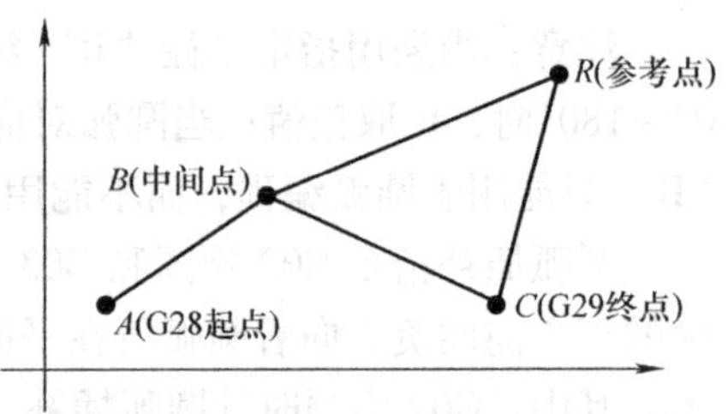

图 1-98 G28、G29 的关系

注：G28 指令用于刀具更换。在刀具更换前，先使用 G28 指令使机床 *Z* 向回零（这样可以留出足够的换刀空间），然后采用 M06 自动换刀或采用 M00 暂停后，再手动换刀。若在使用 G28 指令中加有 G91 指令，则尽量要在 M00 指令后的第一句使用 G90 指令。

8. 刀具半径补偿指令 G41、G42 及取消刀具半径补偿指令 G40

（1）刀具半径补偿指令 G41、G42

【格式】 G41（G42）G00（G01）X __ Y __ D __

（2）取消刀具半径补偿指令 G40

【格式】 G40 G00（G01）X __ Y __

【说明】 G41 是刀具半径左补偿，G42 是刀具半径右补偿，G40 是取消刀具半径补偿，X 、Y、Z 为 G00/G01 指令中的参数，即刀具半径补偿建立的终点（注：投影到补偿平面上的刀具轨迹受到补偿），D 为刀具半径补偿偏置号，其取值范围为 D01 ~ D99。G41、G42、G40 均为模态指令，G40 为机床默认指令。

（3）G41 与 G42 的判断 如图 1-99 所示，从 *Z* 轴的正方向向负方向看刀具半径补偿所

在的平面 *XOY*，沿刀具的前进方向看，G41 使刀具中心偏向编程轨迹的左边，G42 使刀具中心偏向编程轨迹的右边。

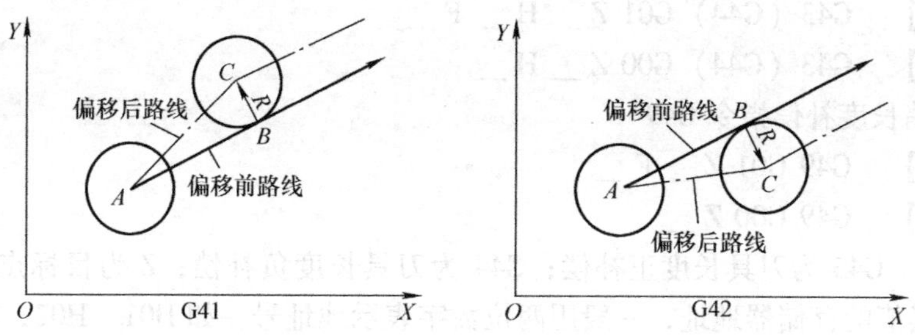

图 1-99 G41、G42 刀具半径补偿时刀具的移动轨迹

（4）使用刀具半径补偿时要注意的问题 G41（或 G42）必须与 G40 成对使用；刀具半径补偿的建立与取消只能在 G00 或 G01 移动指令模式下才有效。为保证刀补建立与刀补取消时刀具与工件的安全，通常采用 G01 运动方式来建立或取消刀补。如果采用 G00 运动方式来建立或取消刀补，则要采取先建立刀补再下刀和先退刀再取消刀补的加工方法。

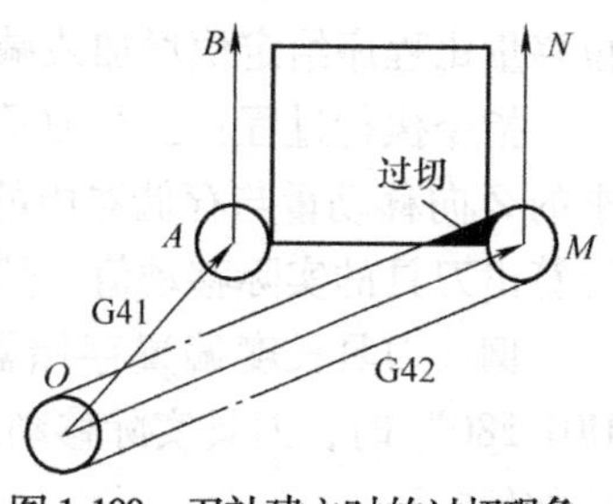

图 1-100 刀补建立时的过切现象

为了便于计算坐标值，可采用切向切入方式或法向切入方式来建立或取消刀补。刀具半径补偿建立与取消程序段的起始位置最好与补偿方向在同一侧；另外，为防止在刀具补偿的建立过程中产生过切现象，如图 1-100 所示，应注意该图采用 G42 右补偿时，刀具切入工件的实际位置“*M*”点应在其竖边向下的延长线上。

注：G41（或 G42）与 G40 之间的程序段不得出现任何转移加工。

（5）G41、G42 与顺铣和逆铣的关系 如图 1-101a 所示，用 G41 铣削时，铣刀切出工件时的切削速度方向与工件的进给方向相同，因此当铣刀正转时，相当于顺铣；如图1-101b 所示，用 G42 铣削时，铣刀切出工件时的切削速度方向与工件的进给方向相反，因此当铣刀正转时，相当于逆铣。

另外，从刀具寿命、加工精度、表面粗糙度而言，顺铣效果较好，因而 G41 使用较多。

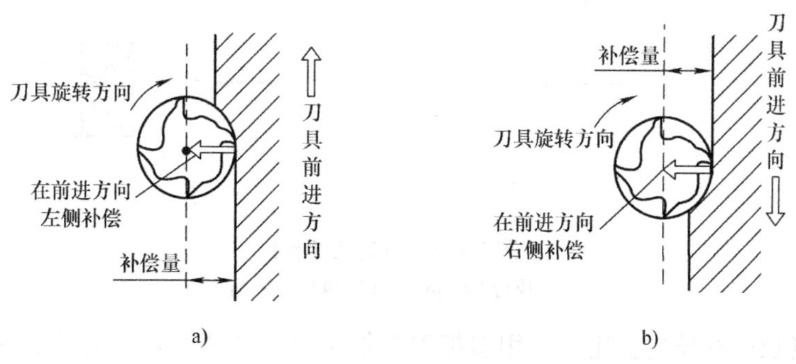

图 1-101 G41、G42 与顺铣和逆铣的关系
a）G41 相当于顺铣 b）G42 相当于逆铣

9. 刀具长度补偿指令 G43、G44 及取消长度补偿指令 G49

（1）刀具长度补偿指令 G43、G44

【格式一】 G43（G44）G01 Z __ H __ F __

【格式二】 G43（G44）G00 Z __ H __

（2）取消长度补偿指令 G49

【格式一】 G49 G01 Z __ F __

【格式二】 G49 G00 Z __

【说明】 G43 为刀具长度正补偿；G44 为刀具长度负补偿；Z 为目标点坐标值；H 为刀具长度补偿值的存储器地址，一般用两位数字表示地址号，如 H01、H02，在地址符 H 所对应的存储器中存入刀具长度补偿值；G49 为取消刀具长度补偿，也可以采用 H00。

刀具长度补偿指令一般用于刀具轴向（Z 方向）的补偿，它使刀具在 Z 方向上的实际位移量比程序给定值增加或减少一个偏移量。

指令执行过程：执行刀具长度补偿指令时，系统首先根据 G43 和 G44 指令，将指令要求的 Z 向移动量与存储器中的刀具长度补偿作相应的“+”（G43）或“-”（G44）运算，计算出刀具的实际移动值，然后命令刀具作相应的动作。

例：刀具长度偏置存储器 H01 中存放补偿值是 10，执行程序段“G90 G43 G01 Z-15 H01 F80”时，刀具实际移动到何位置？若将程序段中的 G43 换为 G44，刀具的实际位置又会如何？

当执行“G90 G43 G01 Z-15 H01 F80”时，刀具实际移动量 $Z=(-15+10)$ mm = -5mm，刀具向下移 5mm，如图 1-102a 所示。

当执行“G90 G44 G01 Z-15 H01 F80”时，刀具实际移动量 $Z=(-15-10)$ mm = -25mm，刀具向下移 25mm，如图 1-102b 所示。

由此可以看出，在程序命令方式下，可以通过修改刀具长度偏置寄存器中的值达到控制背吃刀量的目的，而不须修改零件加工程序。

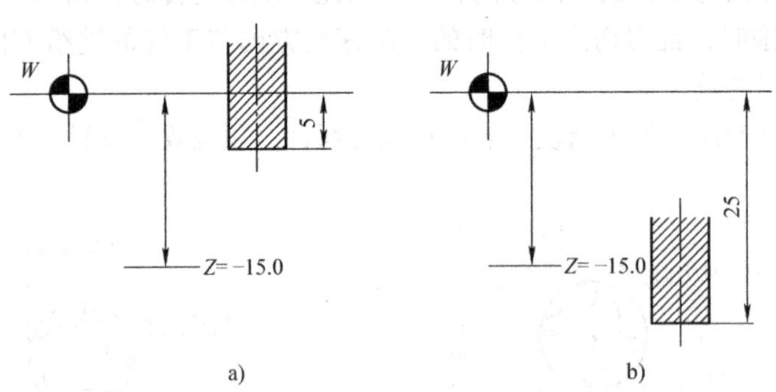

图 1-102 刀具长度补偿

a）执行 G43 指令 b）执行 G44 指令

（3）刀具长度补偿的应用 在用多把刀具加工同一个零件的过程中，为了实现采用不同长度的刀具在同一工件坐标系中加工的目的，通常在编程中采用刀具长度补偿指令。

在实际应用中，一般把预定工件坐标系的工件 Z 向零点偏置值设为零。在加工中根据使用刀具的不同来调用刀具的长度补偿值。如第一把刀使用 H01，第二把刀则为 H02，以此类推。若把预定工件坐标系的工件 Z 向零点偏置值设为零时，一般只使用 G43，而不使用 G44。因为工件 Z 向零点偏置值为零的位置，就相当于机床位于机床坐标系 Z 向零点时，刀具的长度正好与工件 Z 向对刀位置平齐。

刀具长度补偿的建立必须是在刀具直线运行过程中建立的，这与刀具半径补偿相同。

如设置 H01 的偏置值为10，设置 H02 的偏置值为25，则

G90 G43 G00 Z100 H01（Z 将达到 110）

G90 G43 G00 Z100 H02（Z 将达到 125）

10. 有关坐标系及坐标的指令 G92、G54 ~ G59、G90、G91

（1）绝对值编程 G90 与相对值编程 G91

【格式】 G90/G91

【说明】 绝对值编程指令 G90 指每个编程坐标轴上的编程值是相对于程序原点的，相对值编程指令 G91 指每个编程坐标轴上的编程值是相对于前一位置而言的。

（2）工件坐标系设定 G92

【格式】 G92 X __ Y __ Z __

【说明】 X、Y、Z 是设定的工件坐标系原点到刀具起点的有向距离。该指令通过设定刀具起点与坐标系原点的相对位置建立工件坐标系。工件坐标系一旦建立，绝对值编程时指令值就是在此坐标系中的坐标值。执行此程序只建立工件坐标系，刀具并不产生运动。G92 指令为非模态指令，一般放在一个程序的第一段。

（3）工件坐标系选择 G54 ~ G59

【格式】 G54/G55/G56/G57/G58/G59

【说明】 G54 ~ G59 是系统预定的 6 个工件坐标系，可以根据需要任意选用。这 6 个预定工件坐标系的原点在机床坐标系中的值（工件零点偏置值）可用 MDI 方式输入，系统自动记忆。工件坐标系一旦选定，后续程序段中绝对值编程时的指令值均为相对此工件坐标系原点的值。G54 ~ G59 为模态功能，可相互注销，G54 为默认值。

注：实际生产中一般使用 G54 ~ G59 来确定工件坐标系，而较少使用 G92。

准备功能 G 代码表见附表Ⅰ。

11. 辅助功能 M 指令

辅助功能由地址字 M 和其后的一位或两位数字组成，主要用于控制零件程序的走向以及机床各种辅助功能的开关动作。

（1）程序暂停

【格式】 M00

【说明】 当程序执行到 M00 指令时，机床主轴、进给及切削液停止，欲继续加工执行后续程序，重新按“循环启动”键。

（2）主轴正、反转及停转指令

【格式】 M03 S __

M04 S __

M05

【说明】 M03 为主轴正转指令，用于主轴顺时针方向转动；M04 为主轴反转指令，用于主轴逆时针方向转动，S 后为主轴转速（单位为 r/min），M05 是主轴停止转动指令。

（3）程序结束指令

【格式】 M02/M30

【说明】 M02 编在主程序的最后，使用 M02 的程序结束后，若要重新执行该程序，即重新调用该程序。而 M30 和 M02 功能基本相同，只是 M30 指令还兼有控制返回到零件程序起点的作用，若要重新执行该程序，只需再次按操作面板的“循环启动”键。

（4）切削液开/关指令

【格式】 M07/M08/M09

【说明】 M07 为 1 号切削液开启指令，M08 为 2 号切削液开启指令。M09 为切削液关指令，数控机床执行该指令后关闭所有管路切削液。

（5）程序选停指令 M01

【格式】 M01

【说明】 M01 指令的作用与 M00 指令相似，M01 指令必须在操作面板上的“选停”按钮按下时才有效，否则无效。

（6）调用子程序指令 M98/M99

【格式】 M98 P×××× L××（华中系统）

……

M99

【说明】 M98 规定为调用子程序指令，调用子程序结束后返回其主程序时用 M99 指令。

辅助功能 M 代码表见附表Ⅲ。

12. 自动换刀程序 T 指令

自动换刀包括刀具的选择和刀具的交换两个基本动作。

（1）刀具的选择 T×× 如 T02、T14 等，其作用是将刀库上某个刀位上的刀具转到换刀的位置，为下次换刀做准备，换刀点通常位于靠近 Z 向机床参考点的位置。

（2）刀具的交换 M06 该指令中不仅包括了刀具交换的过程，也包括了刀具换刀前的所有准备动作，即返回换刀点、切削液关、主轴准停等。

【格式一】 G49 G28 Z0 T××

M06

【说明】 该种交换是在使用当前刀具进行生产加工的同时，先将后序需要使用的刀具先选出来；若当前使用的刀具加工结束并回到换刀点后，立刻交换下一道工序所使用的刀具。特点是使选刀时间同生产时间重合，缩短了换刀所需的辅助时间。

【格式二】 G49 G28 Z0 M06 T××

【说明】 在执行该指令时，前一把刀具已经回到换刀点后再进行选刀，选好刀具后再进行换刀，选刀的同时，机床不进行任何动作，增加了换刀所需的辅助时间。

13. 进给功能 F 指令与主轴转速功能 S 指令

1. 进给功能 F 指令分类

（1）每分钟进给 用 F 指令表示刀具每分钟的进给量，常用 G94 表示，如 F200 表示刀具相对于工件每分钟移动距离为 200mm。

（2）每转进给 用 F 指令表示刀具每转进给的进给量，常用 G95 表示，如 F0.2 表示主轴每转一周刀具沿切线方向移动0.2mm。

2. 主轴转速功能S

主轴转速功能用来指定主轴的转速，单位为r/mm，地址符使用S表示，如S1200表示主轴转速为1200r/mm。通常机床面板上设有转速倍率开关，用于不停机手动调节主轴转速。

其他固定循环功能G功能指令将在下一单元中介绍。

知识四　SIEMENS系统数控铣床（加工中心）编程基础

一、SIEMENS系统简介

SIEMENS数控系统是西门子集团旗下自动化与驱动集团的产品，目前广泛使用的有802S、802C、802D、810D、840D等几种类型。

SIEMENS 802S/C系统可控3个进给轴和一个主轴，其中802S为步进电动机驱动，802C为伺服电动机驱动，均具有I/O接口。

SIEMENS 810D系统用于数字闭环驱动控制，最多可控轴数为6个（包括一个主轴和一个辅助主轴），属于企业生产型机床控制系统。

SIEMENS 840D系统为20世纪90年代中期设计的，为英文页面，具有高度模块化及规范化的结构，它将CNC和驱动控制集成在一块电路板上，是全数字模块化数控设计，将闭环控制的全部硬件、软件集成于一体，便于操作、编程、监控等，它属于高性能生产型机床控制系统。

SIEMENS 802D系统是西门子公司2002年针对我市场发行的一款全中文友好页面数控系统，它以其友好的操作页面和强大的数控加工功能，迅速占领了国内进口机床市场，在企业、学校所使用的进口机床中占有相当大的份额，802D系统将CNC、PLC、人机页面和通信等功能集成于一体，是可靠性高、易于安装的全数字伺服控制系统。802D系统可以说是840D系统的简化版，它拥有840D系统的大部分功能，窗口式操作页面，极大地方便了操作人员的使用，并拥有强大的维护、诊断功能。

SIEMENS 802D系统控制4个数字进给轴和1个数字或模拟主轴，是一种将数控系统（NC、PLC、HMI）与驱动控制系统集成在一起的控制系统，其核心部件PCU（面板控制单元）将CNC、PLC、人机界面和通信等功能集成于一体；具有蓝图式循环编程功能，可靠性高，易于安装；可通过生产现场总线PROFIBUS将驱动器、输入输出模块连接起来，该设计可确保以最小的布线，实现最简便、可靠的安装。该系统通过Drive-CliQ总线与SINAMICS S120驱动实现简便、可靠、高速的连接通讯。该系统广泛适用于标准机床应用，如车削、铣削及加工中心，同时也用于磨床、冲床等其他特殊用途机床。

SIEMENS数控铣削（加工中心）系统有多种形式，它们的编程指令与编程方法大同小异，本书以应用较为广泛的SIEMENS 802D数控铣削（加工中心）系统为例。

二、SIEMENS 802D系统常用准备功能及辅助功能简介

与华中系统一样，SIEMENS 802D系统数控基本指令多数相同，这里介绍与华中系统有区别的常见指令。

1. 绝对尺寸和增量尺寸指令

除 G90 和 G91 分别对应绝对值输入和增量值输入外，也可以在程序段中通过 AC/IC 对坐标进行绝对值/增量值设定。

【格式】 X = AC（__）；X 轴以绝对值输入

X = IC（__）；X 轴以增量值输入

【说明】 除了 X 轴以外也可以对 Y 轴和 Z 轴坐标进行同样的设定。

2. 圆弧插补指令 G02、G03 及 CIP 中间点圆弧插补

（1）圆弧插补指令 G02、G03

【格式】

G02/G03 X __ Y __ I __ J __；圆弧终点和圆心

G02/G03 CR = __ X __ Y __；半径和圆弧终点

G02/G03 AR = __ I __ J __；圆心角和圆心

G02/G03 AR = __ X __ Y __；圆心角和圆弧终点坐标值

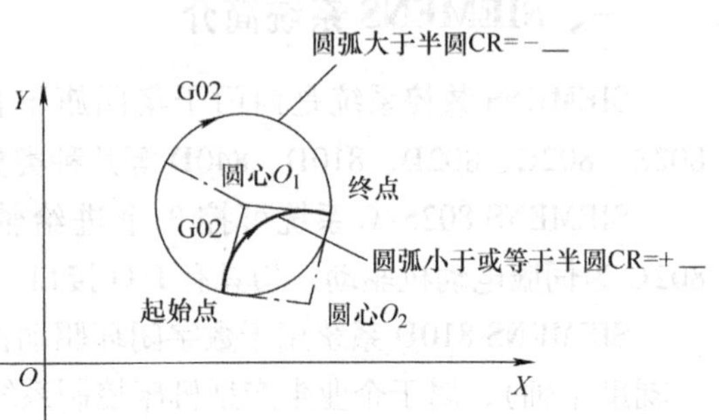

图 1-103 采用 CR 半径编程示例

【说明】 用半径定义的圆弧中，CR = __的符号用于选择适当的圆弧，使用同样的起始点、终点、半径和相同的方向，可以编制两个不同的圆弧，即圆心角大于 180°的圆弧和圆心角小于或等于 180°的圆弧。为了区别这两段圆弧，CR = __可以有正、负符号之分，即当圆弧所对应的圆心角为 0 ~ 180°时，CR = __取正值；当圆心角为 180° ~ 360°时，CR = __取负值，如图 1-103 所示。

（2）CIP 中间点圆弧插补

【格式】 I1 = __用于 X 轴，J1 = __用于 Y 轴，K1 = __用于 Z 轴。

【说明】 若已知圆弧轮廓上的三个点而不知道圆弧的圆心、半径和圆心角，可使用 CIP 功能，此时，圆弧方向由中间点（起始点与终点之间）位置确定。用 I1、J1、K1 对应不同的坐标轴，CIP 一直有效，直到被同组的 G 功能（G00、G01、G02、…）取代为止。CIP 指令可以用绝对值 G90 和增量值 G91 进行编程，指令对终点和中间点都有效。

【编程举例】 图 1-104 所示工件的加工程序如下：

N10 G90 G00 X28 Y12；	圆弧起点
N15 G02 X60 Y12 I1 = 44 J1 = 28；	终点和中间点

3. 切线和圆弧过渡

【格式】 CT X __ Y __；

【说明】 在当前 G17、G18 或 G19 中，使用 CT 和编程的终点可使圆弧与前段的轨迹（如圆弧或直线）进行切向连接，圆弧的半径和圆心可以从前面的轨迹与编程的圆弧终点之间的几何关系中得出。

【编程举例】 图 1-105 所示工件的加工程序如下：

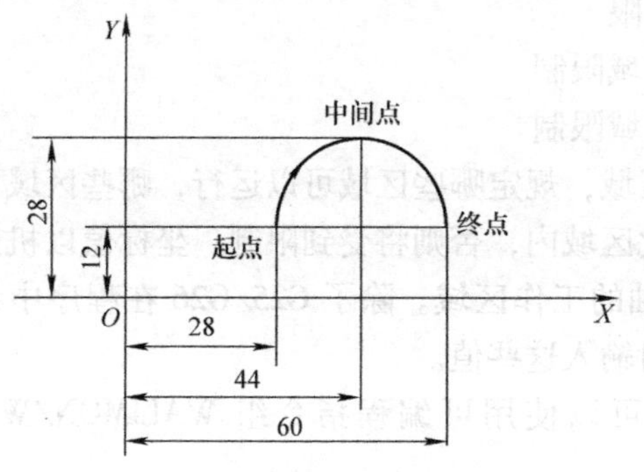

图 1-104　已知中间点的圆弧插补

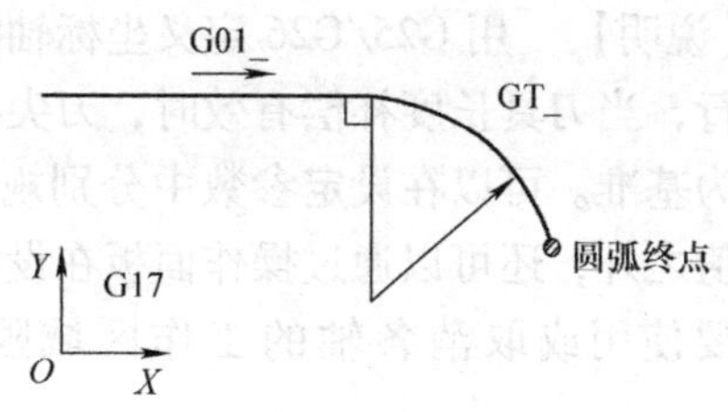

图 1-105　圆弧与前段轨迹的切向连接

N10 G01X __ F260；直线

N15 CT X __ Y __；切向连接的圆弧

4. 返回固定点指令

【格式】　G75 X = __ Y = __ Z = __；

【说明】　该指令可以使运动部件返回到机床中某个固定点。固定点位置固定地存储在机床数据中，它不会产生偏移。每个轴的返回速度都是快速移动。该指令需要独立程序段，且程序段方式有效。机床坐标轴的名称必须要编程。在 G75 之后的程序段中原先“插补方式”组中的 G 指令（G00、G01、G02、…）将再次生效。

【编程举例】

G75 X1 =0 Y1 =0 Z1 =0；各值为 0 必须写入，否则下编程的数值不识别

5. 回参考点指令

【格式】　G74 X = __ Y = __ Z = __；

【说明】　该指令可以实现数控程序中回参考点功能，每个轴的方向和速度都存储在机床数据中，该指令需要独立程序段，且程序段方式有效。机床坐标轴的名称必须要编程。在 G74 之后的程序段中原先“插补方式”组中的 G 指令（G00、G01、G02、…）将再次生效。

【编程举例】

G74 X1 =0 Y1 =0 Z1 =0；各值为 0 必须写入，否则下编程的数值不识别

6. 主轴转速极限指令

【格式】　G25 S __；主轴转速下限

G26 S __；主轴转速上限

【说明】　主轴转速的最高极限值在机床数据中设定，通过操作面板可以调用其他极限情况的设定参数。

【编程举例】

N10 G25 S20；　主轴转速下限为 20r/min

N15 G26 S2400；主轴转速上限为 2400r/min

7. 可编程的工作区域限制

【格式】　G25 X __ Y __ Z __；工作区域下限

G26 X __ Y __ Z __； 工作区域上限

WALIMON； 使用工作区域限制

WALIMOF； 取消工作区域限制

【说明】 用G25/G26定义坐标轴的工作区域，规定哪些区域可以运行，哪些区域不可以运行，当刀具长度补偿有效时，刀尖必须在此区域内，否则将受到限制。坐标值以机床坐标系为基准。可以在设定参数中分别规定每个轴的工作区域。除了G25/G26在程序中编制这些值之外，还可以通过操作面板在设定参数时输入这些值。

要使用或取消各轴的工作区域限制时，可以使用可编程指令组WALIMON/WALIMOF。

G25/G26可以与地址S一起用于限定主轴转速，另外坐标轴只有在回参考点后，工作区域限制才有效。

8. 主轴准停

【格式】 SPOS=； 绝对位置：0~360°

SPOS=ACP（__）； 绝对数据输入，在正方向逼近位置

A=ACN（__）； 绝对数据输入，在负方向逼近位置

SPOS=IC（__）； 增量数据输入，符号规定运行方向

SPOS=DC（__）； 绝对数据输入，直接回到位置（使用最短行程）

【说明】 利用该功能可以把主轴准停到一个确定的转角位置，然后使主轴通过位置控制保持在这一位置，准停运行速度在机床数据中规定。从主轴旋转状态（顺/逆）进行准停时，准停运行方向保持不变；从静止状态进行准停时，准停运行按最短位移进行，其方向从起始点位置到终点位置。

9. 轮廓倒角、倒圆

在一个轮廓拐角处可以进行倒圆或倒角，条件是在一个轮廓中无法看出终点坐标，则可以用角度确定一条直线。任何一个轮廓拐角均可插入倒角和倒圆。

【格式】 CHF=__；编程数值是倒角长度，与拐角的运动轴指令一起写入程序段中

RND=__；编程数值是倒圆半径。与拐角的运动轴指令一起写入程序段中

【说明】 倒角CHF=可用于直线轮廓之间、圆弧轮廓之间及直线轮廓和圆弧轮廓之间需要倒角；倒圆RND=可用于直线轮廓之间、圆弧轮廓之间及直线轮廓和圆弧轮廓之间需要倒圆，圆弧与轮廓进行切线过渡。在当前的平面G17~G19中执行倒角、倒圆功能。在程序段中若轮廓长度不够，则会自动地减小倒角和倒圆的编程值。另外，在连续编程的程序段超过三段没有运行指令及更换平面，这两种情况不可以倒角、倒圆。

两段直线之间倒棱编程举例（图1-106）：

```
N10 G01 X（A） Y（B） CHF=5；
N20 X（C） Y0；
…
```

两段直线之间倒圆编程举例（图1-107）：

```
N10 G01 X（A） Y（B） RND=10；
N20 X（C） Y0；
…
```

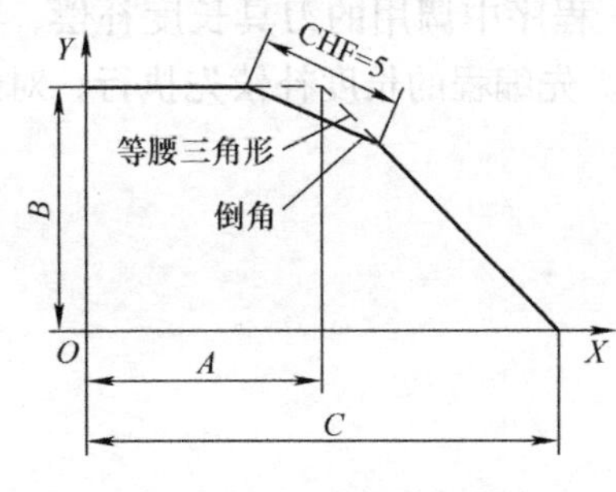

图 1-106　两段直线之间倒角

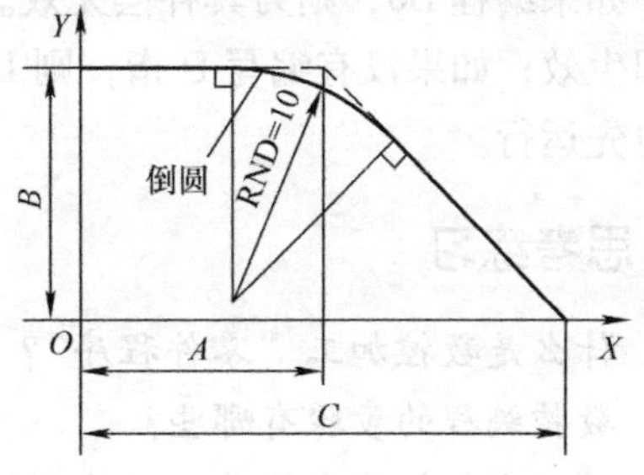

图 1-107　两段直线之间倒圆

一段直线与一段圆弧之间倒圆编程举例（图 1-108）：

N10 G01 X（A） Y（B） RND = 10；

N20 G03 X（C） Y（D） CR = 12；

…

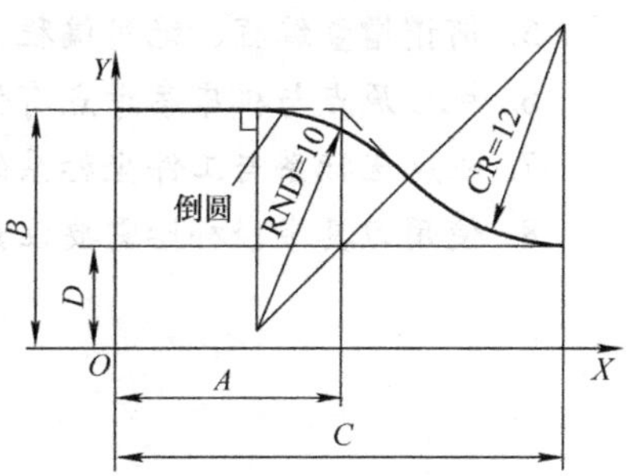

图 1-108　一段直线与一段圆弧之间倒圆

注：若在一个程序段中同时编制倒角及倒圆，则无论编程的顺序如何，系统将选择倒圆。

SIEMENS 802D 系统准备功能 G 代码表见附表Ⅱ。

10. 辅助功能 M 指令

在 SIEMENS 802D 系统中，一个程序段最多可以有五个 M 功能、一个 T 功能和一个 D 功能。进给功能 F 与主轴转速功能 S 指令同华中系统。

SIEMENS 802D 系统辅助功能 M 代码表见附表Ⅳ。

11. 刀具指令 T 和刀具补偿指令 D

（1）刀具指令 T　用 T 指令编程可以选择刀具。有两种方法来执行：

1）不用 M06 更换刀具，用 T 指令直接换刀。

【格式】　T × ×；

【说明】　刀具号：1 ~ 3，T0 表示没有刀具，系统中最多同时存储 32 把刀具。

【编程举例】　N10 T05；　　　更换 5 号刀具

2）用 M06 更换刀具。

【格式】　T × ×；

M06；

【说明】　用 T 指令进行刀具的预选，换刀由 M06 来执行。

编程举例：N10 T15；　　　预选 15 号刀具

N15 M06；　　　执行刀具更换，然后 T15 号刀具有效

（2）刀具补偿指令 D

【格式】　D __；刀具补偿号：1 ~ 9

【说明】　一个刀具可以匹配 1 ~ 9 个不同补偿的数据组（用于多个切削刃），如 T1、T2、…、T9　匹配 D1 、D2 、…、D9。

例如：T4 D2 表示更换刀具 2，T4 中 D2 值生效。

用 D 及其相应的序号可以编制一个专门的切削刃，如果没有编写 D 指令，则 D1 值自动

生效；如果编程 D0，则刀具补偿无效。刀具更换后，程序中调用的刀具长度补偿、半径补偿立即生效；如果没有编写 D 指，则 D1 值自动生效。先编程的长度补偿先执行，对应的坐标轴也先运行。

思考练习

1. 什么是数控加工“零件程序”？它有何作用？
2. 数控编程的步骤有哪些？
3. 对刀点与机床坐标系、工件坐标系有何关系？
4. 数控机床原点、参考点与工件原点之间有何区别？
5. 何谓增量编程、绝对编程、混合编程？
6. 机械原点与机床参考点有什么关系？
7. 机床坐标系与工件坐标系的区别在哪里？对刀点有什么作用？
8. 使用刀具半径补偿需要注意哪几个问题？

单元二

数控铣削（加工中心）技能与操作

项目一 数控铣床（加工中心）基本操作

学习目标

- 掌握华中 HNC-22M 系统及 SIEMENS 802D 系统数控铣床（加工中心）界面的组成和各功能键的作用及基本操作。
- 学会数控铣床对刀的操作及工件原点偏置参数的设置。

任务一 认识华中 HNC-22M 数控铣床（加工中心）操作面板

任务描述

初识华中 HNC-22M 数控铣床（加工中心），需要从机床整体外形开始，首先熟悉铭牌中的参数含义，再到机床操作面板的训练，它是认识操作机床的前提。

任务训练

（1）开机上电 检查机床状态是否正常，按下“急停”按钮，打开机床总电源开关，机床上电，数控系统上电，机床进入系统控制状态。

（2）复位 左旋并拔起操作台右上角的“急停”按钮使系统复位，并接通伺服电源，系统默认进入“回参考点”方式，软件操作界面的工作方式变为“回零”。

（3）返回机床参考点 按一下控制面板上面的“回零”按键，确保系统处于“回零”方式。根据 X 轴机床参数“回参考点方向”，按一下“+X”（回参考点方向为“+”）按键，X 轴回到参考点后，“+X”按键内的指示灯亮；同理，可分别按“+Y”“+Z”“+4TH”按建，使 Y 轴、Z 轴、4TH 轴回参考点。

（4）工件安装 清洁工作台，安装夹具，将工件装夹在夹具上。

（5）刀具安装 刀具夹紧后方可松手，以防刀具落下伤及工件、夹具或工作台。

（6）设定工件坐标系（对刀） 采用试切法确定工件坐标系，设定工件对称中心为坐标系原点。

（7）设置刀具补偿值　在编制加工程序时，可以按零件实际轮廓编程，加工前测量实际的刀具半径、长度等，作为刀具补偿参数输入数控系统。

刀具补偿功能还可以满足加工工艺等其他一些要求，可以通过逐次改变刀具半径补偿值大小的办法，调整每次进给量，以达到利用同一程序实现粗、精加工循环。另外，因刀具磨损、重磨而使刀具尺寸变化时，若仍用原程序，势必造成加工误差，用刀具长度补偿可以解决这个问题。

（8）输入和调试加工程序　将程序输入或传输到数控系统中，对程序进行编辑。

（9）试切　检查程序无误后，将刀具抬起至安全高度，启动程序进行试切，观察刀具运行轨迹是否正常。

（10）自动加工　启动程序加工工件，切削时注意观察刀具加工情况和切削声音，如发生异常，停机检查。

（11）测量工件尺寸　若工件尺寸不符合图样要求，则修改程序或刀补值，直至尺寸符合图样要求为止，取下工件。

（12）关机　清理加工现场，关机。

任务准备

一、华中 HNC-22M 数控铣床（加工中心）操作面板的组成

华中 HNC-22M 数控系统的操作面板由编辑面板和控制面板组成，如图 2-1 所示。

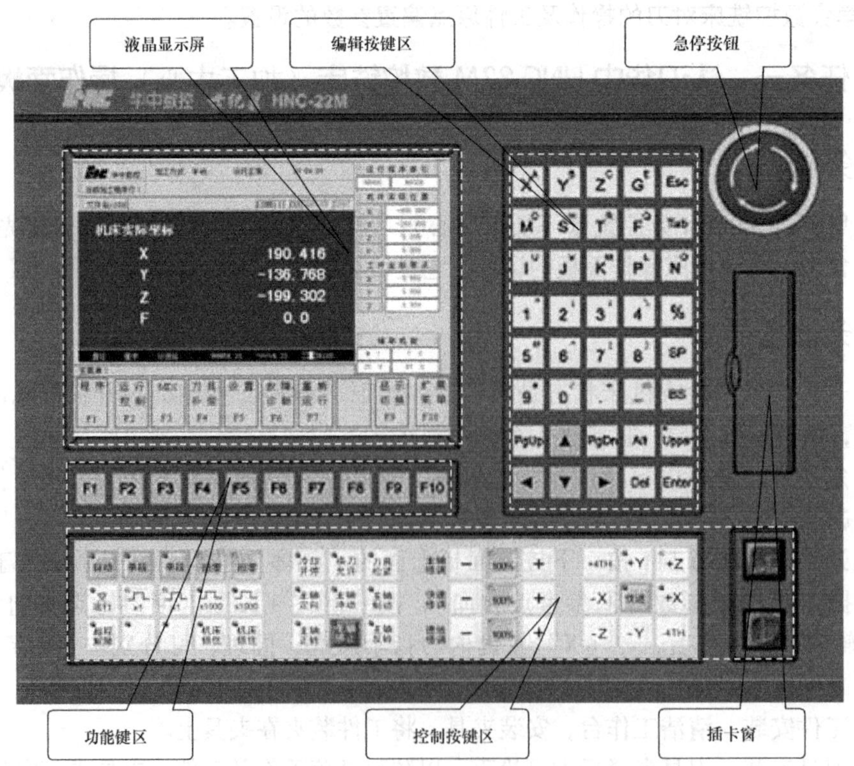

图 2-1　华中 HNC-22M 数控铣床（加工中心）操作面板

1. 编辑面板的组成

编辑面板位于操作面板的上半部分，由液晶显示屏、编辑按键区及功能键区所组成，其中液晶显示屏用来显示相关坐标位置、程序、图形、参数、诊断和报警等信息，以实现人机对话，编辑按键区包括字母键、数值键等。

华中 HNC-22M 系统编辑面板常用按键及功能见表 2-1。

表 2-1　华中 HNC-22M 系统编辑面板常用按键及功能

按键图标	功　能
X^ 1"	地址和数字键（按下这些键可以输入字母、数字或者其他字符）
Esc	退出键
Upper	切换键
Enter	输入键（回车键）
Alt	替换键
Del	删除键（删除光标后字符，也可以删除整个程序）
BS	删除键（删除光标前字符）
PgUp PgDn	翻页键
◀ ▶	用于将光标向左或者往回移动，用于将光标向右或者向前移动
▼ ▲	用于将光标向下或者向前移动，用于将光标向上或者往回移动

2. 控制面板的组成

除急停按钮位于操作面板的右上角以外，其他按键均在操作面板的下半部分，这些按键可直接控制机床的动作及对零件加工过程的控制。

华中 HNC-22M 系统控制面板常用按键功能见表 2-2。

表 2-2　华中 HNC-22M 系统控制面板常用按键及功能

按键图标	功　能
	圆形急停按钮：用于锁住机床，按下急停键时，机床立即停止运动 循环启动/保持进给按钮：在自动和 MDI 运行方式下，用来启动和暂停程序

（续）

按键图标	功能
自动 单段 手动 增量 回零	自动：点按进入自动运行方式状态 单段：点按进入单段自动运行方式 手动：点按进入手动运行方式状态 增量：点按进入增量运行方式状态 回零：点按进入返回机床参考点运行方式状态 方式选择互锁，当按下其中一个键时，其余各键指示灯灭失效
+4TH +Y +Z -X 快进 +X -Z -Y -4TH	进给轴和方向选择开关：在手动连续进给、增量进给和返回机床参考点运行方式下，用来选择机床欲移动的轴和方向。最中间位置的为快进按键。当按下该键时，快进功能开启；松开该键时，快进功能关闭
主轴修调 − 100% +	主轴修调"主轴修调用于修调手动转速或程序中编制的主轴转速，每点按一次"加"或"减"键，主轴修调倍率递增或减少10%
快速修调 − 100% +	快速修调：在自动或MDI方式下，按"快速修调"可修调G00快速移动，按"100%"键，快速修调倍率被置为100%，每点按一次"加"或"减"，修调G00快速移动增或减10%
进给修调 − 100% +	进给修调：在自动或MDI方式下，按"进给修调"可修调程序中的进给速度；按"100%"键，进给修调倍率被置为100%，每点按一次"加"或"减"，修调程序中的进给速度增或减10%
x1 x10 x100 x1000	增量值选择键：各键均互锁（在增量运行方式下，用来选择增量进给的增量值），×1为0.001mm，×10为0.01mm，×100为0.1mm，×1000为1mm
主轴正转 主轴停止 主轴反转	主轴旋转键：用来开启和关闭主轴 主轴正转：点按起动正转；主轴停止：点按主轴停；主轴反转：点按起动反转
冷却开停	切削液开停：点按该键时，切削液打开；再次点按该键，切削液关
超程解除	超程解除：当机床运动到达行程极限时，会出现超程，同时机床紧急停止。要退出超程状态，可长按该键（指示灯亮），再长按与刚才相反方向的坐标轴键，直至退出超程为止
空运行	空运行：在自动方式下，按下该键（指示灯亮），程序中编制的进给速率忽略，坐标轴以最大快速度移动
Z轴锁住 机床锁住	Z轴/机床锁住：用来禁止机床坐标轴移动。显示屏上的坐标数值仍会发生变化，但机床停止不动
冷却开停 换刀允许 刀具松紧	在手动方式下，点按"允许换刀"键，指示灯亮，允许刀具松/紧操作，再点按该键，又为不允许刀具松/紧操作，指示灯灭。在"允许换刀"有效时，指示灯亮，再点按"刀具松紧"键，松开刀具或夹紧刀具

二、操作控制方式及程序的编辑

1. 点动进给

点按手动按键，指示灯亮，系统处于点动方式，可点动移动机床坐标轴。如在手动状态下按压“＋X”或“－X”按键，指示灯亮，同时 *X* 轴将产生正向或负向连续移动；当松开“＋X”或“－X”按键，指示灯灭，X 轴随即停止；同理，*Y*、*Z* 轴的操作方法同 *X* 轴。选择手动方式时，手动按压增量倍率、主轴控制、进给修调、快速修调、主轴修调、切削液开停、刀具松紧按键，同时按压多个方向的手动按键，每次能手动连续移动多个坐标轴。

2. 点动快速移动

在点动进给时，若同时按压快进按键，则产生相应轴的正向或负向快速运动。

3. 点动进给速度选择

在点动进给时，进给速率为系统参数最高快移速度的 1/3 乘以进给修调，选择的进给倍率、点动快速移动的速率为系统参数最高快移速度乘以快速修调选择的快移倍率，进给或快速修调倍率被置为 100%，每次点按“＋”键，修调倍率递增 5%；点按“－”键，修调倍率递减 5%。

4. 增量进给

增量进给由手摇脉冲发生器坐标轴选择开关组成，用于手摇方式增量进给坐标轴。手摇脉冲发生器如图 2-2 所示。当手持单元的坐标轴选择波段开关置于 X、Y、Z、4TH 中的某挡时，再按一下控制面板上的增量按键，当指示灯亮后，系统处于手摇进给方式。如手持单元的坐标轴选择波段开关置于 X 挡时，旋转手摇脉冲发生器可控制 *X* 轴的正负向运动，顺/逆时针旋转手摇脉冲发生器一格，*X* 轴将向正向或负向移动一个增量值，同理，*Y* 轴、*Z* 轴、4TH 轴也如此，手摇进给方式每次只能控制一个坐标轴增量进给。手摇进给的增量值，即手摇脉冲发生器每转一格的移动量由手持单元的增量倍率波段开关位置确定。增量倍率波段开关的位置和增量值的对应关系见表 2-3。

图 2-2　手摇脉冲发生器

表 2-3　增量倍率波段开关的位置和增量值的对应关系

位　　置	×1	×10	×100	×1000
增量/mm	0.001	0.01	0.1	1

5. 回参考点

点按“回零”按键，指示灯亮，可手动返回参考点。再分别按“＋Z”“＋X”“＋Y”按键，可以使 *Z* 轴、*X* 轴、*Y* 轴回到参考点。回参考点结束时，“＋Z”“＋X”“＋Y”按键内的指示灯亮。

6. 编辑功能

通过主页面中的功能键“F1～F10”来完成。每个功能键均包括不同的操作，菜单采用层次结构，即在主菜单下选择一个菜单项后，数控装置会显示该功能下的子菜单，显示屏幕的下方为编辑功能主菜单命令条，系统主页面如图 2-3 所示。每个子菜单命令条的最后一项都是“返回”，即点按“返回 F10”键命令后，返回上一级菜单。

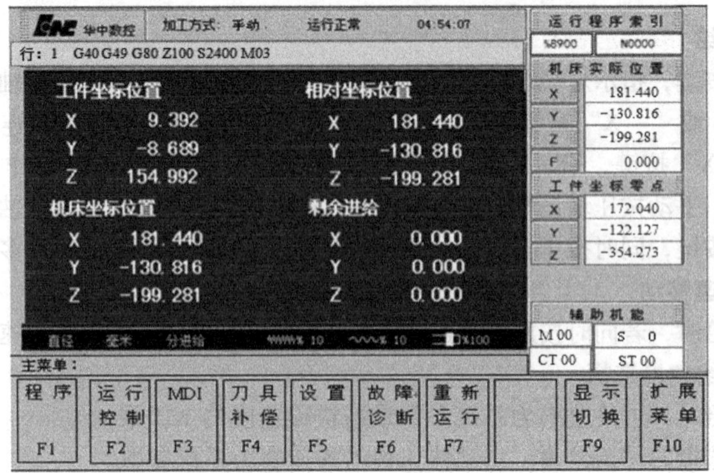

图 2-3　系统主页面

（1）程序的建立　在系统主页面菜单下点按“程序 F1”键进入程序子菜单页面→点按“编辑程序 F2”→点按“新建程序 F3”键进入新建程序页面→在程序命令条中输入文件名“O99”→按“Enter（回车）”键→进入新建程序编辑页面，如图 2-4 所示。

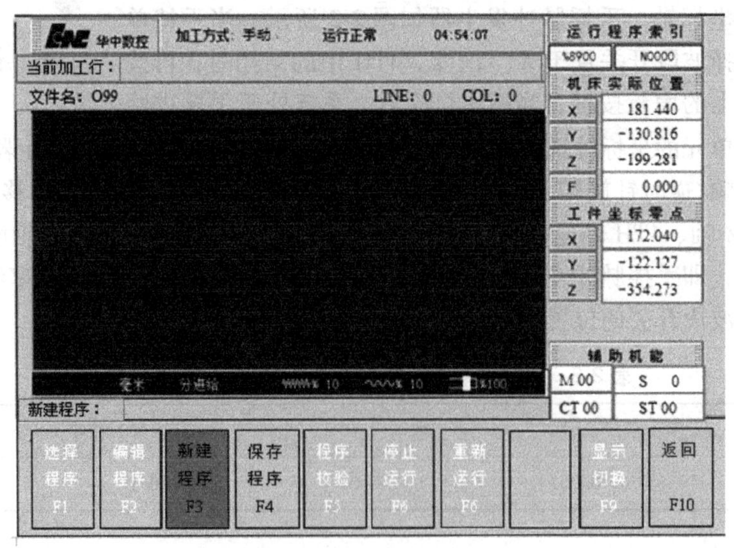

图 2-4　新建程序编辑页面

在新建程序编辑页面中输入零件程序，输入结束后点按“保存程序 F4”键→按“Enter（回车）”键→进入程序保存结束页面，如图 2-5 所示。

（2）程序模拟校验 在系统主页面下，点按“程序 F1”键进入子菜单→点按“程序选择 F1”键，进入程序选择页面，如图 2-6 所示。

在程序选择页面中，用“↑”“↓”光标键，选中所需校验程序→按“Enter（回车）”键→打开程序校验准备页面，其程序显示如图 2-7 所示。

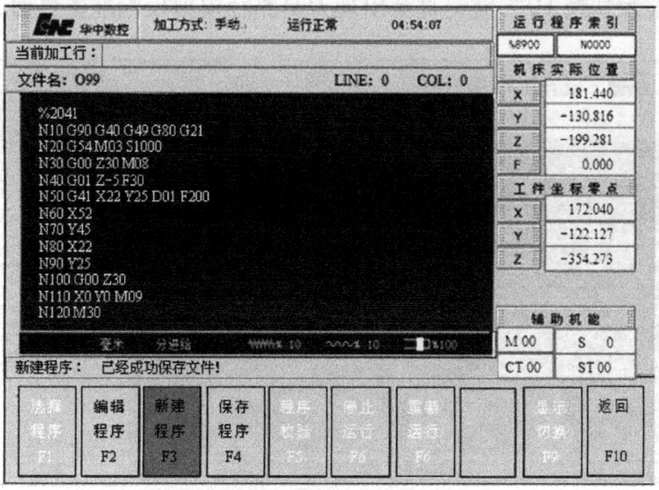

华中数控
加工方式：手动
运行正常
04:54:07
运行程序索引
%8900
N0000
当前加工行：
文件名：O99
LINE: 0
COL: 0
%2041
N10 G90 G40 G49 G80 G21
N20 G54 M03 S1000
N30 G00 Z30 M08
N40 G01 Z-5 F30
N50 G41 X22 Y25 D01 F200
N60 X52
N70 Y45
N80 X22
N90 Y25
N100 G00 Z30
N110 X0 Y0 M09
N120 M30
机床实际位置
X 181.440
Y -130.816
Z -199.281
F 0.000
工件坐标零点
X 172.040
Y -122.127
Z -354.273
辅助机能
M 00
S 0
CT 00
ST 00
新建程序： 已经成功保存文件!
选择程序 F1
编辑程序 F2
新建程序 F3
保存程序 F4
程序校验 F5
停止运行 F6
重新运行 F6
显示切换 F9
返回 F10

图 2-5 程序保存结束页面

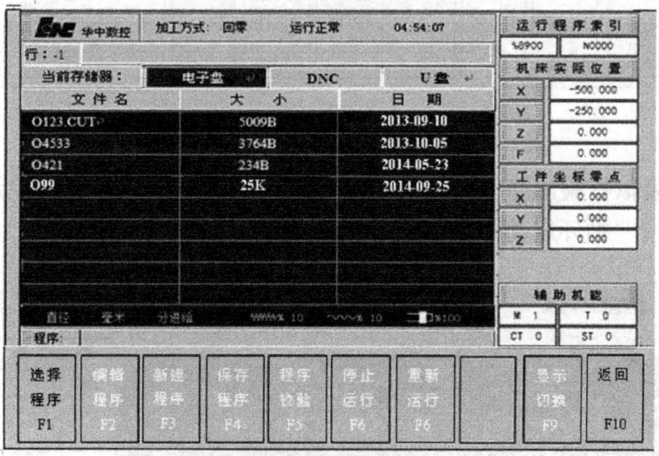

华中数控
加工方式：回零
运行正常
04:54:07
运行程序索引
%8900
N0000
行：-1
当前存储器：
电子盘
DNC
U盘
文件名
大 小
日 期
O123.CUT
5009B
2013-09-10
O4533
3764B
2013-10-05
O421
234B
2014-05-23
O99
25K
2014-09-25
机床实际位置
X -500.000
Y -250.000
Z 0.000
F 0.000
工件坐标零点
X 0.000
Y 0.000
Z 0.000
辅助机能
M 1
T 0
CT 0
ST 0
程序：
选择程序 F1
编辑程序 F2
新建程序 F3
保存程序 F4
程序校验 F5
停止运行 F6
重新运行 F6
显示切换 F9
返回 F10

图 2-6 程序选择页面

华中数控
加工方式：手动
运行正常
04:54:07
运行程序索引
%8900
N0000
当前加工行： N10 G90 G40 G49 G80 G21
文件名：O99
LINE: 0
COL: 0
%2041
N10 G90 G40 G49 G80 G21
N20 G54 M03 S1000
N30 G00 Z30 M08
N40 G01 Z-5 F30
N50 G41 X22 Y25 D01 F200
N60 X52
N70 Y45
N80 X22
N90 Y25
N100 G00 Z30
N110 X0 Y0 M09
N120 M30
机床实际位置
X 181.440
Y -130.816
Z -199.281
F 0.000
工件坐标零点
X 172.040
Y -122.127
Z -354.273
辅助机能
M 00
S 0
CT 00
ST 00
编辑程序：
选择程序 F1
编辑程序 F2
新建程序 F3
保存程序 F4
程序校验 F5
停止运行 F6
重新运行 F6
显示切换 F9
返回 F10

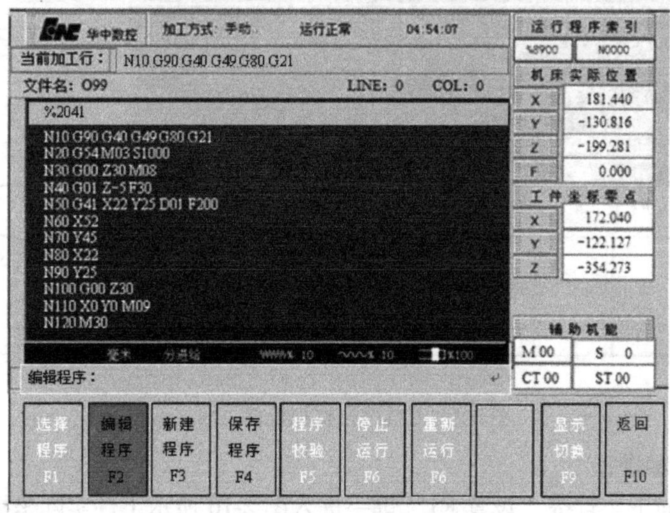

图 2-7 程序校验准备页面

反复点按“显示切换 F9”键，直至出现刀具路径模拟校验准备页面，如图 2-8 所示。

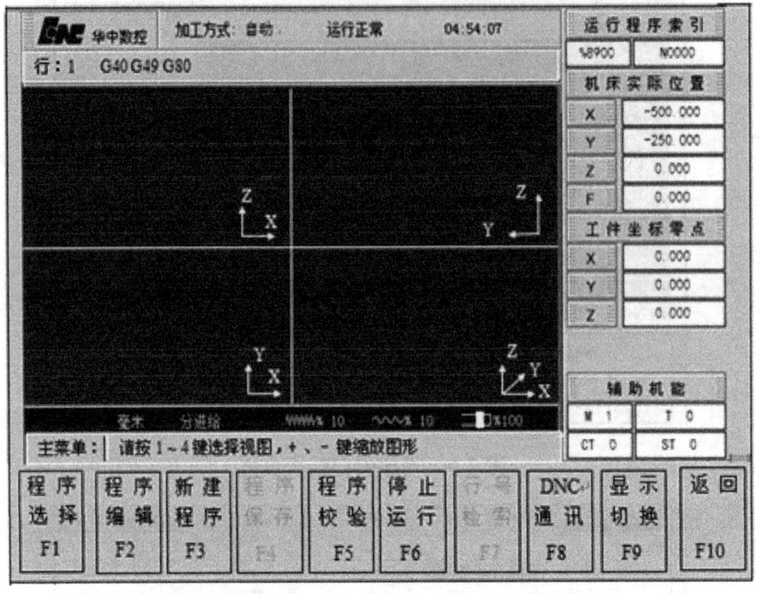

图 2-8　刀具路径模拟校验准备页面

在刀具路径模拟校验准备页面中，点按“程序校验 F5”键→在控制面板中点按“自动”运行键→点按“循环启动”键→进入刀具路径模拟校验显示页面，如图 2-9 所示。

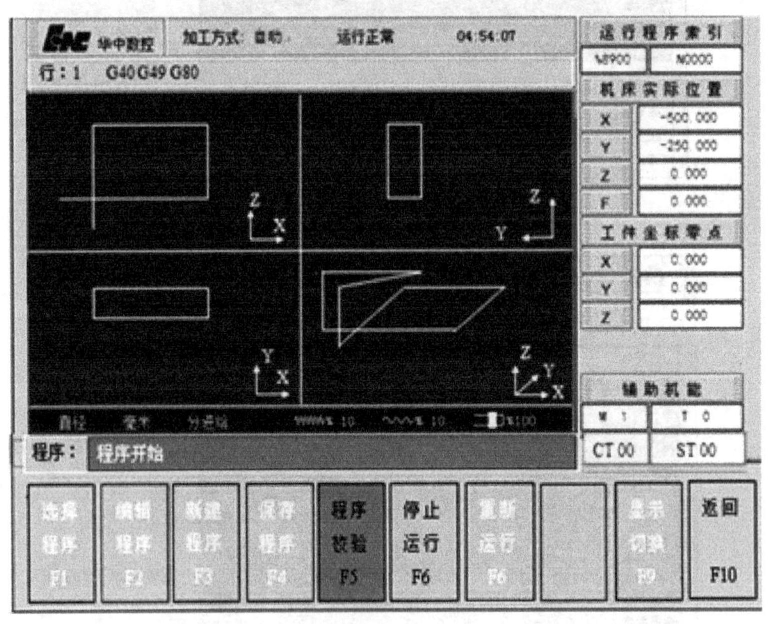

图 2-9　刀具路径模拟校验页面显示

7. 坐标轴清零操作

在系统主页面下，点按“设置 F5”键→进入图 2-10 所示工件实际坐标页面→点按“相对清零 F1”键，进入相对实际坐标页面。

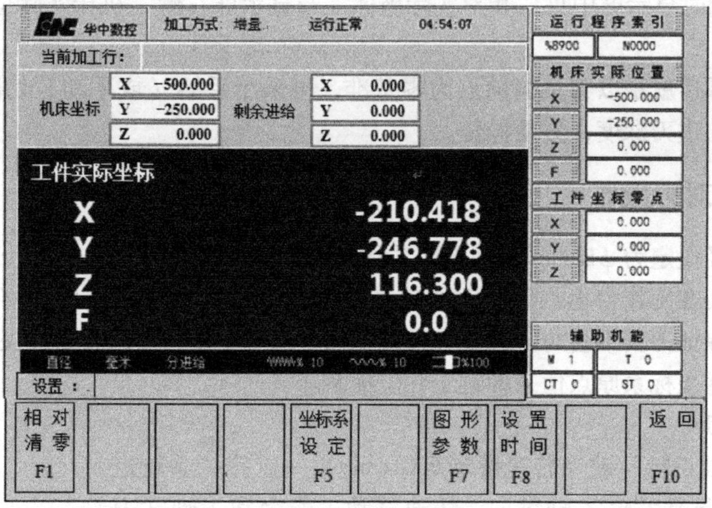

图 2-10　工件实际坐标页面

Z 轴清零时，点按“主轴正转”键→点按“手轮进给方式”键→调节手轮 *Z* 轴负向，快速移动工作台和主轴，将刀具端面移动至与工件上表面相接近的适当位置，改用步进微调操作使刀具端面慢慢移向工件，当刀具底部与零件上表面轻微接触稍有金属末出现时，停止手摇脉冲发生器的进给，此时，在相对实际坐标页面中，点按“Z 轴清零 F3”键→显示屏中央“相对实际坐标”与显示屏右侧“机床实际位置”Z 值均变为零，即 *Z* 轴清零结束，*Z* 轴清零后的相对实际坐标页面如图 2-11 所示。

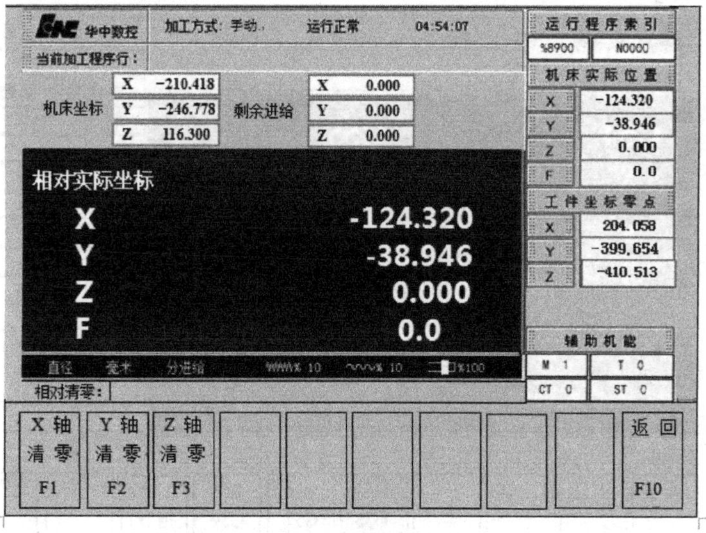

图 2-11　*Z* 轴清零后的相对实际坐标页面

同理 *X*、*Y* 轴清零时，可将刀具侧面移动至与工件侧表面相接近的适当位置，改用步进微调操作使刀具侧面慢慢移向工件，当刀具侧面与零件侧表面轻微接触稍有金属末出现时，停止手摇脉冲发生器的进给，此时，在相对实际坐标页面中，点按“X 轴清零 F1”或“Y 轴清零 F2”，同时显示屏中央“相对实际坐标”与显示屏右侧“机床实际位置”X、Y 值均变为零。

坐标轴清零后就是以刀具当前点为零基准，再采用手摇（或手动）切削进刀时，从显示屏上直接读出进刀深度，方便操作。

三、试切对刀操作

立铣刀直径设定为 ϕ12mm 工件坐标系原点选在上表面左下角点位置。对刀前将工件毛坯准确定位装夹在工作台上。安装时要使零件的基准方向和机床 *X*、*Y*、*Z* 轴的方向一致，并且在切削时保证刀具不会与零件、夹具或工作台发生干涉，然后将零件夹紧，再通过设定刀具相对于工件坐标系原点值来确定工件坐标系。

1. *Z* 轴对刀

点按“主轴正转”键（转速设定 500r/min）→点按“手轮进给方式”键→调节手轮 *Z* 轴负向，快速移动工作台和主轴（刀具），将刀具端面移动至与工件上表面相接近适当位置，改用步进微调操作使刀具端面慢慢移向工件，可在刀具端面正下方工件表面贴一片浸了油的薄纸片，当刀具将纸片转飞时，停止手摇脉冲发生器的进给，如图 2-12 所示，重新进入工件实际坐标页面，点按“坐标系设定 F5”键，进入工件坐标系设定页面→移动光标至“G54　Z108. 909”位置，如图 2-13 所示，如设定工件上表面为 *Z* 轴的零平面，可直接点按“测量 F1”键→直接点按“Enter（回车）”键（或在测量值的工具条中输入“0”后再点按“Enter”键），即完成 *Z* 轴的对刀操作。

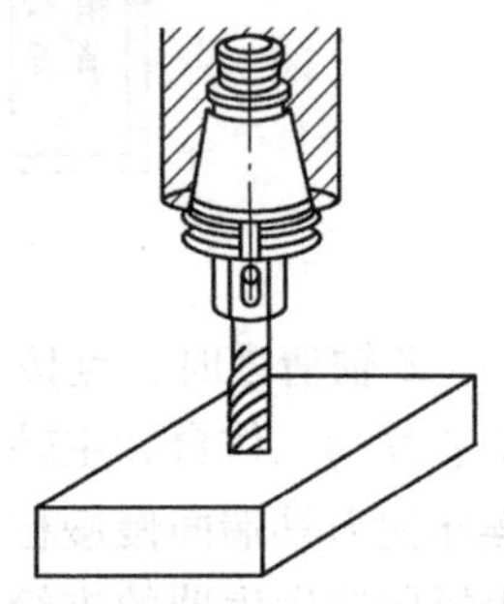

图 2-12　*Z* 轴对刀示意图

华中数控　加工方式：手动　运行正常　04:54:07
当前加工程序行：

G54		G55	
X	149.460	X	256.965
Y	-191.648	Y	-119.054
Z	108.909	Z	-245.496

运行程序索引：%8900　N0000
机床实际位置：X -500.000　Y -250.000　Z 0.000　F 0.000
工件坐标零点：X 0.000　Y 0.000　Z 0.000
辅助机能：M 1　T 0　CT 0　ST 0
毫米　分进给　%10　%10　%100
测量值：0

测 量 F1	修 正 F2	分 中 F3		G54 G55 F5	G56 G57 F6	G58 G59 F7	工 件 相 对 F8		返 回 F10

图 2-13　工件坐标系设置页面

2. X、Y轴对刀

点按“主轴正转”键（转速设定为500r/min）→点按“手轮进给方式”键→调节手轮 *X* 轴，快速移动工作台，将刀具移动至与工件侧面相接近的适当位置，改用步进微调操作使刀具侧面慢慢移向工件，当刀具侧刃与工件侧面贴近有微金属细末散落时，停止手摇脉冲发生器的进给。在图2-13所示页面中，方法同 *Z* 轴对刀，移动光标至“G54 X146. 460”位置，由于刀具侧刃与工件左侧边相切，如图2-14所示，因此，可在工件坐标系页面测量值命令条中输入刀具旋转轴线至 *Y* 轴的距离，即 *X* 轴的负向位置，其值等于刀具半径值“-6”。点按“测量F1”键→在测量值命令条中输入“-6”→点按“Enter（回车）”键，即完成 *X* 轴的对刀操作。同理，*Y* 轴对刀与 *X* 轴对刀方法相同，如图2-15所示。

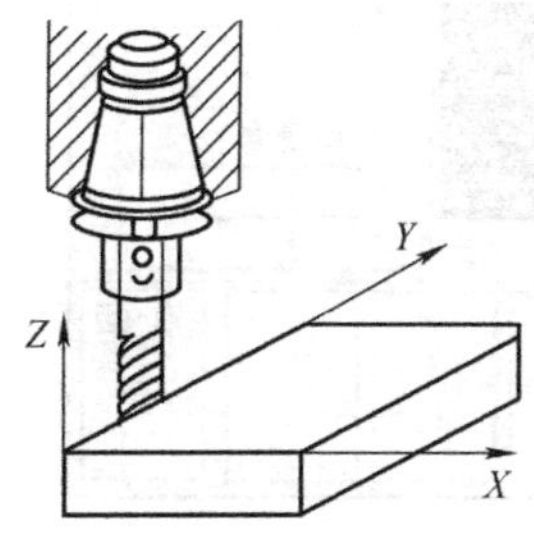

图2-14 *X* 轴对刀示意图

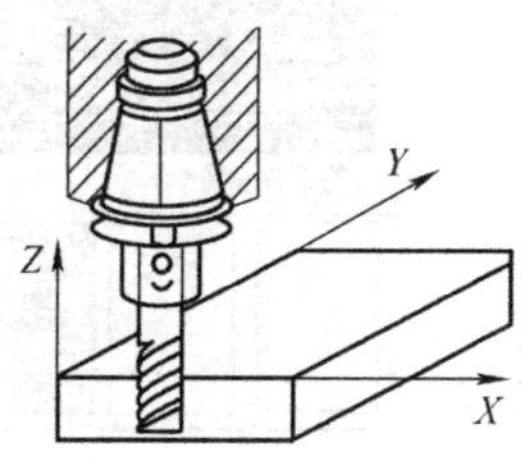

图2-15 *Y* 轴对刀示意图

3. 刀具补偿值的输入

在系统主页面下，点按“刀具补偿F4”键→进入刀库及刀补子菜单页面→点按“刀补表F4”键→进入刀补设置表→移动光标至所需补偿位置，如图2-16所示→点按“Enter（回车）”键修改刀补值→再点按“Enter（回车）”键确认，即完成刀具补偿设置。

华中数控 加工方式：自动 运行正常 04:54:07

行：1 G40 G49 G80 G00 Z100 S1700 M03

刀补表：

刀号	组号	长度	半径	寿命	位置
#0000	-1	0.000	0.000	0	-1
#0001	-1	0.000	0.000	0	-1
#0002	-1	0.000	0.000	0	-1
#0003	-1	0.000	0.000	0	-1
#0004	-1	0.000	0.000	0	-1
#0005	-1	0.000	0.000	0	-1
#0006	-1	0.000	0.000	0	-1
#0007	-1	0.000	0.000	0	-1
#0008	-1	0.000	0.000	0	-1
#0009	-1	0.000	0.000	0	-1
#0010	-1	0.000	0.000	0	-1
#0011	-1	0.000	0.000	0	-1
#0012	-1	0.000	0.000	0	-1

1 毫米 分进给 %10 %10 %100

刀具表编辑：

运行程序索引：%8900 N0000

机床实际位置：X -500.000 Y -250.000 Z 0.000 F 0.000

工件坐标零点：X 0.000 Y 0.000 Z 0.000

辅助机能：M 1 T 0 CT 0 ST 0

刀补表 F4 返回 F10

图2-16 刀补表页面

点按“返回 F10”键→返回刀库及刀补子菜单页面→点按“刀库表 F3”键→进入刀库设置表页面→移动光标至需补偿位置，如图 2-17 所示→点按“Enter（回车）”键修改→再点按“Enter（回车）”键确认，即完成刀库中刀号及组号的设置。

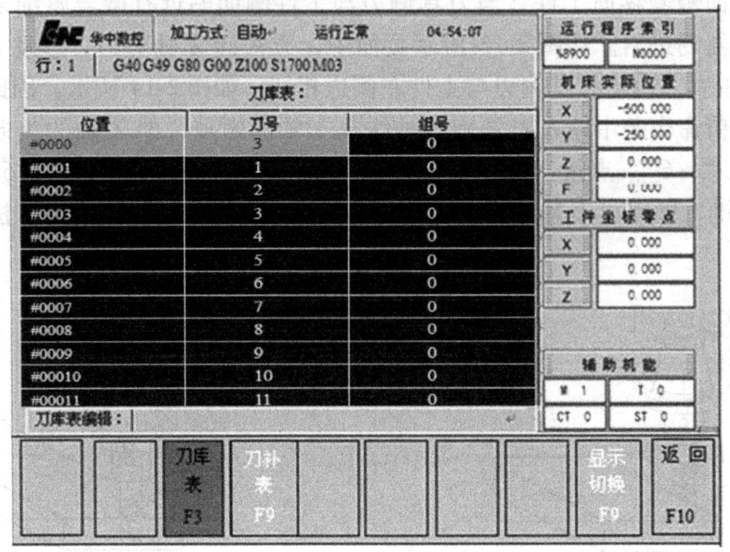

图 2-17　刀库表页面

四、机床的自动运行

1. 自动运行

点按“自动”键，系统处于自动运行方式，即在系统主页面下，点按“程序 F1”键，在子菜单中点按“选择程序 F1”键，选择要运行的程序→按“Enter（回车）”键→进入程序显示页面→点按“循环启动”键，进入自动加工状态。在自动运行过程中，若点按“进给保持”键，程序执行暂停，再点按“循环起动”键后，系统将重新启动继续运行。

2. 单段运行操作

在自动运行方式下，点按“单段”键，系统处于单段自动运行方式，程序控制将逐段执行。每点按一次“循环启动”键运行一程序段。

注意事项

1）指法训练数控铣床（加工中心）操作面板应注意机床安全，避免误操作。

2）感知机床的运动方向，避免误动作。

3）训练机床进给方式时，要避免机床超程。

4）按键互锁，即点按其中一个指示灯亮，其余指示灯灭处于失效状态。

5）一定要把对刀数据存入相应存储地址，否则容易出现恶性事故。

扩展练习

1. 简述华中 HNC-22M 数控铣床（加工中心）操作面板的组成。

2. 简述华中 HNC-22M 数控铣床（加工中心）手动数据输入操作包括的内容。

3. 练习华中 HNC-22M 数控铣床回参考点、程序效验、程序空运行等操作。

4. 简述华中 HNC-22M 数控铣床超程解除的步骤。

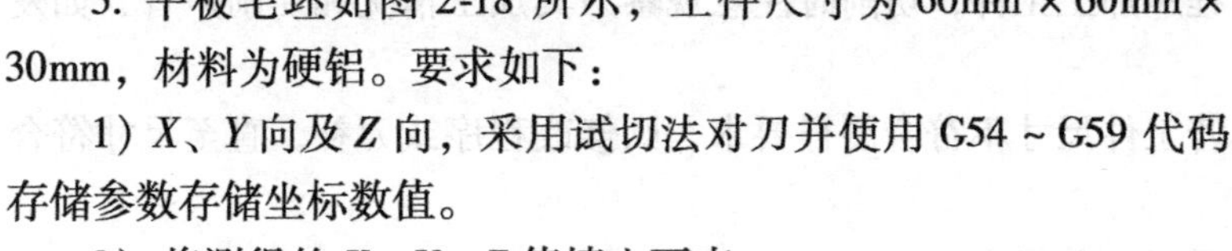

5. 平板毛坯如图 2-18 所示，工件尺寸为 60mm × 60mm × 30mm，材料为硬铝。要求如下：

1）X、Y 向及 Z 向，采用试切法对刀并使用 G54 ~ G59 代码存储参数存储坐标数值。

2）将测得的 X、Y、Z 值填入下表。

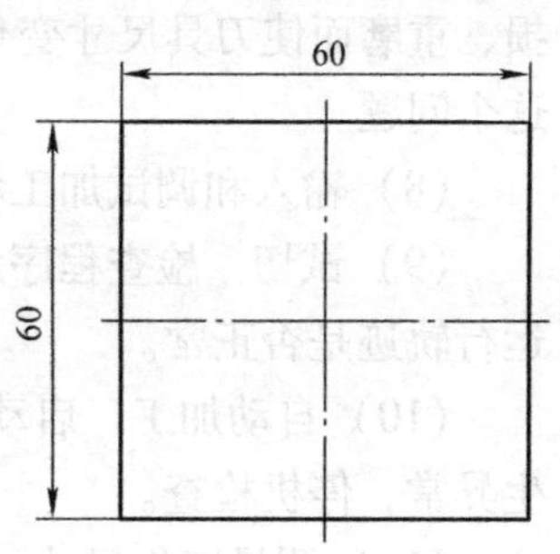

图 2-18　平板毛坯

序号	X_1 坐标值	X_2 坐标值	X 坐标值	Y_1 坐标值	Y_2 坐标值	Y 坐标值	Z 坐标值
1							
2							
3							

任务二　认识 SIEMENS 802D 数控铣床（加工中心）操作面板

任务描述

认识 SIEMENS 802D 数控铣床（加工中心），首先必须熟悉铭牌中的参数含义或参看机床说明书，再进行机床面板操作训练，它是使用机床进行零件加工操作的重要基础环节。

任务训练

（1）开机上电　检查机床状态是否正常，按下“急停”按钮，打开机床总电源开关，机床上电，数控系统上电，机床进入系统控制状态。

（2）复位　左旋并拔起操作台右上角的“急停”按钮使系统复位，并接通伺服电源，系统默认进入“回参考点”方式，软件操作界面的工作方式变为“回零”。

（3）返回机床参考点　按一下控制面板上面的“回零”按键，确保系统处于“回零”方式。根据 X 轴机床参数“回参考点方向”，按一下“ + X”（回参考点方向为“ + ”）按键，X 轴回到参考点后，“ + X”按键内的指示灯亮；同理，可分别按“ + Y”“ + Z”按键，使 Y 轴、Z 轴回参考点。

（4）工件装夹　清理工作台，安装夹具，将工件装夹在夹具上。

（5）刀具安装　刀具夹紧后方可松手，以防刀具落下伤及工件、夹具或工作台。

（6）刀具对刀　Z 轴采用设定器对刀，X、Y 轴采用试切对刀，设定工件上表面左下角位置为坐标系原点。

（7）设置刀具补偿值　在编制加工程序时，可以按零件实际轮廓编程，加工前测量实际的刀具半径、长度等，作为刀具补偿参数输入数控系统。

刀具补偿功能还可以满足加工工艺等其他一些要求，可以通过逐次改变刀具半径补偿值大小的办法，调整每次进给量，以达到利用同一程序实现粗、精加工循环。另外，因刀具磨损、重磨而使刀具尺寸变化时，若仍用原程序将会造成加工误差，用刀具长度补偿可以解决这个问题。

（8）输入和调试加工程序　将程序输入或传输到数控系统中，对程序进行编辑。

（9）试切　检查程序无误后，将刀具抬起至安全高度，启动程序进行试切，观察刀具运行轨迹是否正常。

（10）自动加工　启动程序加工工件，切削时注意观察刀具加工情况和切削声音，如发生异常，停机检查。

（11）测量工件尺寸　若工件尺寸不符合图样要求，则修改程序或刀补，直至尺寸符合图样要求为止，取下工件。

（12）关机　清理加工现场，关机。

任务准备

一、SIEMENS 802D 数控铣床（加工中心）操作面板的组成和常用控制功能键

1. 操作面板的组成

操作面板由液晶显示屏、软键、编辑功能键及机床控制键等组成，如图 2-19 所示。其中，显示屏用来显示相关坐标位置、程序、图形、参数、诊断、报警等信息，可进行人机对

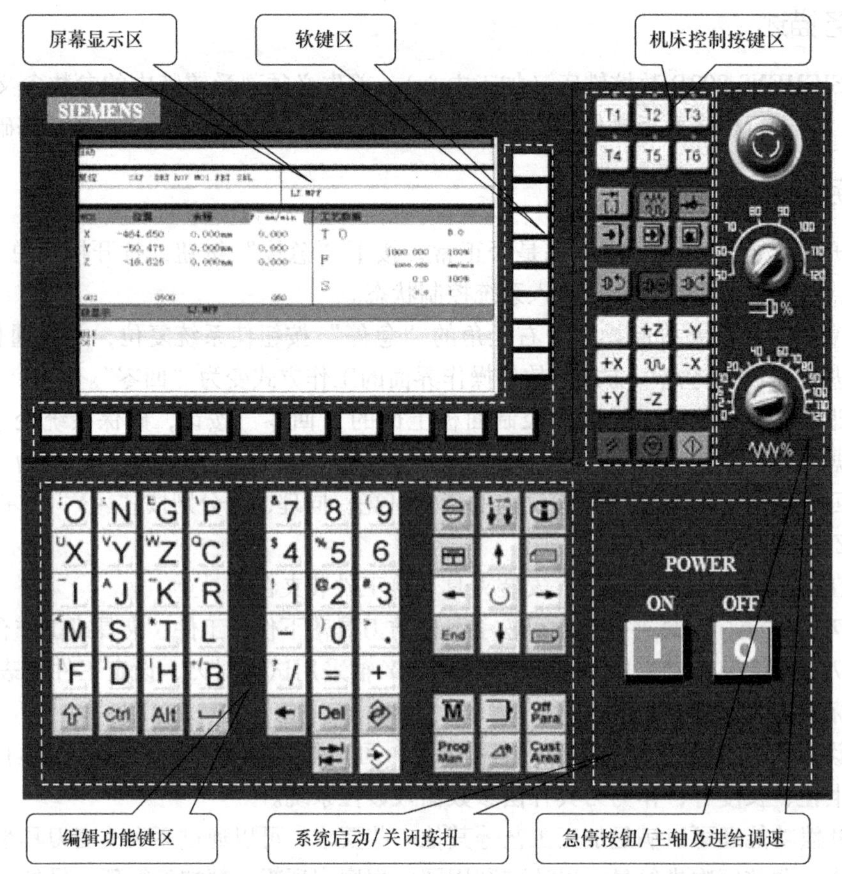

图 2-19　SIEMENS 802D 数控铣床（加工中心）操作面板

话，实现对数控系统的控制，而编辑功能键区包括字母键、数值键以及功能按键等，可以进行程序、参数及指令的输入等。

2. **操作面板常用控制功能键**

SIEMENS 802D 数控铣床（加工中心）操作面板各按键的功能见表 2-4。

表 2-4 SIEMENS 802D 数控铣床（加工中心）操作面板各按键的功能

按　钮	名称（英文标识）	功　能
	紧急停止按钮（E-STOP）	按下急停按钮，驱动系统断电，各类动作均停止
	主轴倍率修调（SPINDLE SPEED OVERRIDE）	调节数控程序自动运行时的主轴速度倍率，调节范围为 50%～120%
	进给倍率修调（FEEDRATE OVERRIDE）	调节数控程序自动运行时的进给速度倍率，调节范围为 0～120%
	点动距离选择按钮（VAR）	在单步或手轮方式下，用于选择移动距离
	手动方式（JOG）	手动方式，连续移动
	回零方式（REF POINT）	机床回零；机床必须首先执行回零操作，然后才可以运行
	自动方式（AUTO）	进入自动加工模式
	单段（SINGLE BLOCK）	当此按钮被按下时，运行程序每按一次循环启动执行一行程序
	手动数据输入（MDA）	单程序段执行模式
	主轴正转（SPINDLE CW）	按下此按钮，主轴开始正转
	主轴停止（STOP）	按下此按钮，主轴停止转动
	主轴反转（SPINDLE CCW）	按下此按钮，主轴开始反转
	快速按钮（REPID）	在手动方式下，按下此按钮后，再按下移动按钮则可以快速移动机床工作台或刀具
+Z -Z +Y -Y +X -X	移动按键	点按此键，可进行刀具、工作台的 *X* 向、*Y* 向移动
	复位按键（RESET）	点按此键，复位 CNC 系统，包括取消报警、主轴故障复位、中途退出自动操作循环和输入、输出过程等

（续）

按 钮	名称（英文标识）	功 能
	循环保持 （CYCLE STOP）	程序运行暂停，在程序运行过程中，按下此按键运行暂停。再按“运行开始”按键恢复运行
	循环启动（运行开始） （CYCLE START）	点按此键，程序开始自动运行，当一个加工过程完成后自动运行停止
O N X Y	字母输入键	用于程序中字母 A ~ Z 的输入
7 8 9	数字输入键	主要用于程序数字的输入
	报警应答键 （ALARM CANCEL）	用于报警后数控系统的复位
	通道转换键 （CHANNEL）	用于转换数控系统数据传输的通道
	信息键 （HELP）	用于显示数控系统的特定信息
O N X Y	上档键 （SHIFT）	对键上的两种功能进行转换。按下上档键，当按下字符键时，该键上行的字符（除了光标键）就被输出
	空格键	编辑程序时，按此键可以输入一个空格
	光标键	此键用于实现光标的上下与左右的移动
	删除键（退格键） （DELETE）	自右向左删除字符，每按一次删除一个字符
Del	删除键 （DEL）	删除光标所在位置的字符
	插入键 （INSERT）	在光标处插入字符
	制表键 （TAB）	用于制表
	回车/输入键 （INPUT）	接收一个编辑值，打开或关闭一个文件目录及打开文件
	翻页键 （PAGE UP、PAGE DOWN）	可以向前或向后翻一页

（续）

按　钮	名称（英文标识）	功　能
M	加工操作区域键 （POSITION）	点按此键，进入机床操作区域
	程序操作区域键 （PROCRAM）	点按此键，进入程序编辑区域
Off Para	参数操作区域键 （OFFSET PARAM）	点按此键，进入参数操作区域
Prog Man	程序管理操作区域键 （PROGRAM MANAGER）	点按此键，进入程序管理操作区域
Cust Area	图形显示操作区域键 （CUS）	点按此键，可以显示刀具的运动轨迹
	报警/系统操作区域键 （SYSTEM　ALARM）	点按此键，可以显示报警信息
	选择转换键 （SELECT）	一般用于单选、多选框

二、程序的编辑方式

程序的编辑主要操作包括程序的管理、调用、检索、修改、删除、插入等编辑方式及程序输入、输出的操作。

1. 程序管理

在系统操作面板上，点按“程序管理操作区域（PROGRAM MANAGER）”键可打开图2-20所示的程序管理页面。在该页面中以列表的形式显示零件程序或循环目录。在程序目录中，可用光标键选择所需要加工的程序，也可直接输入程序名的第一个字母。此时数控系统会自动将光标定位到含有该字母的程序前。

在程序管理页面中，点按“程序”软键可显示所加工程序目录；点按“循环”软键可显示标准循环目录，但只是具有确定的权限时才启动该程序；点按“执行”软键时选择待执行的零件程序，在下次点按数控启动键时启动该程序；点按“新程序”软键可以输入新的程序；点按“复制”软键可以把所选择的程序复制到另一个程序中；点按“打开”软键可打开待执行的程序；点按“删除”软键可删除光标定位的程序，但需对系统提示进行确认后进行操作；点按“重命名”软键出现一个程序管理重命名页面，如图2-21所示，在此可以更改光标所定位的程序名，输入新程序名后点按“确认”键，在此点按“中止”软键可取消此功能；点按“读出”软键可通过RS232接口对零件程序进行保护；点按“读入”软键可通过RS232接口装载零件程序并以文本形式进行传送。

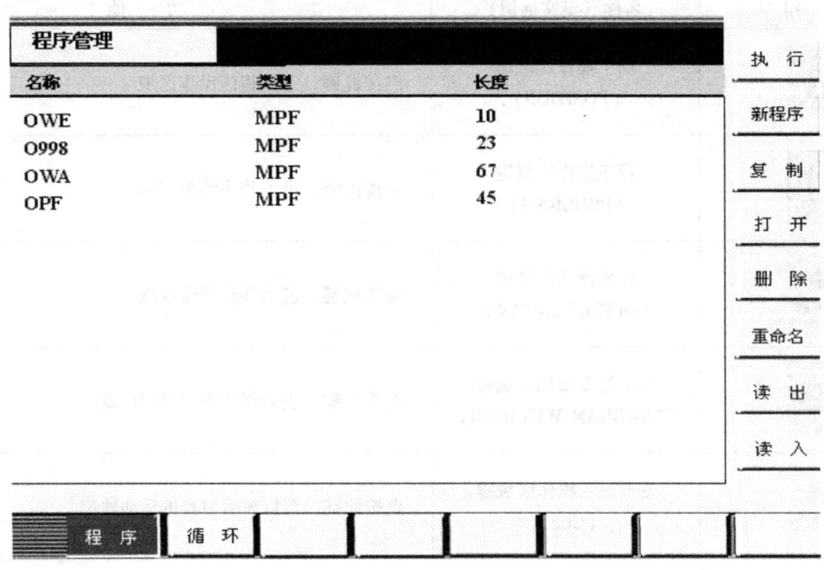

图 2-20　程序管理页面

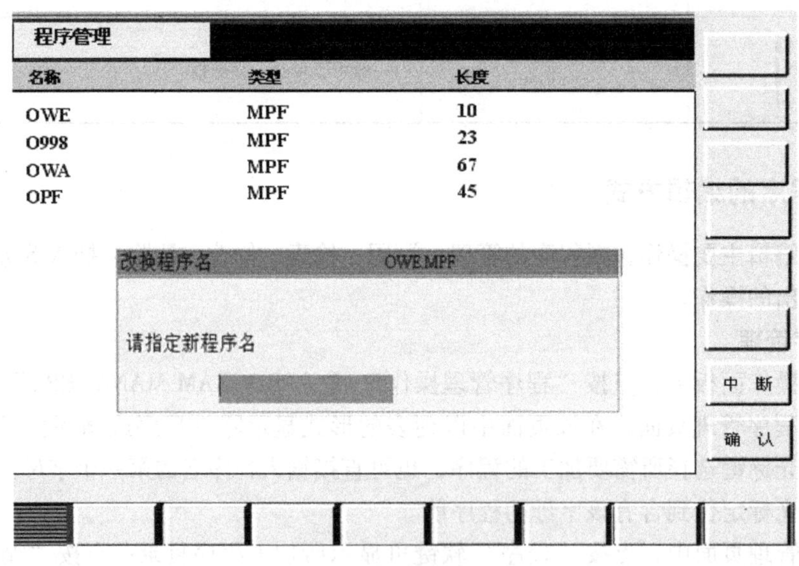

图 2-21　程序管理重命名页面

2. 新程序建立

在程序管理页面中，点按“新程序”软键可以输入新的程序，如图 2-22 所示→输入程序名，若没有扩展名（两个字母开头），系统将自动添加“MPF”为扩展名；子程序扩展名“SPF”需随文件名一起输入→点按“确认”软键即生成程序文件，进入程序编辑页面，如图 2-23 所示，此时若按“中断”软键将停止此对话框并返回程序管理页面。

3. 程序编辑

在程序编辑页面中输入一个程序段后点按“回车/输入”键，程序随即被保存。当整个

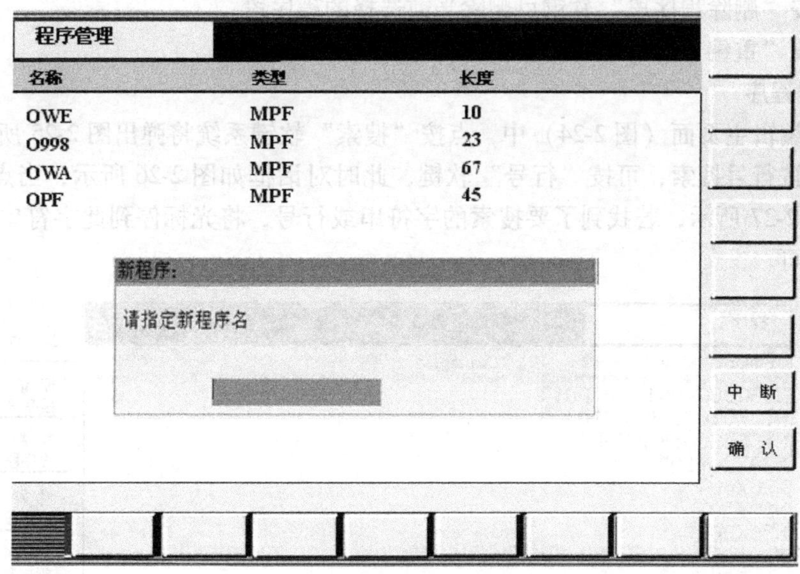

图 2-22 新程序名输入页面

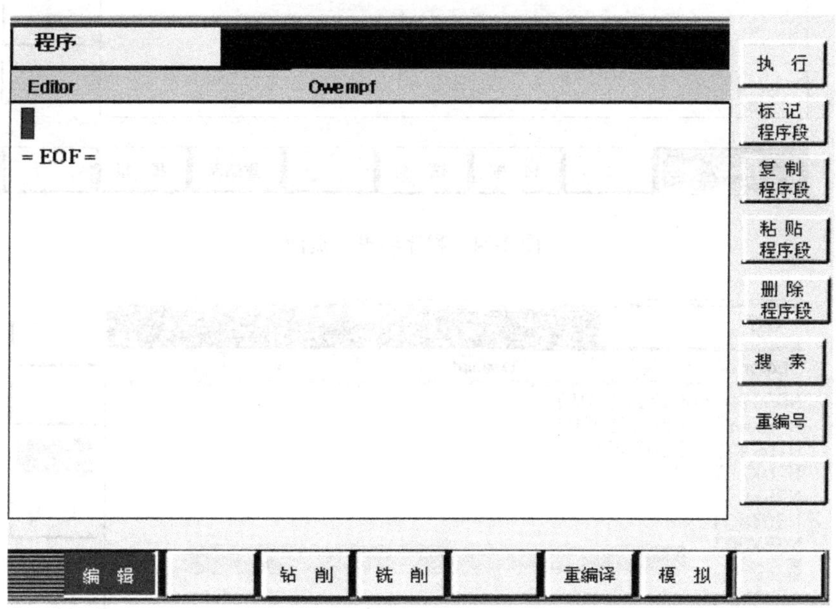

图 2-23 程序编辑页面

程序输入完后可执行以下操作：

1）点按“执行”软键选择当前编辑程序为运行程序。

2）点按“标记程序段”软键开始标记程序段；按“复制程序段”或“删除程序段”软键或输入新的字符时，将取消标记程序段。

3）点按“复制程序段”软键可将当前选中的一段程序复制到剪贴板。

4）点按“粘贴程序段”软键可将剪贴板上的文本即被粘贴到当前的光标位置上。

5）点按“删除程序段”软键可删除当前选择的程序段。

6）点按“重编号”软键可重新编排行号。

4. 搜索程序

在程序编辑主页面（图2-24）中，点按“搜索”软键系统将弹出图2-25所示的搜索对话框，若需按行号搜索，可按“行号”软键，此时对话框如图2-26所示，当点按“确认”软键后如图2-27所示，若找到了要搜索的字符串或行号，将光标停到此字符串的前面或对应的行首即可。

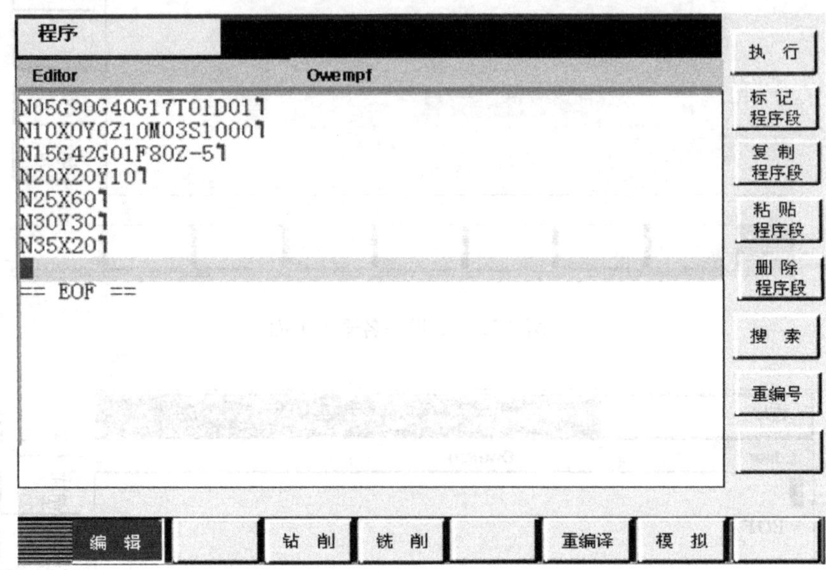

图2-24 程序编辑主页面

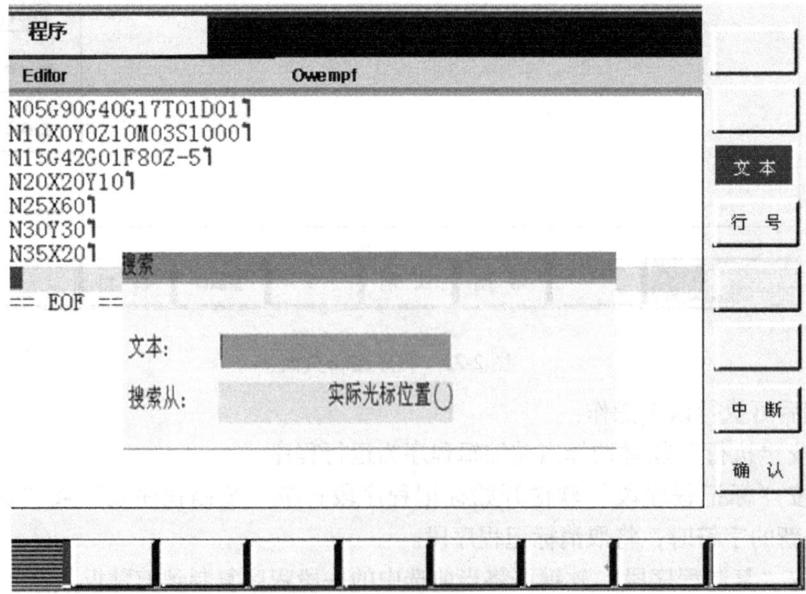

图2-25 搜索对话框

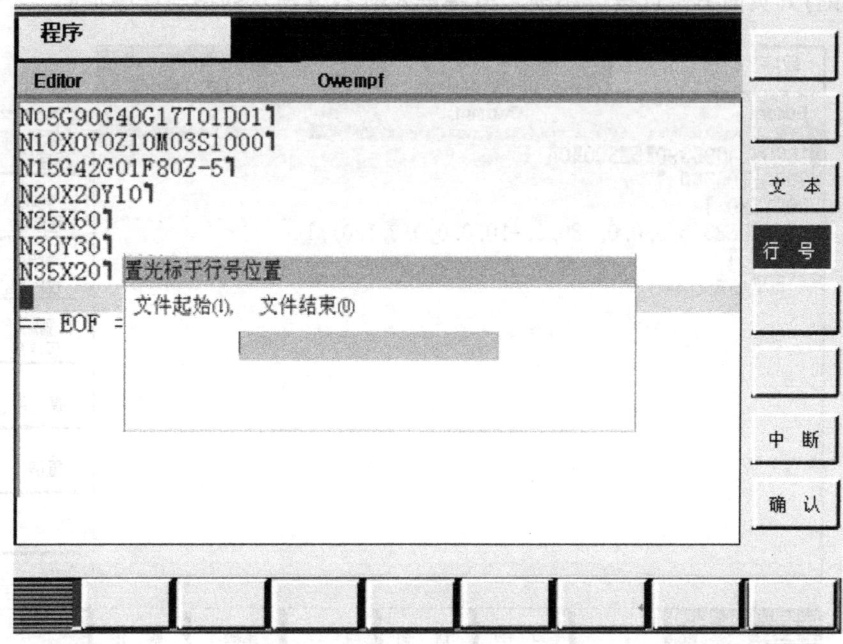

图 2-26 置光标于行号位置对话框

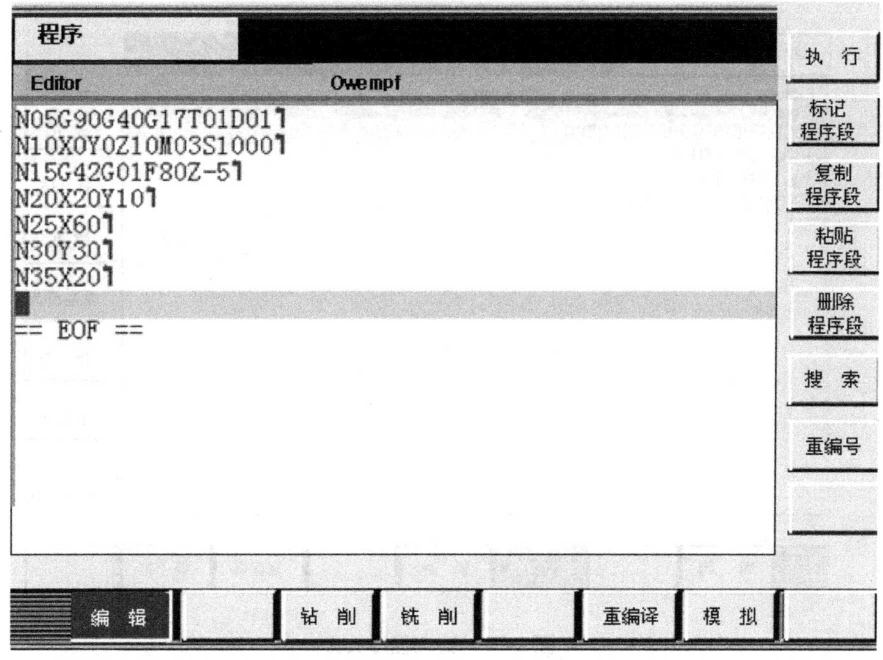

图 2-27 点按“确认”对话框

5. 插入固定循环

在程序管理主页面（图 2-20）下，用光标选中目标程序后，点按“打开”软键进入图 2-28 所示的程序打开页面。

在程序打开页面下，点按“钻削”软键进入图 2-29 所示的钻削程序页面。

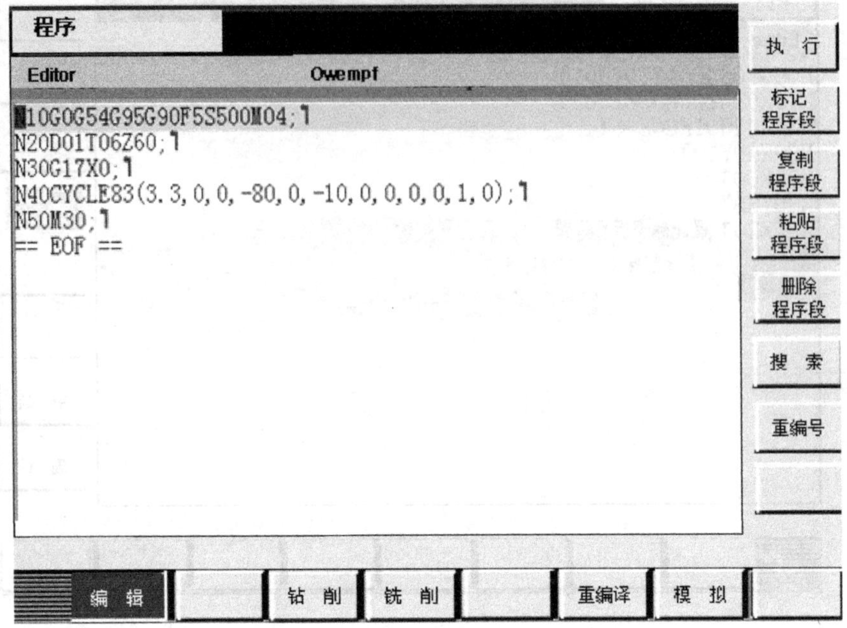

图 2-28　程序打开页面

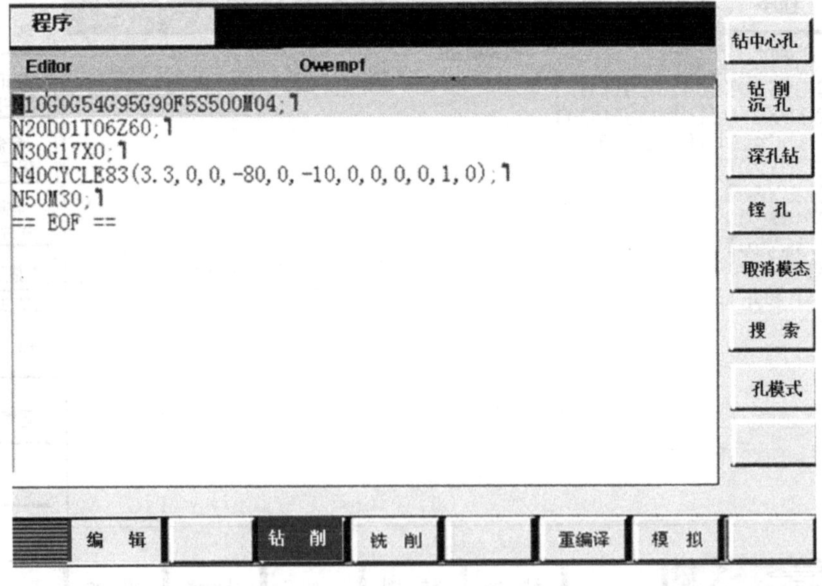

图 2-29　钻孔程序页面

在钻削程序页面下，点按不同软键相应进入不同的固定循环参数设置页面，如点按“深孔钻”软键进入图 2-30 所示的深孔钻页面。

在深钻孔页面的右半部分为可设定的参数栏，点按“光标键”使光标在各参数栏中移动，输入相应的参数后点按“确认”软键，即可调用该程序，在页面的左半部分为实现深孔钻操作示意图，左上角标有系统自动调用深孔加工固定循环“CYCLE83”的指令。

程序
执 行
CYCLE83 返回平面
RTP
RFP
SDIS
DP
DPR
FDEP
FDPR
DAM
DTB
DTS
FRF
VARI
0.000
1.000
0( )
Z
RTP
RFP
FDEP
DP
SDIS
模 态
调 用
中 断
确 认

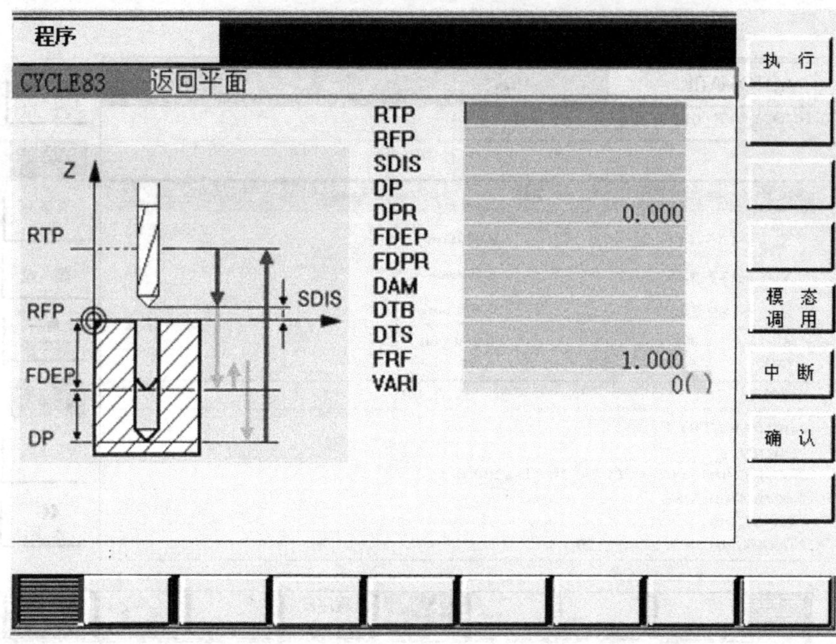

图 2-30 深孔钻页面

6. 程序校验

点按“程序管理操作区域（PROGRAM MANAGER）”键，系统将进入图 2-31 所示的程序管理页面，其中显示已有程序列表，可用光标键移动选择条，在目录中选择要执行的程序。点按“执行”软键，选择程序将被作为运行程序，用“自动方式（AUTO）”键切换到自动运行操作方式，系统弹出图 2-32 所示的自动运行操作方式控制页面。

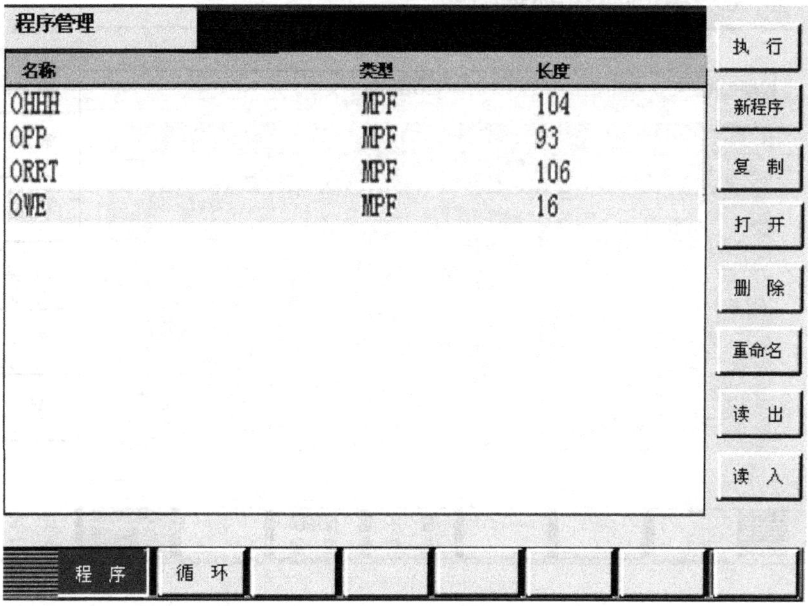

程序管理
名称
类型
长度
OHHH
MPF
104
OPP
MPF
93
ORRT
MPF
106
OWE
MPF
16
执 行
新程序
复 制
打 开
删 除
重命名
读 出
读 入
程 序
循 环

图 2-31 程序管理页面

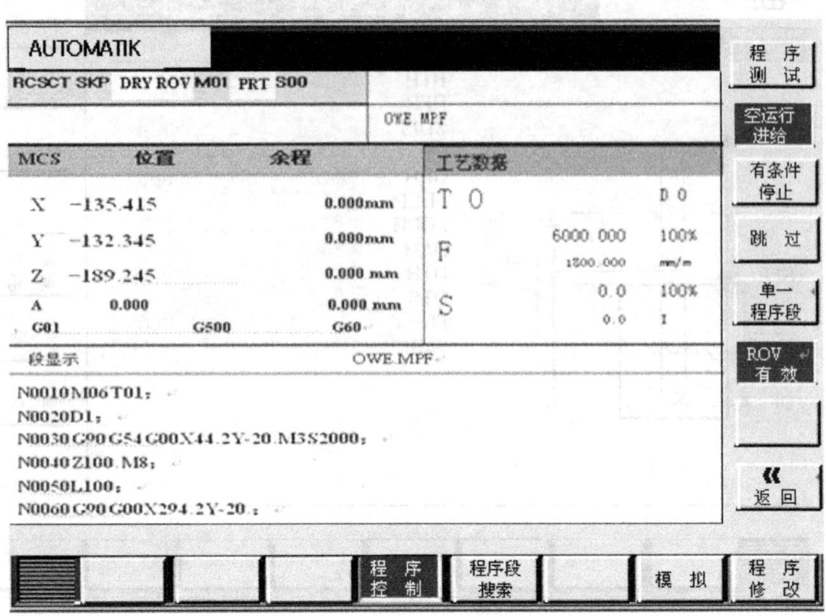

图 2-32 自动运行操作方式控制页面

点按“程序控制”软键→点按“程序测试”软键与“空运行进给”软键→点按“模拟”软键→点按“循环启动”软键进入模拟运行状态，此时机床所有轴均被锁定，可以看到程序运行状态和刀具路径轨迹，如图 2-33 所示。若停止运行可点按“复位”软键。

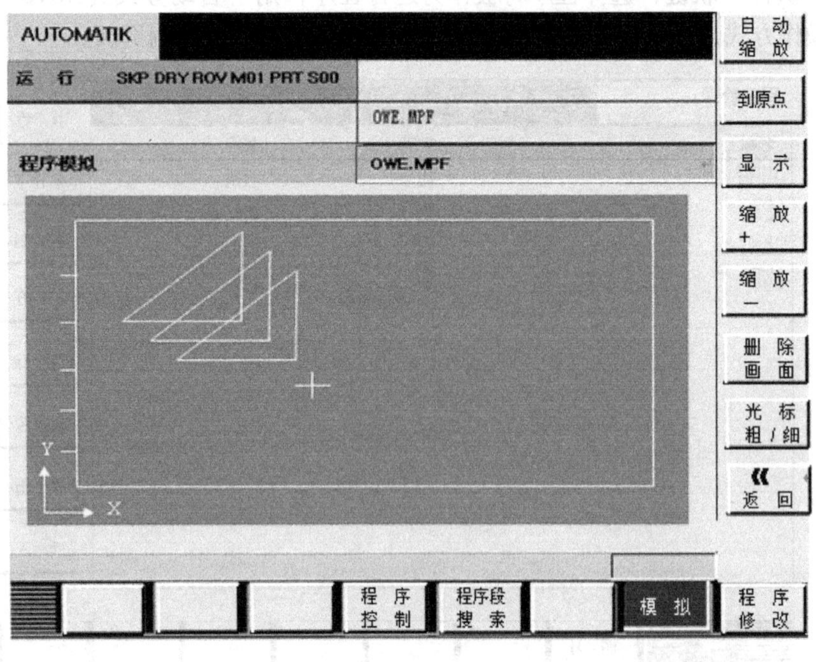

图 2-33 模拟运行刀具路径轨迹页面

7. 刀具参数设置

（1）刀具参数输入

1）点按“参数操作区域（OFFSET PARAM）”软键，进入参数操作区。

2）点按“刀具表”软键，进入刀具补偿参数设置页面，进入已有的刀具补偿参数清单，如图 2-34 所示。

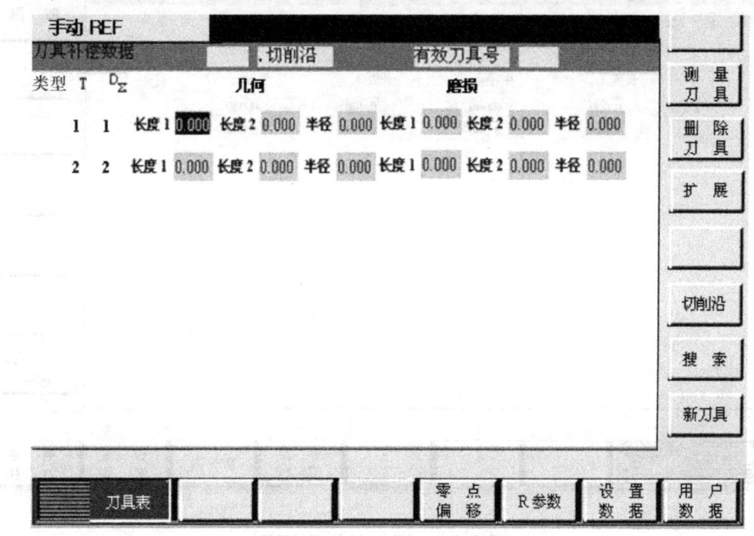

图 2-34 刀具补偿参数设置页面

3）移动光标至待输入参数的区域。

4）输入数值后，点按“输入（INPUT）”软键确认。

5）对于一些特殊刀具，可以点按“扩展”软键，在弹出的刀具扩展页面中输入相关参数，如图 2-35 所示。

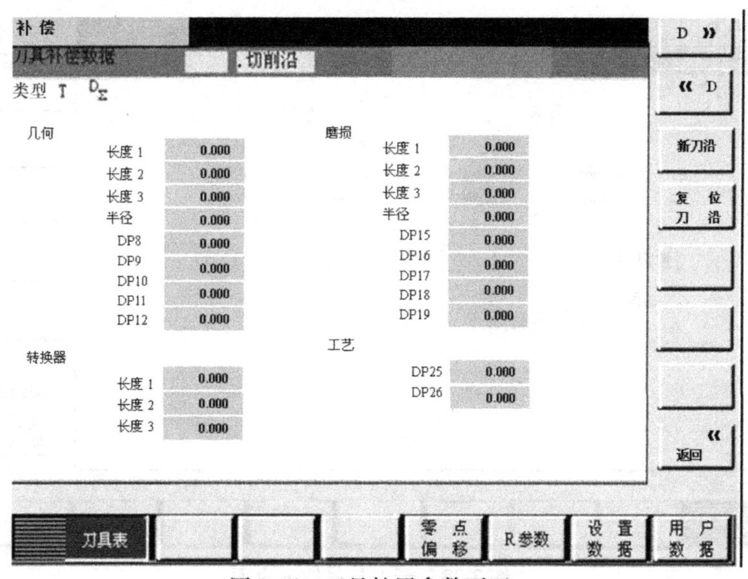

图 2-35 刀具扩展参数页面

（2）新建刀具

1）打开刀具补偿参数设置页面，点按“新刀具”软键，进入新刀具设置页面，如图2-36所示。

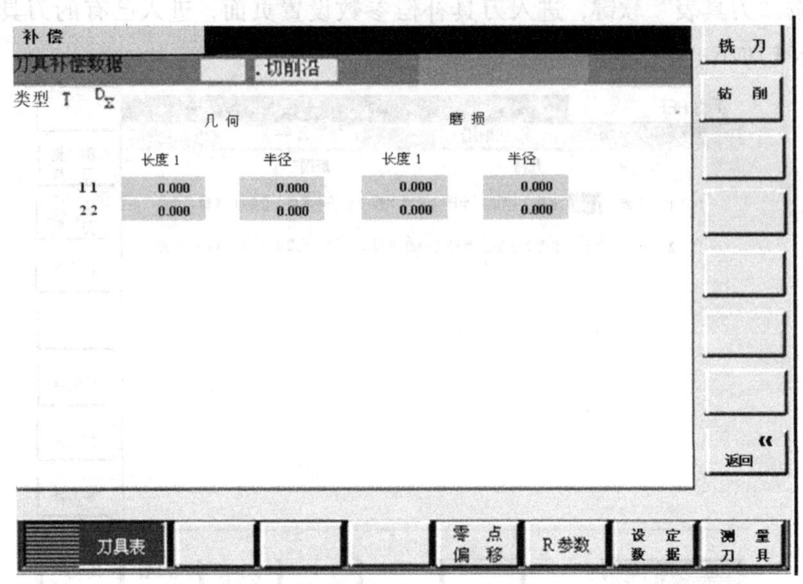

图2-36　新刀具设置页面

2）新刀具号输入。在新刀具设置页面中，点按“铣刀”软键，进入新刀具号输入页面，如图2-37所示，将光标移动至刀具号位置，输入刀具号后，点按“确认”软键则创建新刀具，进入刀具补偿设置默认刀号为1；设置刀沿数据，按上、下光标键移动到“几何”项上，输入刀具的长度、半径补偿参数，按“回车”键确认，若按“中断”软键则返回上一页面，取消创建新刀具。

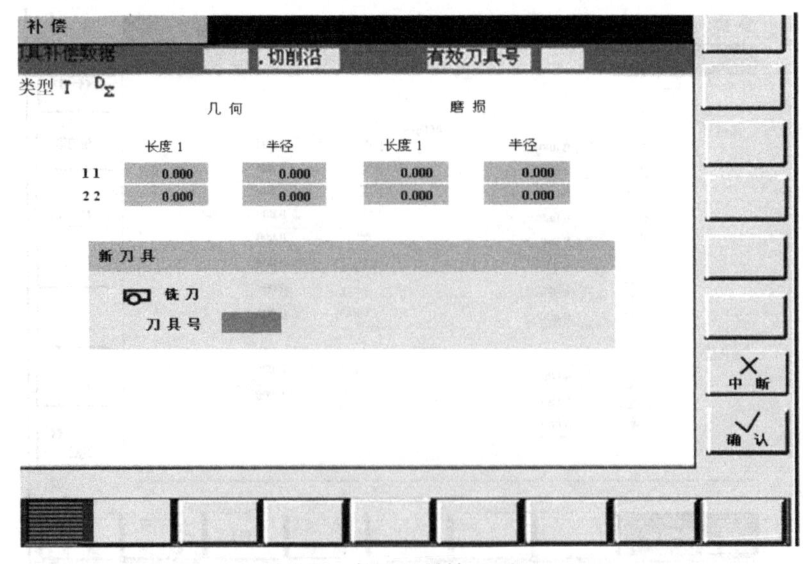

图2-37　新刀具号输入页面

8. 试切对刀操作

工件坐标系原点选在工件上表面左下角位置，对刀前将工件准确定位装夹在工作台上。安装时要使工件的基准方向和 *X*、*Y*、*Z* 轴的方向一致，并且保证切削加工时，刀具不会与工件、夹具或工作台发生干涉。

（1）*Z* 轴对刀

1）点按“操作面板上加工操作区域（POSITION）”键，进入机床操作区→点按右侧软键切换到基本设置页面，如图 2-38 所示→点按“测量刀具”软键，打开手动测量与自动测量选择页面，如图 2-39 所示。

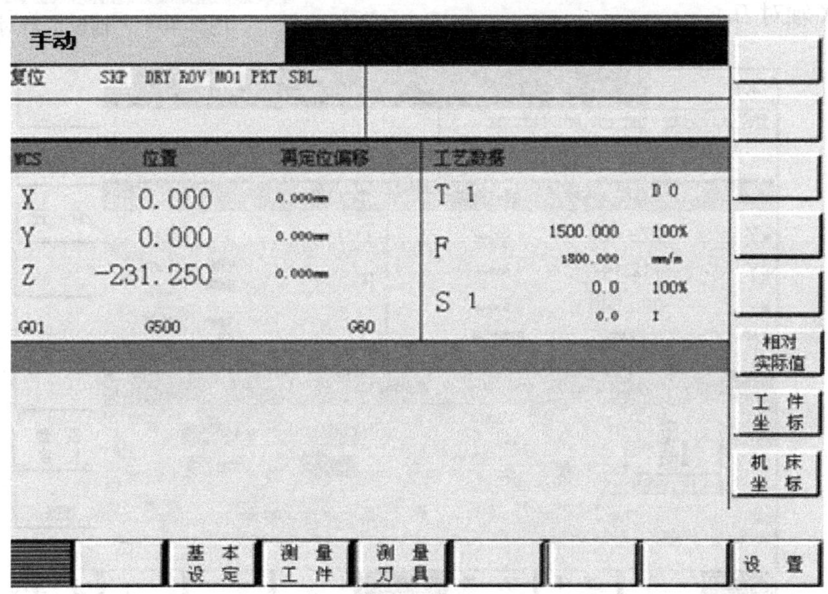

图 2-38　基本设置页面

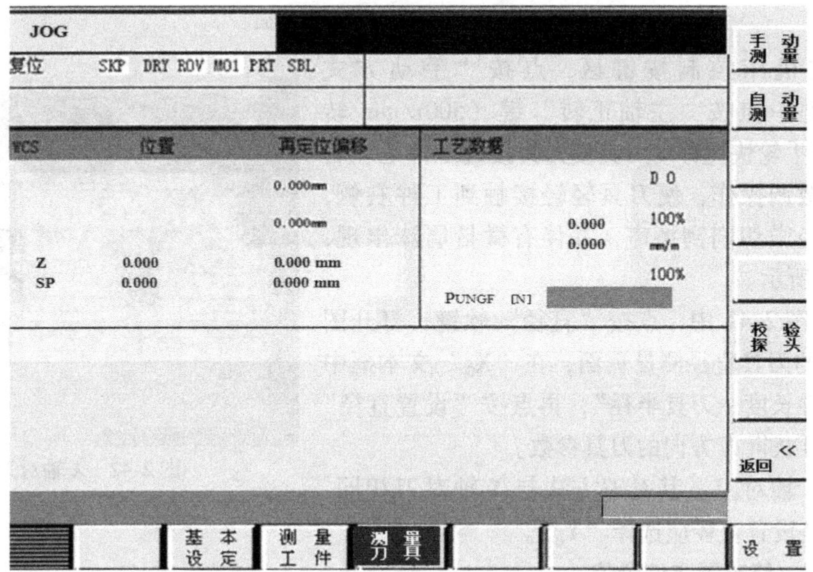

图 2-39　手动测量与自动测量选择页面

2）在机床控制按键区，点按“手动方式（JOG）”键→移动刀具使刀具底部与 Z 轴设定器上表面接触（注意：主轴不能旋转），使 Z 轴设定器指针指零，如图 2-40 所示。

3）在图 2-39 中点按“手动测量”软键，打开图 2-41 所示的刀具长度测量页面，在“Z_0”文本框中输入 Z 轴设定器高度，再点按“设置长度”软键，即可获得 Z 方向的刀具参数。

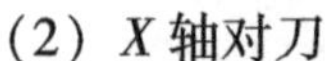

（2）X 轴对刀

图 2-40　Z 轴设定器对刀

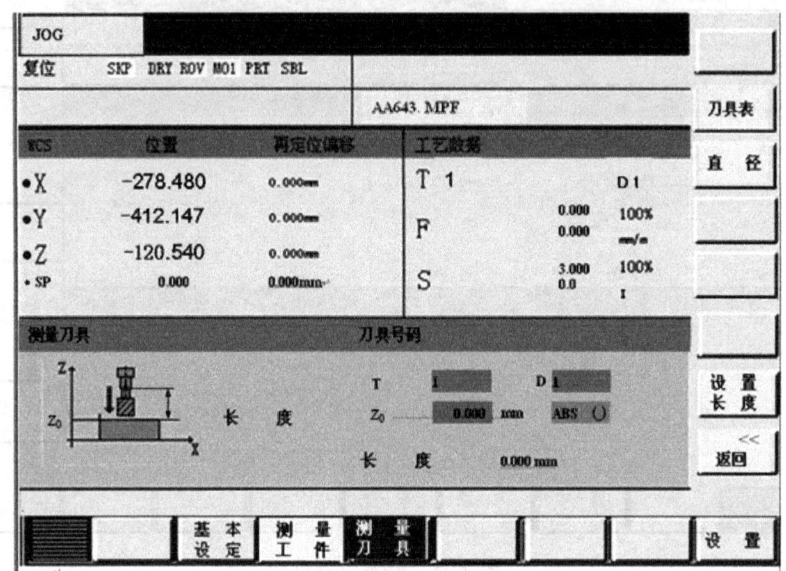

图 2-41　刀具长度测量页面

1）在机床控制按键区，点按“手动方式（JOG）”键→点按“主轴正转”键（500r/min 转速），利用手轮快速移动刀具使刀具接近工件毛坯右侧，改用微调操作，使刀具轻轻接触到工件右侧，直到听见轻微切削刮擦声，并伴有微量屑沫出现，如图 2-42 所示。

2）在图 2-41 中，点按“直径”软键，打开图 2-43 所示的刀具直径测量页面，在“X_0”文本框中输入“工件长度＋刀具半径”，再点按“设置直径”软键，即可获得 X 方向的刀具参数。

图 2-42　X 轴对刀

（3）Y 轴对刀　其对刀方法与 X 轴对刀相同，所不同的是设置直径应选择“Y_0”。

9. 输入/修改零点偏置值

输入/修改零点偏置值，是建立机床坐标系和工件坐标系之间的关系，在回参考点之后，

JOG
复位　SKP DRY ROV M01 PRT SBL
AA643. MPF
WCS　位置　再定位偏移　工艺数据
X　-452.450　0.000mm　T 1　D1
Y　-471.157　0.000mm　F　0.000　0.000　100%　mm/m
Z　-120.540　0.000mm
SP　0.000　0.000mm　S　3.000　0.0　100%
测量刀具　刀具号码
T　1　D 1
X0　0.000 mm　ABS
Y0　0.000 mm　ABS
直径　0.000 mm
刀具表
长度
设置直径
返回
基本设定
测量工件
测量刀具
设置

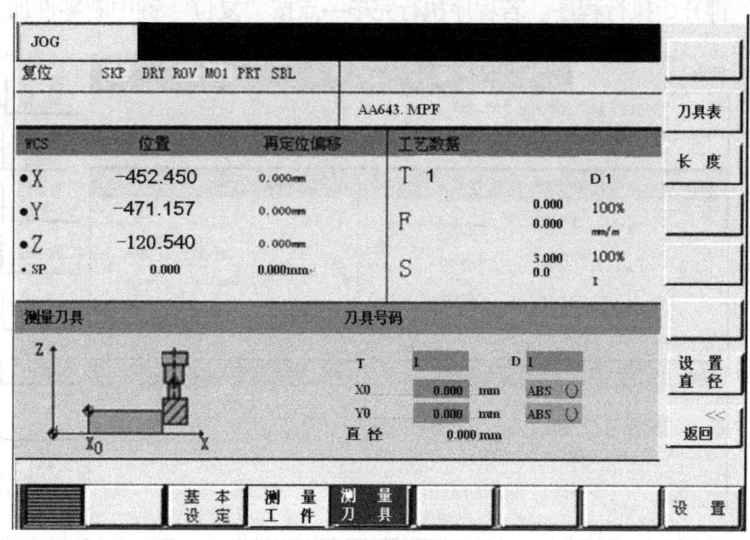

图 2-43　刀具直径测量页面

实际值存储器及实际的显示均以机床零点为基准，若要以工件零点为基准，这就需要设定的零点偏移量。

点按“参数操作区域（OFFSET PARAM）”软键，进入参数操作区→点按“零点偏移”软键，进入零点偏移页面，如图 2-44 所示，其中程序、缩放镜像等项为只读→移动光标至待输入/修改偏置值的位置→输入/修改偏置值→按“回车/输入键 INPUT”键或移动光标→按软键“改变有效”即可完成对新数据的输入。

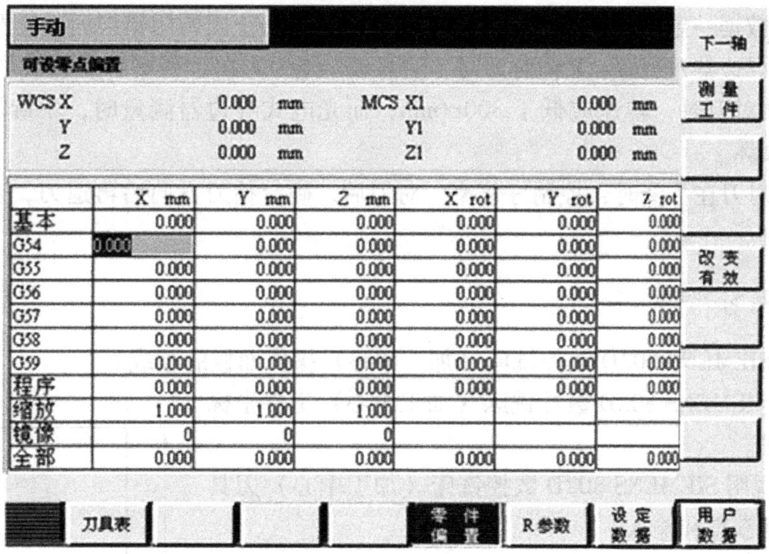

手动
可设零点偏置
WCS X　0.000 mm　MCS X1　0.000 mm
Y　0.000 mm　Y1　0.000 mm
Z　0.000 mm　Z1　0.000 mm
X mm　Y mm　Z mm　X rot　Y rot　Z rot
基本　0.000　0.000　0.000　0.000　0.000　0.000
G54　0.000　0.000　0.000　0.000　0.000　0.000
G55　0.000　0.000　0.000　0.000　0.000　0.000
G56　0.000　0.000　0.000　0.000　0.000　0.000
G57　0.000　0.000　0.000　0.000　0.000　0.000
G58　0.000　0.000　0.000　0.000　0.000　0.000
G59　0.000　0.000　0.000　0.000　0.000　0.000
程序　0.000　0.000　0.000　0.000　0.000　0.000
缩放　1.000　1.000　1.000
镜像　0　0　0
全部　0.000　0.000　0.000　0.000　0.000　0.000
下一轴
测量工件
改变有效
刀具表
零件偏置
R参数
设定数据
用户数据

图 2-44　零点偏移页面

10. 启动程序加工零件

点按机床控制面板“自动方式（AUTO）”键→点按“程序管理（PROGRAM MANAGER）”键→用光标键选中所需加工程序→点按“执行”软键→打开自动加工页面，如图 2-45 所示→点

按“循环启动”键开始执行程序。若程序执行完毕→点按“复位”键中断零件加工程序。

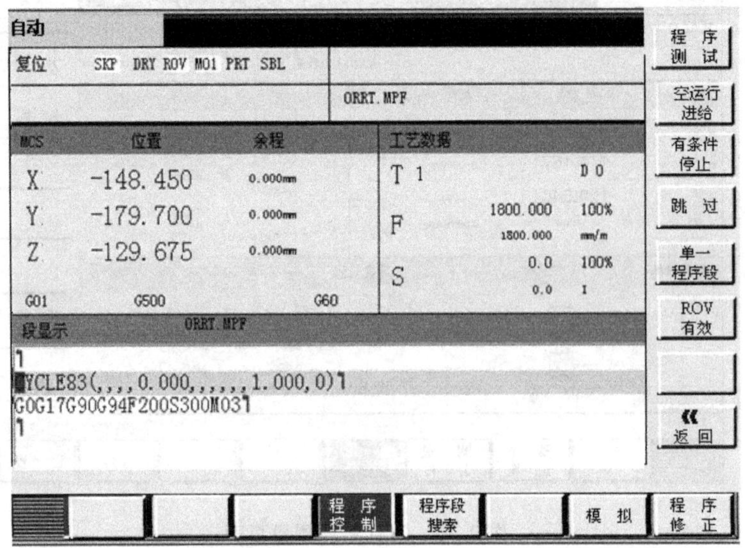

图 2-45　自动加工页面

注意事项

1）根据加工要求采用正确的对刀工具，控制对刀误差。

2）在对刀过程中，可通过改变微调进给量来提高对刀精度。

3）对刀时需小心谨慎操作，尤其要注意移动方向，避免发生碰撞危险。

4）对刀数据一定要存入与程序对应的存储地址，防止因调用错误而产生严重后果。

5）使用寻边器进行 *X*、*Y* 轴对刀时，注意进、退刀方向，否则容易造成寻边器的损坏。偏心式寻边器对刀时，转速应低于 300r/min；而光电式寻边器测量时，不旋转，否则容易造成寻边器损坏。

6）*Z* 轴对刀在下降时，控制好倍率，对刀后，确定抬刀方向后再退刀，避免损坏 *Z* 轴设定器或刀具。

扩展练习

1. 简述 SIEMENS 802D 数控铣床（加工中心）操作面板的组成。

2. 简述 SIEMENS 802D 数控铣床（加工中心）工件坐标系的设定方法。

3. 举例说明 SIEMENS 802D 数控铣床（加工中心）刀具补偿参数如何获得和输入？

4. 简述 SIEMENS 802D 数控铣床（加工中心）零点偏置数据如何获得和输入。

5. 平板毛坯如图 2-46 所示，工件尺寸为 60mm×60mm×30mm，材料为硬铝。要求：*X*、*Y* 向采用试切法对刀，*Z* 向采用 *Z* 轴设定器对刀，工件原点选在工件上表面中心点位置。

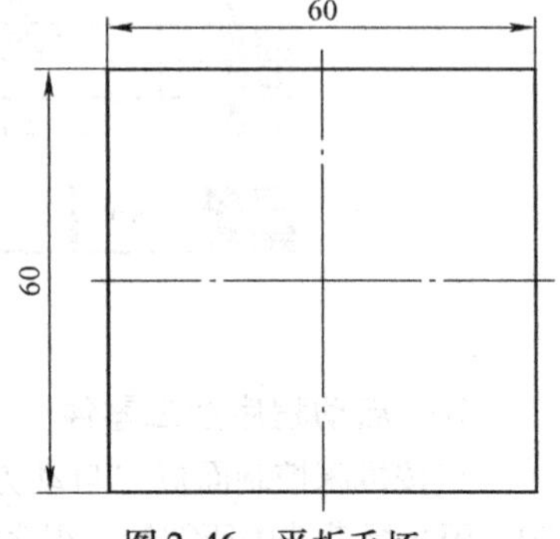

图 2-46　平板毛坯

项目二 平面及沟槽零件铣削加工

能力目标

➲ 学会零件平面、开放槽及封闭槽的华中 HNC-22M 系统及 SIEMENS 802D 系统编程、加工及检测方法。

➲ 掌握相关数控铣削编程的方法技巧以及对数控加工工艺文件的填写。

➲ 学会加工简单零件，掌握刀具选用的一般原则、夹具的使用、进给路线的选择、对刀操作及切削参数的选用等内容。

任务一 开放区域平面铣削加工

任务描述

平面是最常见的机械零件表面结构。对于方体零件的铣削加工一般均需要将毛坯的六个平面在加工前进行预处理，即所加工的六个平面要符合铣削的技术要求。进行数控铣床的操作时要符合操作规程，要求能够选择合理的切削加工工艺参数，能熟练操作数控铣床，实施对工件的调整加工和尺寸精度的检测及对数控铣床的日常维护与保养。

任务工单

图 2-47 所示为开放区域平面零件，材料为 45 钢，毛坯尺寸为 124mm × 84mm × 30mm，要求单件加工上、下表面及四周侧面。

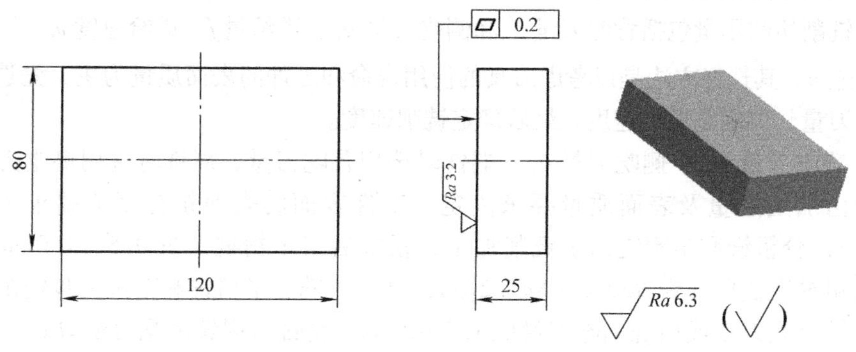

图 2-47 开放区域平面零件

任务准备

平面加工是在铣削加工中一种常见的工序，是数控铣削中最基本的工作内容，一般的方体零件毛坯，在铣削加工前必须进行规方处理，即对毛坯的上、下表面及四周侧面进行铣削加工。这类平面加工如模具上、下模板的加工、各种箱体外表面的加工等。

1. 常见平面的铣削加工方法

数控铣削平面一般包括周铣与端铣两种加工方法。

（1）周铣　周铣是通过圆柱形铣刀的圆周进给运动铣削工件表面的一种铣削加工工艺，如图2-48a所示。其特点是加工效率高，工艺使用范围广，可与其他加工工艺复合周铣既可进行粗加工也可进行精加工。另外，周铣也可以用来铣孔，铣内（外）槽、螺纹、倒角、环形端面及沉孔等。

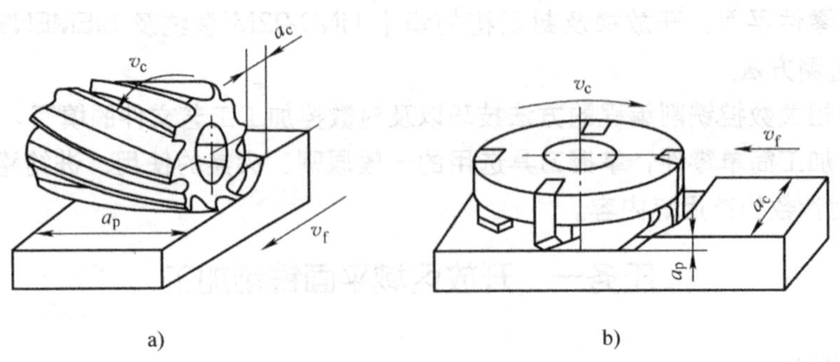

图2-48　刀铣削用量
a）周铣　b）端铣

（2）端铣　端铣是指利用面铣刀铣削工件表面的一种铣削加工工艺，如图2-48b所示。其特点是铣刀直径较大，刀轴短，它由分布在圆柱或圆锥面上主切削刃的多刀齿同时担任切削工作，对于加工各种表面的适应性较广，因此平面铣削大多均采用端铣。

周铣与端铣相比，由于端铣时铣刀所受铣削力主要为轴向力，参与切削的齿数较多，切削力的变化小，铣削平稳，刚性好，切削刃磨损较慢，加工表面的表面粗糙度值较小，因此端铣的加工质量较好，生产率较高，但其一次的铣削深度通常不及周铣。

2. 数控铣削切削用量的选择

数控铣削切削用量包括背吃刀量a_p和侧吃刀量a_c、进给量f、进给速度v_f、铣削速度v_c及主轴转速n。其选择方法是以考虑刀具的使用寿命和工件的表面质量为主，先选取背吃刀量或侧吃刀量，再确定进给速度，最后确定铣削速度。

（1）背吃刀量a_p与侧吃刀量a_c　端铣时选用背吃刀量，周铣时选用侧吃刀量，它们的取值均由加工余量及表面质量要求决定。工件表面的表面粗糙度值要求为$Ra3.2$～$Ra12.5\mu m$，分粗铣和半精铣两步铣削加工，粗铣后留半精铣余量0.5～1.0mm。工件表面的表面粗糙度值要求为$Ra0.8$～$Ra3.2\mu m$，可分粗铣、半精铣和精铣三步铣削加工。半精铣时端铣背吃刀量或周铣侧吃刀量取1.5～2mm；精铣时周铣侧吃刀量取0.3～0.5mm，端铣背吃刀量取0.5～1mm。

（2）进给速度v_f　进给速度与每齿进给量f_z有关。采用硬质合金材料铣刀的每齿进给量f_z应大于高速钢铣刀，另外进给速度与铣刀转速n、铣刀齿数z及每齿进给量f_z（单位为mm/z）有关。进给速度计算公式为$v_f = f_z zn$，其单位为mm/min。

刀具确定后，每齿进给量f_z的选用主要取决于工件材料和刀具材料的力学性能、工件的表面粗糙度等因素。当工件材料的强度和硬度高，工件表面粗糙度的要求高，工件刚性差或刀具强度低，f_z取小值。硬质合金铣刀的每齿进给量高于同类高速钢铣刀的选用值。铣刀每齿进给量f_z的选用见表2-5。

表 2-5　铣刀每齿进给量 f_z 的选用

工件材料	每齿进给量 f_z/（mm/z）			
	粗铣		精铣	
	高速钢铣刀	硬质合金铣刀	高速钢铣刀	硬质合金铣刀
钢	0.10～0.15	0.10～0.25	0.02～0.05	0.10～0.15
铸铁	0.12～0.20	0.15～0.30		

（3）切削速度　切削速度的选定原则为切削速度值的大小应该与刀具的使用寿命、背吃刀量、侧吃刀量、每齿进给量、刀具齿数成反比，与铣刀直径成正比，此外还与工件材料、刀具材料、加工条件有关。铣削时切削速度的选用见表 2-6。

表 2-6　铣削时切削速度的选用

工件材料	硬度 HBW	切削速度 v_f/（m/min）	
		高速钢铣刀	硬质合金铣刀
钢	<225	18～42	66～150
	225～325	12～36	54～120
	325～425	6～21	36～75
铸铁	<190	21～36	66～150
	190～260	9～18	45～90
	160～320	4.5～10	21～30

铣削分为粗铣与精铣。粗铣时，由于金属切除量大，产生热量多，切削温度高，为了提高铣刀的使用寿命，铣削速度要比精铣时低。此外，粗铣的铣削力大，还应考虑铣床功率、机床的刚性等因素。精铣时，由于金属切除量小，一般可采取高于粗铣时的铣削速度。但铣削速度的提高将加快铣刀的磨损速度，从而影响加工精度。因此，精铣时限制铣削速度的主要因素是加工精度和铣刀的使用寿命。在铣削加工面积较大的平面时，还经常采用精铣的铣削速度比粗铣时还要低，以使切削刃和刀尖的磨损量减少，从而获得高的加工精度。

问题思考

确定切削参数方法除了查阅切削用量手册及参考相关资料以外，但就某一个具体零件而言，确定理想切削用量的重要因素是什么？

3. 数控铣削平面的方式

数控铣削平面方式可分为手动与自动。手动铣削时，只需 Z 向对刀，对刀时主轴正向旋转，手摇脉冲向下移动面铣刀试切工件上表面，使面铣刀与工件的上表面轻微接触，此时将刀具沿 X 向或 Y 向离开工件，利用“增量”使刀具移动至要切削的深度后，使用“手动”或“手摇脉冲”沿 X 向和 Y 向移动铣削平面，自动铣削可利用程序铣削平面。

铣削方式可根据铣刀切削部位产生的切削力与进给方向的关系分为顺铣和逆铣。顺铣是铣削时，在切点处铣刀旋转方向与工件进给方向相同的铣削方式。逆铣是铣削时，在切点处铣刀旋转方向与工件进给方向相反的铣削方式。

4. 平面加工常用刀具

（1）机夹可转位面铣刀　其主切削刃分布在圆柱或圆锥表面上，端面切削刃为副切削刃，铣刀的轴线垂直于被加工表面。多制成套式镶齿结构和刀片式机夹可转位结构，可分为R型面铣刀、45°面铣刀与90°面铣刀三种形式。由于面铣刀刀体自重轻，容屑空间大，排屑流畅，切削轻快，通用性好，因此它既可以用于粗加工也可以用于精加工。

1）R型面铣刀。刀具的每个刀齿均有一个较大的圆角半径，具备类似球头铣刀的切削功能，可多次转位，切削刃强度高，铣削效率高，随背吃刀量不同，其主偏角和切削负载均会变化，切屑很薄，适合于螺旋差补铣、坡走铣和曲面铣等，如图2-49a所示。

2）45°面铣刀。为一般加工首选，背向力大，约等于进给力。45°面铣刀适用于各种面铣加工及倒角加工，如图2-49b所示。

3）90°面铣刀。由于刀进给力很小，适用于薄壁零件的面铣、方肩侧壁铣削，也可以用于一些开槽加工；进给力等于切削力，进给力大，易振动，要求机床具有较大功率和刚性，如图2-49c所示。

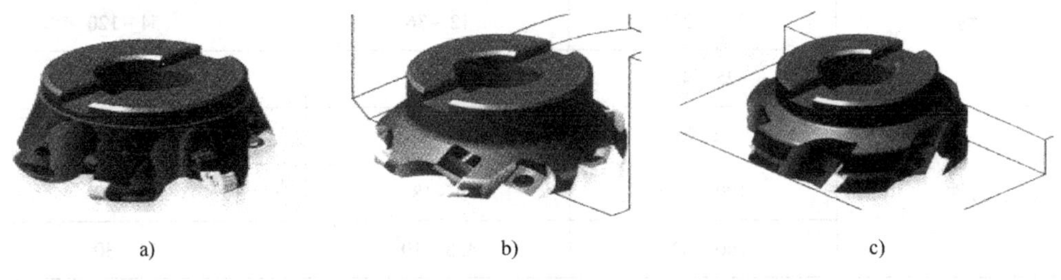

a)　　b)　　c)

图2-49　机夹可转位面铣刀

a）R型面铣刀　b）45°面铣刀　c）90°面铣刀

（2）平底立铣刀　其主切削刃分布在铣刀的圆柱面上，副切削刃分布在铣刀的端面上，且端面中心有中心孔，如图2-50所示。平底立铣刀铣削时一般不能沿铣刀轴向作进给运动，只能沿铣刀径向作进给运动。粗齿铣刀齿数为3～6个，适用于粗加工；细齿铣刀齿数为5～10个，适用于半精加工。直径范围为$\phi2$～$\phi80$mm。柄部有直柄、莫氏锥柄、7:24锥柄等多种形式。其特点是切削效率低，主要应用于小平面零件轮廓加工中。

5. 平面铣削的进给路线

若铣刀的直径大于工件的宽度，铣刀能够一次切除整个平面，在同一深度不需要多次进给，一般采用一刀式铣削。另外还有双向多次切削、单侧顺铣、单侧逆铣、顺铣四种方式，每一种方式在特定环境下具有不同的加工条件。

（1）一刀式平面对称铣削　其切削参数主要有切削方向，截断方向，切削方向的超出量，进刀、退刀引线长度。分为粗铣和精铣，粗铣、精铣的切削参数不同，进给路线也不同，粗加工主要考虑加工效率，为精加工做好技术准备；精加工主要保证零件的加工质量。图2-51a所示为粗铣，铣刀不需要完全铣出工件；图2-51b所示为精铣，铣刀需要完全铣出工件。

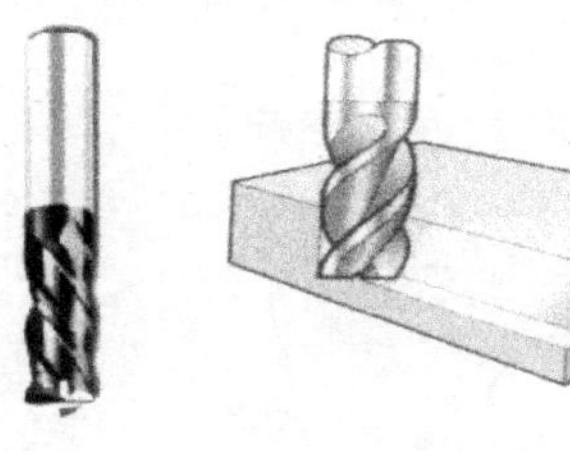

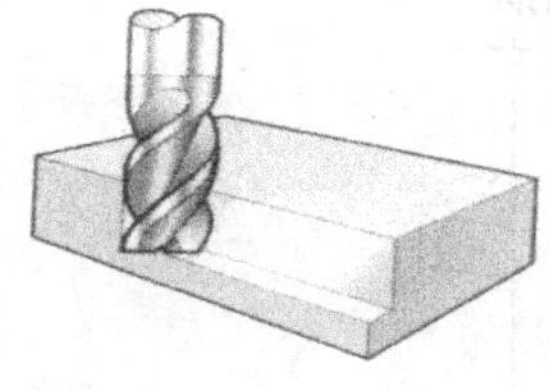

图 2-50　平底立铣刀

图 2-51　一刀式平面对称铣削

a）粗铣　b）精铣

（2）双向多次铣削　双向多次铣削时顺铣和逆铣交替进行，如图 2-52a 所示。

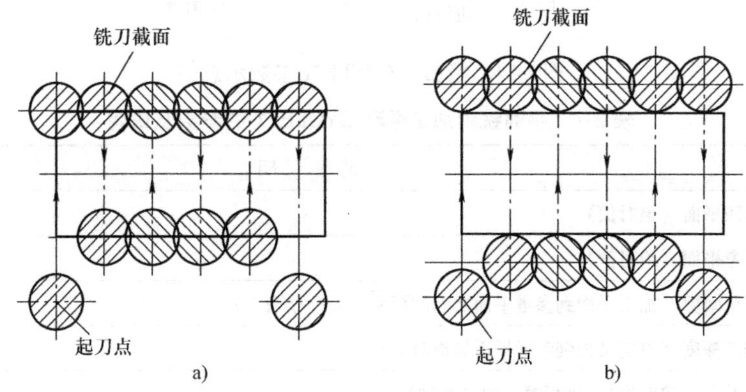

图 2-52　双向多次铣削

a）双向多次粗铣　b）双向多次精铣

双向多次铣削除了与一刀式铣削的主要参数相同以外，还包括切削间距、切削间的移动方式、截断方向的超出量，粗、精铣时，切削间距应小于刀具直径，为了铣削编程方便，切削间的移动方式一般为直线，截断方向的超出量一般取刀具直径的一半即可，如图 2-52b 所示。

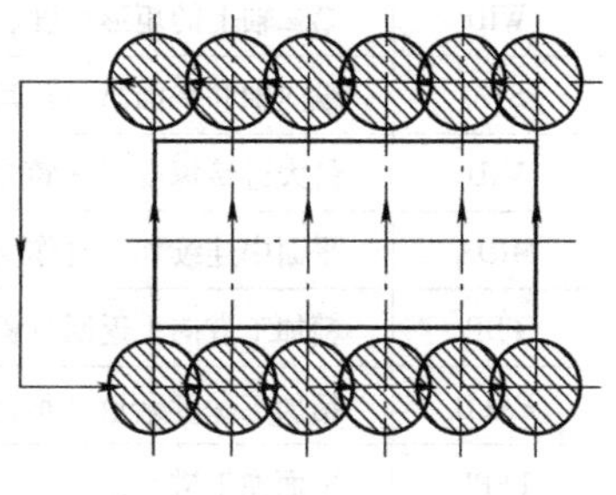

图 2-53　单向多次精铣

（3）单向多次精铣　为了提高工件的表面质量，在精铣时往往采取单方向进给路线，如图 2-53 所示，每次进给均采用顺铣加工。

问题思考

举例说明：怎样区别铣削加工中的顺铣加工与逆铣加工？

6. SIEMENS 802D 系统平面铣削循环 CYCLE71

【格式】　CYCLE71（RTP，RFP，SDIS，DP，PA，PO，LENG，WID，STA，MID，MIDA，FDP，FALD，FFP1，VARI，FDP1）

其参数示意图如图 2-54 所示。

平面铣削加工循环 CYCLE71 的参数及说明见表 2-7。

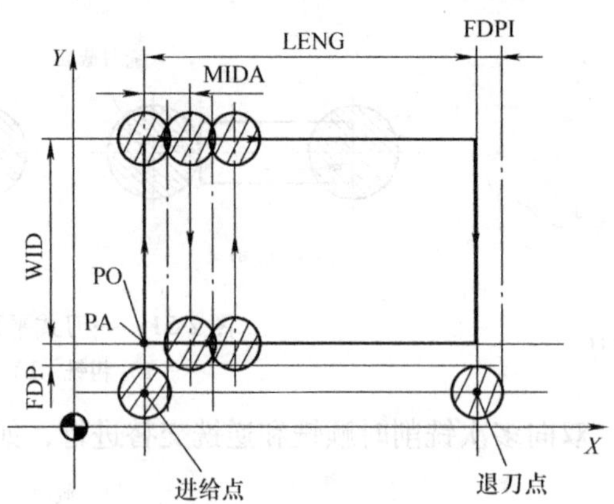

图 2-54 粗加工 CYCLE71 参数示意图

表 2-7 平面铣削加工循环 CYCLE71 的参数及说明

参 数	说 明
RTP	返回平面（绝对值）
RFP	参考平面（绝对值）
SDIS	安全间隙（加工平面到参考平面之间的距离，无符号输入）
DP	铣削深度（可定义为到参考平面的绝对值）
PA	起始点（绝对值），平面第一轴（横轴）
PO	起始点（绝对值），平面第二轴（纵轴）
LENG	第一轴上的矩形长度、增量、尺寸的起始角度由符号产生
WID	第二轴上的矩形长度、增量、尺寸的起始角度由符号产生
STA	纵向轴和平面第一轴间的角度（无符号输入）范围：0°≤STA<180°
MID	最大进给深度（无符号输入）
MIDA	平面中连续加工时作为数值的最大进给宽度（无符号输入）
FDP	精加工方向上返回行程（增量、无符号输入），此值必须始终大于零
FALD	精加工深度余量（增量、无符号输入）
FFP1	平面加工进给量
VARI	加工类型（增量、无符号输入） 个位数值：1—粗加工、2—精加工 十位数值：1—在一个方向平行于平面的第一轴；2—在一个方向平行于平面的第二轴；3—平行于平面的第一轴、方向可交替；4—平行于平面的第二轴、方向可交替
FDP1	在平面进给方向上的越出行程（增量、方向可交替），可以补偿当前刀具半径和刀尖半径，最后的刀具中心点路径始终为 LENG（或 WID）+ FDPI－刀具半径

【说明】 使用 CYCLE71 指令可以切削任何矩形进给的平面，循环识别平面分步连续粗加工直至最后精加工，可以定义最大宽度和深度进给量。循环运行时不带刀具半径补偿，深度进给在工件外侧（边缘线以外）进刀使用大于铣刀半径的 MIDA 值粗加工。

平面粗加工：根据参数 DP、MID 及 FALD 表中定义值，可以在不同平面中进行平面切削。按设定顺序进给加工，即每次铣削一个平面后，在工件边缘线以外进给下一个在参数 FDP 中设定的铣刀边缘与工件边缘的距离，如图 2-55 所示。

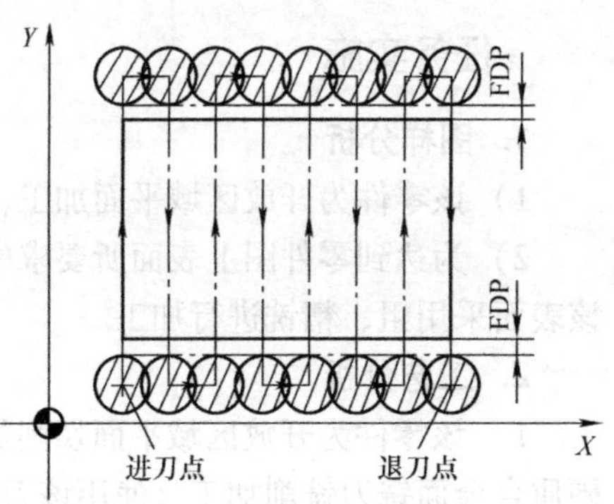

图 2-55 精加工铣削动作及 FDP 参数示意图

平面中连续加工的进给路径取决于参数 LENG、WID、MIDA、FDP、FDPI 的值和刀具的有效半径。加工初始路径时，应始终保持进给深度和 MIDA 的值完全一致，以便进给宽度不大于最大允许值，这样刀具中心点不会始终在边缘上进给（仅当 MIDA 等于刀具半径时），刀具进给时超出边缘的尺寸始终等于刀具直径减去 MIDA 的值。

平面精加工：精加工时刀具只在平面中切削一次。其前提是在粗加工行程定义在参数 FDP 中，在一个方向精加工时，必须选择精加工余量，以便剩余深度可以使用精加工刀具一次完成加工。在一个方向粗加工时，刀具将返回到计算的进给 + 安全间隙位置，深度进给也在粗加工中的相同位置处进行。在一个方向精加工后，刀具将返回，行程为精加工余量 + 安全间隙，并快速回到下一起始点，精加工结束后刀具退回到 RTP 返回平面。

问题思考

R 型铣刀、45°面铣刀、90°面铣刀各适合于何种零件的加工？

7. 平面度误差及检测

平面度误差是指被测实际表面相对其理想平面的变动量，理想平面的位置应符合最小条件，其值可以通过百分表检测，也可以通过刀口形直尺与塞尺配合检测。

1）零件平面度误差可以用百分表在被测平面的两条对角线上移动进行检测，此时百分表最大与最小读数之差即为该零件的平面度误差。

2）对于工件上小面积的平面度误差可用刀口形直尺与塞尺配合检测，如图 2-56 所示。检测时将刀口形直尺的刀口平放在工件表面，透光检查，先用肉眼观察刀口形直尺与平面的漏光部位，再选用塞尺（由薄到厚）试塞，前一片塞得过，后一片塞不过，前一片的厚度即为塞得过的最大间隙。再把刀口形直尺转过 90°，按上述方法重复检测一次，两次测得的最大间隙即为平面度误差。

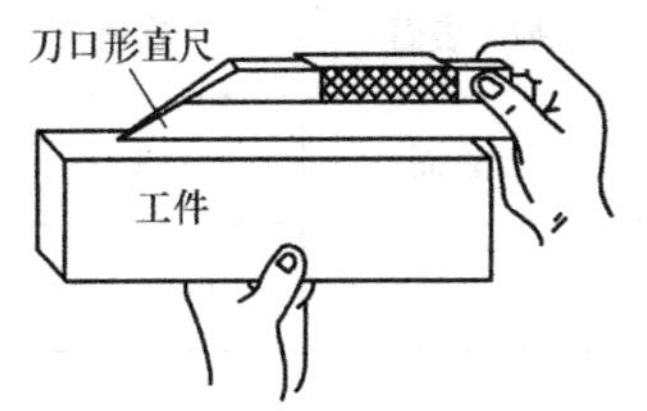

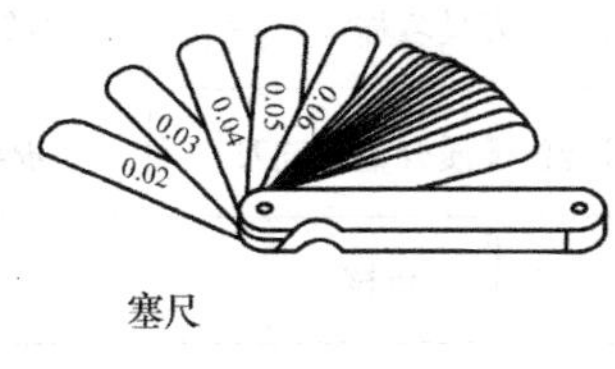

塞尺

图 2-56 刀口形直尺与塞尺检测平面度

任务实施

1. 图样分析

1）该零件为开放区域平面加工，长方体结构，无尺寸精度要求。

2）为达到零件图上表面所要求的表面粗糙度值 $Ra3.2\mu m$ 及平面度公差 0.2mm 的要求，该表面采用粗、精铣进行加工。

2. 工艺分析

1）该零件为开放区域平面切削加工，零件宽度为 80mm，因此可以选用 $\phi60$ mm 可转位硬质合金面铣刀铣削加工，使用该刀具可以获得较高的切削效率和表面加工质量。

2）零件粗、精铣时，应在保证加工质量的前提下兼顾切削效率、经济性和加工成本，具体数值应根据机床说明书、切削用量手册及日常加工经验具体确定。

3）平面铣削加工时，加工路线应与基面平行，按照先粗后精的原则。为了方便加工，确定工件的起刀点为左下角，粗铣用面铣刀试切上表面，然后沿 X 轴正方向铣削加工，铣刀移出工件区域，在 Y 轴正方向进刀 40mm 再沿 X 轴反方向铣削加工。头尾双向加工，精铣加工时，精铣路线采取单向进刀方式加工。

4）装夹、加工顺序：首先粗、精铣削加工上表面 → 再以加工完的上表面做侧定位面，贴紧平口钳固定钳口侧，为使定位可靠，活动钳口侧可采用钢棒水平线接触工件进行装夹 → 然后粗、精铣削加工与上表面相垂直的侧面 → 松开钳口工件垂直旋转 180°将加工完的侧面朝下做定位基准面，平置钳口垫铁上，钢棒接触工件夹紧后进行铣削加工相对侧面至尺寸要求 → 松开钳口工件垂直旋转 90°铣削加工相邻侧面 → 再松开钳口工件垂直旋转 90°铣削加工剩余侧面至尺寸要求 → 最后松开钳口将上表面做基准面平置钳口垫铁上，粗、精铣削加工下表面至厚度尺寸。

3. 工艺准备

1）设备：华中 HNC-22M 系统或 SIEMENS 802D 系统数控铣床。

2）量具：0 ~ 120 mm 游标卡尺、刀口形直尺、塞尺、磁性表座及百分表。

3）其他：垫铁若干、表面粗糙度比较样块。

4. 刀具清单

数控加工刀具清单见表 2-8。

表 2-8　刀具清单

产品名称或代号			零件名称		零件图号	
序号	刀具名称		刀具规格	加工表面	数量	备 注
1	可转位硬质合金面铣刀		$\phi60$mm	各表面	1	
编制		审核		批准	共　页	第　页

5. 工艺流程

数控加工工艺流程见表 2-9。

表 2-9 工艺流程

单位		产品名称		零件名称		第 页
工序号	工序内容	工序简图				
1	使用 ϕ60mm 铣刀往复粗铣上表面，留 0.5mm 精加工余量 使用 ϕ60mm 面铣刀单方向精铣上表面至零件尺寸	起刀点　起刀点				
2	以上表面做侧定位面装夹，用 ϕ60mm 面铣刀粗、精铣侧面至零件尺寸要求 （依次加工另外三个侧面需 180°垂直旋转一次，90°垂直旋转两次）	起刀点　起刀点				
3	加工下表面同上表面（略）					

6. 工艺制订

数控加工工艺卡见表 2-10。

表 2-10 数控加工工艺卡

单位		机床型号		零件名称			第 页
工序		工序名称		程序编号		备注	
工步号	作业内容	刀具号	半径补偿号	长度补偿号	n/(r/min)	f/(mm/min)	a_p/mm
1	粗精铣各表面	T01			500/1500	80/150	2/0.5
2	整体精度检验						

工件坐标系的原点设置在工件上表面左下角，将 X、Y、Z 向的零偏值输入到工件坐标系 G54 中工件上表面为 Z0。

7. 华中 HNC-22M 系统数控铣削上、下表面加工程序及说明（侧面加工程序略）

```
%1111                              程序名
N10 G54 G17 G21 G40 G90 G80        程序初始设置
N20 M03 S500                       转进给、主轴正转 500r/min
N30 G43 G00 H01 Z50                建立 1 号刀具长度补偿
N40 G00 X-35 Y20 Z5 M07            刀具到 XY 平面定位点，切削液开
N50 G01 Z-2 F80                    刀具下降至第一次切削层深度，准备粗铣
N60 X155 F150                      第一次 X 正向进刀粗加工
N70 G00 Y60                        Y 向快速进给
N80 G01 X-35                       第二次 X 负向进刀粗加工
```

N90 G00 Z3	Z 向提刀
N100 Y20	刀具到 XY 平面定位点，准备精加工
N110 S1500	换精铣主轴正转 1500r/min
N120 G01 Z-2.5 F80	至精加工切削层深度，准备精加工
N130 G01 X155 F150	第一次 X 正向进刀精加工
N140 G00 Y115	Y 向快速进刀至 Y=115 点
N150 X-35	X 向快速进刀至 X=-35 点
N160 Y60	Y 向快速进刀至 Y=60 点
N170 G01 X155 F150	第二次 X 正向进刀精加工
N180 G49 G28 G00 Z0 M09	回参考点，切削液关
N190 M30	程序结束

8. SIEMENS 802D 系统数控铣削上、下表面加工程序及说明（侧面加工程序略）

EP8. MPF;	程序名
N10 T1D1;	换刀具 1，补偿生效
N20 S1500 M03;	主轴正转、转速 1500r/min
N30 G17 G00 G90 G71 G54 G94 X0 Y0 Z20;	程序初始设置
N40 CYCLE71（10，0，2，-2.5，0，0，120，80，0，2，40，5，0.5，150，32，5）;	
N50 M30;	程序结束

编程提示

SIEMENS 系统编程与其他系统（如 FNAUC 系统、华中系统及广州数控）的编程是不同的，它具有自动编程 APT 语言的特点，由一系列语句所构成，在编程时经常用到一些符号，如“=”等，并且这些符号在编程时是不能省略的。

零件加工及检测

1）打开总电源、机床电源，开启数控系统。

2）检查机床状态，手动低速运行主轴及 X、Y、Z 轴动作。

3）机床回参考点（先 Z 轴回零后 X、Y 轴回零）。

4）检查夹具，使用百分表将钳口与 X 轴的平行度误差控制在 0.02mm 以内。

5）夹紧工件，工作面超出钳口 5～10mm。

6）输入零件加工程序，检查程序并模拟校验进给路线。

7）安装 ϕ60mm 面铣刀。

8）用试切法对刀，并将 X、Y 轴零点值输入偏置寄存器，偏置寄存器中 Z 值设定为 0。

9）工件上表面试切加工。

10）加工与之相邻侧面，垂直翻转 180°重新装夹铣削加工对应侧面，再依次旋转 90°两次加工另两个侧面，最后水平翻转加工下表面。

11）检验零件尺寸。

12）加工结束，卸下刀具、工件，清理机床。

零件加工后将所测结果填写零件检测评分表，见表 2-11。

表 2-11　零件检测评分表

姓　名			定额时间		总分		
序号	评价项目	评分内容	配分	评分标准		实测	得分
1	长度	120mm	20	超差 0.1 mm 扣 10 分			
2	宽度	80mm	20	超差 0.1 mm 扣 10 分			
3	厚度	25 mm	26	超差 0.1 mm 扣 13 分			
4	上表面平面度误差	≤0.2mm	12	视情况酌情扣分			
6	上表面表面粗糙度	≤*Ra* 3.2μm	12	>*Ra* 3.2μm 酌情扣分			
5	文明生产，按企业相关标准执行		10				

注意事项

1）起刀点位于起始平面上，为避免与工件或夹具相碰，下刀时先快速运动至安全平面，再工进至切削底部，轮廓铣削，起始平面的高度可取 20～100mm，安全平面的高度可取 2～5mm。

2）工件应当紧固在钳口中间的位置，装夹高度以铣削尺寸高出钳口平面 5～10mm 为宜，以避免刀具与平口钳相碰。用平口钳装夹表面粗糙度值较大的工件时，应在两钳口与工件表面之间垫一层铜皮，以免损坏钳口，并能增加接触面。工件放入钳口内，并在工件的下面垫上比工件窄、厚度适当的等高垫铁，然后把工件夹紧。为了使工件紧密地靠在垫块上，应用铜棒或橡胶锤轻轻地敲击工件，防止工件夹紧时上浮，直到用手不能轻易推动等高垫铁时，最后再将工件夹紧在平口钳内。

3）使用刀具在对刀过程中，可通过改变微调进给量来提高对刀精度。

4）对刀操作时，应注意移动方向，避免发生碰撞危险，对刀数据一定要存入与程序对应的存储地址中，防止因误调用而产生刀具干涉现象。

5）铣削上表面时，确定起刀点时应注意，刀具轴线与工件毛坯边缘的距离应大于刀具半径，且保证切入工件的方式和位置合适。

任务扩展

台阶面零件如图 2-57 所示，材料为 45 钢，毛坯尺寸为 93mm×63mm×18mm。要求：进行工艺分析，确定工件坐标原点，编写加工程序，加工零件，检查零件的尺寸精度及几何公差。

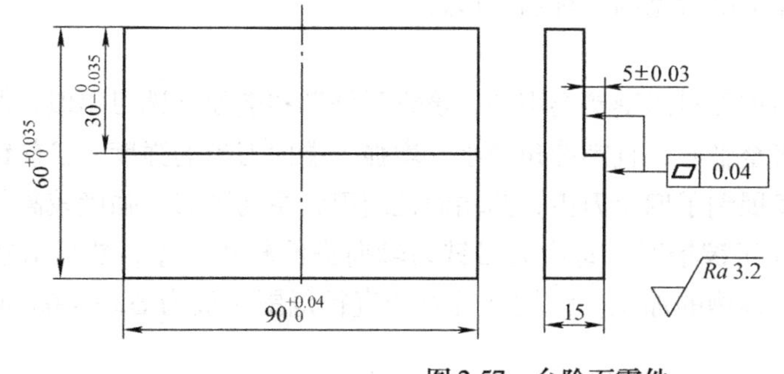

图 2-57　台阶面零件

任务二　矩形通槽加工

任务描述

该零件采用数控加工中心完成通槽加工，加工出的通槽要符合图样技术要求，进行数控铣削加工操作时要符合操作规程，要求能够选择合理的切削加工工艺参数，能熟练操作数控加工中心实施对零件的调整加工、尺寸精度的检测及对数控加工中心的日常维护与保养。

任务工单

图2-58所示为矩形通槽零件，材料为45钢，毛坯尺寸为90mm×90mm×20mm，坯料规方已加工，要求单件加工键槽。

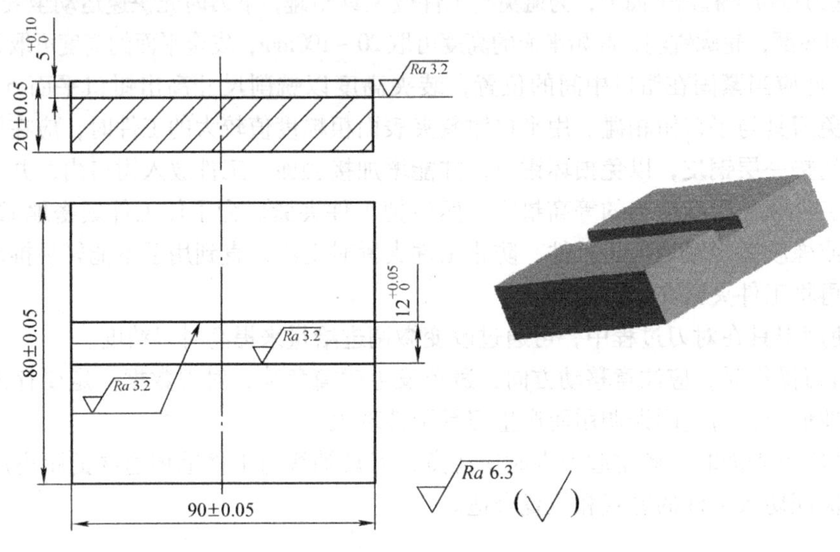

图2-58　矩形通槽零件

任务准备

在机械零件加工中经常遇到各种槽的加工，槽可分为矩形槽、三角槽、梯形槽、燕尾槽等，因此槽加工是数控铣削加工中常见的一种加工形式。

1. 键槽立铣刀

键槽立铣刀主要用于铣削加工封闭键槽类零件，该铣刀外形和端面立铣刀相似，但端面无中心孔，端面刀齿从外圆直至轴心，且螺旋角较小，增强了端面刀齿的强度。目前键槽立铣刀已经从原来的两个刀齿发展到了四个刀齿，其端面铣削刃为主切削刃，强度较高；圆柱面上的切削刃为副切削刃。加工键槽时，每次先沿铣刀轴向进给较小的量，然后沿径向进给，这样反复多次，就可完成键槽的加工。键槽立铣刀的直径范围一般为$\phi2\sim\phi65$mm，如图2-59所示。

键槽立铣刀与端面立铣刀外形相似，但用法不同。键槽立铣刀不能加工平面，而端

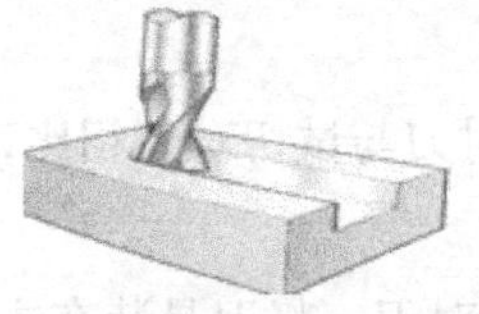

图 2-59 键槽立铣刀

面立铣刀可以加工平面，键槽立铣刀可沿刀具轴线或径向做进给运动，主要用于加工键槽或其他槽类零件。按国家标准规定，两种铣刀均有直柄、锥柄之分。而端面立铣刀也有超过三个以上的刀齿，其圆周切削刃是主切削刃，主要用于加工内、外轮廓面，且只能沿刀具径向做进给运动。键槽立铣刀与面立铣刀相比，键槽立铣刀容易断刀，切削量也比端面立铣刀大。

2. 寻边器与 Z 轴设定器

寻边器如图 2-60 所示 *Z* 轴设定器如图 2-61 所示。它们均为对刀专用工具，寻边器用于 *X*、*Y* 向对刀，常用的有机械式寻边器和光电式寻边器。*Z* 轴设定器用于 *Z* 向对刀，对刀不但效率高，而且能保证对刀精度，其对刀原理与试切法相同。

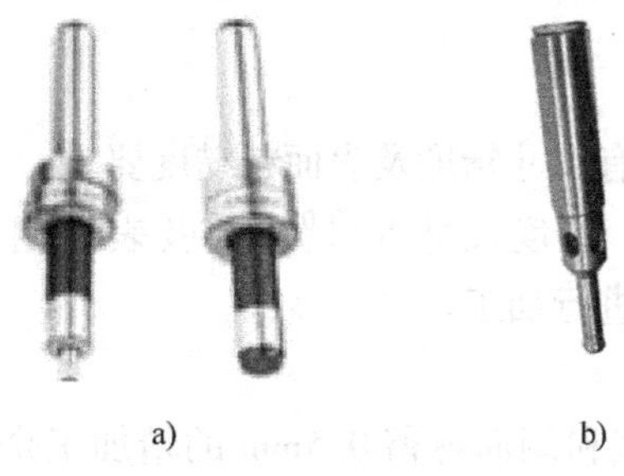

图 2-60 寻边器

a）机械式寻边器 b）光电式寻边器

图 2-61 *Z* 轴设定器

（1）*X*、*Y* 向对刀 将机械式寻边器装到主轴上，起动主轴，在 *X* 方向手动控制机床使寻边器缓慢靠近被测表面，开始寻边器上下两部分处于不平衡状态，如图 2-62a 所示。当寻边器达到同轴平衡状态时，如图 2-62b 所示。记下寻边器在零件相对两侧面机床当前 *X* 坐标值 X_1、X_2，则 *X* 向对称中心在机床坐标系下的坐标为 $(X_1+X_2)/2$；此时被测表面的 *X* 坐标为机床当前 *X* 坐标值加（或减）寻边器圆柱半径。根据该值计算工件坐标原点的 *X* 值，同理可得工件坐标原点的 *Y* 值，最后将对刀得到的 *X*、*Y* 值输入到 G54 中。

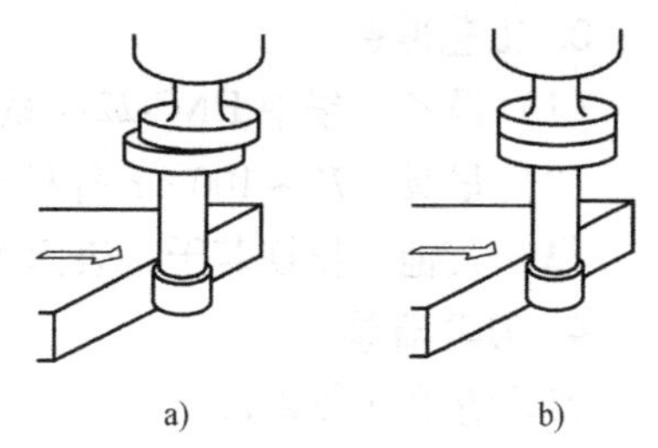

图 2-62 机械式寻边器的工作状态

a）不平衡状态 b）平衡状态

光电式寻边器与机械式寻边器的测量方式相同，但测试原理不同，它的测头一般为 ϕ10mm 的钢球作为触头，当它碰到工件时可以退让，触头和柄部之间有一个固定电位差，当触头与金属工件接触时，即通过床身形成回路电流，寻边器上的指示灯亮起红光并发出响声，逐步降低步进量，使触头与工件表面处于极限接触，这时进一步即点亮，退一步则熄灭，即认为定位到工件表面的位置处，其精度很高。

问题思考

寻边器对刀与试切对刀相比，寻边器对刀的优点是什么？

（2）*Z* 向对刀　将刀具装在主轴上，把 *Z* 向定位器放置在工件上表面，手动移动刀具慢慢靠近 *Z* 向定位器，使铣刀的底刃与定位器的上表面轻微接触，如图 2-63 所示，将此时机床坐标系下的 *Z* 值减去定位器的高度值 50mm，即得到工件坐标原点的 *Z* 值，最后将对刀得到的 *Z* 值输入到 G54 中。

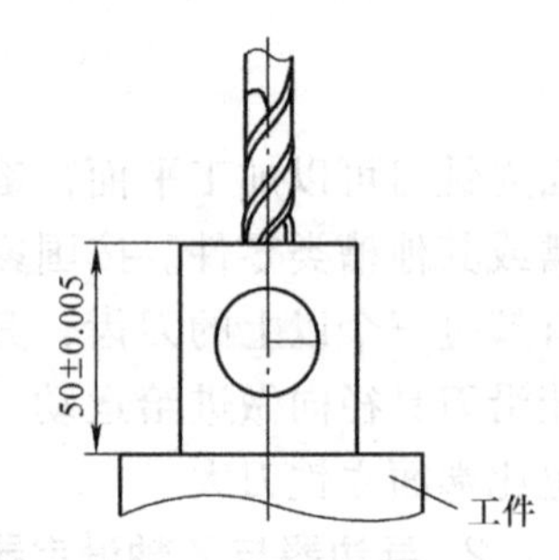

图 2-63　*Z* 向设定器工作状态

3. 量块对刀

量块的对刀过程与试切法对刀一样，只是对刀过程中主轴不能旋转，装在机床主轴上的对刀工具可以是铣刀或标准的验棒。对刀时，使对刀工具逐渐接近工件，使量块在对刀工具和工件之间移动，如果感觉松紧合适，则记下此时位置的机床坐标值。

任务实施

1. 图样分析

1）该零件为矩形通槽，上表面有直贯通凹槽，有尺寸精度及表面粗糙度要求。

2）为达到零件图上直槽宽度尺寸 $12^{+0.05}_{0}$ mm、深度尺寸 $5^{+0.05}_{0}$ mm 及表面粗糙度值 *Ra*3.2 μm 的要求，该槽可采用两侧及底面粗、精铣进行加工。

2. 工艺分析

加工时，采用分两层来回进给的加工方式，槽底和侧面各留 0.5mm 的精加工余量，粗铣从工件直槽中心延长线往复两次进刀，精铣从左侧工件外进刀，以保证底面与一侧面顺铣的加工，退刀返回，左侧进刀精铣另一侧底面与另一侧面，从而使整个槽底与两侧面具有相同的表面加工精度。

3. 工艺准备

（1）设备　华中 HNC-22M 系统或 SIEMENS 802D 系统数控加工中心。

（2）量具　75～100mm 外径千分尺、0～25mm 内径千分尺、0～25mm 深度千分尺。

（3）其他　垫铁若干、表面粗糙度比较样块。

4. 刀具清单

刀具清单见表 2-12。

表 2-12　刀具清单

<table>
<tr><td colspan="2">产品名称或代号</td><td colspan="2"></td><td>零件名称</td><td></td><td>零件图号</td><td></td></tr>
<tr><td>序号</td><td colspan="2">刀具名称</td><td colspan="2">刀具规格</td><td>加工表面</td><td>数量</td><td>备注</td></tr>
<tr><td>1</td><td colspan="2">可转位硬质合金键槽粗铣刀</td><td colspan="2">φ10mm（两刃）</td><td>键槽</td><td>1</td><td></td></tr>
<tr><td>编制</td><td></td><td>审核</td><td></td><td>批准</td><td></td><td>共　页</td><td>第　页</td></tr>
</table>

5. 工艺流程

工艺流程见表2-13。

表2-13　工艺流程

单位		产品名称		零件名称		第　页
工序号	工序内容	工序简图				
1	使用 ϕ10mm 键槽铣刀粗铣、槽两侧及槽底，均留1mm精加工余量					
2	使用 ϕ10mm 键槽铣刀精铣右侧表面及右侧槽底面，退刀精铣左侧表面及左侧槽底面					

6. 工艺制订

数控加工工艺卡见表2-14。

表2-14　数控加工工艺卡

单位		机床型号		零件名称			第　页
工序		工序名称		程序编号		备注	
工步号	作业内容	刀具号	半径补偿号	长度补偿号	$n/(r/min)$	$f/(mm/min)$	a_p/mm
1	粗铣槽，精铣左、右两侧表面及凹槽底	T01		H01	2000/2500	150/80	2.25/2.25/0.5
2	整体精度检验						

工件坐标系的原点设置在工件上表面中心，将 X、Y、Z 向的零偏值输入工件坐标系G54中，工件上表面为Z0。

7. 华中 HNC-22M 系统数控程序及说明

%1112	程序名
N10 G54 G17 G21 G40 G90 G49 G80	程序初始设置
N20 G91 G28 Z0	Z 轴自动返回参考点
N30 T01 M06	换1号铣刀

```
N40 M03 S2000                 主轴正转 2000r/min
N50 G43 G00 H01 Z100 M07      建立 1 号刀具长度补偿值、切削液开
N60 G00 X-52 Y0               刀具快进至加工起点
N70 Z3                        至安全平面
N80 G90 G01 Z-2.25 F150       Z 轴进给
N90 X52                       第一次 X 正向进刀粗铣
N100 Z-4.5                    Z 轴进给至 4.5mm
N110 X-52                     第二次 X 负向进刀粗铣
N120 Z-5                      Z 轴进给
N130 Y1                       刀具进至精加工起点位置
N140 S2500                    主轴换转速 2500r/min 准备精铣加工
N150 G01 X55 F80              X 轴正向精铣加工上侧边
N160 Y-1                      刀具进至精加工起点位置
N170 X-55                     X 轴负向精铣加工下侧边
N180 G49 G28 G91 Z0           取消长度补偿　返回参考点
N190 M09                      切削液关
N200 M30                      程序结束
```

编程提示

对于加工中心来说，换刀点应在 Z 轴参考点位置，因此应用自动返回参考点指令“G28 Z0;”，从参考点返回至起始面时应用指令“G29 Z100.0;”，在执行 G29 指令时，可使所有编程轴快速进给经过由 G28 指令定义的中间点，然后再到达指定点。

零件加工及检测

1）打开总电源、机床电源，开启数控系统。

2）检查机床状态，手动低速运行主轴及 X、Y、Z 轴动作。

3）机床回参考点（回零顺序 Z、X、Y）。

4）检查夹具，使用百分表将钳口与 X 轴的平行度控制在 0.02mm 以内。

5）夹紧工件，工作面超出钳口 10～15mm。

6）输入零件加工程序，检查程序并模拟校验进给路线。

7）X、Y 向对刀，使用寻边器设置 X、Y 零点，并将偏置寄存器中的 Z 值设为零。

8）安装 ϕ11mm 键槽粗铣刀，使用 Z 轴设定器，记录并输入长度补偿号 H01 参数值。

9）检查并清理工作台上的无关物品。

10）使用单段模式，将快进调至低挡，刀具接近工件后快进再调至 100%，工件试切加工。

11）检验零件尺寸。

12）加工结束，卸下刀具、工件，清理机床。

零件加工后将所测结果填写零件检测评分表，见表 2-15。

表 2-15　零件检测评分表

姓名			定额时间		总分	
序号	评价项目	评分内容	配分	评分标准	实测	得分
1	宽度	（80 ±0.05） mm	10	超差 0.01mm，扣 5 分		
2	长度	（90 ±0.05） mm	10	超差 0.01mm，扣 5 分		
3	高度	（20 ±0.05） mm	10	超差 0.01mm，扣 5 分		
4	凹槽深度	$5^{+0.05}_{0}$mm	20	超差 0.01mm，扣 5 分		
5	凹槽宽度	$12^{+0.05}_{0}$mm	22	超差 0.01mm，扣 5 分		
6	表面粗糙度	*Ra*3.2μm（三处）	18	>*Ra*3.2μm，酌情扣分		
7	文明生产	按企业相关标准执行	10			

注意事项

1）在进行轮廓加工时，应尽可能选用最大直径的刀具。

2）在对刀过程中，可通过改变微调进给量来提高对刀精度，操作时需小心谨慎，尤其要注意移动方向，避免发生碰撞。

3）对刀数据一定要存入与程序对应的存储地址，防止因调用错误而产生严重后果。

4）检测零件可使用两点内径千分尺及深度千分尺。由于两者是比较精密的测量工具，故要轻拿轻放，不得碰撞或跌落地下。不用时应置于干燥的地方，防止锈蚀；在使用后，不要使两个测砧紧密接触，要留出间隙 0.5 ~ 1mm 并锁紧；如果要长时间保管时，必须用清洁布或纱布来擦净成为腐蚀源的切削液、汗、灰尘等后，涂敷低黏度的高级矿物油或防锈剂。

5）刀柄在数控加工中心上安装时，应手握刀柄底部，先将刀柄柄部伸入主轴锥孔中，再按下气动按钮，同时向上推刀柄，然后松开握刀柄的手，完成刀柄在加工中心上的安装。否则易使刀柄滑落造成碰撞事故。

6）G43 为刀具长度正补偿。“H”为刀具长度补偿值的存储器地址，一般用两位数字表示地址号，如 H01、H02；在地址符“H”所对应的存储器中存入刀具长度补偿值。

任务扩展

1. 十字槽零件加工如图 2-64 所示，材料为 45 钢，毛坯尺寸为 63mm × 63mm × 18mm 的板料。要求：坯料规方，编制合理的加工工艺，编制加工程序，加工零件，检测零件的加工精度。

2. 弯槽零件加工如图 2-65 所示，材料为 45 钢、毛坯尺寸为 83mm × 63mm × 18mm 的板料。要求：坯料规方，编制合理的加工工艺，编制加工程序，加工零件，检测零件的加工精度。

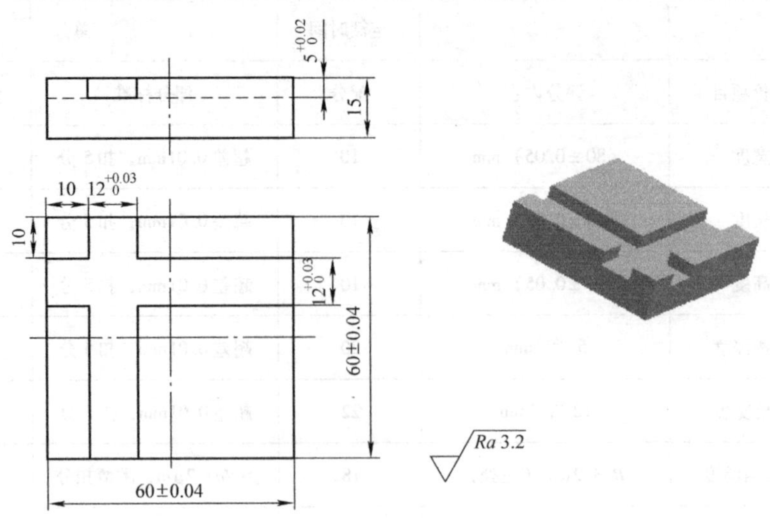

图 2-64　十字槽零件

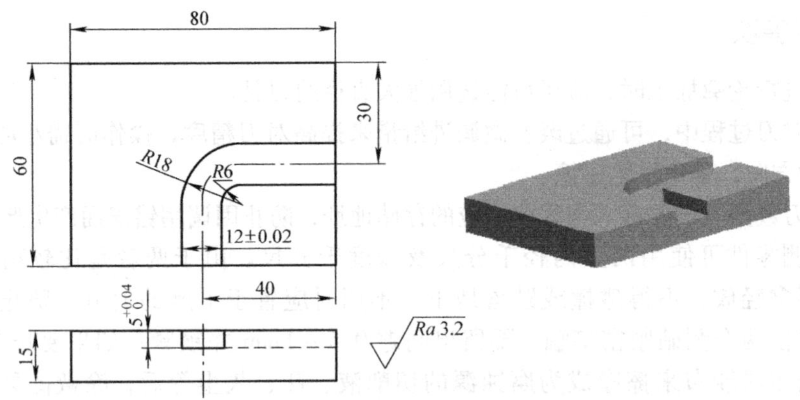

图 2-65　弯槽零件

任务三　封闭十字键槽加工

任务描述

该零件在数控加工中心上完成加工，加工出的零件应符合图样技术要求，铣削加工操作时要符合操作规程，并能够选择合理的切削加工工艺参数，熟练操作数控机床实施对零件的调整加工、尺寸精度的检测及对数控加工中心的日常维护与保养。

任务工单

图 2-66 所示为封闭十字键槽零件，材料为铝合金，毛坯尺寸为 $\phi80\text{mm} \times 30\text{mm}$，外圆及上、下表面已经加工，单件生产。

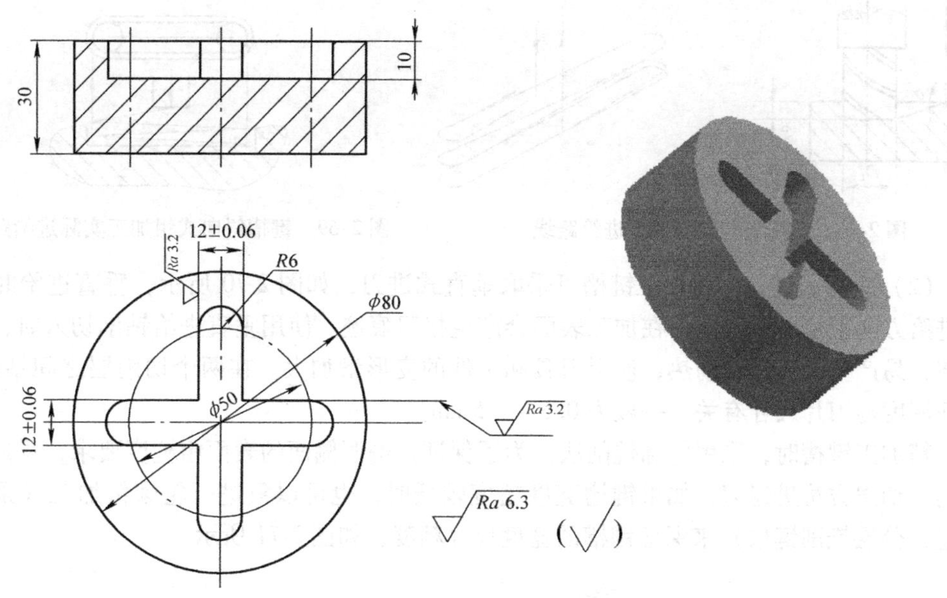

图 2-66 封闭十字键槽零件

任务准备

封闭十字键槽主要应用在组合夹具、模具及轴连接件上，它是一种轮廓封闭结构。

1. 圆柱形工件在工作台上的装夹

采用自定心卡盘装夹。该卡盘的三爪运动距离相等，三个卡爪同时向中心移动或退出，以夹紧或松开工件，有自动定心的作用，对中性好，自动定心精度可达到 0.05 ~ 0.15mm。可以装夹直径较小的工件，如图 2-67 所示。当装夹直径较大的外圆工件时，可用三个反爪进行装夹。

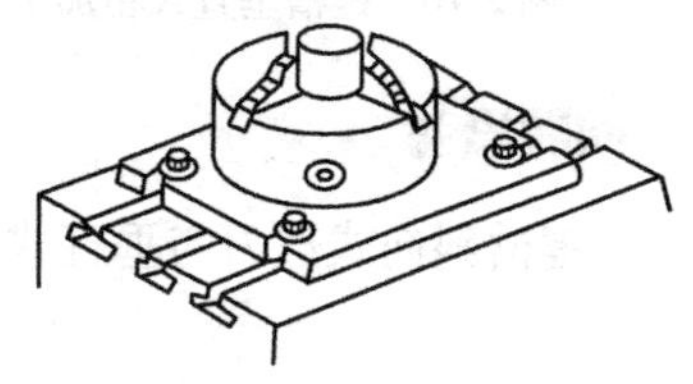

图 2-67 自定心卡盘装夹工件

2. 封闭十字键槽的进给路线

封闭十字键槽属于窄槽铣削加工，一般采用键槽立铣刀加工，圆柱面和端面都有切削刃，端面刃延至中心，可以先轴向进给较小的量，再沿径向进给。对于轴类零件而言，键槽主要应保证尺寸精度、键槽两侧面的表面粗糙度、键槽与轴线的对称度，键槽的深度尺寸一般要求较低。由于键槽立铣刀的刀齿数相对于同直径的端面立铣刀的刀齿数的数量少，铣削时，振动大，加工的侧面表面质量相对于端面立铣刀较差。常见的键槽铣削方式如下。

（1）斜向式进刀　粗加工键槽采用斜向式进刀，如图 2-68 所示，在进给路线的两端，应使用圆弧方式进刀，键槽两侧面留余量，直至加工到槽底。另外，由于两端使用圆弧方式进刀编程比较困难，因此在实际中一般选择比键槽宽度尺寸小的键槽立铣刀斜向式进刀分层铣削，在进给路线的两端不使用圆弧方式的进给路线，而采用图 2-69 所示的进给路线。

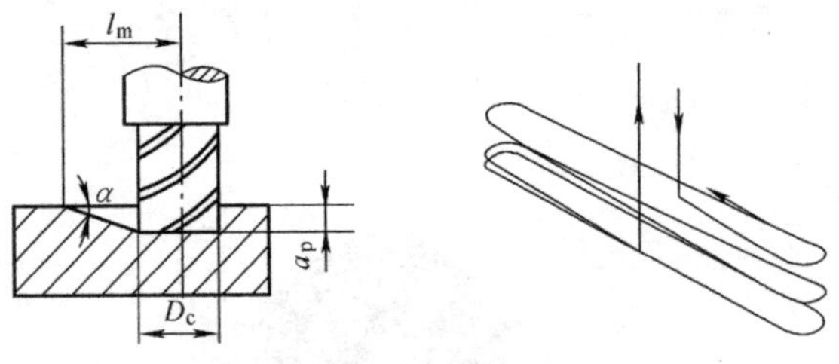

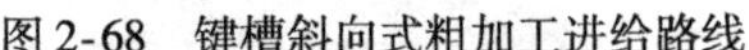
图 2-68　键槽斜向式粗加工进给路线

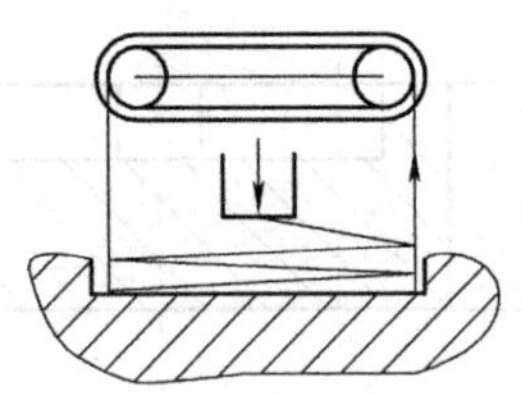
图 2-69　键槽斜向式粗加工实际进给路线

（2）垂直式进刀　粗加工键槽可采取垂直式进刀，如图 2-70 所示，垂直进给时刀具要在进给方向上换向，因此，在加工表面会产生接刀痕迹。使用垂直进给钻削切入时，不容易排屑，易产生大量的切削热，使得刀具和工件的变形量加大。在两个切削层之间钻削切入，层间深度与刀片尺寸有关，一般为 0.5 ~ 1.5mm。

精加工键槽时，采用轮廓铣削法。为了保证键槽两侧面的表面粗糙度要求，采用圆弧方式切入切出方法进退刀，如果键槽宽度精度较低时，也可以只进行轮廓精加工（采用斜向式进刀分层铣削键槽）来保证键槽的宽度尺寸精度，如图 2-71 所示。

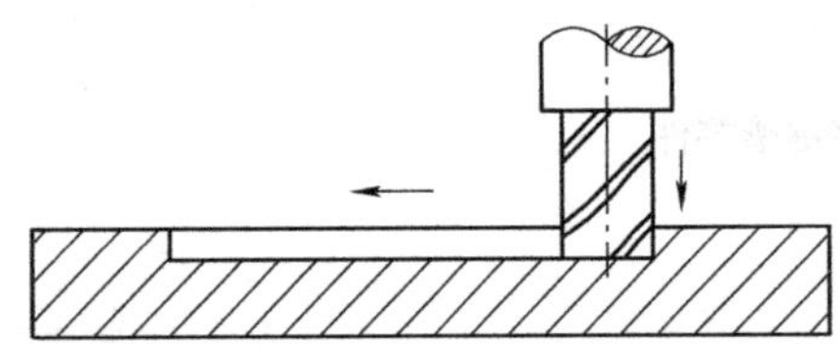
图 2-70　键槽垂直式粗加工进给路线

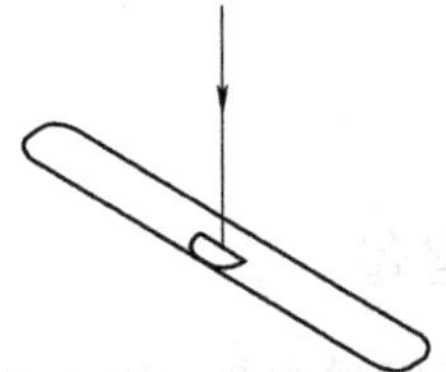
图 2-71　精加工圆弧方式切入、切出

问题思考

键槽斜向式进刀与垂直式进刀相比，哪一种方式去除金属效率高？

3. 零件圆弧的检测

对零件圆弧的检测可利用半径样板进行检测，如图 2-72 所示，检测时可根据零件圆弧半径的公差选用两片极限半径样板，对于凹面圆弧，用下极限半径样板去检验时，允许其两边漏光，用上极限半径样板去检验时，允许其中间漏光。由此即可以看出圆弧半径是否在公差范围之内，如图 2-73 所示。

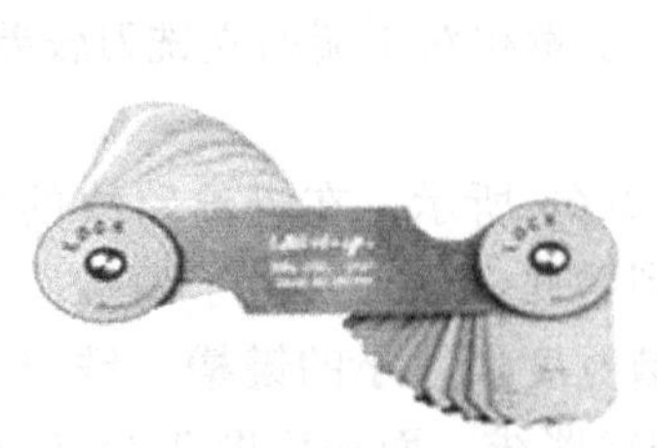
图 2-72　半径样板

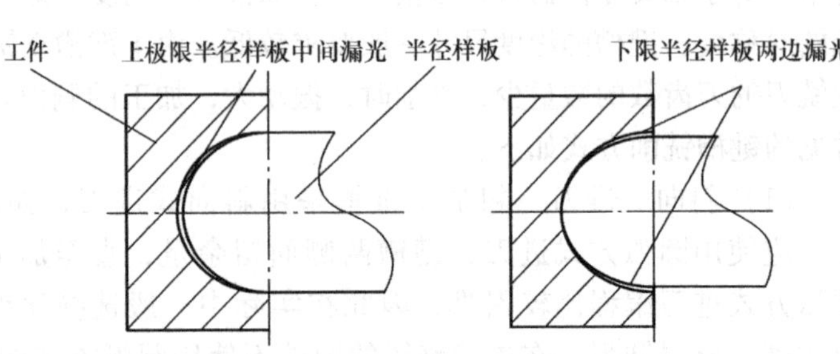

图 2-73　半径样板对内圆弧的检测

4. 铝合金材料的铣削加工

由于铝合金材料的硬度相对较低、塑性好、对刀具磨损小，且热导率较高、切削温度较低，切削加工性较好，属于易加工材料，因此在铣削加工时不同于碳钢、合金钢等材料，它适于高速切削，但铝合金熔点较低，温度升高后塑性增强，在高温高压作用下，容易出现粘刀、表面划痕及积屑瘤等现象。因此在粗、精加工可选用整体高速钢铣刀。加工时宜选机油或切削液作冷却介质，转速一般在1000r/min以上，背吃刀量小（在0.05～0.1mm之间），这样可以获得较小的表面粗糙度值。常见铝合金铣削参数见表2-16。

表2-16　常用铝合金铣削参数

刀具材料	加工状态	冷却介质	进给量 v_f/（mm/r）	铣削深度/mm	切削速度 v_c/（m/min）
高速钢铣刀	粗铣	无	0.1～0.5	2～20	300～600
		乳液	0.1～0.5	2～20	150～400
	精铣	乳液	0.03～0.1	≤0.5	≤3000
		乳液或油	0.03～0.1	≤0.5	250～800
硬质合金铣刀	粗铣	无	0.1～0.6	2～20	≤2500
		无	0.1～0.6	2～20	300～800
	精铣	乳液	0.03～0.1	≤0.5	≤3000
		乳液或油	0.03～0.1	≤0.5	500～1500

5. 子程序

（1）子程序的概念　在编制加工程序中，有时在加工程序的若干位置上，有连续若干程序在写法及格式上完全相同或者相似的内容，为了简化程序，可以把这些重复的程序段单独提取出来，并按一定的格式编写，这样的程序就称为子程序。将原来调用子程序的程序称为主程序。当主程序在执行过程中执行到需要调用子程序的时候，则通过一定格式随时调用，当在子程序中操作完成后自动返回主程序继续执行下面的程序段。

（2）调用子程序的目的和作用　使用子程序可以减少不必要的编程重复，从而达到简化编程的目的。主程序可以调用子程序，子程序也可以调用下一级的子程序，子程序必须在主程序结束指令后建立。其作用相当于一个固定循环。

（3）子程序的嵌套　子程序调用下一级子程序称为嵌套。上一级子程序与下一级子程序的关系，与主程序与第一层子程序的关系相同。子程序可以嵌套多少层由具体的数控系统决定。多重子程序的调用嵌套关系如图2-74所示。

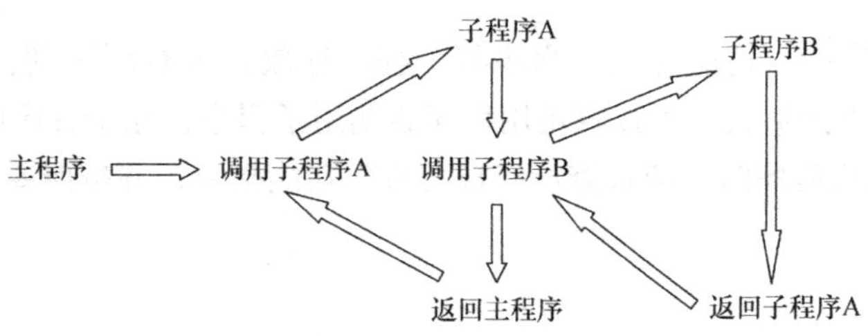

图2-74　多重子程序的调用嵌套关系

（4）子程序的调用和执行　在主程序中，调用子程序的指令是一个程序段。在主程序执行时可随时调用子程序，可多次、连续、重复调用同一个子程序，最多可重复调用999次。

1）华中HNC-22M系统调用子程序调用格式。

【格式】

……	
M98 P×××× L××	P后为子程序入口地址，L后为重复调用次数（当为1时可以省略）
……	……
M02	主程序结束
%××××	子程序名（应与主程序中P入口地址后面的相同）
……	……
M99	子程序结束返回主程序

如“M98 P0008 L11”表示调用的子程序名为0008，重复执行11次。

2）SIEMENS 802D系统子程序调用格式。

① 子程序文件名的规定：开始的两个符号必须字母；其后的符号可以是字母、数字或下划线来命名的文件名，字符间不能有分隔符，字符不能超过16个，如YR177。另外子程序中还可以使用地址字L__，其中的值只能为整数。

② 子程序调用格式：以“L+数字”来命名，L后的值最多可以有7位。如L457不同于L0457。该命名规则同样适合于主程序和子程序。

③ 子程序的调用 。

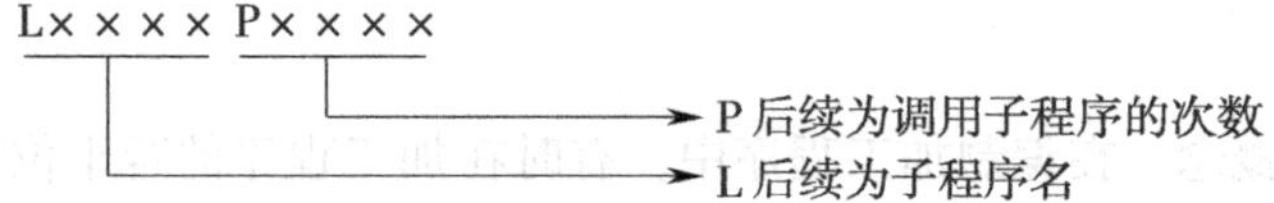

子程序名后续重复调用次数“P”省略时，默认P=1。主程序可调用八重子程序，也可以多次调用子程序。如“LRR251 P3”表示调用子程序名为RR251、重复执行3次。

程序中内容具有相对的独立性，数控机床编写的程序往往包含许多独立的工序，有时工序之间的调整也是允许的。为了优化加工顺序，把每一个独立的工序编写成一个子程序，在主程序里只有换刀和调用子程序等指令。子程序结束符为RET或M17，表示子程序结束并返回到主程序中。

问题思考

应用子程序编程在数控铣削中的优点包括哪些？

在编写输入程序时，还应注意主程序与子程序存放位置有所区别，SIEMENS系统的子程序要建立一个文件的形式。可以直接用程序名调用子程序，在子程序中可以改变模态有效的G功能。返回调用程序时，应检查所有模态有效功能指令，并按照要求进行调整。

任务实施

1. 图样分析

1）图2-66所示零件为圆柱体封闭十字键槽形，上表面十字键槽有尺寸精度及表面粗糙度要求。

2）该零件 ϕ80mm 外圆及上表面已经加工，可不考虑外轮廓加工，为达到零件图上键槽的宽度尺寸（12±0.06）mm、深度尺寸 10mm 及侧面表面粗糙度值 Ra3.2μm 的要求，可采用深度分层两次进刀，环形铣削加工。

2. 工艺分析

加工路线：采用从中心点两次进刀，每次进给深度 5mm，在键槽内顺铣进给方式加工。

3. 工艺准备

（1）设备　华中 HNC-22M 系统或 SIEMENS 802D 系统数控加工中心。

（2）量具　0~25mm 内径千分尺、0 ~ 100mm 游标卡尺、半径样板一套。

（3）其他　V 形架两个，垫铁若干，表面粗糙度比较样块，橡胶锤或纯铜棒。

4. 刀具清单

刀具清单见表 2-17。

表 2-17　刀具清单

产品名称或代号		零件名称		零件图号	
序号	刀具名称	刀具规格	加工表面	数量	备注
1	整体高速钢键槽铣刀	ϕ10mm（两刃）	键槽	1	
编制	审核	批准		共　页	第　页

5. 工艺流程

工艺流程见表 2-18。

表 2-18　工艺流程

单位		产品名称		零件名称		第　页
工序号	工序内容	工序简图（进给路线图）				
1	使用 ϕ10mm 键槽铣刀从中心点进刀，背吃刀量为 5mm，沿轮廓铣削加工					
2	使用 ϕ10mm 键槽铣刀从中心点第二次进刀，背吃刀量为 5mm，沿轮廓铣削加工					

6. 工艺制订

数控加工工艺卡见表 2-19。

表 2-19　数控加工工艺卡

单位		机床型号		零件名称			第　页	
工序	工序名称			程序编号		备注		
工步号	作业内容	刀具号	半径补偿号	长度补偿号	n/(r/min)	f/(mm/min)	a_p/mm	半径补偿
1	铣十字键槽	T01	D01	H01	1000	80/100	5	5
2	整体精度检验							

工件坐标系的原点设置在零件上表面中心，将 X、Y、Z 向的零偏值输入工件坐标系 G54 中，工件上表面为 Z0。

7. 华中 HNC-22M 系统数控程序及说明

```
%1113                              主程序名
N10 G54 G17 G21 G40 G90 G94 G80    程序初始设置
N15 G91 G28 Z0                     Z 轴自动返回换刀点
N20 M06 T01                        换 1 号刀
N25 M03 S1000                      主轴正转 1000r/min
N30 G00 X0 Y0                      刀具快进至零点
N35 G43 G01 Z20 H01 M07            建立 1 号刀具长度补偿、切削液开
N40 G01 Z0 F100                    Z 轴工进进给至零件上表面
N45 M98 P0022 L2                   调用 0022 号子程序 2 次
N50 G49 G00 Z100 M09               退刀、取消长度补偿、切削液关
N55 M02                            主程序结束
%0022                              子程序
N10 G91 G01 Z-5 F80                Z 向下刀至 5mm
N20 G90 G41 G01 X6 Y6 D01 F100     建立 1 号刀具半径补偿、D01=5mm
N30 G01 Y25                        封闭槽轮廓加工
N40 G03 X-6 R6                     ……
N50 G01 Y6
N60 X-25
N70 G03 Y-6 R6
N80 G01 X-6
N90 Y-25
N100 G03 X6 R6
N110 G01Y-6
N120 X25
N130 G03 Y6 R6
N140 G01 X6
N150 G40 G01 X0 Y0                 取消刀具补偿返回零点
N160 M99                           子程序结束
```

编程提示

用 G41 指令铣削时，铣刀切出工件时的切削速度方向与工件的进给方向相同，因此当铣刀正转时，相当于顺铣；用 G42 指令铣削时，铣刀切出工件时的切削速度方向与工件的进给方向相反，因此当铣刀正转时，相当于逆铣。从刀具寿命、加工精度、表面粗糙度来说，顺铣效果较好，因而 G41 指令使用较多。

8. SIEMENS 802D 系统数控程序及说明

程序	说明
LC68. MPF;	主程序名
N10 G90 G94 G17 G40 G17;	程序初始化
N15 G74 Z0;	自动返回参考点
N20 T1 D1;	换 1 号刀，刀补值生效
N25 M3 S1000;	主轴正转 1000r/min
N30 G90 G54 G00 X0 Y0;	快速至工件坐标零点
N35 Z50 M08;	快进至 Z50 坐标点
N40 LANG. P2;	子程序名
N45 G00 G40 X0 Y0;	退刀、取消刀补至工件坐标零点
N50 Z100 M09;	Z 轴退至 100mm 点、切削液关
N55 M30;	主程序结束
LANG. . SPF;	子程序
N10 G91 G01 Z-5 F80;	Z 轴进给至第一次背吃刀量处
N20 G01 G41 X6 Y6 D1 F100;	左刀补工进至切削起点、执行 01 号半径补偿
N30 G01 Y25;	刀具直线工进至 Y25 坐标点
N40 G03 X-6 Y25 CR=6;	R6mm 逆时针方向圆弧加工
N50 G01 Y6;	直线工进至 Y6 坐标点
N60 X-25;	直线工进至 X-25 坐标点
N70 G03 X-25 Y-6 CR=6;	R6mm 逆时针方向圆弧加工
N80 G01 X-6;	直线工进至 X-6 坐标点
N90 Y-25;	直线工进至 Y-25 坐标点
N100 G03 X6 Y-25 CR=6;	R6mm 逆时针方向圆弧加工
N110 G01Y-6;	直线工进至 Y-6 坐标点
N120 X25;	直线工进至 X25 坐标点
N130 G03 X25 Y6 CR=6;	R6mm 逆时针方向圆弧加工
N140 G01 X6;	直线工进至 X6 坐标点
N150 G40 G01 X0 Y0;	退刀至工件零点
N160 RET;	子程序结束

编程提示

SIEMENS 系统要求主程序与子程序的扩展名有区别，即主程序第一行中写“%_N_程序名 MPF”、子程序第一行中写“%_N_子程序名 SPF”，可以放在一个文本文件中，传输后系统会自动分开。

零件加工及检测

1）打开总电源、机床电源，开启数控系统。

2）检查机床状态，手动低速运行主轴及 X、Y、Z 轴动作。

3）机床回参考点（回零顺序 Z、X、Y）。

4）检查夹具。使用百分表将钳口与 X 轴的平行度控制在 0.02mm 以内。

5）使用双 V 形块夹紧工件，工作面超出钳口 5mm。

6）输入零件加工程序，检查程序并模拟校验进给路线。

7）X、Y向对刀，使用寻边器设置X、Y零点，输入刀具半径补偿参数值。

8）安装ϕ9mm键槽粗、精铣刀，试切对刀在偏置寄存器中Z值设定为0。

9）检查并清理工作台上的无关物品。

10）使用单段模式，将快进调至低挡，刀具接近工件后快进再调至100%，工件试切加工。

11）检验零件尺寸。

12）加工结束，卸下刀具、工件，清理机床。

零件加工后将所测结果填写零件检测评分表，见表2-20。

表2-20　零件检测评分表

姓名			定额时间		总分	
序号	评价项目	评分内容	配分	评分标准	实测	得分
1	键槽深度	10mm	10	超差0.1mm扣5分		
2	键槽X向宽度	(12±0.06) mm	30	超差0.01mm，扣5分		
3	键槽Y向宽度	(12±0.06) mm	30	超差0.01mm，扣5分		
4	表面粗糙度	$Ra3.2\mu m$（两处）	20	>$Ra3.2\mu m$，酌情扣分		
5	文明生产	按企业相关标准执行	10			

注意事项

1）为了不使自定心卡盘夹伤外圆表面，夹紧工件时应在毛坯外圆处垫上铜皮，并使工件基准面与工作台面平行，工件夹紧后，可用橡胶锤或纯铜棒轻击工件上平面，并用手试移垫铁，使其不发生移动，防止工件上浮。

2）对刀数据一定要存入与程序对应的存储地址，补偿的数据正确性、符号正确性及数据所在地址正确性都将影响加工，如出现错误会导致撞车的危险或工件报废。

3）Z轴采用试切对刀，移动Z轴应使刀具接近工件待加工部位上表面，在对刀过程中，可通过改变微调进给量来提高对刀精度。

4）利用刀具长度补偿可进行机床模拟切削，长度补偿值要在50mm以上，加工时不要忘记取消长度补偿值。

5）刀具半径在选取时，一定要小于工件上圆弧半径。刀具半径补偿的建立与取消只能在G00或G01移动指令模式下才有效。

6）编程时不要在刀具半径补偿状态下的主程序中调用子程序。否则，系统将出现程序出错报警信息。

任务扩展

1. 圆槽零件如图2-75所示，材料为45钢，毛坯尺寸为ϕ80mm×30mm，表面已经加工完成。要求：选择正确的安装方式，编制合理的加工工艺，完成刀具的选择和设置，编制加工程序，加工零件，检测零件的加工精度。

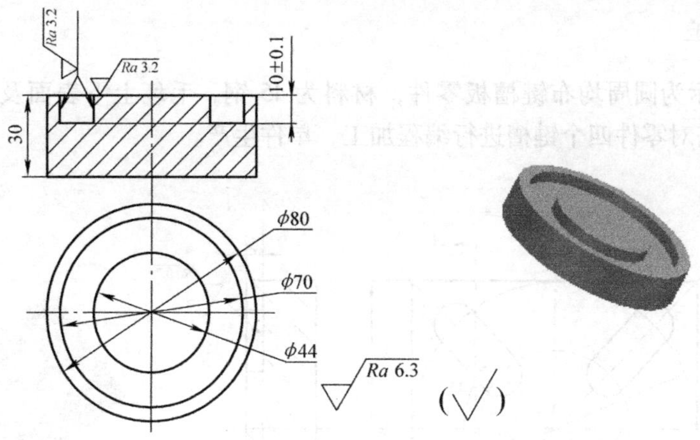

图 2-75 圆槽零件

2. 圆角方槽零件如图 2-76 所示，材料为 45 钢，毛坯尺寸为 73mm×73mm ×27mm 的板材。要求：坯料规方，选择正确的安装方式，编制合理的加工工艺，完成刀具的选择和设置，编制加工程序，加工零件，检测零件的加工精度。

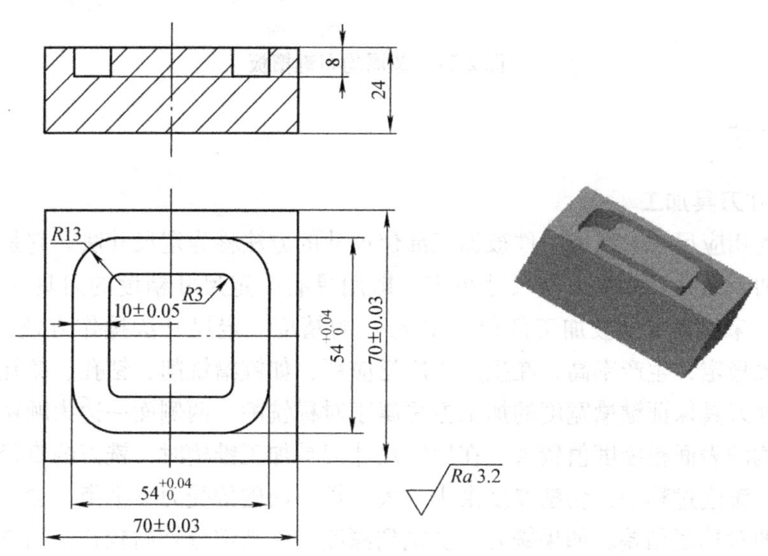

图 2-76 圆角方槽零件

任务四 圆弧放射排列封闭键槽零件加工

任务描述

该零件采用数控铣床完成加工，加工出的零件应符合图样技术要求，进行加工操作时要符合操作规程，要求能够选择合理的切削加工工艺参数，能熟练操作数控铣床实施对零件的调整加工和尺寸精度的检测及对数控铣床的日常维护与保养。

任务工单

图 2-77 所示为圆周均布键槽板零件，材料为 45 钢，毛坯上下表面及四周均已加工完毕，要求：只需对零件四个键槽进行编程加工，单件生产。

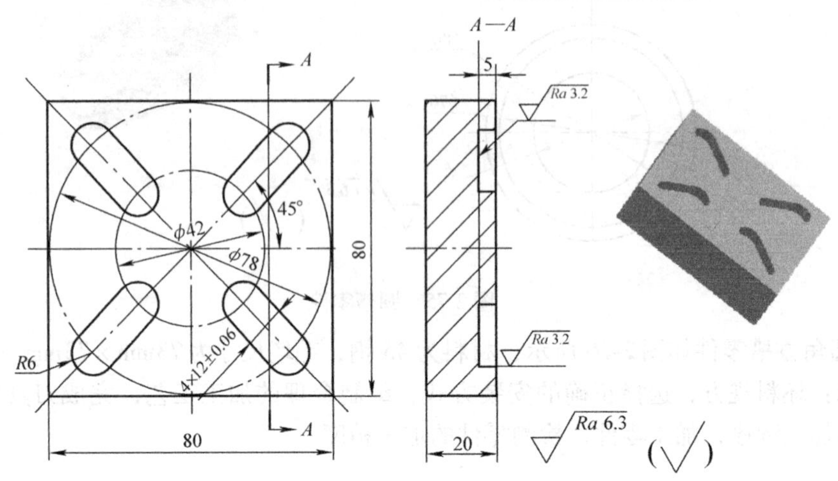

图 2-77　圆周均布键槽板

任务准备

1. 定尺寸刀具加工

用刀具的相应尺寸来保证工件被加工部位尺寸的方法称为定尺寸法。它是利用标准尺寸刀具加工，加工面的尺寸由刀具尺寸决定。即用具有一定尺寸精度的刀具（如铰刀、扩孔钻、钻头等）来保证工件被加工部位（如孔）的精度。定尺寸法操作方便，生产率较高，加工精度比较稳定，生产率高，在生产中广泛应用，如键槽铣削、钻孔、铰孔等。

用定尺寸刀具保证键槽宽度的加工方法属于对称铣削，两侧面一边为顺铣，另一边为逆铣，逆铣一侧的表面粗糙度值较大。在用定尺寸刀具加工键槽时，铣刀的直径比较小，强度低，刚性差。铣削过程中，切削厚度由小变大，铣刀两侧的受力不平衡，加工的键槽易产生倾斜，键槽的对称度稍差。如果铣刀一次铣到深度，铣削部分轴向较长，当进刀速度比较快时，铣刀容易折断；由于键槽加工为窄槽加工，排屑不畅，切削液的压力要求比较大，否则，铣刀容易夹屑，铣刀也容易折断。

2. 坐标旋转变换指令

对于某些围绕中心旋转得到的特殊轮廓加工，若根据实际图形进行编程，可使坐标计算工作量大大增加，而利用图形的旋转功能可以简化编程工作量。

（1）华中 HNC-22M 系统

【格式】　G17 G68 X __ Y __ P __;

……

G69

【说明】　G68 为旋转生效指令，G69 取消旋转指令，X、Y 为旋转中心的坐标值，P 为旋转角度，一般取0°~360°正值，旋转角度的零度方向为第一坐标轴的正方向，逆时针方向为角度方向的正向，顺时针方向为角度方向的负向，不足1°以小数点表示，如5°54′须用5.9°表示。

注：G68指令与G69指令为同组模态指令，可相互注销，G69为默认值。

（2）SIEMENS 802D系统圆弧形排列键槽铣削循环LONGHOLE

【格式】 LONGHOLE（RTP，RFP，SDIS，DP，DPR，NUM，LENG，CPA，CPO，RAD，STA1，INDA，FFD，FFP1，MID）

其循环参数示意图如图2-78所示。

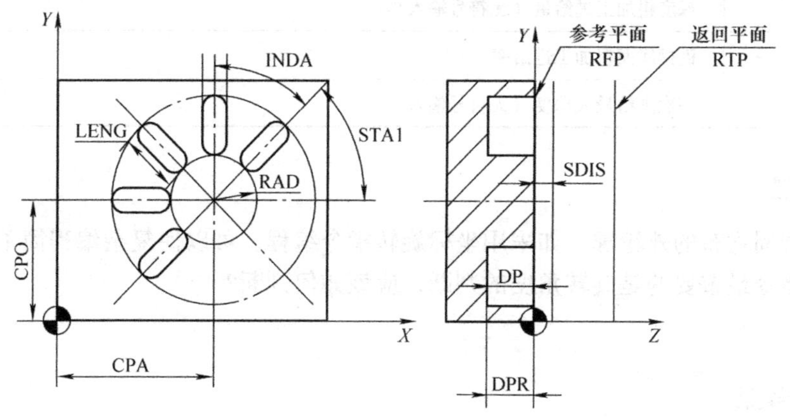

图2-78 圆弧形排列键槽铣削循环LONGHOLE的参数示意图

【说明】 该循环是一个综合的粗、精加工循环，使用此循环可以加工环形排列的键槽，槽的纵向轴按放射状排列，采用键槽铣刀加工。槽的宽度由刀具的直径确定，在循环内部，会计算出最优化的刀具进给路径，排除不必要的空行程。如果加工一个槽需要进行几次深度进给切削，则切削在终点交替进行；沿槽纵向轴的进给路径在每次切削后改变方向，如图2-79所示。

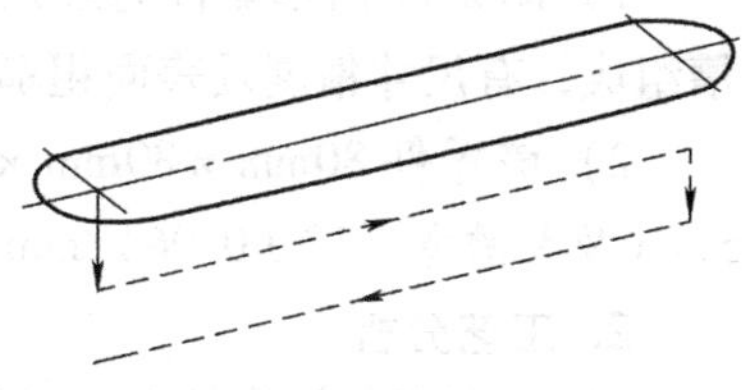

图2-79 键槽铣刀进给路径

圆弧形排列键槽铣削循环参数及说明见表2-21。

表2-21 圆弧形排列键槽循环LONGHOLE参数及说明

参　数	说　明
RTP	返回平面（绝对值）
RFP	参考平面（绝对值），即上表面至参考点之间的距离
SDIS	安全间隙（加工平面到参考平面之间的距离，无符号输入）
DP	槽深（可定义为到参考平面的绝对值）
DPR	相当于参考平面的槽深（无符号输入）
NUM	槽的数量
LENG	槽的长度（无符号输入）

（续）

参　数	说　明
CPA	圆弧中心点（绝对值），平面第一轴（横轴）
CPO	圆弧中心点（绝对值），平面第二轴（纵轴）
RAD	圆弧半径（无符号输入）
STA1	起始角
INDA	增量角
FFD	深度粗加工进给量（无符号输入）
FFP1	键槽底面粗加工进给率
MID	一次进给最大深度（无符号输入）

问题思考

对于圆周均布的外轮廓，如采用坐标旋转指令编程，可以使复杂编程简单化，但使用坐标旋转指令最重要的是旋转角度的判断，应该如何判断？

任务实施

1. 图样分析

1）图2-77所示零件为规则圆周均布键槽零件，由四个圆周均匀分布呈90°角排列的键槽组成，有尺寸精度及表面粗糙度要求。

2）该零件80mm×80mm×20mm坯料各面已经加工完成，为达到零件图上键槽深度5mm及键槽宽（12±0.06）mm的尺寸要求，*Z*向可采用一次进给完成。

2. 工艺分析

1）根据零件结构特点，选用ϕ12mm硬质合金键槽立铣刀铣键槽。

2）加工路线：从ϕ42mm圆与45°角线交汇处，即第一个键槽下圆弧中心点处下刀，由于键槽两侧尺寸精度要求较低，因此铣削加工采用定尺法加工，可采用ϕ12mm键槽立铣刀下刀5mm，走呈45°角线、18mm长斜线，即可完成对键槽的加工。

3）对于该方形零件的铣削加工，采用机用平口钳装夹，工件高于钳口5～8mm，在工件下表面与机用平口钳之间放入精度较高的平行垫铁，其厚度与宽度应适当，由于上表面已加工完成，因此上表面应采用百分表找正后夹紧，并使垫铁不发生移动。

3. 工艺准备

（1）设备　华中HNC-22M系统或SIEMENS 802D系统数控铣床。

（2）量具　0～120mm游标卡尺、深度游标卡尺、0～10mm百分表及磁性表座、Z轴设定器、ϕ10mm寻边器。

（3）其他　垫铁若干，橡胶锤或纯铜棒。

4. 刀具清单

刀具清单见表2-22。

表 2-22 刀具清单

产品名称或代号		零件名称		零件图号	
序号	刀具名称	刀具规格	加工表面	数量	备注
1	硬质合金键槽铣刀	φ12mm	键槽侧面及底部	1	
编制	审核	批准		共 页	第 页

5. 工艺流程

工艺流程见表 2-23。

表 2-23 工艺流程

单位		产品名称		零件名称		第 页
工序号	工序内容	工序简图（进给路线图）				
1	使用 φ12mm 键槽立铣刀铣削加工四个键槽，背吃刀量为 5mm					

6. 工艺制订

数控加工工艺卡见表 2-24。

表 2-24 数控加工工艺卡

单位		机床型号		零件名称			第 页	
工序		工序名称		程序编号		备注		
工步号	作业内容	刀具号	半径补偿号	长度补偿号	n/(r/min)	f/(mm/min)	a_p/mm	半径补偿
1	铣削加工	T01	—	H01	1800	80/200	5	—
2	整体精度检验							

工件坐标系的原点设置在零件上表面中心点为编程原点，将 *X*、*Y*、*Z* 向的零偏值输入工件坐标系 G54 中，工件上表面为 Z0。

7. 华中 HNC-22M 系统数控程序及说明

程序	说明
%1198	主程序名
N10 G54 G94 G21 G40 G90 G69 G49 G80	程序初始设置
N20 G91 G28 Z0	自动返回参考点
N30 M03 S1800	主轴正转 1800r/min
N40 G43 G90 Z100 H01 M07	建立 1 号刀具长度补偿值、切削液开
N50 Z5	刀具快速下降至 Z5 平面
N60 G68 X0 Y0 P45	坐标系逆时针旋转 45°
N70 M98 P31	调用键槽子程序
N80 G69	取消旋转

N90 G68 X0 Y0 P135	坐标系逆时针旋转135°
N100 M98 P31	调用键槽子程序
N110 G69	取消旋转
N120 G68 X0 Y0 P225	坐标系逆时针旋转225°
N130 M98 P31	调用键槽子程序
N140 G69	取消旋转
N150 G68 X0 Y0 P315	坐标系逆时针旋转315°
N160 M98 P31	调用键槽子程序
N170 G69	取消旋转
N180 G91 G28 Z0 M09	自动返回参考点、切削液关
N190 M30	主程序结束
%31	槽加工子程序
N10 G00 X14.85 Y14.85	……
N20 G91 G01 Z-5 F80	
N30 G01 X27.68 Y27.68 F200	
N40 G01 Z20	
N50 G00 X0 Y0	
N60 M99	

编程提示

1. 当程序在绝对值方式下时，G68程序段后的第一个程序段必须使用绝对值方式移动指令，才能确定旋转中心。若这一程序段为增量值方式移动指令，则系统将以当前位置为旋转中心，按G68给定的角度旋转坐标。

2. 有刀具补偿时，先坐标旋转，后进行刀具半径补偿和长度补偿。

8. SIEMENS 802D系统数控程序及说明

RRT.MPF;	程序名
N10 G17 G00 G90 G71 G54 G94;	程序初始设置
N15 T1 D1;	调用1号键槽铣刀、导入1号半径补偿
N20 S1800 M3;	主轴正转、转速1800r/min
N25 G00 X148.5 Y14.85 Z50;	至第一槽起刀点
N30 G01 Z5;	进至加工平面
N35 LONGHOLE (5, 0, 2, -5,, 4, 30, 0, 0, 15, 45, 90, 80, 200, 5);	
N40 G00 Z50;	*Z*轴返回起始位置
N45 X0 Y0;	*X*、*Y*返回原点
N50 M30;	程序结束

零件加工及检测

1）打开总电源、机床电源，开启数控系统。

2）检查机床状态，手动低速运行主轴及*X*、*Y*、*Z*轴动作。

3）机床回参考点（回零顺序*Z*、*X*、*Y*）。

4）检查夹具。使用百分表将钳口与*X*轴的平行度控制在0.02mm以内。

5）使用平口钳装夹，工作面超出钳口8mm。

6）输入零件加工程序，检查程序并模拟校验进给路线。

7）X、Y向对刀，使用寻边器设置X、Y零点。

8）安装ϕ12mm键槽立铣刀及Z向对刀，使用Z轴设定器输入长度补偿号H01。

9）检查并清理工作台上的无关物品。

10）使用单段模式，将快进调至低挡，刀具接近工件后快进再调至100%，工件试切加工。

11）检验零件尺寸。

12）加工结束，卸下刀具、工件，清理机床。

将所测结果填写零件检测评分表，见表2-25。

表2-25　零件检测评分表

姓名			定额时间		总分	
序号	评价项目	评分内容	配分	评分标准	实测	得分
1	键槽深度	5mm	10	超差0.1mm，扣5分		
2	键槽宽度	（12±0.06）mm（四处）	36	每处超差0.01mm，扣4.5分		
3	键槽长度	30mm（四处）	20	超差0.1mm，扣5分		
4	键槽半径	R6mm（八处）	14	超差0.01mm，扣7分		
5	表面粗糙度	Ra3.2μm（两处）	10	>Ra3.2μm，每处酌情扣分		
6	文明生产	按企业相关标准执行	10			

注意事项

1）利用旋转指令编程，在程序设计上，一般要分三级，即主程序、重复调用子程序和图形原形子程序。在主程序中，先调用原形子程序加工第一图形，再指令重复调用子程序，而原形子程序包含在重复调用子程序的旋转功能中。

2）对于键槽的铣削加工，键槽的宽度一般可以由铣刀直径来确定，键槽铣刀在向下进给进行切削时，进给量应很小，否则容易挤坏端部刀齿。

3）加工封闭式键槽时应按槽宽，以优先选用键槽立铣刀为原则，当键槽立铣刀不能满足加工时再选用端面立铣刀。另外由于键槽立铣刀刀齿一般为两个齿，因此加工时键槽立铣刀的转速可以比同直径的端面立铣刀转速高。

任务扩展

1. 圆周均等槽零件如图2-80所示，材料为45钢，毛坯尺寸为ϕ70mm×20mm的圆板材。要求：铣削毛坯上、下面，进行工艺分析，编写零件加工程序，加工零件，检测零件尺寸精度及圆环槽角度。

2. 圆周非均等槽零件如图2-81所示，材料为45钢，毛坯尺寸为ϕ80mm×20mm的圆板材。要求：铣削毛坯上、下面，进行工艺分析，编写零件加工程序，加工零件，检测零件尺寸精度及圆环槽角度。

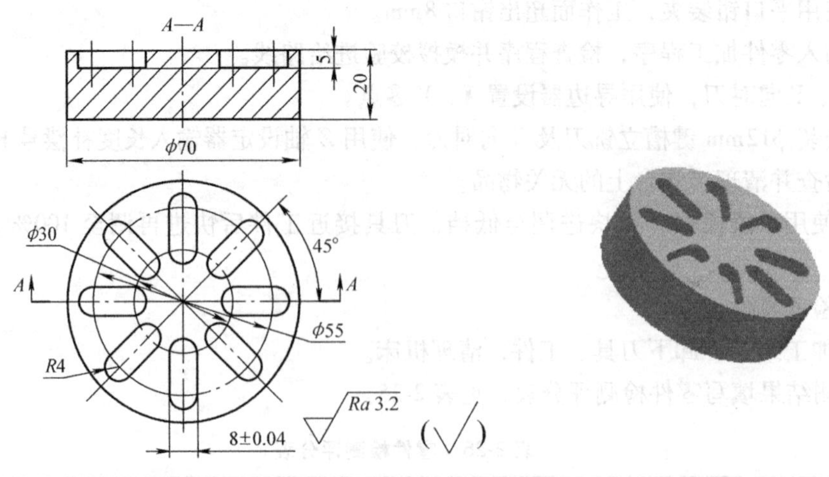

图 2-80　圆周均等槽零件

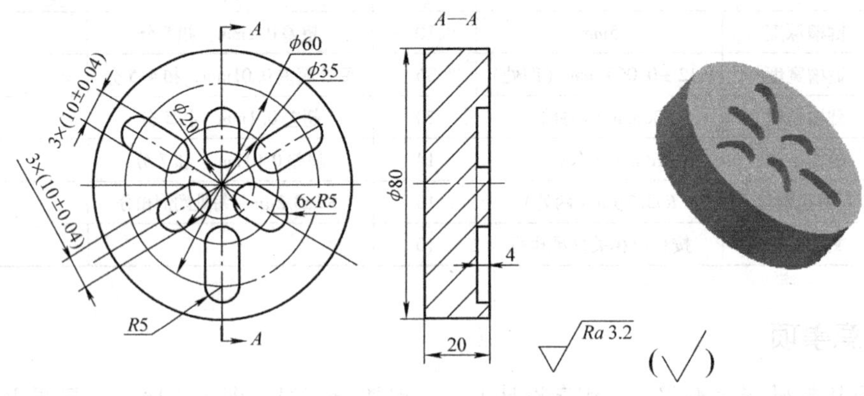

图 2-81　圆周非均等槽零件

项目小结

本项目包括简单开放平面、通槽、封闭键槽及圆弧排列均布键槽等零件的单件数控铣削加工训练，掌握各种槽的铣削加工方法，特别是进给路线的确定、工件的装夹、刀具的选用、机用平口钳的使用、对刀操作及切削用量的选择等。学会应用刀具半径补偿、长度补偿等调节零件尺寸精度的方法，以及零件尺寸精度的检测方法。

项目三　零件外轮廓的铣削加工

能力目标

- 掌握零件各种外轮廓结构的华中 HNC-22M 系统及 SIEMENS 802D 系统的编程、加工及检测方法。
- 掌握一般外轮廓的工艺分析及数控加工工艺文件的填写。

➲ 学会 SIEMENS 802D 系统外轮廓循环指令编程格式的应用。

➲ 正确使用外轮廓零件加工刀具选用的一般原则、夹具的使用、进给路线的选择、对刀操作及切削参数的选用，熟练利用修改刀具半径补偿值去除余量的方法。

任务一 圆形凸台外轮廓加工

任务描述

圆形凸台是机械零件常见的配合表面。圆形凸台的外轮廓通常采用数控铣床加工，它对圆周面的加工位置精度及表面粗糙度要求较高，加工出的零件应符合图样的技术要求。进行加工操作时要符合操作规程，要求能够选择合理的切削加工工艺参数，能熟练操作数控铣床实施对零件的调整加工和尺寸精度的检测及对数控铣床的日常维护与保养。

任务工单

图 2-82 所示为圆形凸台零件，材料为 45 钢，毛坯尺寸为 $\phi80mm \times 25mm$，外圆与上、下表面均已加工，要求对零件外圆凸台进行单件加工。

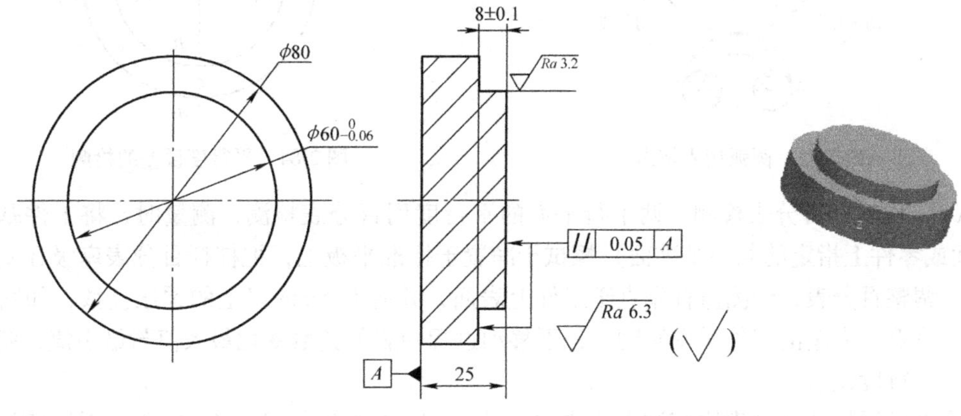

图 2-82 圆形凸台零件

任务准备

1. 圆形凸台加工的进给路线

数控铣削加工中进给路线对零件的加工精度与表面质量有直接影响，因此，确定进给路线是保证铣削加工精度和表面质量的一项重要工艺措施。

铣削的进给路线是指数控加工过程中，刀具刀位点（对于立铣刀和面铣刀来说，刀位点是刀具底面的中心；对球头铣刀来说，刀位点是球头的中心）相对于被加工零件的切入、切出方式，各种零件的进、退刀方式多种多样，设计时应遵循的原则是从起始点快进到切入点下刀，工进沿切向切入工件，轮廓切削后刀具向上抬起退离工件并快速返回起始点。

在铣削外圆轮廓时一般采用立铣刀侧面刃口进行切削。为了保证工件外形光滑，减少接刀痕迹，保证零件表面质量，提高刀具使用寿命，对刀具的切入和切出路线需要精心设计。铣削外圆轮廓应沿零件轮廓曲线圆弧切入切出，如图 2-83 所示。由于刀具和主轴系统刚性的原因，为保证零件轮廓光滑，不应沿法向直接切入切出，以避免加工表面产生划痕。

2. 平行度公差及检测

平行度公差是指被测实际表面相对基准方向上允许的变动全量。它具有控制方向的功能，即控制被测要素对准基准要素的方向。平行度误差的简易测量可以通过深度游标卡尺或深度千分尺进行检测，另外也可采用百分表进行检测。

（1）用深度游标卡尺或深度千分尺检测　将工件放在检测平台上（以底面为基准），测量两个外圆端面上对应两组不同的四个点，如图2-84所示，四组对应测量尺寸 A_1 与 B_1、A_2 与 B_2、A_3 与 B_3、A_4 与 B_4 应符合平行度要求，两者之差应小于0.05mm。

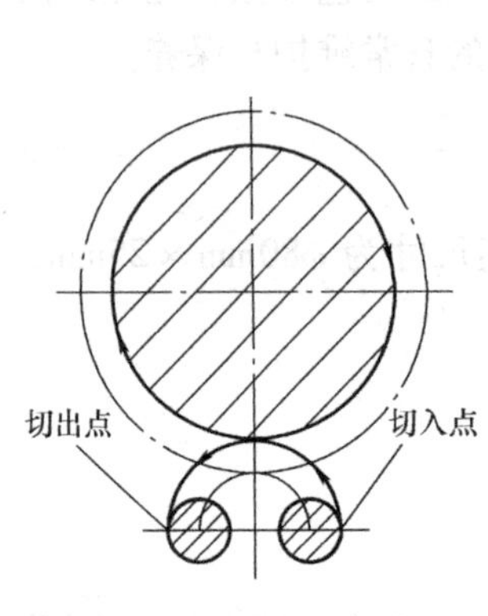

图2-83　圆弧切入切出

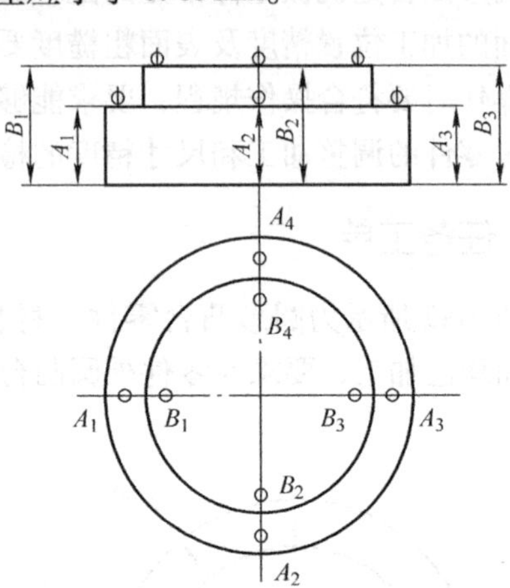

图2-84　平行度误差的检测

（2）用杠杆百分表检测　两平行平面的平行度用百分表检测，测量时，将工件基准面（底面或零件上指定的某一基准面）擦拭干净置于标准平板上，把杠杆百分表座吸在基准平板上，调整百分表，使测量杆垂直于工件上表面，并有0.5mm以上的预压读数，如图2-85所示。将百分表座沿工件缓慢转动，记下移动过程中表的读数变化最大值与最小值，两值之差即是平行度误差。

本例可用杠杆百分表比较测量 A_1 与 A_2、A_3 与 A_4 以及 B_1 与 B_2、B_3 与 B_4，看这四组数据中的每一组读数差是否符合平行度公差要求。

3. 铣削方法与尺寸控制

用立铣刀在立式数控铣床上加工时，由于立铣刀的刚性较差，铣刀容易向不受力的一侧偏让而产生“让刀”现象，甚至造成铣刀折断。为此，一般分粗铣和精铣两个步骤。先将台阶的宽度和深度进行粗铣，并留精铣余量，一般为0.2～0.5mm。为了保证质量和加工效率，可选用直径较大的键槽立铣刀进行铣削台阶加工。

4. 用修改刀具半径补偿值的方法控制零件加工尺寸

控制尺寸的方法可以通过修改程序参数及修改G54数值，另外还可以用修改刀具补偿值的方法来控制。

用修改刀具半径补偿控制尺寸的关键在于刀具补偿量的设置。如图2-86所示，若尺寸100mm在加工后的测量值为100.50mm，则尺寸误差为

$$\Delta = (100.50 - 100.00)\text{mm} = 0.50\text{mm}$$

在精加工时，刀具补偿量应改为

$$D = D_0 - \frac{\Delta}{2} \quad (D_0 \text{为原来的刀具补偿值})$$

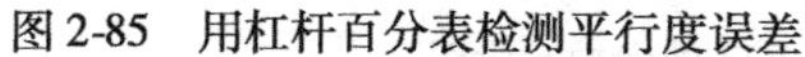

图 2-85　用杠杆百分表检测平行度误差

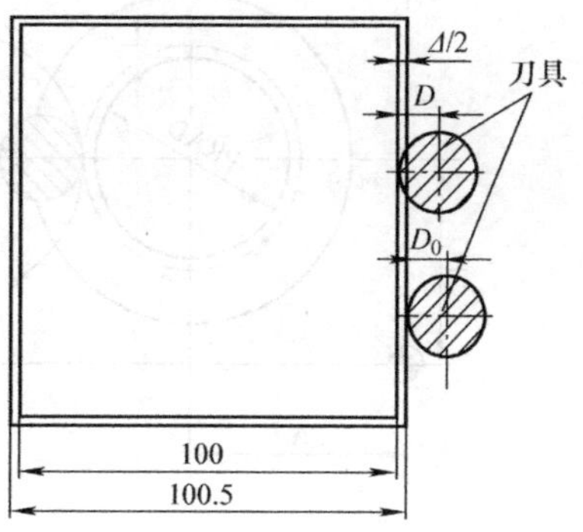

图 2-86　刀具半径补偿控制尺寸

用刀具半径补偿控制尺寸的特点：

1）用刀具半径补偿控制尺寸不需要修改程序，只需要修改补偿值即可，从粗加工到精加工均可由同一程序完成。

2）用刀具半径补偿只能控制与进给路线方向垂直的尺寸，而不能控制平行于刀具轴线方向的尺寸。

3）用刀具半径补偿只能控制轮廓的尺寸，不能进行点位尺寸的控制（如孔的中心距），也不能控制线槽的长度。

5. 加工中碳钢零件立铣刀材质选择比较

整体立铣刀材质一般分为高速钢与硬质合金铣刀两种。高速钢铣刀较硬质合金铣刀硬度软，但价格便宜，韧性好，强度低，容易让刀，而且耐磨性、热硬性相对来说较差，易烧结，热硬性为600°左右，硬度为65HRC左右。而硬质合金铣刀热硬性好，耐磨性好，但抗冲击性能差，易崩刃，热硬性可达900～1000℃，硬度可达90HRA左右，其加工效果要明显好于高速钢铣刀。

问题思考

铣削加工铝合金和45钢各应采用何种材质的整体立铣刀？

6. SIEMENS 802D 系统圆形凸台铣削循环 CYCLE77

【格式】　CYCLE77（RTP，RFP，SDIS，DP，DPR，PRAD，PA，PO，MID，FAL，FALD，FFP1，FFD，CDIR，VARI，AP1）

其参数示意图如图 2-87 所示。

【说明】　使用 CYCLE77 指令可以切削加工平面中的圆形凸台，对于精加工需要更换键槽铣刀，在某一深度平面内，为了接近圆台轮廓，刀具应沿着半圆路径切入、切出移动，轮廓切削时，以主轴方向为参考，铣削方向可以是顺铣或逆铣。

铣刀从轮廓铣削后退出进入到下一个加工深度，仍然以半圆方式进刀再次切向接近圆轮廓。这一过程将不断重复进行，直到达到定义的加工深度，最后快速移动到退刀平面。其参数及说明见表 2-26。

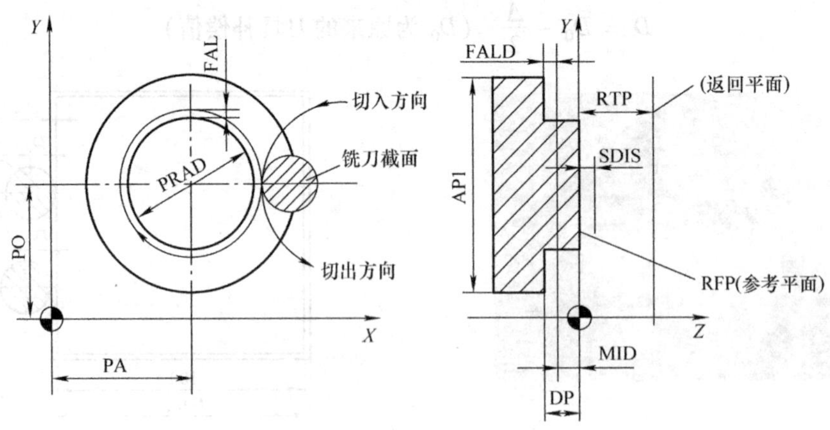

图 2-87　圆形凸台铣削循环 CYCLE77 的参数示意图

表 2-26　圆形凸台铣削循环 CYCLE77 的参数及说明

<table>
<tr><th>参　数</th><th colspan="3">说　明</th></tr>
<tr><td>RTP</td><td colspan="3">返回平面（绝对值）</td></tr>
<tr><td>RFP</td><td colspan="3">参考平面（绝对值）</td></tr>
<tr><td>SDIS</td><td colspan="3">安全间隙（加工平面到参考平面之间的距离，无符号输入）</td></tr>
<tr><td>DP</td><td colspan="3">铣削深度（可定义为到参考平面的绝对值）</td></tr>
<tr><td>DPR</td><td colspan="3">相对于参考平面的最后加工深度（无符号输入）</td></tr>
<tr><td>PRAD</td><td colspan="3">凸台直径（无符号输入）</td></tr>
<tr><td>PA</td><td colspan="3">凸台圆心点、横轴坐标（绝对值用于凸台参考点）</td></tr>
<tr><td>PO</td><td colspan="3">凸台圆心点、纵轴坐标（绝对值用于凸台参考点）</td></tr>
<tr><td>MID</td><td colspan="3">最大进给深度（增量、无符号输入）</td></tr>
<tr><td>FAL</td><td colspan="3">轮廓精加工余量（增量）</td></tr>
<tr><td>FALD</td><td colspan="3">底部精加工深度余量（增量、无符号输入）</td></tr>
<tr><td>FFP1</td><td colspan="3">轮廓加工进给量</td></tr>
<tr><td>FFD</td><td colspan="3">深度进给量（无符号输入）</td></tr>
<tr><td rowspan="5">CDIR</td><td colspan="3">整数铣削方向（无符号输入）用于确定凸台的加工方向</td></tr>
<tr><td rowspan="4">值</td><td>0</td><td>顺铣</td></tr>
<tr><td>1</td><td>逆铣</td></tr>
<tr><td>2</td><td>G2 铣削（与主轴转向无关）</td></tr>
<tr><td>3</td><td>G3 铣削（与主轴转向无关）</td></tr>
<tr><td rowspan="3">VARI</td><td colspan="3">加工方式</td></tr>
<tr><td rowspan="2">值</td><td>1</td><td>粗加工到精加工余量</td></tr>
<tr><td>2</td><td>精加工（余量 $X/Y/Z=0$）</td></tr>
<tr><td>AP1</td><td colspan="3">凸台的毛坯直径，该参数用于定义凸台的毛坯尺寸（无符号输入），用于内部计算半圆形的接近路径由该尺寸确定</td></tr>
</table>

任务实施

1. 图样分析

该零件为圆形凸台结构，为达到零件图上表面所要求的表面粗糙度值 $Ra3.2\ \mu m$ 及平行度公差 0.05mm 的要求，零件的凸台侧面及凸台底部应采用粗、精铣进行加工。

2. 工艺分析

1）使用 ϕ12mm 硬质合金键槽铣刀粗、精铣圆凸台，由于深度加工余量较大，应进行两次深度铣削加工，最后用该铣刀进行圆凸台边缘精铣及清根。精铣预留加工余量要适当。

2）粗铣采用分两层切削进给的加工方式，每次侧圆面留 0.5mm 的精加工余量，粗、精铣从工件左侧外进给，以保证底面与一侧面顺铣的加工，退刀返回仍然为工件的左侧。

3）对于圆形零件的铣削加工，可应用自定心卡盘或 V 形块进行装夹，由于上表面已加工完成又有平行度要求，因此上表面应采用百分表找正后夹紧。

4）加工路线按先粗后精的原则，粗加工时，从侧圆面开始以圆弧或切线方式进给，精铣加工仍然从侧圆面圆弧切入进刀。

3. 工艺准备

（1）设备　华中 HNC-22M 系统或 SIEMENS 802D 系统数控铣床。

（2）量具　0～120mm 游标卡尺、深度游标卡尺、50～75mm 外径千分尺、0～10mm 百分表及磁性表座、50mm Z 轴设定器、ϕ10mm 寻边器。

（3）其他　垫铁若干，橡胶锤或纯铜棒。

4. 刀具清单

刀具清单见表 2-27。

表 2-27　刀具清单

产品名称或代号		零件名称		零件图号	
序号	刀具名称	刀具规格	加工表面	数量	备注
1	整体硬质合金键槽铣刀	ϕ12mm	表面及侧面	1	
编制	审核	批准		共　页	第　页

5. 工艺流程

工艺流程见表 2-28。

表 2-28　工艺流程

单位		产品名称		零件名称		第　页
工序号	工序内容	工序简图				
1	使用 ϕ12mm 键槽铣刀第一次铣削，背吃刀量为 4mm，边缘留 0.5mm 单边精加工余量	40；60；4；加入左补偿(D=6.5mm)后实际切削起点				

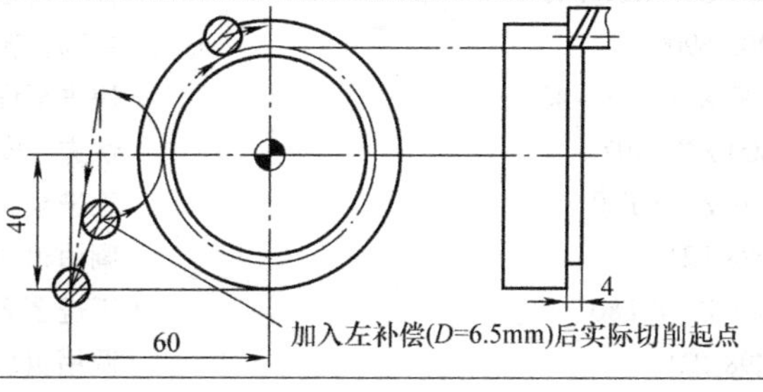

（续）

单位		产品名称		零件名称		第 页
工序号	工序内容	工序简图				
2	使用 ϕ12mm 键槽铣刀第二次铣削，背吃刀量为 4mm，边缘留 0.5mm 单边精加工余量	40　60　8　加入左补偿(D=6.5mm)后实际切削起点				
3	使用 ϕ12mm 键槽铣刀第三次精加工铣削，边缘侧吃刀量为 0.5mm，直至零件尺寸	40　60　8　加入左补偿(D=6mm)后实际切削起点				

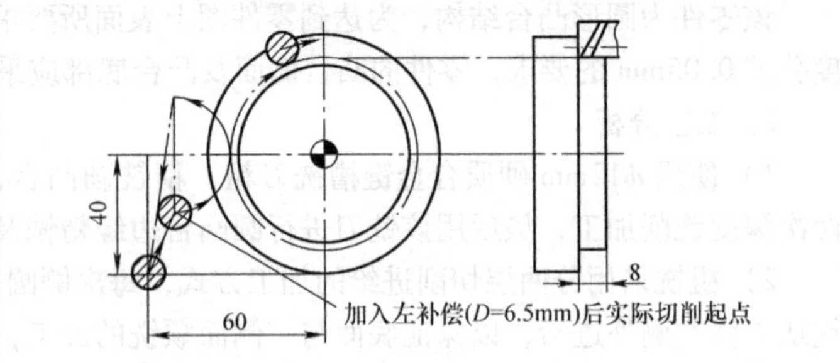

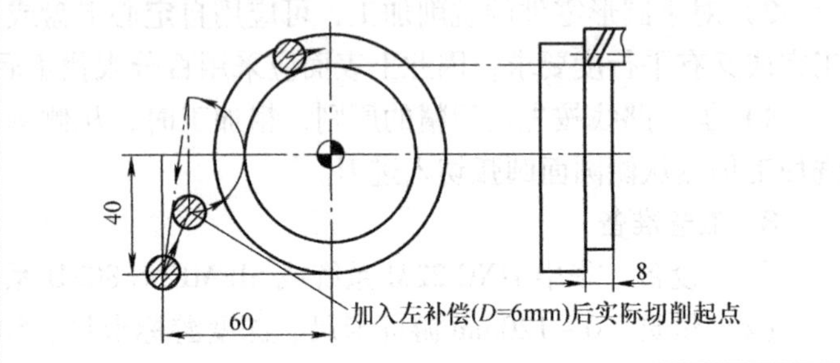

6. 工艺制订

数控加工工艺卡见表 2-29。

表 2-29　数控加工工艺卡

单位		机床型号		零件名称			第 页	
工序		工序名称		程序编号		备注		
工步号	作业内容	刀具号	半径补偿号	长度补偿号	n/(r/min)	f/(mm/min)	a_p/mm	半径补偿
1	粗、精铣表面	T01	D01/D2		900	80/200	4	6.5/6
2	整体精度检验							

工件坐标系的原点设置在零件上表面中心，将 X、Y、Z 向的零偏值输入工件坐标系 G54 中，工件上表面为 Z0。

7. 华中 HNC-22M 系统数控程序及说明

```
%1122                                  程序名
N10 G54 G90 G21 G40 G80 G49            程序初始化
N20 M03 S900                           主轴正转，转速 900r/min
N30 G00 X-60 Y-40                      快进至程序起点、切削液开
N40 G00 Z20 M07                        快进至安全平面
N50 G01 Z-4 F80                        工进至 Z=-4mm
N60 M98 P21                            调用粗加工子程序、第一次粗加工
N70 G01 Z-8 F80                        工进至 Z=-8mm
N80 M98 P21                            调用粗加工子程序、第二次粗加工
```

```
N90 M98 P22                              调用精加工子程序
N100 G00 Z100 M09                        Z向提刀、切削液关
N110 M30                                 主程序结束
%21                                      粗加工子程序
N10 G90 G41 G01 X-50 Y-20 D01 F200       工进至切入点、建立刀具半径补偿（6.5mm）
N20 G03 X-30 Y0 R20                      圆弧进刀铣削
N30 G02 I30 J0                           加工整圆
N40 G03 X-50 Y20 R20                     圆弧退刀
N50 G01 G40 X-60 Y-40                    返回程序起点
N60 M99                                  子程序结束
%22                                      精加工子程序
N10 G90 G41 G01 X-50 Y-20 D02 F200       工进至切入点、建立刀具半径补偿（6mm）
N20 G03 X-30 Y0 R20                      圆弧进刀铣削
N30 G02 I30 J0                           加工整圆
N40 G03 X-50 Y20 R20                     圆弧退刀
N50 G01 G40 X-60 Y-40                    返回程序起点
N60 M99                                  子程序结束
```

编程提示

从刀具寿命、加工精度、表面粗糙度来看，顺铣效果较好，因此对于外轮廓来说多使用G41左补偿，而对于内轮廓若采用顺铣加工则应与外轮廓相反，采用G42右补偿。

8. SIEMENS 802D 系统数控程序及说明

方法一：

```
AA326.MPF;                               程序名
N10 G17 G00 G90 G71 G54 G94 F100;        程序初始设置
N20 G74 Z0;                              自动返回参考点
N30 T1 D1;                               换1号刀、刀补生效
N40 S900 M3;                             主轴正转，转速900r/min
N50 G00 X-60 Y-40 Z50;                   快速至起刀点
N60 CYCLE77（10，0，2，-8,，60，0，0，4，0.5，0，200，80，0，1，80）;
N70 M30;                                 主程序结束
```

方法二：

```
BB543.MPF;                               程序名
N10 G90 G71 G54 G94;                     程序初始化
N20 G74 Z0;                              返回参考点
N30 T1 D1;                               换1号刀，刀补生效
N40 G00 X-60 Y-40;                       至起始位置
N50 Z20;                                 Z轴至20
N60 M03 S900;                            主轴正转，转速900r/min
N70 G01 Z0 F80;                          工进至零点
N80 L2 P2;                               调用子程序两次
```

```
N90 L3;                                  调用子程序一次
N100 G74 Z0;                             返回参考点
N110 M30;                                主程序结束
L2.SPF;                                  轮廓子程序
N10 G91 G01 Z-4 F80;                     进给
N20 G90 G41 G01 X-50 Y-20 D1 F200;       进给至起刀点，左补偿（T1 中 D2=6.5 生效）
N30 G03 X-30 Y0 CR=20;                   圆弧进给
N40 G02 I30 J0;                          加工整圆
N50 G03 X-50 Y20 CR=20;                  圆弧退刀
N60 G40 G01 X-60 Y-40;                   取消刀补，返回起始位置
N70 RET;                                 子程序结束
L3.SPF                                   精加工子程序
N10 G91 G01 Z-8 F80;                     Z 轴进给
N20 G90 G41 G01 X-60 Y-20 D2 F200;       进给至起刀点，左补偿（T1 中 D2=6 生效）
N30 G03 X-30 Y0 CR=20;                   圆弧进刀
N40 G02 I30 J0;                          加工整圆
N50 G03 X-60 Y20 CR=20;                  圆弧退刀
N60 G40 G01 X-60 Y-40;                   取消刀补，返回起始位置
N70 RET;                                 子程序结束
```

编程提示

在 SIEMENS 802D 系统中，T1 刀具采用两个刀具半径补偿值，即 D1 用于粗加工补偿值为 7.5mm；D2 用于侧面精加工补偿值为 6mm，通过改变刀具补偿值以保证不同铣削尺寸的公差要求。

零件加工及检测

1）打开总电源、机床电源，开启数控系统。

2）检查机床状态，手动低速运行主轴及 *X*、*Y*、*Z* 轴动作。

3）机床回参考点（先 *Z* 轴回零，后 *X*、*Y* 轴回零）。

4）检查夹具，使用百分表将钳口与 *X* 轴的平行度误差控制在 0.02mm 以内。

5）夹紧工件，工作面超出钳口 12～15mm。

6）输入零件加工程序，检查程序并模拟校验进给路线。

7）使用寻边器对刀，并将 *X*、*Y* 零点值输入偏置寄存器，偏置寄存器中 *Z* 值设定为 0，输入刀具半径补偿参数值。

8）安装 ϕ12mm 键槽铣刀，使用 *Z* 轴设定器对刀。

9）工件试切加工。

10）去毛刺，倒角。

11）检验零件尺寸，加工结束。

12）卸下刀具、工件，清理机床。

零件加工后将所测结果填写零件检测评分表，见表 2-30。

表 2-30　零件检测评分表

姓名			定额时间		总分	
序号	评价项目	评分内容	配分	评分标准	实测	得分
1	深度尺寸	(8 ±0.1) mm	25	超差 0.1mm，扣 5 分		
2	直径尺寸	$\phi60_{-0.06}^{0}$mm	25	超差 0.01mm，扣 5 分		
3	平行度	小于 0.05mm	20	视情况酌情扣分		
4	表面粗糙度	$Ra3.2\mu m$	20	>$Ra3.2\mu m$，酌情扣分		
3	文明生产	按企业相关标准执行	10			

注意事项

1）在华中 HNC-22M 系统数控铣床上加工，均采用刀具半径补偿功能实现粗、精加工，输入半径补偿时应对应输入：D1 = 刀具半径 + 精加工余量；D2 = 刀具实际半径。

2）对刀数据一定要存入与程序对应的存储地址，这里补偿数据、数据符号及数据地址的正确性都直接影响零件的加工，如出现错误会导致撞刀或工件报废。

3）可利用刀具长度补偿进行机床模拟空运行，但长度补偿值要在 50mm 以上，以免与毛坯发生碰撞，正式加工时不要忘记取消长度补偿值。

3）该零件由于有平行度要求，因此应用自定心卡盘装夹，或用 V 形块装夹，并使底面贴紧平行垫铁且侧面贴紧固定钳口。

4）装夹后必须用百分表找正，把百分表固定在工作台面上。

5）使用刀具在对刀过程中，可通过改变微调进给量来提高对刀精度。

任务扩展

1. 圆形双台阶面零件如图 2-88 所示，材料为 45 钢，毛坯尺寸为 ϕ70mm ×35mm，外圆表面已加工。要求：进行工艺分析，确定加工坐标原点，编写程序，加工零件，检查零件尺寸精度及几何公差。

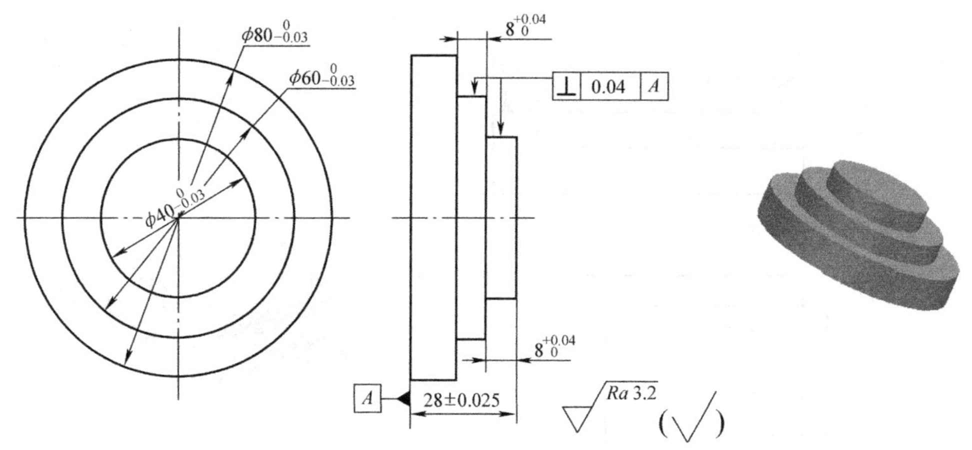

图 2-88　圆形双台阶面零件

2. U 形凸台零件如图 2-89 所示，材料为 45 钢，毛坯尺寸为 63mm ×63mm ×18mm。要求：进行工艺分析，确定加工坐标原点，编写程序，加工零件，检查零件尺寸精度及几何公差。

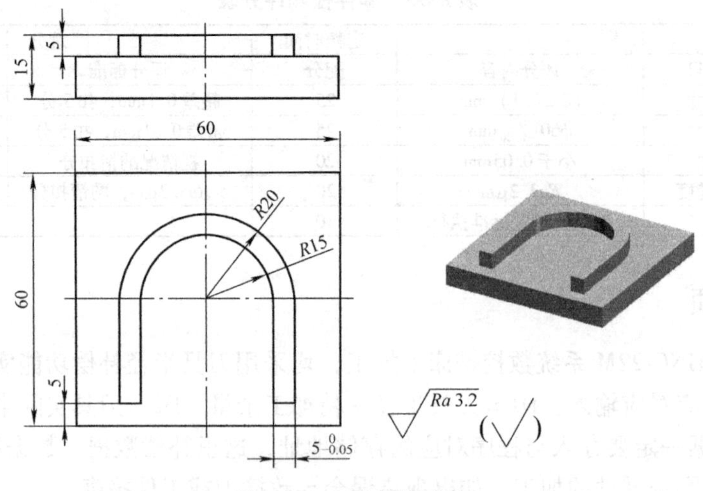

图 2-89　U 形凸台零件

任务二　矩形凸台外轮廓加工

任务描述

该零件采用数控加工中心完成对零件的加工，加工出的零件要符合图样技术要求，进行数控加工操作时要符合操作规程，要求学生能够选择合理的切削加工工艺参数，能熟练操作数控铣床实施对零件的调整加工和尺寸精度的检测及对数控加工中心的日常维护与保养。

任务工单

图 2-90 所示为方形圆角凸台零件，材料为铝合金，毛坯尺寸为 80mm × 80mm × 28mm，表面均已加工，要求：采用键槽立铣刀完成对零件凸台的加工。

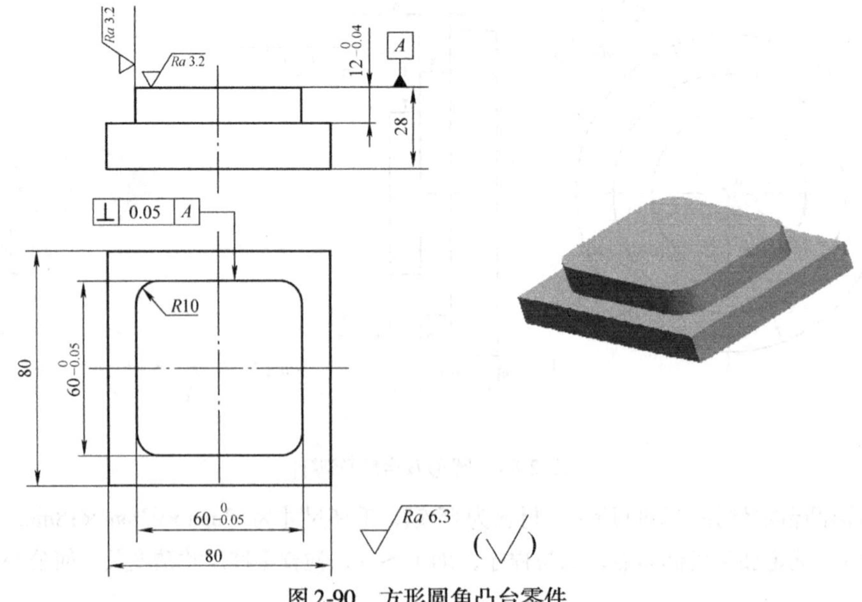

图 2-90　方形圆角凸台零件

任务准备

1. 矩形凸台轮廓加工的进给路线

在铣削外轮廓表面时一般采用键槽立铣刀侧面刃口进行切削。为了保证工件外形光滑，减少接刀痕迹，保证零件表面质量，提高刀具使用寿命，对刀具的切入和切出路线需要精心设计。铣削矩形凸台轮廓时，由于凸台无拐点，因此应考虑以圆弧切入切出方式进行，如图 2-91 所示。由于刀具和主轴系统刚性的原因，不应沿法向直接切入切出，以保证零件轮廓光滑衔接，避免工件加工后表面产生明显的接痕。

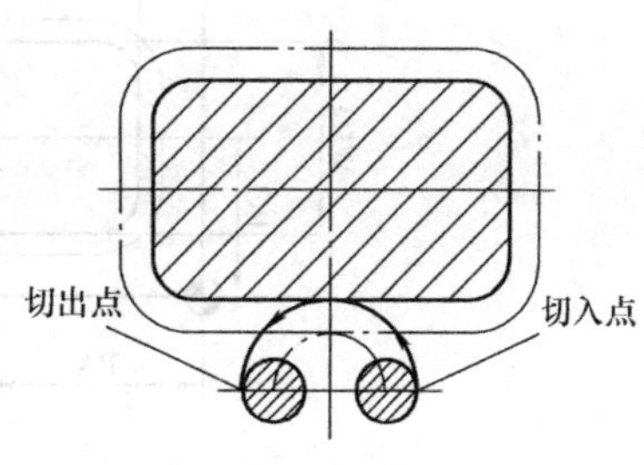

图 2-91　圆弧切入切出方式

2. 垂直度误差及检测

平面与平面之间的垂直度可用直角尺与塞尺配合检验，如图 2-92 所示。直角尺基面与工件基面贴平，缓慢移动使测量面缓慢靠近工件被测表面进行透光检查，并仔细观察直角尺刀口与平面的漏光部位，再选用塞尺（由薄到厚）试塞，塞得过的最厚一片厚度即为垂直度误差。

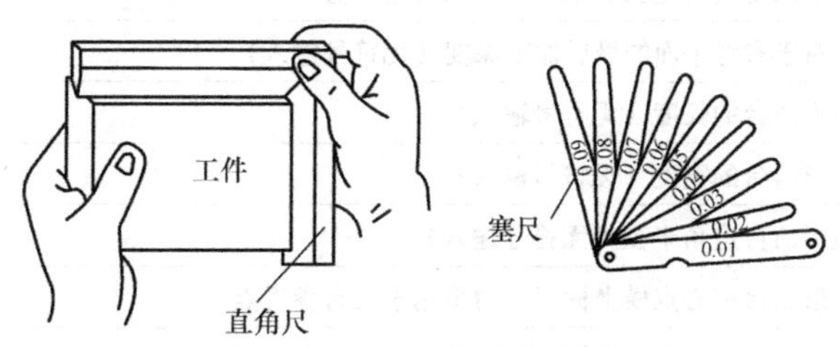

图 2-92　用直角尺与塞尺配合检验垂直度

问题思考

为什么圆弧切入、切出时，圆弧的半径和切入切出的直线距离必须大于刀具半径？

3. SIEMENS 802D 系统矩形凸台铣削循环 CYCLE76

【格式】　CYCLE76（RTP，RFP，SDIS，DP，DPR，LENG，WID，CRAD，PA，PO，STA，MID，FAL，FALD，FFP1，FFD，CDIR，VARI，AP1，AP2）

其参数示意图如图 2-93 所示。

【说明】　使用 CYCLE76 指令可以切削加工平面上的矩形凸台，对于精加工需要更换键槽立铣刀，在某一深度平面内，为了接近矩形凸台轮廓，刀具应沿着半圆路径切入、切出移动，轮廓切削时，以主轴方向为参考，铣削方向可以是顺铣或逆铣。

铣刀从轮廓铣削完成退出进入到下一个加工深度，仍然是以半圆方式进刀再次切向接近圆轮廓。这一过程将不断重复进行，直到达到定义的矩形凸台深度。最后快速移动到退刀平面。

矩形凸台铣削循环 CYCLE76 的参数及说明见表 2-31。

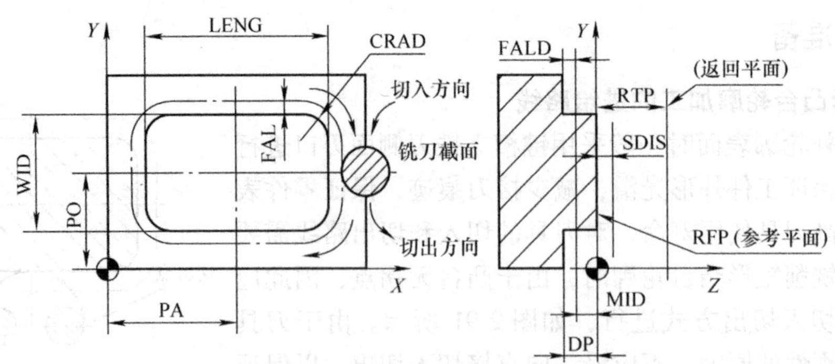

图 2-93 矩形凸台铣削循环 CYCLE76 的参数示意图

表 2-31 矩形凸台铣削循环 CYCLE76 的参数及说明

<table>
<tr><th>参　数</th><th colspan="3">说　明</th></tr>
<tr><td>RTP</td><td colspan="3">返回平面（绝对值）</td></tr>
<tr><td>RFP</td><td colspan="3">参考平面（绝对值）</td></tr>
<tr><td>SDIS</td><td colspan="3">安全间隙（加工平面到参考平面之间的距离，无符号输入）</td></tr>
<tr><td>DP</td><td colspan="3">铣削深度（可定义为到参考平面的绝对值）</td></tr>
<tr><td>DPR</td><td colspan="3">相对于参考平面的最后加工深度（无符号输入）</td></tr>
<tr><td>LENG</td><td colspan="3">矩形凸台的长度（无符号输入）</td></tr>
<tr><td>WID</td><td colspan="3">矩形凸台的宽度（无符号输入）</td></tr>
<tr><td>CRAD</td><td colspan="3">矩形凸台边角半径（无符号输入）</td></tr>
<tr><td>PA</td><td colspan="3">矩形凸台中心点横坐标（绝对值用于凸台参考点）</td></tr>
<tr><td>PO</td><td colspan="3">矩形凸台中心点纵坐标（绝对值用于凸台参考点）</td></tr>
<tr><td>STA</td><td colspan="3">矩形凸台旋转的角度（与横轴的夹角）</td></tr>
<tr><td>MID</td><td colspan="3">最大进给深度（增量、无符号输入）</td></tr>
<tr><td>FAL</td><td colspan="3">轮廓精加工余量（增量）</td></tr>
<tr><td>FALD</td><td colspan="3">底部精加工深度余量（增量、无符号输入）</td></tr>
<tr><td>FFP1</td><td colspan="3">轮廓加工进给量</td></tr>
<tr><td>FFD</td><td colspan="3">深度进给量（无符号输入）</td></tr>
<tr><td rowspan="5">CDIR</td><td colspan="3">整数铣削方向（无符号输入）用于确定凸台的加工方向</td></tr>
<tr><td rowspan="4">值</td><td>0</td><td>顺铣</td></tr>
<tr><td>1</td><td>逆铣</td></tr>
<tr><td>2</td><td>G2 铣削（与主轴转向无关）</td></tr>
<tr><td>3</td><td>G3 铣削（与主轴转向无关）</td></tr>
<tr><td rowspan="3">VARI</td><td colspan="3">加工方式</td></tr>
<tr><td rowspan="2">值</td><td>1</td><td>粗加工到精加工</td></tr>
<tr><td>2</td><td>精加工（余量 $X/Y/Z=0$）</td></tr>
<tr><td>AP1</td><td colspan="3">凸台的毛坯长度</td></tr>
<tr><td>AP2</td><td colspan="3">凸台的毛坯宽度</td></tr>
</table>

任务实施

1. 图样分析

1）该零件为方形凸台结构，上表面有正方形圆角凸台，有尺寸精度及表面粗糙度要求。

2）为达到零件图上的尺寸 $60_{-0.05}^{\ 0}$mm、$12_{-0.04}^{\ 0}$mm 及表面粗糙度值 $Ra3.2\ \mu m$ 的要求，该工件凸台侧面及周台均需粗、精铣加工。

2. 工艺分析

1）根据零件结构特点，考虑铝合金属于加工性能较好的材料，应选用 ϕ20mm 高速钢整体键槽立铣刀粗、精铣加工。深度加工每次 6mm，应进行两次深度铣削加工。

2）对于方形零件的铣削加工，采用平口钳装夹，凸台侧面对上表面有垂直度要求，采用百分表找正后进行加工的方式来保证零件垂直度 0.05mm 的要求。

3）对于一般精度要求的铝合金材料，加工路径可从工件左侧面斜线进刀，顺时针铣削加工。

3. 工艺准备

1）设备　华中 HNC-22M 系统或 SIEMENS 802D 系统数控加工中心。

2）量具　0～120mm 游标卡尺、深度游标卡尺、50～75mm 外径千分尺、0～10mm 百分表及磁性表座、50mm Z 轴设定器、ϕ10mm 寻边器。

3）其他　垫铁若干，橡胶锤或纯铜棒。

4. 刀具清单

刀具清单见表 2-32。

表 2-32　刀具清单

产品名称或代号			零件名称		零件图号	
序号	刀具名称		刀具规格	加工表面	数量	备注
1	高速钢整体键槽立铣刀		ϕ20mm（两刃）	凸台侧面及周台	1	
编制		审核		批准	共　页	第　页

5. 工艺流程

工艺流程见表 2-33。

表 2-33　工艺流程

单位		产品名称		零件名称		第　页
工序号	工步内容	工序简图				
1	使用 ϕ20mm 键槽立铣刀第一次铣削背吃刀量 6mm，侧边留 0.5mm 精加工余量	50　50				

（续）

单位		产品名称		零件名称		第　页
工序号	工步内容	工序简图				
2	使用 ϕ20mm 键槽立铣刀第二次铣削背吃刀量 6mm，侧边留 0.5mm 精加工余量	50 50				
3	使用 ϕ20mm 键槽立铣刀第三次精加工侧面至尺寸，侧吃刀量为 0.5mm	50 50				

6. 工艺制订

数控加工工艺卡见表 2-34。

表 2-34　数控加工工艺卡

单位		机床型号		零件名称			第　页	
工序		工序名称		程序编号		备注		
工步号	作业内容	刀具号	半径补偿号	长度补偿号	n/(r/min)	f/(mm/min)	a_p/mm	半径补偿
1	铣削方形圆角凸台	T01	D01/D2	H01	2000	80/200	6	10.5/10
2	整体精度检验							

工件坐标系的原点设置在零件上表面中心，将 X、Y、Z 向的零偏值输入工件坐标系 G54 中，工件上表面为 Z0。

7. 华中 HNC-22M 系统数控程序及说明

%1142	程序名
N10 G54 G94 G21 G40 G90 G49	程序初始设置
N20 G91 G28 Z0	Z 轴自动返回参考点
N30 T01 M06	换 1 号刀
N40 M03 S2000	主轴正转，转速 2000r/min
N50 G43 G00 H01 Z100 M07	建立 1 号刀补、切削液开
N60 G00 X -50 Y -50	刀具快进至加工起点
N70 G00 Z3	刀具快速下降至安全平面
N80 G01 Z0 F80	Z 轴下刀至零平面

```
N90 M98 P0021 L2                    调用两次深度粗加工子程序
N100 M98 P0022                      调用一次轮廓精加工子程序
N110 G00 Z100 M09                   Z轴退刀、切削液关
N120 G49 G28 G91 Z0                 取消长度补偿、Z轴自动返回参考点
N130 M30                            主程序结束
%21                                 深度加工子程序名
N10 G91 G01 Z-6 F80                 Z轴进刀6mm
N20 G90 G41 G01 X-30 Y-20 D01 F200  工进至切削起点、左刀补D01=10.5mm
N30 G01 Y20                         凸台深度粗加工
N40 G02 X-20 Y30 R10                ……
N50 G01 X20
N60 G02 X30 Y20 R10
N70 G01 Y-20
N80 G02 X20 Y-30 R10
N90 G01 X-20
N100 G02 X-30 Y-20 R10
N110 G40 G01 X-50 Y-50
N120 M99
%22                                 轮廓加工子程序
N10 G90 G01 Z-12 F80                至切削起点、左刀补D01=10mm
N20 G41 G01 X-30 Y-20 D02           凸台轮廓精加工
N30 G01 Y20                         ……
N40 G02 X-20 Y30 R10
N50 G01 X20
N60 G02 X30 Y20 R10
N70 G01 Y-20
N80 G02 X20 Y-30 R10
N90 G01 X-20
N100 G02 X-30 Y-20 R10
N110 G01 Y0
N120 G40 G01 X-50 Y-50
N130 M99
```

8. SIEMENS 802D 系统数控程序及说明

方法一：

```
LRT3.MPF;                           程序名
N10 G94 G90 G71 G54;                程序初始化设置
N20 G74 Z0;                         返回参考点
N30 T1D1;                           换1号键槽铣刀，刀补生效
N15 S2000 M3;                       主轴正转、转速2000r/min
N20 G00 X0 Y0 Z100;                 快进至起始刀点
N30 CYCLE76 (10, 0, 2, -12,, 60, 60, 10, 0, 0, 0, 6, 1.5,, 200, 80, 0, 1, 80, 80);
N40 M30;
```

方法二：

```
BB523.MPF;                              主程序名
N10 G90 G71 G54 G94;                    程序初始化设置
N20 G74 Z0;                             自动返回参考点
N30 T1 D1;                              换1号立铣刀，刀补生效
N40 M06                                 换刀
N50 G00 X-50 Y-50;                      至加工起点
N60 Z20;                                至安全平面
N70 M03 S2000;                          主轴正转2000r/min
N80 G01 Z0 F80;                         Z轴至零平面
N90 L2 P2;                              调用两次深度加工子程序
N100 L3;                                调用一次轮廓精加工子程序
N110 G74 Z0;                            返回参考点
N120 M30;                               主程序结束
L2.SPF;                                 深度加工子程序名
N10 G91 G01 Z-6 F80;                    Z轴进刀6mm
N20 G90 G41 G01 X-30 Y-20 D1 F200;      工进至切削起点、左刀补D01=10.5mm
N30 G01 Y20;                            凸台轮廓粗加工
N40 G02 X-20 Y30 CR=10;                 ……
N50 G01 X20;
N60 G02 X20 Y20 CR=10;
N70 G01 Y-20;
N80 G02 X20 Y30 CR=10;
N90 G01 X-20;
N100 G02 X-30 Y-20 CR=10;
N110 G40 G01 X-50 Y-50;
N120 RET;
L3.SPF                                  轮廓精加工子程序
N10 G91 G01 Z-12 F80;                   深度进刀至尺寸
N20 G90 G41 G01 X-30 Y-20 D2 F200;      工进至切削起点、左刀补D02=10mm
N30 G01 Y20;                            凸台轮廓精加工
N40 G02 X-20 Y30 CR=10;                 ……
N50 G01 X20;
N60 G02 X20 Y20 CR=10;
N70 G01 Y-20;
N80 G02 X20 Y30 CR=10;
N90 G01 X-20;
N100 G02 X-30 Y-20 CR=10;
N110 G40 G01 X-50 Y-50;
N120 RET;
```

编程提示

由于该零件为铝合金材料而且要求表面精度及表面粗糙度较低，外轮廓一次铣削到尺寸，总深度比较大，因此采用子程序的方法分层切削方式，深度方向可采用分两次切削进行，每次背吃刀量为6mm。

零件加工及检测

1）打开总电源、机床电源，开启数控系统。

2）检查机床状态，手动低速运行主轴及 X、Y、Z 轴动作。

3）机床回参考点（回零顺序 Z、X、Y）。

4）检查夹具，使用百分表将钳口与 X 轴的平行度误差控制在 0.02mm 以内。

5）夹紧工件，工作面超出钳口 10～15mm。

6）输入零件加工程序，检查程序并模拟校验进给路线。

7）X、Y 向对刀，使用寻边器设置 X、Y 零点，并将偏置寄存器中的 Z 值设为零。

8）安装 ϕ20mm 键槽立铣刀，使用 Z 轴设定器及导边器对刀，记录并输入长度补偿号 H01 参数值及半径补偿号 D01、D02 参数值。

9）检查并清理工作台上的无关物品。

10）使用单段模式，将快进调至低挡，刀具接近工件后快进再调至 100%，工件试切加工。

11）检验零件尺寸。

12）加工结束，卸下刀具、工件，清理机床。

零件加工后将所测结果填写零件检测评分表见表 2-35。

表 2-35 零件检测评分表

姓名			定额时间		总分	
序号	评价项目	评分内容	配分	评分标准	实测	得分
1	凸台长、宽	$60_{-0.05}^{0}$mm（两处）	32	每处超差 0.01mm，扣 8 分		
2	凸台高度	$12_{-0.04}^{0}$mm	10	超差 0.01mm，扣 5 分		
3	凸台圆角	R10mm（四处）	8	每处超差 0.05mm，扣 2 分		
4	垂直度	0.05mm	20	超差 0.01mm，扣 5 分		
5	表面粗糙度	Ra3.2 μm（五处）	20	>Ra3.2μm，酌情扣分		
6	文明生产	按企业相关标准执行	10			

注意事项

1）合理选择加工轨迹，尽量采用顺铣，铣刀可沿着工件轮廓的延长线上切入切出。

2）加工外形轮廓时，刀具直径不是任意选择的，为了提高残料的清除效率，若有凸台间隙应由各凸台间隙的最小距离来确定轮廓铣削的刀具直径，一般在条件允许的情况下，刀具直径太小影响加工效率，应尽可能选取较大直径的刀具来进行加工。

3）在编程过程中，一定要了解刀具长度补偿与工件坐标系的变化关系，一定要对刀具长度的正向补偿和负向补偿原理理解透彻，运用自如，这样才能避免出现错误，程序结束后，应用 G49 指令将刀具的长度补偿取消，防止在下个程序执行时造成质量和安全事故。

任务扩展

1. 十字凸起零件如图 2-94 所示，材料为 45 钢，毛坯尺寸为 63mm × 63mm × 22mm。要求：坯料规方，编制合理的加工工艺，编制加工程序，加工零件，检测对零件的加工精度。

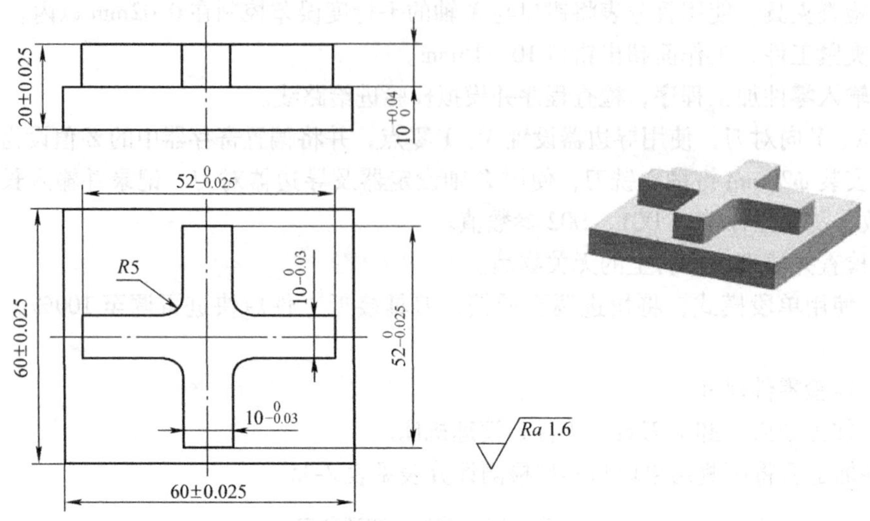

图 2-94　十字凸起零件

2. 方台环槽零件如图 2-95 所示，材料为 45 钢，毛坯尺寸为 103mm × 103mm × 28mm。要求：坯料规方，编制合理的加工工艺，编制加工程序，加工零件，检测对零件的加工精度。

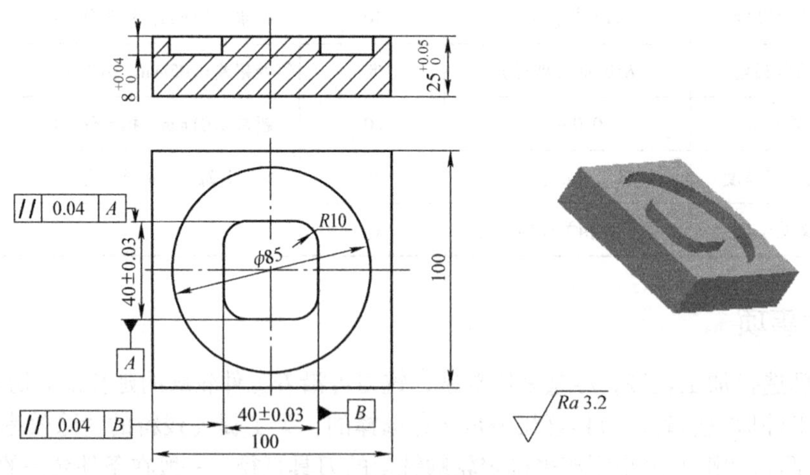

图 2-95　方台环槽零件

3. 圆环封闭岛屿零件如图 2-96 所示，材料为铝合金，毛坯尺寸为 103mm × 103mm × 40mm。要求：进行工艺分析，完成刀具的选择，编写加工程序并加工零件，检测零件的尺寸精度。

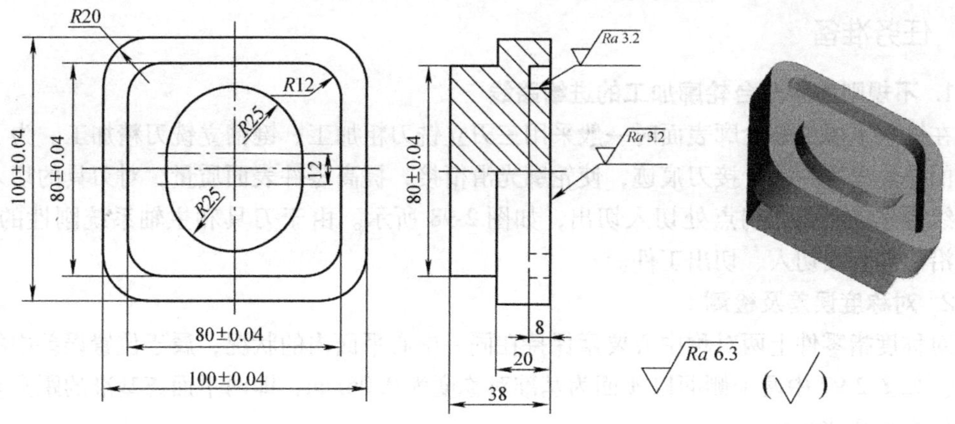

图 2-96　圆环封闭岛屿零件

任务三　不规则曲面凸台外轮廓加工

任务描述

该零件采用数控加工中心机床完成对整个零件的加工，加工出的曲面轮廓要符合图样技术要求，进行数控铣削加工操作时要符合操作规程，要求能够选择合理的切削加工工艺参数，能熟练操作数控铣床（加工中心）实施对零件的调整加工和尺寸精度的检测及对数控铣床（加工中心）的日常维护与保养。

任务工单

图 2-97 所示为不规则曲面凸台零件，材料为 45 钢，毛坯尺寸为 100mm × 80mm × 22mm，上、下表面及四周侧面已经加工，要求采用键槽立铣刀完成零件曲面凸台的加工。

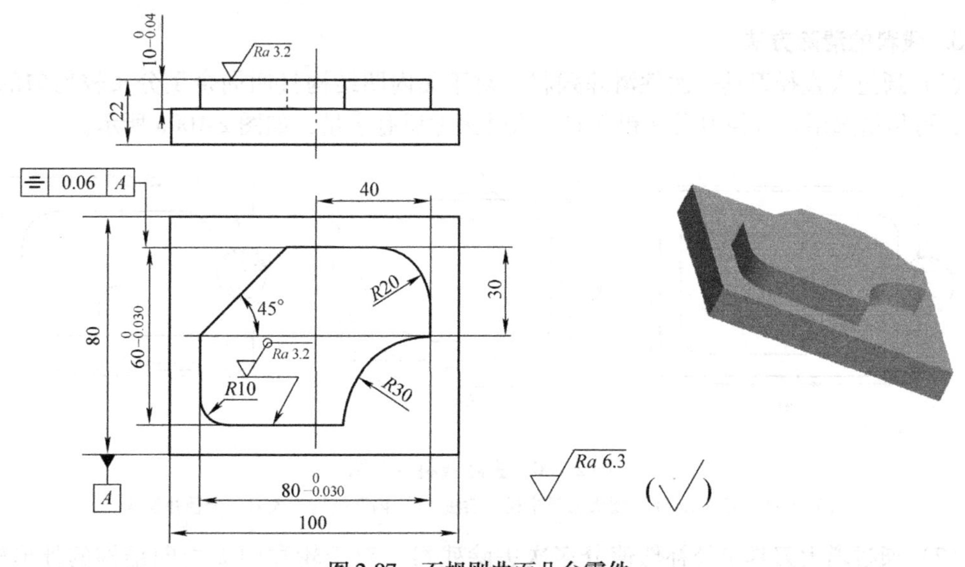

图 2-97　不规则曲面凸台零件

任务准备

1. 不规则曲面凸台轮廓加工的进给路线

在铣削不规则外轮廓表面时一般采用三刃立铣刀粗加工、键槽立铣刀精加工。为了保证工件的外形光滑，减少接刀痕迹，使轮廓光滑衔接，提高零件表面质量，对刀具的切入和切出路线首先应考虑在拐点处切入切出，如图2-98所示。由于刀具和主轴系统刚性的原因，不应沿法向直接切入、切出工件。

2. 对称度误差及检测

对称度指零件上两对称中心要素保持在同一中心平面内的状况，属于位置误差中的定位误差。如图2-97中两个侧面以*A*面为基准对称度为0.06mm，即两平面离基准的距离差的绝对值应小于0.06mm。

对称度误差可以利用精密平板、可调或固定支承、标准定位块、带支架的测微百分表等测量器具来测量。将工件放在平板上，以平板表面作为测量基准，用百分表先测出工件基准面与对称度待检测面间的距离，然后测出基准面与对称度另一侧待检测面间的距离，如图2-99所示。被测两个表面对应点最大读数差的绝对值即为被测的对称度误差。另外也可用三坐标测量机来进行精确检测。

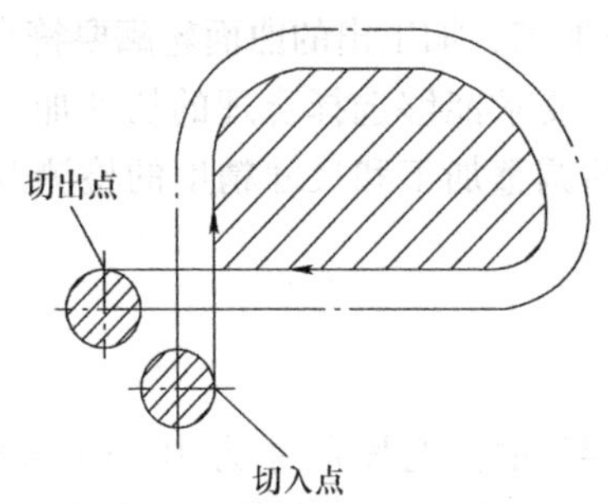

图2-98　在零件拐点处切入切出

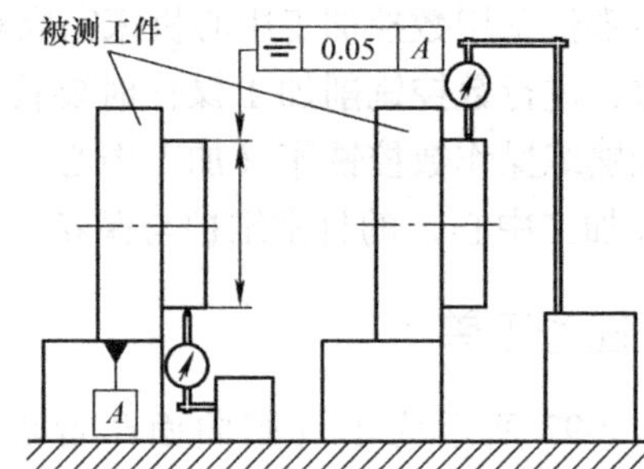

图2-99　用百分表检测两平面对称度示意图

3. 残料的清除方法

（1）通过大直径刀具一次性清除残料　对于无内凹结构且四周余量分布较均匀的外形轮廓，可尽量选用大直径刀具在粗铣时一次性去除所有余量，如图2-100a所示。

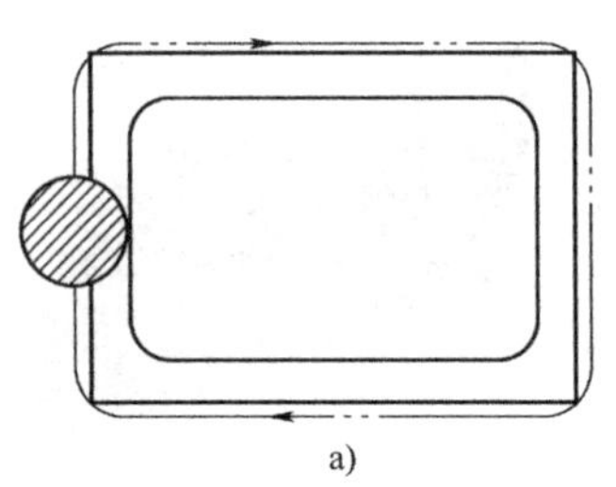
a)

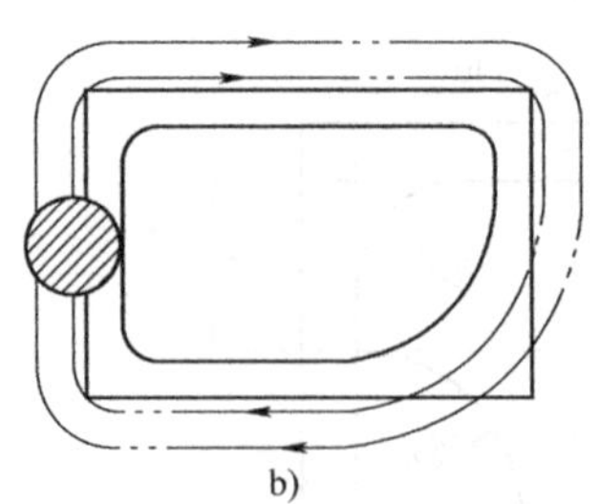
b)

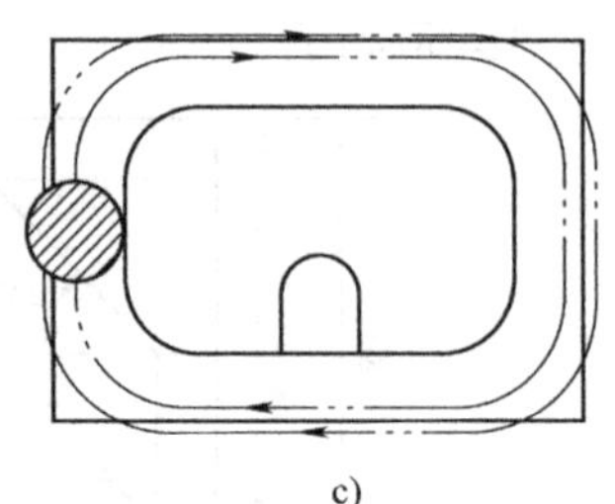
c)

图2-100　去除残料示意图

a）大直径刀具法　b）增大刀具半径补偿法　c）内凹结构增大刀具半径补偿法

（2）通过增大刀具半径补偿值分多次去除残料　对于轮廓中无内凹结构的外形轮廓，

可通过增大刀具半径补偿值的方式，分几次切削完成残料去除，如图 2-100b 所示。

对于轮廓中有内凹结构的外形轮廓，可以忽略内凹形状并用直线替代，然后增大刀具半径补偿值，分多次切削完成残料去除，如图 2-100c 所示。

（3）通过增加程序段去除残料　对于一些分散的残料，也可以通过在程序中增加新程序段来去除残料。

（4）采用手动方式去除残料　当工件残料很少时，可将刀具以 MDI 方式下移至相应高度，再转为手轮方式去除残料。

问题思考

在什么情况下可以采用手动清除残料？在什么情况下必须采用自动清除残料？

4. SIEMENS 802D 系统轮廓铣削循环 CYCLE72

【格式】　CYCLE72（KNAME，RTP，RFP，SDIS，DP，MID，FAL，FALD，FFP1，FFD，VARI，RL，AS1，LP1，FF3，AS2，LP2）

其参数示意图如图 2-101 所示。

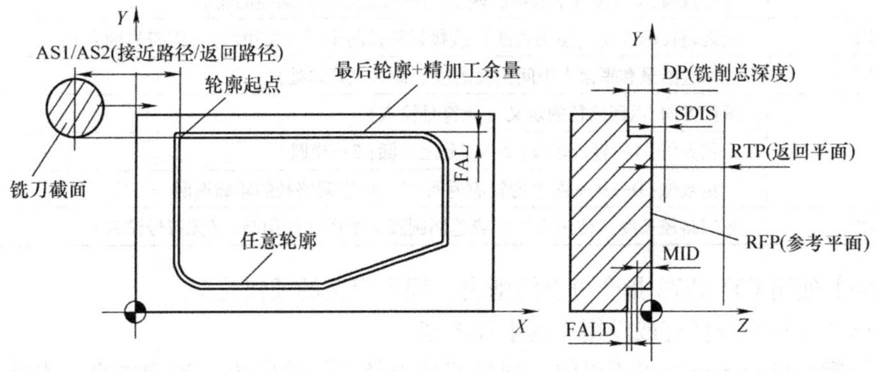

图 2-101　轮廓铣削循环 CYCLE72 参数示意图

其参数及说明见表 2-36。

表 2-36　轮廓铣削循环 CYCLE72 的参数及说明

参　数	说　明
KNAME	轮廓子程序名称（待加工的轮廓完整地定义在一段程序中。即“KNAME”为子程序名称及末尾标志名称，这部分程序段是写在主程序中的，而子程序是独立于主程序中的另一个程序。如“KNAME” = “PLANH231 子程序头 ~ PLANH231F 子程序尾”）
RTP	返回平面（绝对值）
RFP	参考平面（绝对值，即上表面至参考点之间的距离）
SDIS	安全间隙（加工平面到参考平面之间的距离，无符号输入）
DP	铣削深度（可定义为到参考平面的绝对值）
MID	最大进给深度（增量、无符号输入）
FAL	边缘轮廓精加工余量（增量、无符号输入）

（续）

参数	说明
FALD	槽底精加工余量（增量、无符号输入）
FFP1	轮廓加工进给量
FFD	深度进给量（无符号输入）
VARI	加工类型（无符号输入） 个位数值：1—粗加工；2—精加工 十位数值：0—使用 G0 的中间路径；1—使用 G1 的中间路径 百位数值：0—在轮廓末端返回 RTP；1—在轮廓末端返回 RFP + SDIS；2—在轮廓末端返回 SDIS；3—在轮廓末端不返回
RL	沿轮廓中心，向右或向左进给（使用 G40、G41 或 G42 无符号输入） 40：G40（接近和返回，只有一条线） 41：G41 42：G42
AS1	接近方向/接近路径的定义（无符号输入） 个位数值：1—直线切线；2—四分之一圆；3—半圆 十位数值：0—接近平面中的轮廓；1—接近沿空间路径的轮廓
LP1	接近路径的长度（使用直线）或接近圆弧的半径（使用圆）（无符号输入）
FF3	返回进给量和平面中中间位置的进给量（在开口处）
AS2	返回方向/返回路径的定义（无符号输入） 个位数值：1—直线切线；2—四分之一圆；3—半圆 十位数值：0—从平面中的轮廓返回；1—沿空间路径的轮廓返回
LP2	返回路径长度（使用直线）或返回圆弧的半径（使用圆）（无符号输入）

【说明】使用 CYCLE72 指令可以铣削由子程序定义的任何轮廓。

1）循环运行可选择有或没用刀具半径补偿。

2）轮廓可以封闭也可以不封闭，通过刀具半径补偿的位置（轮廓中央、左或右）来定义内部或外部加工。

3）粗加工：平行于轮廓的进给，考虑应留精加工余量，可分几步进给。

4）精加工：沿最后的轮廓进给，也可以分几步进给，在切线方向或半径方向（四分之一圆或半圆）采用轮廓平滑进刀及平滑退刀过程。

5）轮廓的定义方向必须是它的加工方向，程序中必须包含描述轮廓起始点和终点的程序段，因此轮廓子程序直接在循环内部调用。

6）LP1、LP2：参数 LP1 用来定义接近路径或接近半径（刀具外沿到轮廓起始点的距离），参数 LP2 用来定义返回路径或返回半径（刀具外沿到轮廓终点的距离），LP1、LP2 必须大于零，否则报警。

任务实施

1. 图样分析

1）该零件为不规则曲面凸台零件，曲面轮廓由两段凸圆、一段凹圆及斜角组成，有尺寸精度、对称度及表面粗糙度要求。

2）该零件坯料各面已经加工完成，为达到零件图上凸台深度的尺寸 $10_{-0.04}^{0}$mm 要求，应采用两次深度进给；凸台整体轮廓有 $80_{-0.030}^{0}$mm、$60_{-0.030}^{0}$mm 及表面粗糙度值 $Ra3.2\ \mu m$ 的要求，因此该凸台边缘应采用粗、精铣加工。

2. 工艺分析

1）根据零件结构特点，选用 $\phi20$mm 硬质合金立铣刀粗、精铣凸台。深度加工每次 5mm，应进行两次深度铣削加工，最后精铣凸台周边及清根，精铣预留加工余量为 0.5mm。

2）加工路线：采用从 45°角顶点两次下刀，每次进给深度 5mm，顺时针绕行（顺铣）进给加工方式。

3）对于矩形零件的铣削加工，采用机用平口钳装夹，工件高于钳口 5～8mm，在工件下表面与机用平口钳之间放入精度较高的平行垫铁，其厚度与宽度应适当，由于上表面已加工完成，因此上表面应采用百分表找正后夹紧。

3. 工艺准备

（1）设备　华中 HNC-22M 系统或 SIEMENS 802D 系统数控加工中心，配套机用平口钳（手动平口钳）。

（2）量具　0～120mm 游标卡尺 0～25mm 深度千分尺、50～75mm 外径千分尺、0～10mm 百分表及磁性表座、$\phi10$mm 寻边器。

（3）其他　垫铁若干，橡胶锤或纯铜棒。

4. 刀具清单

刀具清单见表 2-37。

表 2-37　刀具清单

产品名称或代号				零件名称		零件图号	
序号	刀具名称			刀具规格	加工表面	数量	备注
1	硬质合金立铣刀			$\phi20$mm	凸台周边	1	
编制		审核		批准		共　页	第　页

5. 工艺流程

工艺流程见表 2-38。

表 2-38　工艺流程

单位		产品名称		零件名称		第　页
工序号	工序内容	工序简图（进给路线图）				
1	使用 $\phi20$mm 立铣刀第一次粗铣，背吃刀量为 5mm，侧边留 0.5mm 精加工余量	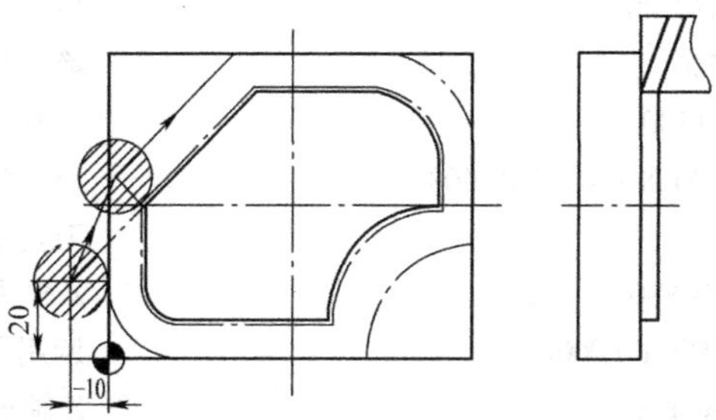 20 10				

（续）

单位		产品名称		零件名称		第　页
工序号	工序内容	工序简图（进给路线图）				
2	使用 ϕ20mm 立铣刀第二次粗铣，背吃刀量为 5mm，侧边留 0.5mm 精加工余量					
3	精铣边缘至尺寸要求，侧吃刀量为 0.5mm					
4	采用手动方式去除边角残料					

6. 工艺制订

数控加工工艺卡见表 2-39。

表 2-39　数控加工工艺卡

单位			机床型号		零件名称			第　页
工序	工序名称				程序编号		备注	
工步号	作业内容	刀具号	半径补偿号	长度补偿号	n/(r/min)	f/(mm/min)	a_p/mm	半径补偿
1	曲面轮廓	T01	D01/D02		1500	80/150	5	10.5/10
2	整体精度检验							

工件坐标系的原点设置在零件上表面左下角，将 X、Y、Z 向的零偏值输入工件坐标系 G54 中，工件上表面为 Z0。

7. 华中 HNC-22M 系统数控程序及说明

```
%1192                               程序名
N10 G54 G94 G21 G40 G90 G49         程序初始设置
N15 G91 G28 Z0                      自动返回参考点
N20 T01 M06                         换 1 号刀
N25 M03 S1500                       主轴正转 1500r/min
N30 G90 G00 X-10 Y20 M08            快速定位至起始点位置、切削液开
N35 Z20                             刀具快速下降至安全平面
N40 G01 Z0 F80                      Z 轴进给至零平面
N45 M98 P0021 L0002                 调用子程序两次
N50 G01 Z0 F80                      Z 轴进给至零平面
N55 M98 P0023                       调用轮廓子程序
```

```
N60 G91 G28 Z0                                  自动返回参考点
N65 M30                                         程序结束
%0021                                           子程序
N10 G91 G01 Z-5 F80                             Z轴进给5mm
N20 G90 G01 G41 X10 Y40 D01 F150                进刀至切削起点，左刀补D=10.5mm
N30 G01 X40 Y70                                 轮廓切削
N40 X70
N50 G02 X90 Y50 R20
N60 G01 Y40
N70 G03 X60 Y10 R30
N80 G01 X20
N90 G02 X10 Y20 R10
N100 G01 Y40
N110 G40 X-10 Y20 M09                           取消刀补、返回起始点位置、切削液关
N120 M99                                        子程序结束
%0023                                           轮廓精加工子程序
N10 G90 G01 Z-10 F80                            下刀至深度尺寸
N20 G01 G41 X10 Y40 D02 F150                    进刀至切削起点，左刀补D=10mm
N30 G01 X40 Y70
N40 X70
N50 G02 X90 Y50 R20
N60 G01 Y40
N70 G03 X60 Y10 R30
N80 G01 X20
N90 G02 X10 Y20 R10
N100 G01 Y40
N110 G40 X-10 Y20 M09                           取消刀补，返回起始点位置，切削液关
N120 M99                                        子程序结束
```

编程提示

用刀具半径补偿控制尺寸不需要修改程序，只需要修改补偿值即可，粗、精切削可采用同一程序完成，如果不修改补偿值，也可采用粗、精铣分别编写。编程时不要在刀具半径补偿状态下的主程序中调用子程序。否则，系统将出现程序出错报警信息。

8. SIEMENS 802D 系统数控程序及说明

```
LR6.MPF;                                        程序名
N10 G90 G00 G17 G71 G54 G94;                    程序初始设置
N20 T1 D1;                                      换1号键槽铣刀、刀补值生效
N30 S1500 M3 F150;                              主轴正转、转速1500r/min、进给量150mm/min
N40 G00 X0 Y0 Z50;                              回到起始位置
N50 CYCLE72（"PLERT230：PLERT230E"，50，0，3，-10，5，0.5，0，150，111，41，2，28.28，
  1000，1，50）;                                 轮廓铣削循环
```

```
N60 G00 G90 X0 Y0;                    回到起始位置
N70 PLERT230;                         轮廓程序名
N80 G90 G01 X10 Y40;                  曲面凸台轮廓
N90 G01 X40 Y70;                      ……
N100 G01 X70;
N110 G02 X90 Y40 CR=20;
N120 G01 Y40;
N130 G03 X60 Y10 CR=30;
N140 G01 X20;
N150 G02 X10 Y20 C=R10;
N160 G01 Y40;
N170 PLERT230E;                       轮廓结束
N180 M2;                              主程序结束
```

零件加工及检测

1）打开总电源、机床电源，开启数控系统。

2）检查机床状态，手动低速运行主轴及 *X*、*Y*、*Z* 轴动作。

3）机床回参考点（回零顺序 *Z*、*X*、*Y*）。

4）检查夹具，使用百分表将钳口与 *X* 轴的平行度控制在 0.02mm 以内。

5）使用平口钳夹紧工件，工作面超出钳口 5mm。

6）输入零件加工程序，检查程序并模拟校验进给路线。

7）*X*、*Y* 向对刀，使用寻边器设置 *X*、*Y* 零点，输入刀具半径补偿参数值。

8）安装 ϕ20mm 键槽粗、精铣刀，使用导边器对刀，*Z* 轴采用试切对刀，，在偏置寄存器中 *Z* 值设定为 0。

9）检查并清理工作台上的无关物品。

10）使用单段模式，将快进调至低挡，刀具接近工件后快进再调至 100%，工件试切加工。

11）检验零件尺寸。

12）加工结束，卸下刀具、工件，清理机床。

将所测结果填写零件检测评分表，见表 2-40。

表 2-40　零件检测评分表

姓名			定额时间		总分	
序号	评价项目	评分内容	配分	评分标准	实测	得分
1	凸台高度	$10_{-0.04}^{0}$mm	10	超差 0.01mm，扣 5 分		
2	凸台 *X* 向宽度	$80_{-0.03}^{0}$mm	15	超差 0.01mm，扣 5 分		
3	凸台 *Y* 向宽度	$60_{-0.03}^{0}$mm	15	超差 0.01mm，扣 5 分		
4	凸台对称度	0.06mm	10	超差 0.01mm，扣 5 分		
5	圆弧	*R*10mm	5	超差 0.05mm，扣 2.5 分		
		*R*20mm	5	超差 0.05mm，扣 2.5 分		
		*R*30mm	5	超差 0.05mm，扣 2.5 分		
6	斜角	45°	5	超差 0.10mm，扣 2.5 分		
7	表面粗糙度	*Ra*3.2μm	20	>*Ra*3.2μm，酌情扣分		
8	文明生产	按企业相关标准执行	10			

注意事项

1）程序执行完毕后，刀具返回到设定高度，机床自动停止。用深度千分尺测量凸台尺寸值是否在要求的范围之内。若有误差，可根据测量结果调整刀补值或 G54（或程序）中的 Z 值，重新执行程序，直到满足加工要求。

2）用刀具半径补偿可以控制与进给路线方向垂直的尺寸及轮廓的尺寸，不能控制平行于刀具轴线方向的尺寸、线槽长度方向尺寸，也不能控制点位尺寸（如孔的中心距）等。

3）Z 轴采用试切对刀，移动 Z 轴应使刀具接近工件待加工部位上表面，在对刀过程中，可通过改变微调进给量来提高对刀精度，利用刀具长度补偿可进行机床模拟切削，长度补偿值一般应在 50mm 以上，加工时不要忘记取消长度补偿值。

任务扩展

1. 简单曲面轮廓零件如图 2-102 所示，材料为 45 钢，毛坯尺寸为 83mm×63mm×25mm 板材。要求：坯料规方，编制合理的加工工艺，编制加工程序，加工零件，检测零件的加工精度。

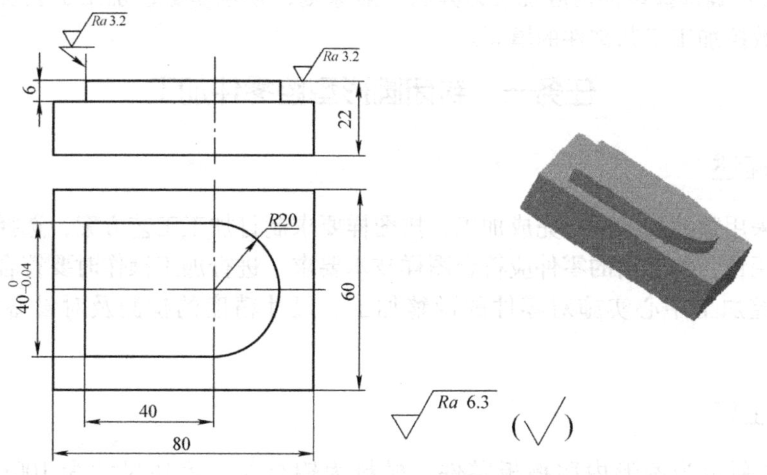

图 2-102　简单曲面轮廓零件

2. 复杂曲面轮廓零件如图 2-103 所示，材料为 45 钢，毛坯尺寸为 93mm×63mm×23mm 的板材。要求：坯料规方，编制合理的加工艺，编制加工程序，加工零件，检测零件的加工精度。

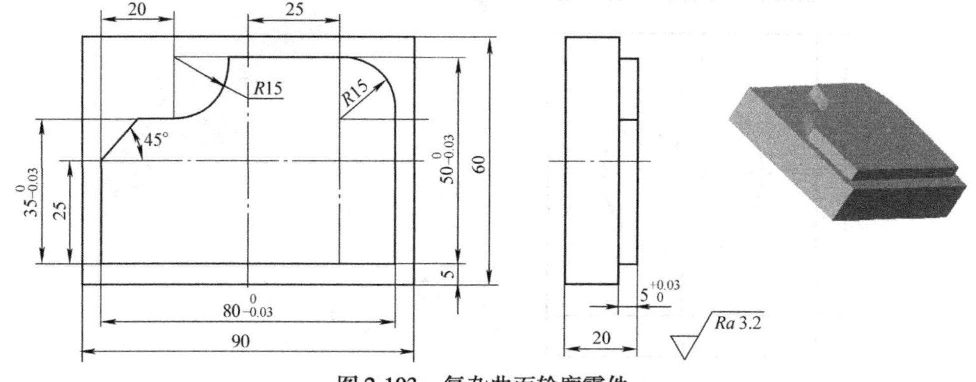

图 2-103　复杂曲面轮廓零件

项目小结

本项目包括圆形凸台、矩形凸台及不规则曲面凸台等零件的单件数控铣削加工训练，同时介绍了 SIEMENS 802D 系统轮廓铣削循环指令，不同系统的程序编写，工艺分析，进给路线的确定，较大加工余量的去除方法；学会工件的装夹、刀具的选用、平口钳的使用、对刀操作及切削用量的选择等。学会应用刀具半径补偿、长度补偿等调节零件加工尺寸及精度的方法，掌握零件尺寸精度的检测方法。

项目四　零件内轮廓的铣削加工

能力目标

- 掌握圆形内腔、矩形内腔零件的华中 HNC-22M 及 SIEMENS 802D 系统的程序编制、循环格式、加工及检测方法。
- 学会正确选择零件内腔加工刀具的一般原则、切削参数、加工工艺及粗、精加工的进给路线及数控加工工艺文件的填写。

任务一　封闭圆形型腔零件加工

任务描述

该零件采用数控加工中心完成加工，按图样要求制订加工工艺方案，选择合适的刀具和合理的切削用量，加工出的零件应符合图样技术要求，进行加工操作时要符合操作规程，能熟练操作数控加工中心实施对零件的调整加工、尺寸精度的检测及对设备的日常维护与保养。

任务工单

图 2-104 所示为圆形内腔槽板零件，材料为铝合金，毛坯尺寸为 100mm × 100mm ×

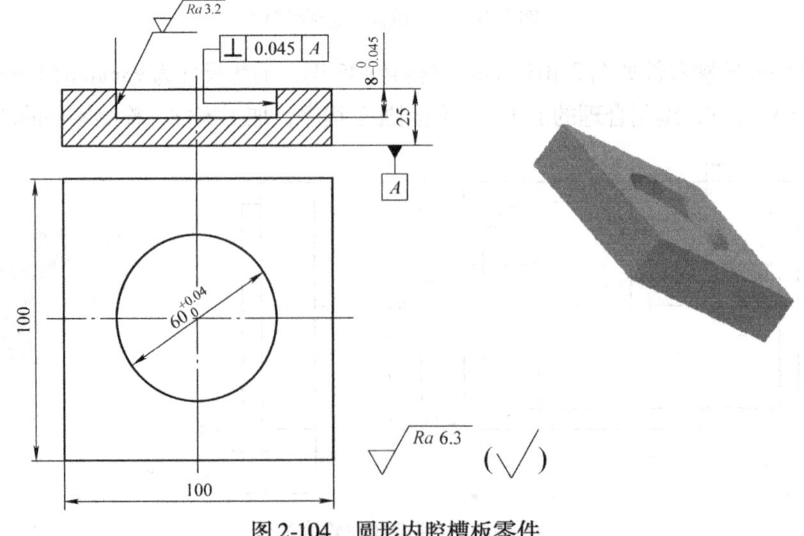

图 2-104　圆形内腔槽板零件

25mm，外表面均已加工，要求对零件内腔进行编程加工，单件生产。

任务准备

1. 圆形内轮廓零件加工的进退刀路线

在铣削内轮廓表面时，同铣削外轮廓一样，刀具同样不能沿着轮廓曲线的法向切入和切出。零件若有内拐点，刀具的切入切出点应选在内轮廓曲线的拐点处，如图2-105a所示；当内轮廓无拐点时，刀具可以沿着一过渡圆弧切入切出工件轮廓，如图2-105b所示。

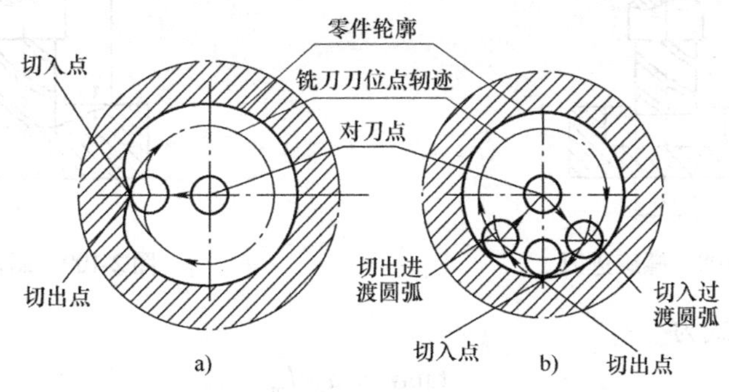

图2-105　刀具切入和切出内轮廓的进给路线

a）带拐点的内轮廓　b）不带拐点的内轮廓

2. 铣削内型腔立铣刀的轴向进刀方式

（1）垂直进刀　对于垂直进刀可分两种情况：一种是对于中心切削立铣刀，在铣削平面轮廓工件时可直接轴向进刀，铣削一般采用分层切削，即分层切除加工余量，切削中从工件上一切削层进入下一切削层时要求铣刀沿轴向切削，如图2-106所示；另一种是对于在铣刀端面有中心孔或切口的立铣刀，则不具备钻孔功能，需在工件上预制孔，沿孔直线进刀，在工件上立铣刀轴向进刀的位置应预制一个比立铣刀直径大的孔，立铣刀的轴从预制孔引入工件，然后从刀具径向切入工件，此时需多用一把钻头，建议不使用，此种铣刀一般一次钻孔深度不大于0.5mm。

（2）琢钻进刀　在两个切削层之间钻削切入，层间深度与刀片尺寸有关，一般为0.5～1.5mm，如图2-107所示。

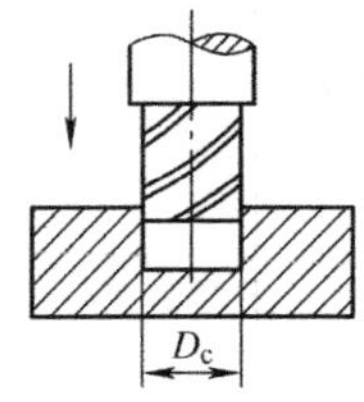

图2-106　垂直进刀

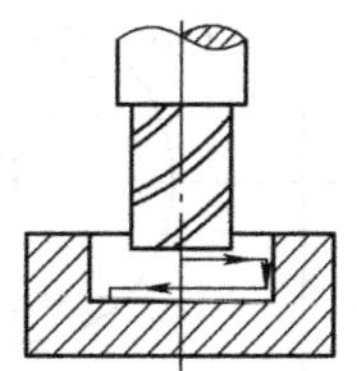

图2-107　琢钻进刀

（3）螺旋进刀　刀具从工件上表面开始，采用连续的加工方式，容易保证加工精度，而且，由于没有速度突变，可以用较高的速度进行加工。同时要求设置合适的刀具进给、切削深度等切削参数，这样才能符合高速加工的要求，螺旋切向进刀对铣刀轴向载荷的减少最大，所以加工对轴向载荷敏感的零件，还是以螺旋进刀为好。螺旋进刀如图2-108所示。

（4）斜向进刀　斜向进刀方式是使刀具与工件保持一定的斜角进刀，直接铣削到一定的深度，然后在平面内进行来回铣削，因为采取侧刃加工，加工时需要设定刀具切入加工面的角度。这个角度如果选得太小，加工路线加长；反之，又会产生端刃切削的情况，加剧刀具磨损，如图2-109所示。斜向进刀时，背吃刀量应小于刀片尺寸。

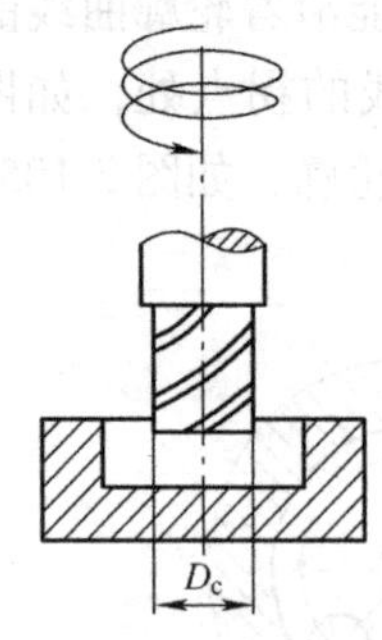

图2-108　螺旋进刀

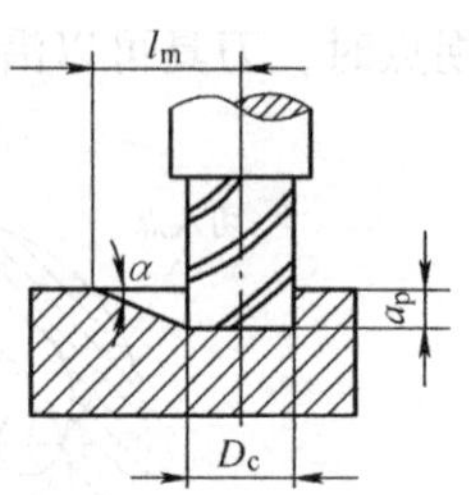

图2-109　斜向进刀

坡角 α 计算公式为

$$\tan\alpha = a_p/l_m$$

式中　a_p——背吃刀量（mm）；

l_m——坡的长度（mm）。

问题思考

键槽立铣刀是否属于中心切削立铣刀？它与普通立铣刀相比具有哪些优点？

3. SIEMENS 802D 系统圆形型腔铣削循环 POCKET4

【格式】　POCKET4（RTP，RFP，SDIS，DP，PRAD，PA，PO，MID，FAL，FALD，FFP1，FFD，CDIR，VARI，MIDA，AP1，AD，RAD1，DP1）

其参数示意图如图2-110所示。

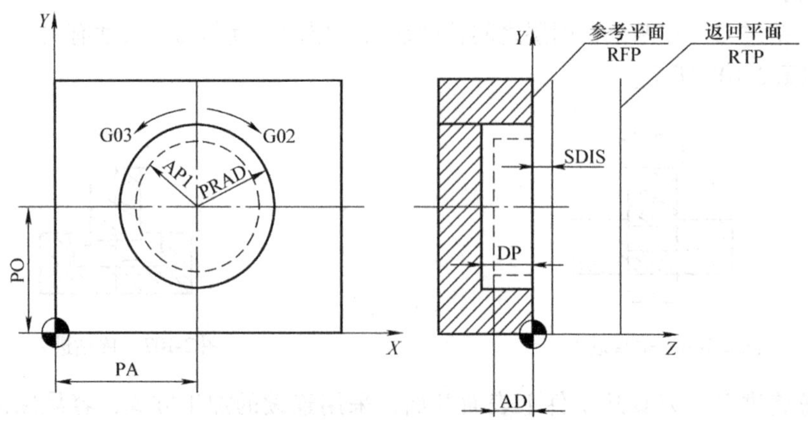

图2-110　圆形型腔铣削循环 POCKET4 的参数示意图

【说明】　该指令用于加工在平面中的圆形型腔。精加工时需使用带端面齿的铣刀。深度进给始终从槽的中心点开始并垂直执行，另外在调用该循环指令前必须定义刀具补偿，否则，循环将终止并产生报警，在循环内部，使用了一个影响实际值显示新的当前工件坐标系，此坐标系的零点为型腔中心点，在循环结束后原始坐标系恢复。

圆形型腔铣削循环 POCKET4 的参数及说明见表 2-41。

表 2-41　圆形型腔铣削循环 POCKET4 的参数及说明

<table>
<tr><th>参　数</th><th colspan="4">说　明</th></tr>
<tr><td>RTP</td><td colspan="4">返回平面（绝对值）</td></tr>
<tr><td>RFP</td><td colspan="4">参考平面（绝对值），即上表面至参考点之间的距离</td></tr>
<tr><td>SDIS</td><td colspan="4">安全间隙（加工平面到参考平面之间的距离，无符号输入）</td></tr>
<tr><td>DP</td><td colspan="4">型腔深（可定义为到参考平面的绝对值）</td></tr>
<tr><td>PRAD</td><td colspan="4">型腔半径</td></tr>
<tr><td>PA</td><td colspan="4">型腔中心点（绝对值），平面横轴</td></tr>
<tr><td>PO</td><td colspan="4">型腔中心点（绝对值），平面纵轴</td></tr>
<tr><td>MID</td><td colspan="4">最大进给深度（增量、无符号输入），此参数用来定义粗加工时的最大进给深度，深度进给由循环按相同大小的进给量来执行，循环自动计算出进给量。注：MID =0 表示一次切削进给至型腔深度</td></tr>
<tr><td>FAL</td><td colspan="4">型腔边缘轮廓精加工余量（无符号输入）</td></tr>
<tr><td>FALD</td><td colspan="4">型腔底部精加工深度余量，粗加工时型腔底单独留精加工余量（无符号输入）</td></tr>
<tr><td>FFP1</td><td colspan="4">轮廓加工进给率</td></tr>
<tr><td>FFD</td><td colspan="4">深度加工进给率（无符号输入）</td></tr>
<tr><td>CDIR</td><td colspan="4">铣削方向（无符号输入）。“0”为顺铣（主轴方向），“1”为逆铣，“2”用于 G2（独立于主轴方向），“3”用于 G3</td></tr>
<tr><td rowspan="4">VARI</td><td colspan="4">加工类型（无符号输入）</td></tr>
<tr><td rowspan="3">个位</td><td rowspan="2">“1”粗加工</td><td rowspan="3">十位</td><td>“0”使用 G0 垂直于型腔中心</td></tr>
<tr><td>“1”使用 G1 垂直于型腔中心</td></tr>
<tr><td>“2”精加工</td><td>“2”沿螺旋路径</td></tr>
<tr><td>MIDA</td><td colspan="4">在平面的连续加工中作为数值的最大进给宽度，应用时可采用最大可能的值平均划分总宽度，若此值未编程或编程值为零，则循环内部将使用铣刀直径的 80% 作为最大进给深度</td></tr>
<tr><td>AP1</td><td colspan="4">型腔半径的毛坯尺寸（指原有铸出的毛坯凹槽的半径）。注：平板无凹槽，编程两个逗号之间空白</td></tr>
<tr><td>AD</td><td colspan="4">毛坯型腔底距离参考平面的尺寸（指原有铸出的毛坯凹槽底）。注：平板无凹槽，编程两个逗号之间空白</td></tr>
<tr><td>RAD1</td><td colspan="4">加工时螺旋路径的半径：螺旋进刀如图 2-108 所示，表示刀具中心点沿着由半径 RAD1 和每转深度 DP1 确定的螺旋进给，进给率为 FFD 的定义值。该螺旋路径的旋转方向和型腔加工的旋转方向一致</td></tr>
<tr><td>DP1</td><td colspan="4">沿螺旋路径加工时每转（360°）的进给深度</td></tr>
</table>

任务实施

1. 图样分析

1）该零件为方形圆内腔结构零件，有尺寸精度、垂直度及表面粗糙度要求。

2）该零件坯料各面已经加工完成，为达到零件图上圆形型腔深度尺寸 $8_{-0.045}^{\ 0}$mm 的要求。应采用两次深度进给；圆内腔有 $\phi60_{\ 0}^{+0.04}$mm 及表面粗糙度值 $Ra3.2\mu m$ 的要求，圆内腔侧面应采用粗、精铣加工。

2. 工艺分析

1）根据零件结构特点，选用 ϕ16mm 的硬质合金键槽立铣刀粗、精铣凹槽，在中心点垂直两次进刀，每次 4mm，内腔周边留 0.5mm 精加工余量，该刀具设置两个刀补号 D1 和 D2。

2）加工路线：采用从圆心点垂直下刀，顺时针切入、绕行（顺铣）环切进给加工方式，最后顺时针切出。

3）对于圆形型腔零件的铣削加工，采用平口钳装夹，工件高于钳口 5mm，在工件下表面与平口钳之间放入精度较高的平行垫铁，其厚度与宽度应适当，由于上表面已加工完成，因此上表面应采用百分表找正后夹紧。

3. 工艺准备

（1）设备　华中 HNC-22M 系统或 SIEMENS 802D 系统数控加工中心，配套机用平口钳（手动平口钳）。

（2）量具　0～120mm 游标卡尺、0～100mm 深度千分尺、50～75mm 内径千分尺、0～10mm 百分表及表座、Z 轴设定器、ϕ10mm 寻边器。

（3）其他　垫铁若干，橡胶锤或纯铜棒。

4. 刀具清单

刀具清单见表 2-42。

表 2-42　刀具清单

产品名称或代号			零件名称		零件图号	
序号	刀具名称		刀具规格	加工表面	数量	备注
1	硬质合金整体键槽立铣刀		ϕ16mm	圆形型腔	1	
编制		审核	批准		共　页	第　页

5. 工艺流程

工艺流程见表 2-43。

表 2-43　工艺流程

单位		产品名称		零件名称		第　页
工序号	工序内容	工序简图（进给路线图）				
1	使用 ϕ16mm 键槽立铣刀，刀具圆弧半径补偿为 13mm，进行两次粗铣加工，每次切削背吃刀量均为 4mm	第一次粗加工加入刀补D=13mm实际退刀点 10 ϕ60 20 20 ϕ50 8 4 第一次粗加工加入刀补D=13mm实际起刀点				

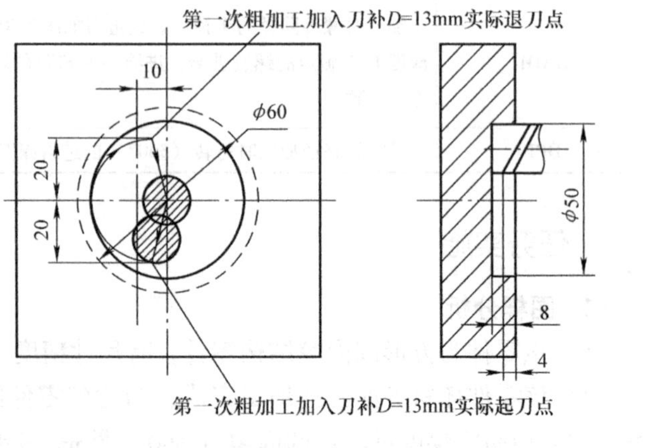

（续）

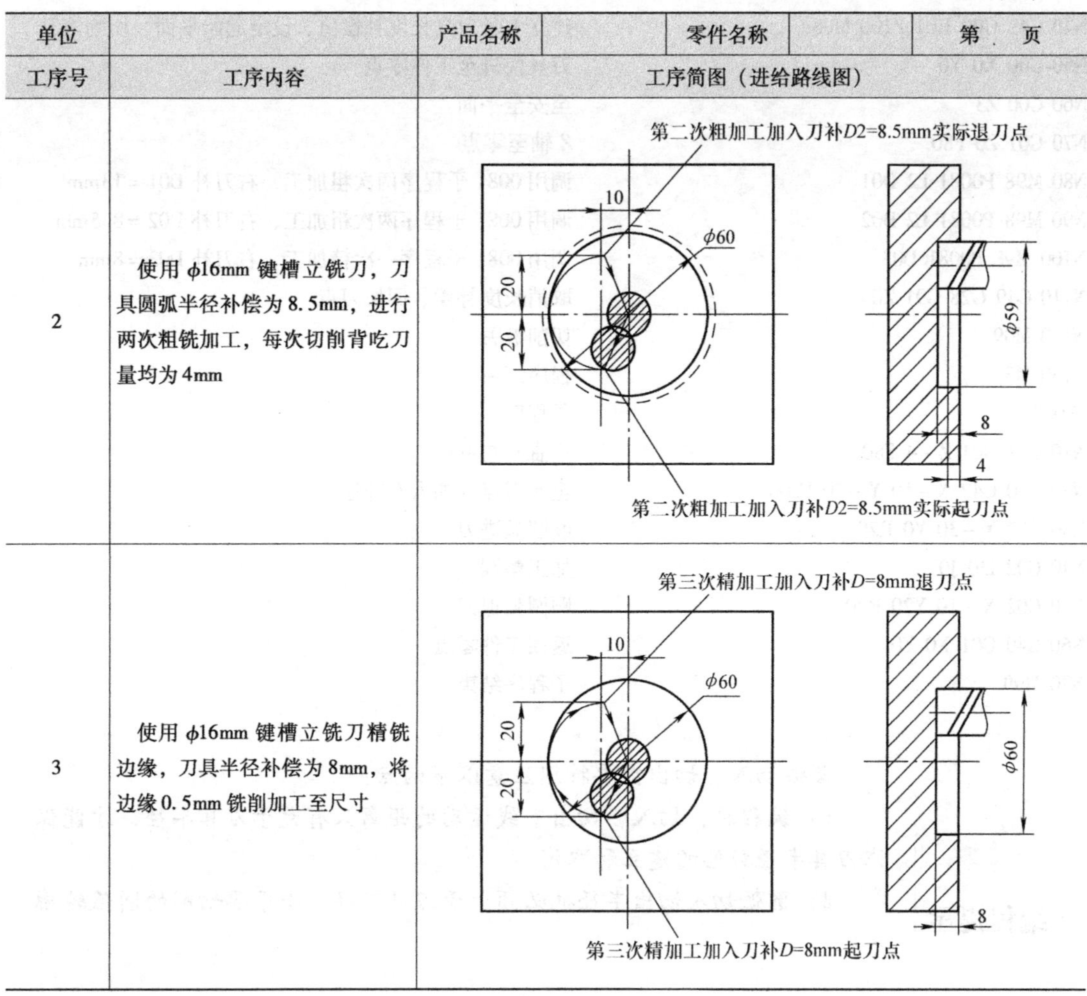

单位		产品名称		零件名称		第 页
工序号	工序内容	工序简图（进给路线图）				
2	使用 ϕ16mm 键槽立铣刀，刀具圆弧半径补偿为 8.5mm，进行两次粗铣加工，每次切削背吃刀量均为 4mm	第二次粗加工加入刀补D2=8.5mm实际退刀点 10 ϕ60 20 20 ϕ59 8 4 第二次粗加工加入刀补D2=8.5mm实际起刀点				
3	使用 ϕ16mm 键槽立铣刀精铣边缘，刀具半径补偿为 8mm，将边缘 0.5mm 铣削加工至尺寸	第三次精加工加入刀补D=8mm退刀点 10 ϕ60 20 20 ϕ60 8 第三次精加工加入刀补D=8mm起刀点				

6. 工艺制订

数控加工工艺卡见表 2-44 所示。

表 2-44 数控加工工艺卡

单位		机床型号		零件名称			第 页
工序	工序名称			程序编号		备注	
工步号	作业内容	刀具号	半径补偿号	长度补偿号	n/(r/min)	f/(mm/min)	a_p/mm	半径补偿
1	粗、精加工	T01	D01/D02/D03	H01	2000	80/200	4	13/8.5/8
2	整体精度检验							

工件坐标系的原点设置在零件上表面圆形型腔中心，将 X、Y、Z 向的零偏值输入工件坐标系 G54 中，工件上表面为 Z0。

7. 华中 HNC-22M 系统数控程序及说明

%1232	程序名
N10 G54 G94 G21 G40 G90 G49	程序初始设置
N20 M06 T01	换 1 号 ϕ16mm 铣刀

```
N30 M03 S2000                    主轴正转，转速2000r/min
N40 G43 G00 H01 Z100 M08         建立1号刀具长度补偿值、设定起始平面、切削液开
N50 G00 X0 Y0                    刀具快进至工件零点
N60 G00 Z3                       至安全平面
N70 G01 Z0 F80                   Z轴至零点
N80 M98 P0081 L2 D01             调用0081子程序两次粗加工、右刀补D01 = 13mm
N90 M98 P0081 L2 D02             调用0081子程序两次粗加工、右刀补D02 = 8.5mm
N100 M98 P0081 D03               调用0081子程序一次精加工、右刀补D03 = 8mm
N110 G49 G28 G91 Z0              取消长度补偿、回换刀点
N120 M09                         切削液关
N130 M30                         程序结束
%0081                            子程序
N10 G91 G01 Z-4 F80              Z轴工进4mm
N20 G90 G42 X-10 Y-20 F200       至起刀点、加入右补偿
N30 G02 X-30 Y0 R20              顺圆弧进刀
N40 G02 I30 J0                   加工整圆
N50 G02 X-10 Y20 R20             顺圆弧退刀
N60 G40 G01 X0 Y0                返回工件零点
N70 M99                          子程序结束
```

编程提示

圆弧切入、切出需要特别注意以下两点：

1）编程时，切入、切出直线运动的距离只有大于刀具半径，才能保证刀具半径补偿的建立和取消。

2）圆弧切入切出半径也必须大于刀具半径、小于要切削的圆弧轮廓半径。

8. SIEMENS 802D系统数控程序及说明

方法一：

```
AA236. MPF;                      程序名
N10 G17 G00 G90 G71 G54 G94;     程序初始设置
N20 T1 D1;                       换1号键槽铣刀，刀补值生效
N30 S2000 M3;                    主轴正转、转速1500r/min
N40 G00 X0 Y0 Z100;              至起始位置
N50 POCKET4 (10, 0, 2, -8, 30, 0, 0, 4, 0.5, 0, 200, 80, 0, 21, 0, 0, 0,,);
N60 M30;                         程序结束
```

方法二（圆内腔中部余料需手动方式清除）：

```
AA312. MPF;                      程序名
N10 G90 G94 G54 G71;             程序初始设置
N20 G74 Z0                       Z向回零
N30 T1 D1;                       换1号φ16mm铣刀，刀补值生效
N40 M03 S2000;                   主轴正转，转速2000r/min
```

```
N50 G00 X0 Y0 Z20 M8;              刀具快进至工件零点、至安全平面、切削液开
N60 G01 Z0 F80;                    Z 至零点
N70 L2 P2;                         调用子程序两次加工
N80 G74 Z0;                        抬刀 Z 向回零
N90 M5 M9;                         主轴停转，切削液关
N100 M30;                          程序结束
圆槽子程序                          圆槽子程序
L2. SPF;                           子程序
N10 G91 G01 Z-4 F80;               Z 轴工进 4 mm
N20 G90 G42 X-10 Y-20 D1 F200;     至起刀点，加入右补偿，D1=8mm
N30 G02 X-30 Y0 CR=20;             顺时针圆弧进给
N40 G02 I30 J0;                    加工整圆
N50 G02 X-10 Y20 CR=20;            顺时针圆弧退刀
N60 G40 G01 X0 Y0;                 返回工件零点
N70 RET;                           子程序结束
```

零件加工及检测

1）打开总电源、机床电源，开启数控系统。

2）检查机床状态，手动低速运行主轴及 *X*、*Y*、*Z* 轴动作。

3）机床回参考点（回零顺序 *Z*、*X*、*Y*）。

4）检查夹具，使用百分表将钳口与 *X* 轴的平行度误差控制在 0.02mm 以内。

5）使用平口钳夹紧工件，工作面超出钳口 5mm。

6）输入零件加工程序，检查程序并模拟校验进给路线。

7）*X*、*Y* 向对刀，使用寻边器设置 *X*、*Y* 零点，输入 H1 刀具长度补偿参数值和 D1、D2、D3 刀具半径补偿参数值。

8）安装 ϕ16mm 键槽铣刀，试切对刀在偏置寄存器中 *Z* 值设定为 0。

9）检查并清理工作台上的无关物品。

10）使用单段模式，将快进调至低挡，刀具接近工件后快进再调至 100%，工件试切加工。

11）检验零件尺寸。

12）加工结束，卸下刀具、工件，清理机床。

将所测结果填写零件检测评分表，见表 2-45 。

表 2-45　零件检测评分表

姓名			定额时间		总分	
序号	评价项目	评分内容	配分	评分标准	实测	得分
1	凹槽深度	$8_{-0.045}^{0}$ mm	25	超差 0.01mm，扣 5 分		
2	凹槽直径	$\phi60_{0}^{+0.04}$ mm	25	超差 0.01mm，扣 5 分		
3	垂直度公差	0.05mm	20	超差 0.01mm，扣 5 分		
4	表面粗糙度	*Ra*3.2μm	20	>*Ra*3.2μm，酌情扣分		
5	文明生产	按企业相关标准执行	10			

注意事项

1）由于工件有垂直度要求，因此装夹工件时，下表面必须垫高精度的规整垫铁，并用百分表找正后装夹，并用橡胶锤打紧。

2）键槽铣刀的外径尺寸精度要比立铣刀要高，因此为了提高工件的尺寸精度，一般在铣削内腔工件时尽量选用键槽铣刀。

3）刀补不要加在内轮廓上，以免产生过切现象。精铣时，采用顺铣加工，以提高工件表面质量和尺寸精度，加工时还应注意防止铣刀与工件发生干涉。

4）刀具首先应从型腔的边缘开始去除精加工余量，但刀具只沿着型腔轮廓切削一次，进给路线一个到达拐角半径的1/4圆，此时路径的半径最大为2mm，若空间较小，其半径可以等于型腔半径的差，然后再对型腔底进行精加工余量的去除，同样型腔底也只加工一次，若某处精加工余量设置为零，则刀具将跳过该处精加工。

任务扩展

1. 凹模板零件如图2-111所示，材料为45钢，毛坯尺寸为63mm×63mm×25mm。要求：坯料规方，进行工艺分析，确定工件坐标原点，编写加工程序，加工零件，检测零件的尺寸精度。

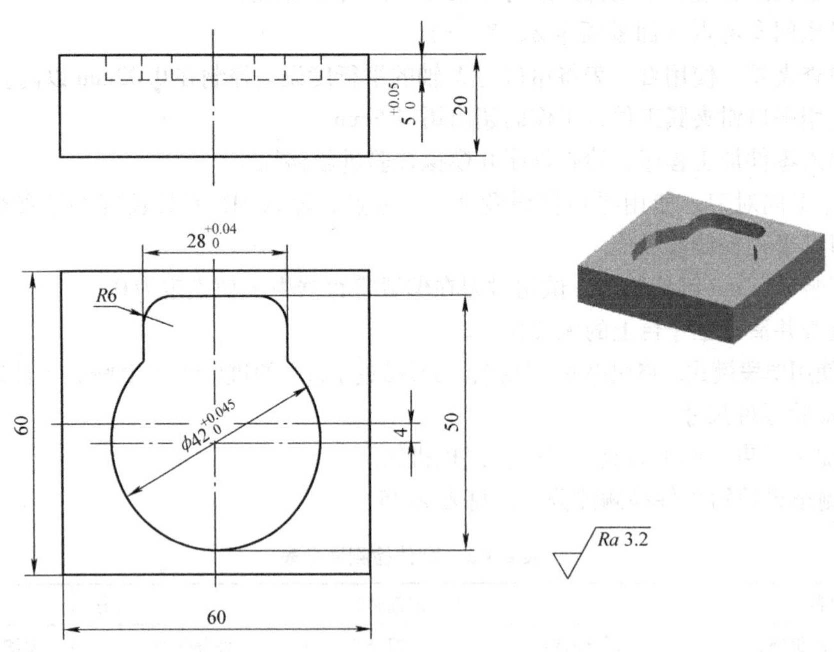

图2-111 凹模板零件

2. 双层凹圆模板零件如图2-112所示，材料为45钢，毛坯尺寸为φ80mm×30mm。要求：平上、下表面保证长度，进行工艺分析，确定工件坐标原点，编写加工程序，加工零件，检测零件的尺寸精度。

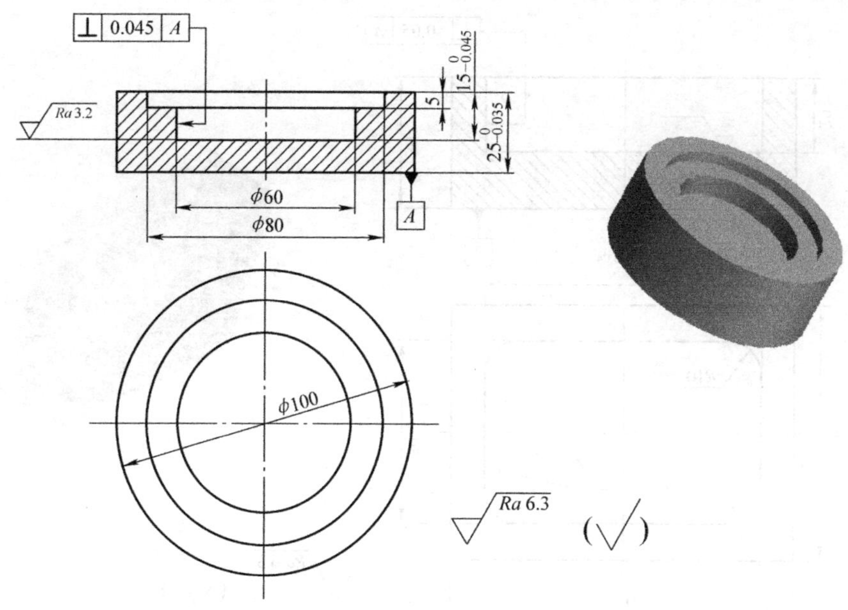

图 2-112　双层凹圆模板零件

任务二　封闭内矩形轮廓零件加工

任务描述

该零件采用数控加工中心完成加工，加工出的零件应符合图样技术要求，进行加工操作时要符合操作规程，要求能够选择合理的切削加工工艺参数，能熟练操作数控机床（加工中心）实施对零件的调整加工和尺寸精度的检测及对数控加工中心的日常维护与保养。

任务工单

图 2-113 所示为矩形腔槽板零件，材料为 45 钢，毛坯尺寸为 104mm × 70mm × 36mm，外表面均已加工，要求对零件内腔进行编程加工，单件生产。

任务准备

1. 内轮廓零件加工的进给路线

（1）内轮廓进给路线　在铣削封闭内轮廓表面时，同铣削外轮廓一样，一般采用三刃平底立铣刀粗、精加工。为了保证工件的内壁光滑衔接，减少接刀痕迹，刀具同样不能沿着轮廓曲线的法向切入和切出。刀具进刀时，采用键槽立铣刀垂直进刀，由于垂直进刀要在进给方向上换向，在加工表面上会产生接刀痕迹，因此除特殊情况下一般应少使用。另外，刀具切入切出点应远离拐角，如图 2-114a 所示。如果将切入切出点设在拐角处，在取消刀具补偿时会在轮廓拐角处留下凹口，产生过切现象如图 2-114b 所示。

（2）型腔铣削的进给路线　型腔是指以封闭曲线为边界的平底凹槽，要用平底立铣刀加工，刀具半径应与凹槽圆角相对应。图 2-115a、b 所示分别为用行切法和环切法加工型腔

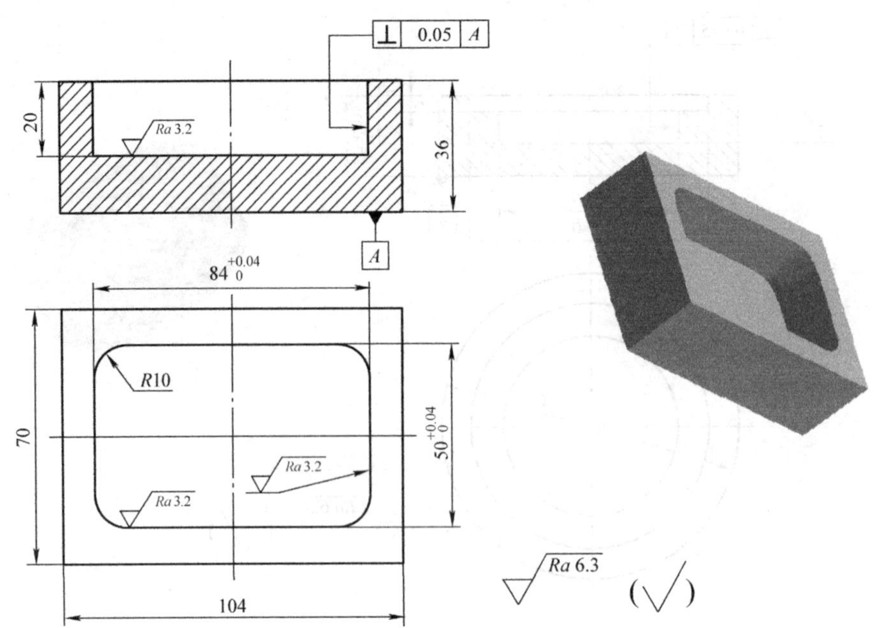

图 2-113　矩形腔槽板零件

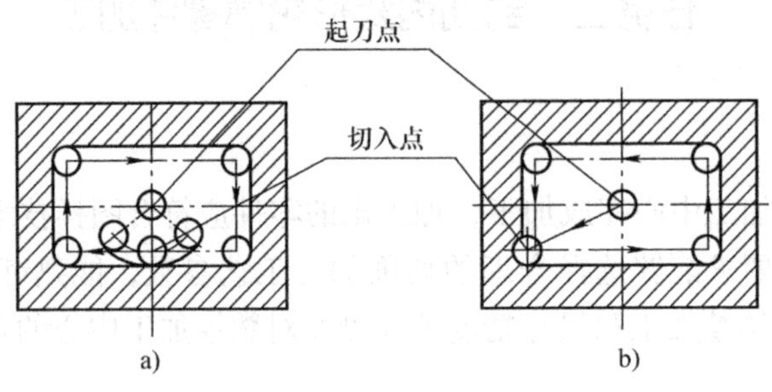

图 2-114　内轮廓加工刀具的切入和切出

a）在远离拐角处切入切出　b）在拐角处切入切出

的进给路线。两种进给路线的共同点是都能切净内腔中的全部面积，不留死角，不伤轮廓，同时能尽量减少重复进给的搭接量。不同点是行切法的进给路线比环切法短，但行切法将在每两次进给的起点与终点间留下残留面积，而达不到所要求的表面粗糙度；用环切法获得的表面粗糙度值要小于行切法，但环切法需要逐次向外扩展轮廓线，刀位点计算稍微复杂一些。

图 2-115c 所示的进给路线为行切与环切综合法，即先行切法去除中间部分余量，然后环切法切最后一刀，这样既能使总的进给路线较短，又能获得较小的表面粗糙度值。

2. 加工凹槽类零件铣刀的选择

一般来说，凹槽及平面内曲线轮廓可以选择高速钢立铣刀，但高速钢立铣刀不适合加工毛坯面，因为毛坯面有硬化层及夹沙，会使刀具很快磨损；硬质合金立铣刀可以加工空间曲面、型腔、模具型腔等，多选用模具铣刀和鼓形铣刀；加工键槽及凹槽等多选用键槽铣刀；加工各种圆弧形凹槽、斜面及特殊孔可用成形铣刀。

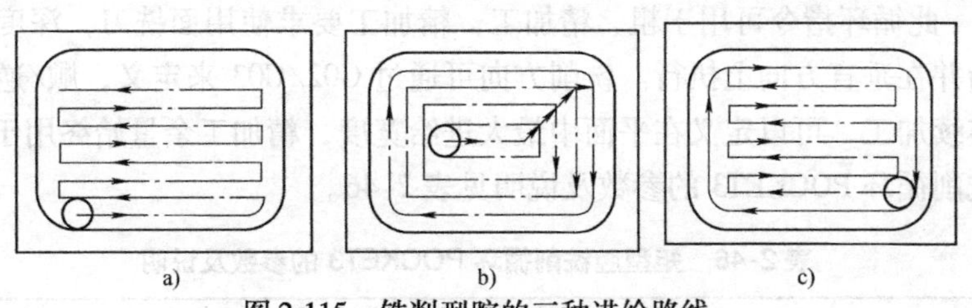

图 2-115 铣削型腔的三种进给路线

a）行切法 b）环切法 c）行切 + 环切

3. 工件内轮廓壁角及加工高度的选择

1）工件内轮廓壁角圆弧最小曲率半径 r_{min} 应大于所加工的立铣刀半径 R。一般取 $R=(0.8\sim0.9)\ r_{min}$。

2）工件的加工高度 $H<(1/4\sim1/6)\ R$，以保证刀具有足够的刚度，如图 2-116 所示。

3）对于封闭内腔可选 $H=I-(5\sim10)$ mm。

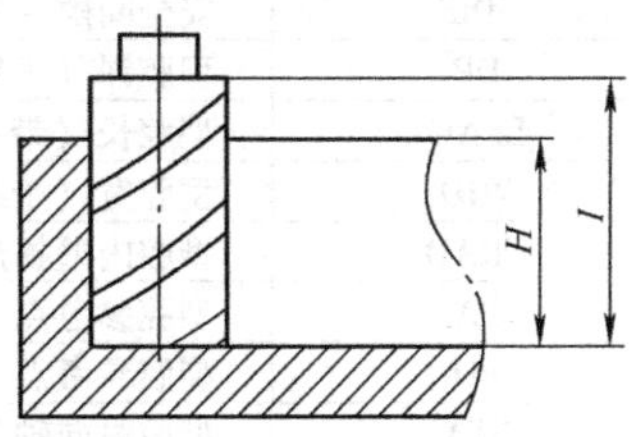

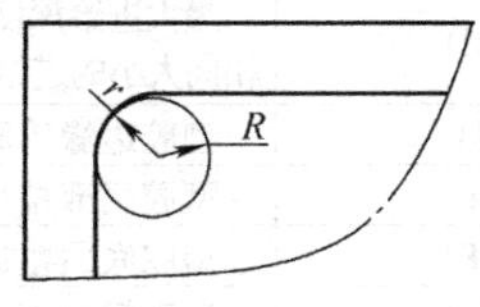

图 2-116 立铣刀加工中的参数

一般情况下，为减少进给次数和保证铣刀有足够的刚度，应选择直径较大的铣刀。但由于零件内腔尺寸、工件内轮廓壁角圆弧 r_{min} 较小等因素的限制，会将刀具限制为细长型，使其刚度下降，为此一般通常采用直径大小不同的两把铣刀分别进行粗、精加工，粗铣时可选铣刀直径稍大一些，精铣时用半径等于 r_{min} 的铣刀进行加工。

问题思考

选取半径大于工件内轮廓壁角圆弧曲率半径的立铣刀进行加工会产生什么结果?

4. SIEMENS 802D 系统矩形腔铣削循环 POCKET3

【格式】 POCKET3（RTP，RFP，SDIS，DP，LENG，WID，CRAD，PA，PO，STA，MID，FAL，FALD，FFP1，FFD，CDIR，VARI，MIDA，AP1，AP2，AD，RAD1，DP1）

其参数示意图如图 2-117 所示。

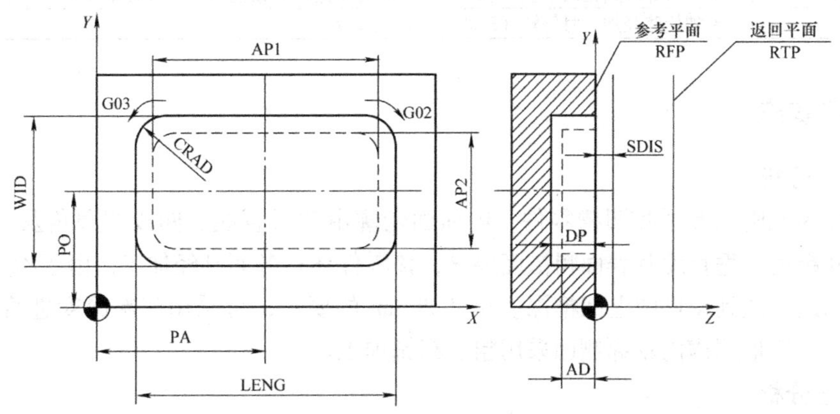

图 2-117 矩型腔铣削循环 POCKET3 的参数示意图

【说明】　此循环指令可用于粗、精加工，精加工要求使用面铣刀，深度进给始终从型腔中心点开始并在垂直方向上执行。铣削方向可通过 G02/G03 来定义，顺/逆铣由主轴方向决定，对于连续加工，可以定义在平面中最大进给宽度，精加工余量始终用于槽底。

矩形腔铣削循环 POCKET3 的参数及说明见表 2-46。

表 2-46　矩型腔铣削循环 POCKET3 的参数及说明

<table>
<tr><th>参　　数</th><th colspan="4">说　　明</th></tr>
<tr><td>RTP</td><td colspan="4">返回平面（绝对值）</td></tr>
<tr><td>RFP</td><td colspan="4">参考平面（绝对值），即上表面至参考点之间的距离</td></tr>
<tr><td>SDIS</td><td colspan="4">安全间隙（加工平面到参考平面之间的距离，无符号输入）</td></tr>
<tr><td>DP</td><td colspan="4">型腔深（可定义为到参考平面的绝对值）</td></tr>
<tr><td>LENG</td><td colspan="4">型腔长（带符号从拐角测量）</td></tr>
<tr><td>WID</td><td colspan="4">型腔宽（带符号从拐角测量）</td></tr>
<tr><td>CRAD</td><td colspan="4">型腔内壁拐角圆弧半径（无符号输入）</td></tr>
<tr><td>PA</td><td colspan="4">型腔参考点（绝对值）平面横轴</td></tr>
<tr><td>PO</td><td colspan="4">型腔参考点（绝对值）平面纵轴</td></tr>
<tr><td>STA</td><td colspan="4">型腔纵向轴与平面横轴间的夹角（无符号输入），0°≤STA<180°</td></tr>
<tr><td>MID</td><td colspan="4">最大进给深度（增量，无符号输入），此参数用来定义粗加工时的最大进给深度，深度进给由循环按相同大小的进给量来执行，循环自动计算出进给量。注：MID =0 表示一次切削进给至型腔深度</td></tr>
<tr><td>FAL</td><td colspan="4">型腔边缘轮廓精加工余量（无符号输入）</td></tr>
<tr><td>FALD</td><td colspan="4">型腔底部精加工深度余量，粗加工时型腔底单独留精加工余量（无符号输入）</td></tr>
<tr><td>FFP1</td><td colspan="4">型腔底面粗加工进给率</td></tr>
<tr><td>FFD</td><td colspan="4">深度粗加工进给率（无符号输入）</td></tr>
<tr><td>CDIR</td><td colspan="4">铣削方向（无符号输入）。“0”为顺铣（主轴方向），“1”为逆铣，“2”用于 G2（独立于主轴方向），“3”用于 G3</td></tr>
<tr><td rowspan="5">VARI</td><td colspan="4">加工类型（无符号输入）</td></tr>
<tr><td rowspan="4">个位</td><td rowspan="2">1—粗加工</td><td rowspan="4">十位</td><td>“0 ”使用 G0 垂直于型腔中心</td></tr>
<tr><td>“1”使用 G1 垂直于型腔中心</td></tr>
<tr><td rowspan="2">2—精加工</td><td>“2”沿螺旋路径</td></tr>
<tr><td>“3”型腔长轴摆动</td></tr>
<tr><td>MIDA</td><td colspan="4">在平面的连续加工中作为数值的最大进给宽度，应用时可采用最大可能的值平均划分总宽度，若此值未编程或编程值为零，则循环内部将使用铣刀直径的 80% 作为最大进给深度</td></tr>
<tr><td>AP1</td><td colspan="4">型腔长度的毛坯尺寸（指原有铸出的毛坯凹槽长度）注：平板无凹槽，编程两个逗号之间空白</td></tr>
<tr><td>AP2</td><td colspan="4">型腔宽度的毛坯尺寸（指原有铸出的毛坯凹槽宽度）注：平板无凹槽，编程两个逗号之间空白</td></tr>
<tr><td>AD</td><td colspan="4">毛坯型腔底距离参考平面的尺寸（指原有铸出的毛坯凹槽底），注：平板无凹槽编程两个逗号之间空白</td></tr>
<tr><td>RAD1</td><td colspan="4">加工时螺旋路径的半径（相当于刀具中心点路径）或摆动时的最大插入角</td></tr>
<tr><td>DP1</td><td colspan="4">沿螺旋路径加工时每转（360°）的插入深度</td></tr>
</table>

任务实施

1. 图样分析

该零件为规则矩形型腔凹槽零件，内曲面轮廓由四段直线、四段凹圆角及凹槽底面组成，有尺寸精度、垂直度及表面粗糙度要求，该零件坯料各面已经加工，由于深度方向无精度要求，因此为达到零件图上凹槽深度尺寸 20mm 的要求，可采用四次深度进给铣削加工，不需精加工；矩形凹槽内轮廓侧面采用粗、精铣加工。

2. 工艺分析

1）根据零件结构特点，选用 ϕ20mm 硬质合金整体铣刀粗、精铣矩形凹槽。深度分层加工 4

次，深度每次为5mm，侧壁尺寸要求为$50^{+0.04}_{0}$mm、$84^{+0.04}_{0}$mm，预留精加工余量为0.5mm。

2）加工路线：采用凹槽上表面中心点下刀，粗加工采用两次环切，精加工采用顺时针绕行（顺铣）进给加工方式。

3）对于矩形零件的铣削加工，采用平口钳装夹，工件高于钳口8mm，在工件下表面与平口钳之间放入精度较高的平行垫铁，其厚度与宽度应适当，由于上表面已加工完成，因此上表面应采用百分表找正后夹紧并使垫铁不发生移动。

3. 工艺准备

（1）设备 华中HNC-22M系统或SIEMENS 802D系统数控加工中心。

（2）量具 0~120mm游标卡尺、深度游标卡尺、0~10mm百分表及磁性表座、Z轴设定器、ϕ10mm寻边器。

（3）其他 垫铁若干，橡胶锤或纯铜棒。

4. 刀具清单

刀具清单见表2-47。

表2-47 刀具清单

产品名称或代号			零件名称		零件图号	
序号	刀具名称		刀具规格	加工表面	数量	备注
1	硬质合金整体铣刀		ϕ20mm	型腔侧、底	1	
2	硬质合金键槽铣刀		ϕ10mm	型腔边缘	1	
编制		审核	批准		共　页	第　页

5. 工艺流程

工艺流程见表2-48。

表2-48 工艺流程

单位		产品名称		零件名称		第　页
工序号	工序内容	工序简图（进给路线图）				
1	使用ϕ20mm硬质合金整体铣刀粗铣分4次深度进给，每次铣削背吃刀量均为5mm，进刀路径为两个矩形进给路线	31.5 22 第二次粗加工起刀点 第一次粗加工起刀点 14.5 5 铣刀截面 5 5 5 5				
2	换ϕ10mm硬质合金键槽铣刀精铣边缘0.5mm及清根至尺寸	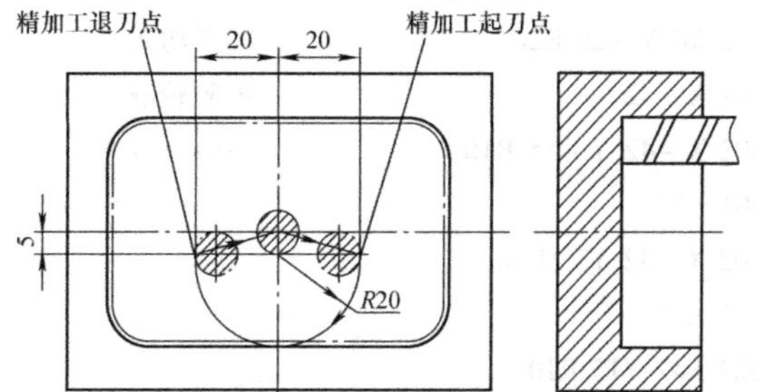 精加工退刀点 20 20 精加工起刀点 5 R20				

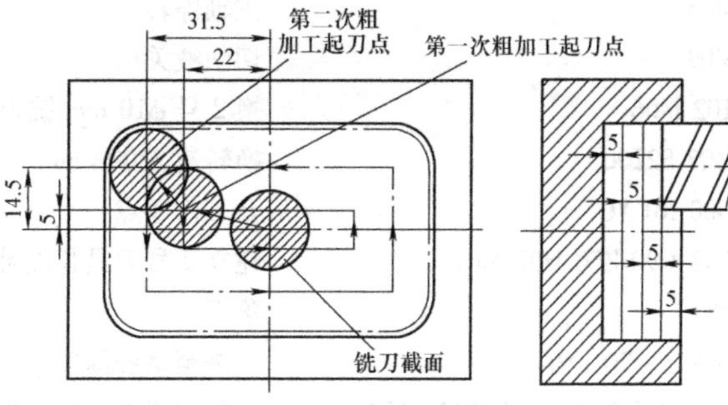

6. 工艺制订

数控加工工艺卡见表2-49。

表2-49 数控加工工艺卡

单位		机床型号		零件名称			第 页	
工序		工序名称		程序编号		备注		
工步号	作业内容	刀具号	半径补偿号	长度补偿号	n/(r/min)	f/(mm/min)	a_p/mm	半径补偿
1	粗加工	T01	—	H01	1800	80/200	5	—
2	精加工	T02	D02	H02	2200	150	—	5
3	整体精度检验							

工件坐标系的原点设置在零件上表面中心，将 X、Y、Z 向的零偏值输入工件坐标系G54中，工件上表面为Z0。

7. 华中HNC-22M系统数控程序及说明

```
%1134                                  程序名
N10 G54 G94 G21 G40 G90 G49            程序初始设置
N20 T01 M06                            换1号φ20 mm铣刀粗加工
N30 M03 S1800                          主轴正转，转速1800r/min
N40 G00 X0 Y0                          快速定位至起始点位置坐标
N50 G43 G90 Z50 H01 M07                建立1号刀具长度补偿值、切削液开
N60 G00 X-22 Y5                        至加工起点
N70 Z3                                 至安全平面
N80 G01 Z0 F80                         Z轴进刀至Z轴零点
N90 M98 P0044 L4                       调用粗加工子程序4次
N100 G49 G28 Z0                        取消长度补偿，回参考点
N110 M05                               主轴停转
N120 M09                               切削液关
N130 T02 M06                           换2号φ10 mm铣刀精加工
N140 M03 S2200                         换转速2200r/min
N150 G00 X0 Y0                         至工件零点
N160 G43 G90 Z50 H02 M07               建立2号刀具长度补偿值、切削液开
N170 Z5                                落刀
N180 G01 Z-20 F80                      工进至型腔深度
N190 G00 G42 X20 Y-5 D02 F150          至加工起点，加入右刀补（D2=5mm）
N200 G02 X0 Y-25 R20                   圆弧切入
N210 G01 X-32                          内腔轮廓
N220 G02 X-42 Y-15 R10                 ……
N230 G01 Y15
N240 G02 X-32 Y25 R10
N250 G01 X32
N260 G02 X42 Y15 R10
N270 G01 Y-15
```

```
N280 G02 X32 Y-25 R10
N290 G01 X0
N300 G02 X-20 Y-5 R20            圆弧切出
N310 G00 Z3                      Z轴退刀
N320 G00 X0 Y0 M09               快速返回工件零点、切削液关
N330 G49 G91 G28 Z0              取消长度补偿、自动返回参考点
N340 M30                         主程序结束
%0044                            粗加工子程序
N10 G91 G01 Z-5 F80              Z轴进刀
N20 G90 G01 Y-5 F200             直线环切凹槽内轮廓
N30 G01 X22                      ……
N40 Y5
N50 X-22
N60 X-31.5 Y14.5
N70 Y-14.5
N80 X31.5
N90 Y14.5
N100 X-31.5
N110 X-22 Y5                     回切入点
N120 M99                         子程序结束
```

编程提示

粗加工编程时，内腔可采用不同的进给加工方案，如加入不同值的刀具半径补偿利用子程序调用环切编写，也可以根据具体实际情况由小到大采用矩形直线进给方式编写，这种编程优点在于简化程序的编写，还可去除较多的余量。利用此种方法需准确计算矩形周边坐标点，否则会出现过切现象。

8. SIEMENS 802D 系统数控程序及说明

方法一（采用1号铣刀进行粗、精加工）

```
RR9.MPF;                         程序名
N10 G17 G90 G71 G54 G94;         程序初始设置
N20 T1 D1;                       换1号键槽铣刀，刀补生效
N30 S1800 M3;                    主轴正转、转速1800r/min
N40 G00 X0 Y0 Z100;              回到起始位置
N50 POCKET3 (100, 0, 2, -20, 84, 50, 10, 0, 0, 0, 5, 0.5, 0.5, 200, 80, 0, 11, 5,,,,,);
N60 M30;                         程序结束
```

方法二（采用1号铣刀粗加工，2号铣刀精加工）

```
MA.MPF;                          主程序名
N10 G90 G94 G71 G54;             程序初始化
N20 G74 Z0;                      自动返回参考点
N30 T1 M6;                       换T1号φ20mm铣刀
```

```
N40 M03 S1800;                      主轴正转，转速 1800r/min
N50 G00 X0 Y0 M8;                   刀具快进至工件零点、切削液开
N60 Z20;                            刀具快速下降至安全平面
N70 G01 Z0 F80;                     工进至工件零点
N80 L800 P4;                        调用子程序 4 次
N90 G74 Z0;                         返回参考点
N100 T2 D2;                         换 2 号 φ10mm 精铣刀，刀补值生效
N110 M03 S2200;                     主轴正转，转速 2200r/min
N120 G00 X0 Y0 M08;                 刀具快速返回工件零点、切削液开
N130 G00 Z20;                       刀具快速下降至安全平面
N140 G90 G01 Z-20 F80;              工进至工件底面
N150 G00 G42 X20 Y-5 D2 F150;       至加工起点，加入右刀补
N160 G02 X0 Y-25 CR=20;             1/4 圆弧切入
N170 G01 X-32;                      内腔轮廓精加工程序
N180 G02 X-42 Y-15 CR=10;
N190 G01 Y15;
N200 G02 X-32 Y25 CR=10;
N210 G01 X32;
N220 G02 X42 Y15 CR=10;
N230 G01 Y-15;
N240 G02 X32 Y-25 CR=10;
N250 G01 X0;
N260 G02 X-20 Y-5 CR=20;            1/4 圆弧切出
N270 G00 Z3;                        Z 轴退刀
N280 G00 X0 Y0 M09;                 快速返回工件零点，切削液关
N290 G74 Z0;                        自动返回参考点
N300 M30;                           主程序结束
L800.SPF;                           粗加工子程序
N10 G91 G01 Z-5 F80;                Z 轴进刀
N20 G90 G01 X-22 Y5 F200;           内腔轮廓粗加工程序
N30 G01 Y-5;
N40 G01 X22;
N50 Y5;
N60 X-22;
N70 X-31.5 Y14.5;
N80 Y-14.5;
N90 X31.5;
N100 Y14.5;
N110 X-31.5;
N120 X-22 Y5                        Z 向抬刀
N130 RET;                           子程序结束
```

零件加工及检测

1）打开总电源、机床电源，开启数控系统。

2）检查机床状态，手动低速运行主轴及 X、Y、Z 轴动作。

3）机床回参考点（回零顺序 Z、X、Y）。

4）检查夹具，使用百分表将钳口与 X 轴的平行度误差控制在 0.02mm 以内。

5）使用平口钳装夹工件，工作面超出钳口 8mm。

6）输入零件加工程序，检查程序并模拟校验进给路线。

7）X、Y 向对刀，使用寻边器设置 X、Y 零点。

8）安装 ϕ20mm 立铣刀及 Z 向对刀，使用 Z 轴设定器输入长度补偿号 H01 及半径补偿号 D01；安装 ϕ10mm 键槽铣刀及 Z 向对刀，使用 Z 轴设定器输入长度补偿号 H02 及半径补偿号 D02。

9）检查并清理工作台上的无关物品。

10）使用单段模式，将快进调至低挡，刀具接近工件后快进再调至 100%，工件试切加工。

11）检验零件尺寸。

12）加工结束，卸下刀具、工件，清理机床。

将所测结果填写零件检测评分表，见表 2-50。

表 2-50　零件检测评分表

姓名			定额时间		总分	
序号	评价项目	评分内容	配分	评分标准	实测	得分
1	凹槽深度	20mm	10	超差 0.1mm，扣 5 分		
2	凹槽宽度	$50^{+0.04}_{0}$mm	20	超差 0.01mm，扣 5 分		
3	凹槽长度	$84^{+0.04}_{0}$mm	20	超差 0.01mm，扣 5 分		
4	垂直度公差	0.05mm	15	超差 0.01mm，扣 7.5 分		
5	表面粗糙度	Ra 3.2μm（五处）	25	>Ra3.2μm，酌情扣分		
6	文明生产	按企业相关标准执行	10			

注意事项

1）尺寸精度的保证主要通过在加工过程中的精确对刀，正确选用刀具及刀具磨损量，正确选用合适的加工工艺等措施来保证。

2）表面粗糙度的保证主要通过选用合适的加工方法、正确的粗精加工路线及合适的切削用量等措施来保证。

3）几何公差主要通过工件在夹具中的正确安装或找正等措施来保证。

4）型腔内轮廓的顺、逆铣削　在同等切削条件下，顺铣比逆铣消耗功率少 5% ~15%，同时顺铣也更加有利于排屑。一般尽量采用顺铣法加工，以减少工件表面粗糙度值，保证尺寸精度。但是在切削面上有硬质层、积渣、工件表面凹凸不平较显著时，如加工锻造毛坯，应采用逆铣法。

5）型腔铣削应注意精加工的圆弧切入和切出方式。另外测量时要注意测量部位不得有毛刺和切屑。

任务扩展

1. 凹模板零件如图 2-118 所示，材料为 45 钢，毛坯尺寸为 63mm×63mm×25mm。要求：坯料规方，进行工艺分析，确定工件坐标原点，完成刀具的选择，编写加工程序，加工零件，检测零件尺寸精度。

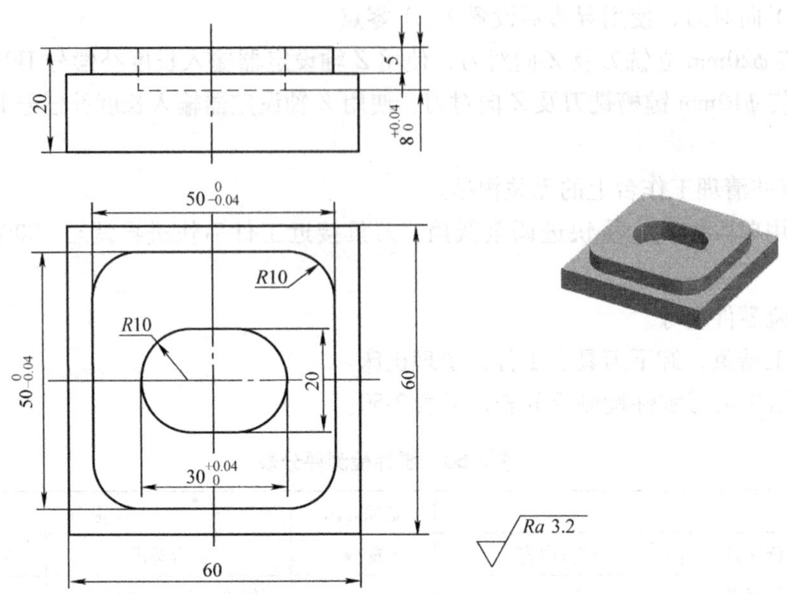

图 2-118　凹槽板零件

2. 五边形外轮廓与圆内腔零件如图 2-119 所示，材料为 45 钢，毛坯尺寸为 93mm×93mm×27mm。要求：坯料规方，进行工艺分析，确定工件坐标原点，完成刀具的选择，加工零件，编写加工程序，加工零件，检测零件尺寸精度。

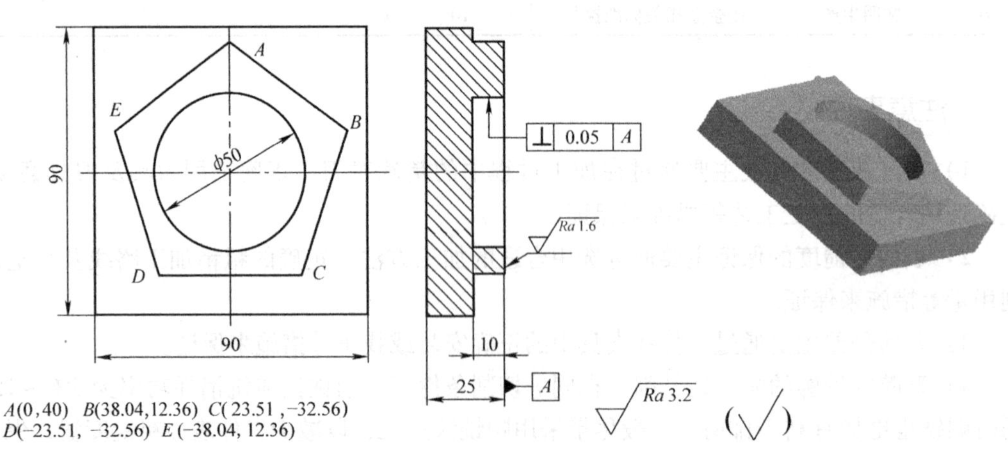

图 2-119　五边形外轮廓与圆内腔零件

3. 双内轮廓零件如图 2-120 所示，材料为铝合金，毛坯尺寸为 ϕ98mm ×30mm，外形已车削加工。要求：进行工艺分析，选择合适的夹具装夹，完成刀具的选择，编写加工程序，加工零件，检测零件尺寸精度。

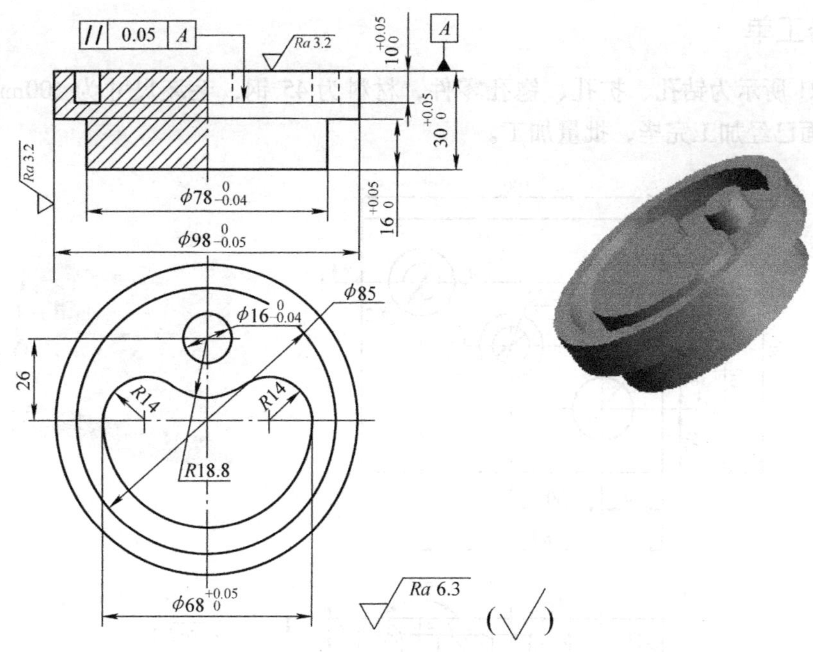

图 2-120 双内轮廓零件

项目小结

本项目包括封闭圆形、矩形型腔等零件的单件数控铣削加工训练，应用刀具的半径补偿方法调节零件加工尺寸，学会零件不同内腔形状结构的铣削加工及确定进给路线，学会内腔多余残料的清除及零件尺寸精度的检测方法。

项目五 孔系零件铣削加工

能力目标

- 学会孔系零件的华中 HNC-22M 系统、SIEMENS 802D 系统编程、加工及检测方法，会合理运用换刀指令。
- 掌握钻孔、扩孔、锪孔、铰孔、镗孔及攻螺纹加工程序的编制及加工方法的选择原则、刀具的选择、进给路线的安排、切削用量的选择以及对数控加工工艺文件的填写。

任务一 钻孔、扩孔、锪孔零件铣削加工

任务描述

该零件在数控加工中心上加工完成，加工出的钻孔、扩孔、锪孔应符合零件图样技术要求，进行加工操作时要符合操作规程，要求能够选择合理的切削加工工艺参数，能熟练操作

数控机床实施对零件的调整加工和尺寸精度的检测及对数控加工中心的日常维护与保养。

任务工单

图 2-121 所示为钻孔、扩孔、锪孔零件，材料为 45 钢，毛坯尺寸为 100mm × 80mm × 20mm，表面已经加工完毕，批量加工。

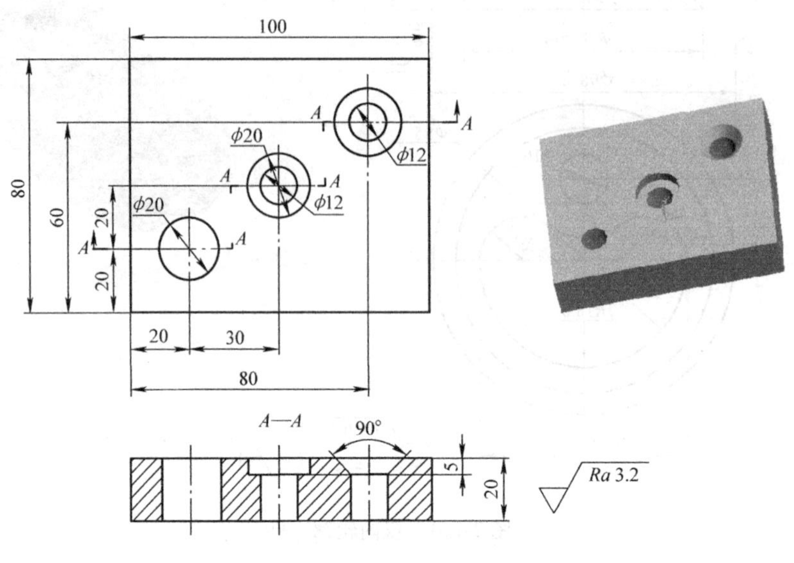

图 2-121 钻、扩、锪孔零件

任务准备

1. 孔系零件加工常用工具

（1）中心钻 在精度要求较高的情况下，可以先用中心钻预先钻一个中心孔进行定位，再用钻头进行钻孔。常用中心钻如图 2-122 所示。

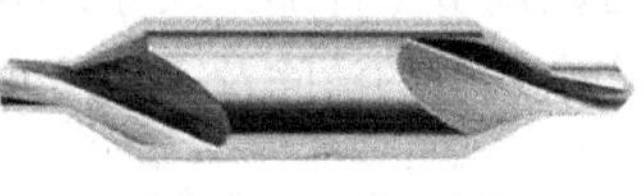

图 2-122 常用中心钻

（2）钻头 钻头是在工件上进行加工通孔或不通孔的专用工具，主要有麻花钻、扁钻、中心钻、深孔钻和套料钻等。钻孔可作为扩孔、铰孔前的粗加工或加工螺纹底孔等，钻孔后孔的尺寸公差为 IT11 ~ IT12，而表面粗糙度值仅能达到 *Ra*12. 5μm 左右。钻头由工作部分、颈部和柄部组成。柄部有莫氏锥柄和圆柱柄两种形式，材料常用高速钢和硬质合金，如图 2-123 所示。

（3）扩孔钻 扩孔钻是用来扩大孔径、提高孔加工精度的刀具。扩孔后孔的尺寸公差为 IT10 ~ IT11，表面粗糙度值能达到 *Ra*12. 5 ~ *Ra*6. 3μm，因此它用于精度要求不高的孔的最终加工或铰孔、磨孔前的预加工。扩孔钻与钻头相似，但齿数较多，一般有 3 ~ 4 条主切削刃，切削部分的材料为高速工具钢或硬质合金，其结构形式有直柄式、锥柄式及套式等。其特点为主切削刃不通过中心，无横刃，钻心直径大，因此其强度和刚性均比钻头高。锥柄式扩孔钻及其结构如图 2-124 所示。

（4）锪孔钻 锪孔钻是对工件上已有孔进行再加工的刀具，可加工沉头孔、锥孔及平台面等。

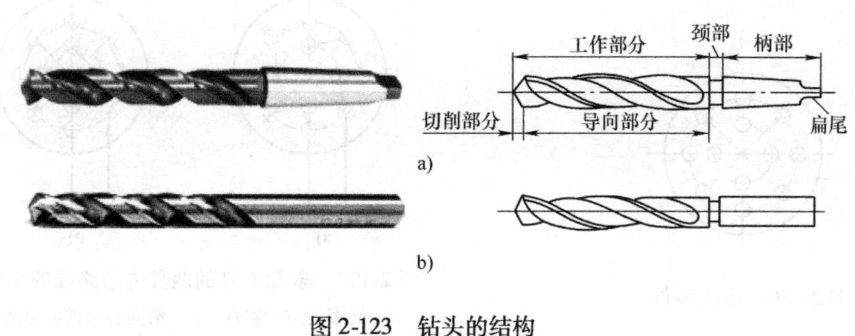

图 2-123 钻头的结构

a）莫氏锥柄 b）圆柱柄

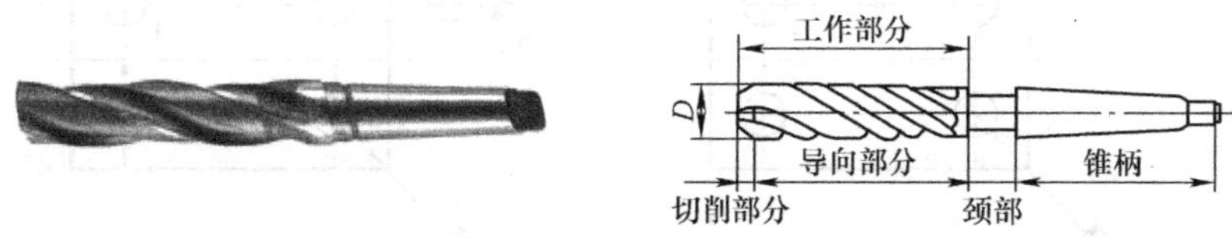

图 2-124 锥柄式扩孔钻及其结构

用作沉头螺钉的沉头座，多数是供螺母或垫片使用的装配用结构。锥面锪钻适于加工锥角 60°、90°、120°，其中 90°用得最多，锪孔的切削速度一般为钻孔速度的 1/2 ~ 1/3。端面锪钻的端面上有切削齿，以刀杆来导向，保证加工平面与孔垂直。锪孔钻及其用途如图 2-125 所示。

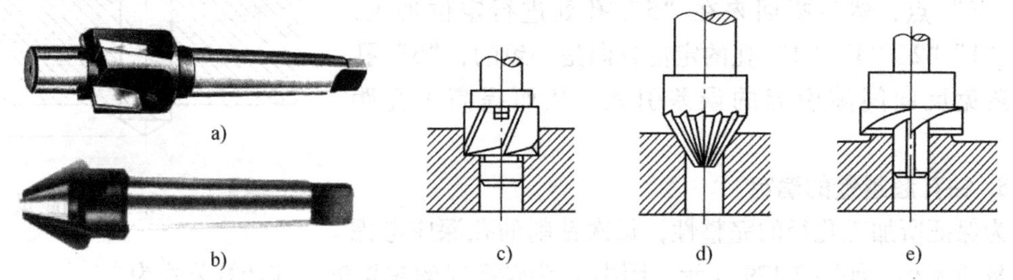

图 2-125 锪孔钻及其用途

a）平底沉孔锪钻 b）锥孔锪钻 c）锪沉头孔 d）锪锥孔 e）锪平台

2. 多孔加工进给路径

多孔零件如图 2-126 所示。在孔加工时，应尽量缩短进给路线，常采用两种进给路线，如图 2-127 所示。其中，图 2-127a 所示的进给路线最短，在批量生产时提倡使用，但在单件生产时，进给路线最短不会太多地提高经济效益，也可以采用图 2-127b 所示的进给路线，因为在手工编程时，此种进给路线的程序比较容易编制。

多孔的位置精度要求较高，则安排孔进给路线就显得特别重要。如果数控机床传动机构没有反向间隙时，一般考虑进给路线最短原则，但如果传动机构有间隙，则应考虑反向间隙引起的误差。多孔加工的进给路线如图 2-128 所示。

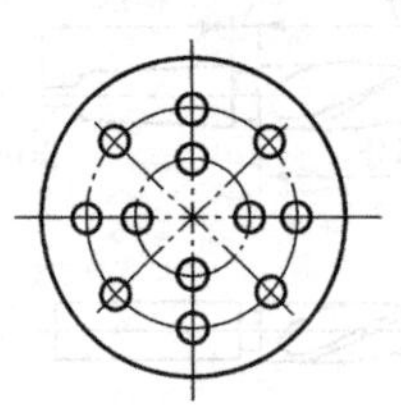

图 2-126 多孔零件

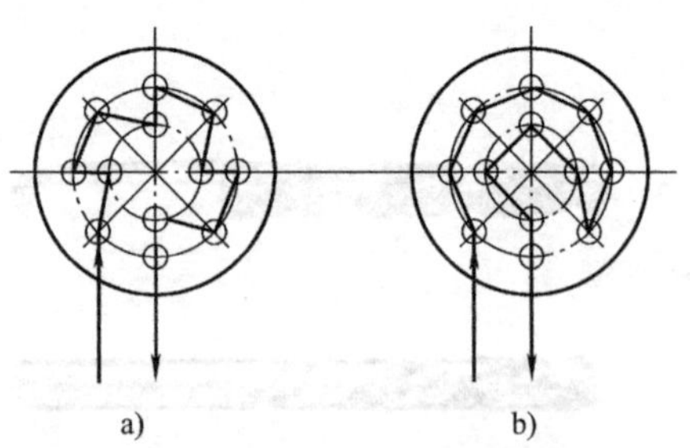

图 2-127 多孔零件的两种进给路线的比较
a）最短的进给路线 b）沿同心圆进给路线

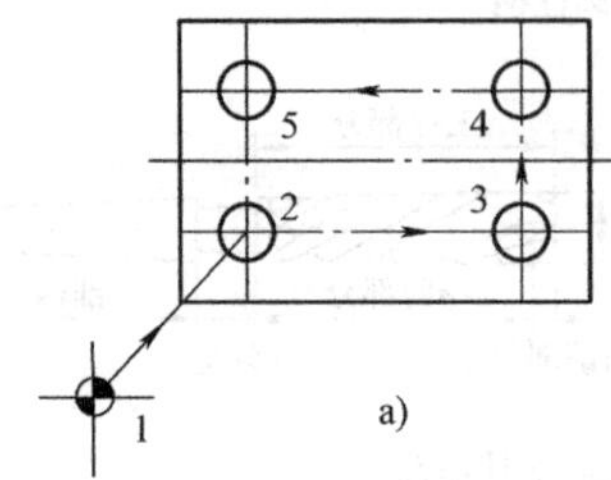

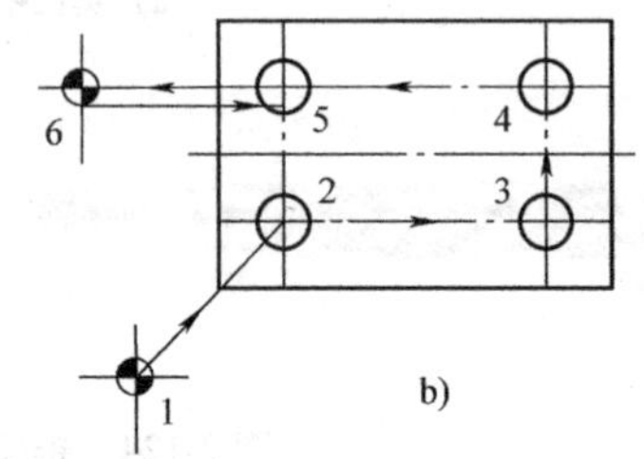

图 2-128 多孔加工的进给路线

多孔加工有两种方案：图 2-128a 所示方案是按照正常顺序“2”“3”“4”“5”孔进行加工；图 2-128b 所示方案是当加工完“4”孔后没有直接在“5”孔处定位加工，而是与 X 轴平行多运动一段距离到达“6”点，然后折回来在“5”孔处进行定位加工，这样“1”“2”“3”“4”孔的定位方向是一致的，“5”孔可以避免反向间隙引起的误差引入，从而提高了孔距精度。

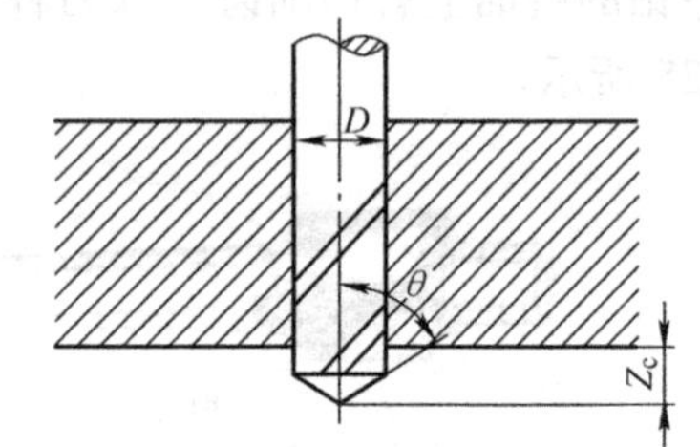

图 2-129 钻孔的超越量

3. 钻孔超越量的确定

为保证所加工孔径的完整性，每次钻削的孔深应考虑超越量的大小，如图 2-129 所示，图中 Z_c 为钻孔时的超越量，其计算公式为

$$Z_c = \left(\frac{D}{2}\cos\theta\right) + (1 \sim 3)\,\text{mm}$$

4. 华中 HNC-22M 系统孔加工固定循环

孔加工固定循环动作如图 2-130 所示，通常由以下 6 个动作组成：

动作 1：X、Y 轴坐标点快速定位。

动作 2：Z 轴快速进给至 R 平面。

动作 3：Z 轴切削进给，进行孔加工。

动作 4：孔底动作。

动作 5：快退至 R 平面。

动作 6：快速返回到起始点。

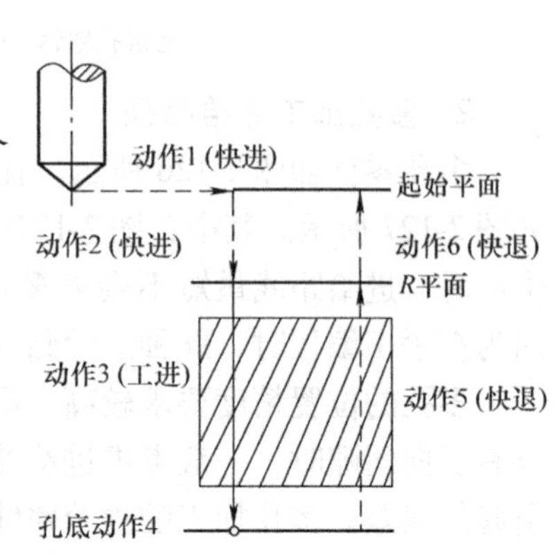

图 2-130 孔加工固定循环动作

由于 G90（G91）在程序初始化时就已经指定，因此

在固定循环程序里可不注出。

（1）普通钻孔固定循环指令 G81

【格式】　G98（G99）G81 X__Y__Z__R__F__L__

【说明】

G98：刀具从孔底平面返回到起始点平面；

G99：刀具从孔底平面返回到 R 点平面；

G81：普通钻孔；

X__Y__：孔在 X、Y 平面的位置；

Z__：孔底平面的位置；

R__：R 点平面所在位置，一般在工件表面上方 2 ~ 5mm 处；

F__：进给速度；

L__：循环次数，写入 L0 时只记忆加工数据，不做加工；不写时默认为循环一次。

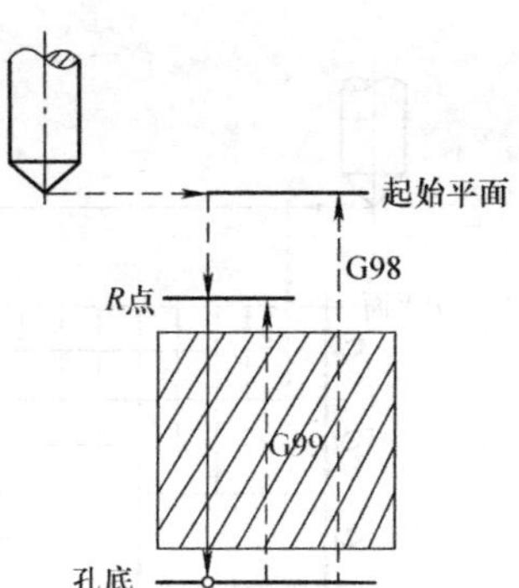

图 2-131　普通钻孔固定循环指令 G81 的动作

普通钻孔固定循环指令 G81 的动作如图 2-131 所示。

（2）带停顿钻孔循环、锪孔循环指令 G82

【格式】　G98（G99）G82 X__Y__Z__R__P__F__L__

【说明】　P__：暂停时间，用于不通孔锪孔或台阶孔加工中，改善孔底的表面粗糙度和精度。单位为“ms（毫秒）”。

（3）深孔钻循环指令 G83　深孔是指孔深与孔直径之比大于 5 而小于 10 的孔，加工深孔时，加工条件差，加工过程散热差，排屑困难，刀具磨损快，刀杆刚性差，容易钻偏，影响加工精度。

【格式】　G99（G98）G83 X__Y__Z__R__Q__P__K__F__L__

【说明】　Q__：每次加工深度，其值为负，自动每次进给时，应在距离已加工表面 K 处，将快速进给转换成切削进给，再切入 Q 值后，以快速退回至 R 平面，进行排屑。如此重复直至加工到孔底为止。

G83 指令动作如图 2-132 所示。

（4）取消固定循环

【格式】G80

【说明】取消固定循环（G76、G85、G81 ~ G89）以后执行其他指令，同时 R 点、Z 点也取消。

5. SIEMENS 802D 系统孔加工固定循环

SIEMENS 802D 系统的孔加工固定循环与华中 HNC-22M 系统固定循环功能基本相似，只是在本系统中固定循环是以 CYCLE81 ~ CYCLE89 来调用的。

（1）钻孔固定循环指令 CYCLE81

【格式】　CYCLE81（RTP，RFP，SDIS，DP，DPR）

其参数示意图如图 2-133 所示。

【说明】

1）刀具按照编程进给速率钻孔、锪孔，直至最后预定的钻孔、锪孔深度。

2）循环执行前快速到达钻孔起始位置→快速进给至安全平面位置→以工进进给倍率速度钻孔至预定深度。

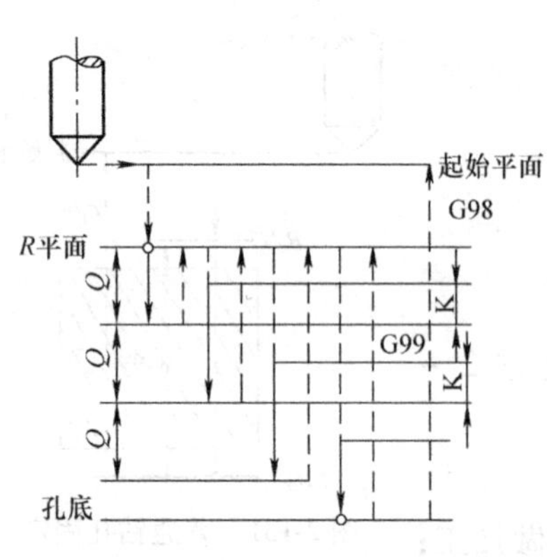

图 2-132　G83 指令动作

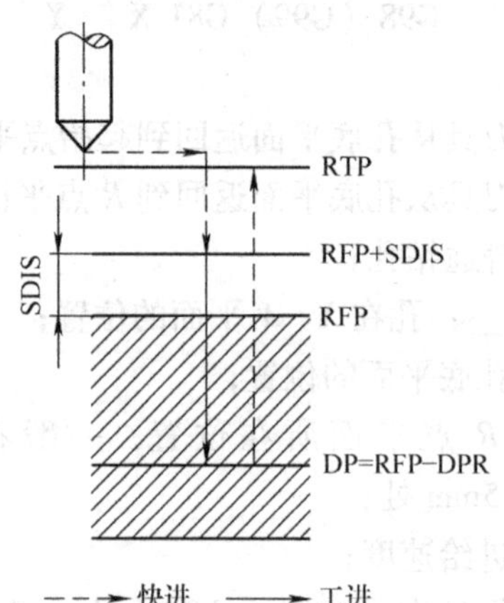

图 2-133　钻孔循环 CYCLE81 的参数示意图

3）“SDIS”安全间隙作用于参考平面，参考平面由安全间隙产生，安全间隙作用的方向由循环自动决定。

钻孔循环 CYCLE81 的参数及说明见表 2-51。

表 2-51　钻孔循环 CYCLE81 的参数及说明

参　数	说　明
RTP	返回平面（绝对值）
RFP	参考平面（绝对值）
SDIS	安全间隙（安全平面到参考平面之间的距离，无符号输入）
DP	最后钻孔的深度（绝对值）
DPR	相对于参考平面的最后钻孔深度（无符号输入）

（2）钻孔、锪孔循环指令 CYCLE82

【格式】　CYCLE82（RTP，RFP，SDIS，DP，DPR，DTB）

其参数示意图如图 2-134 所示。

【说明】

1）动作顺序：刀具快速进给，直至钻孔或锪孔返回平面的正上方位置→快速进给至安全平面位置→工进至预定深度→用 G04 停留预定时间［参数 DTB，单位为“s（秒）”］→快速返回到返回平面。

2）参考平面与返回平面的值相同，则深度不能用相对值定义，否则系统报警。

3）若将同一值同时输入 DP 和 DPR，则最后钻孔深度系统选自 DPR；如果该值不同于由 DP 编程的绝对值深度，则信息栏会出现“深度符合相对深度”字样。

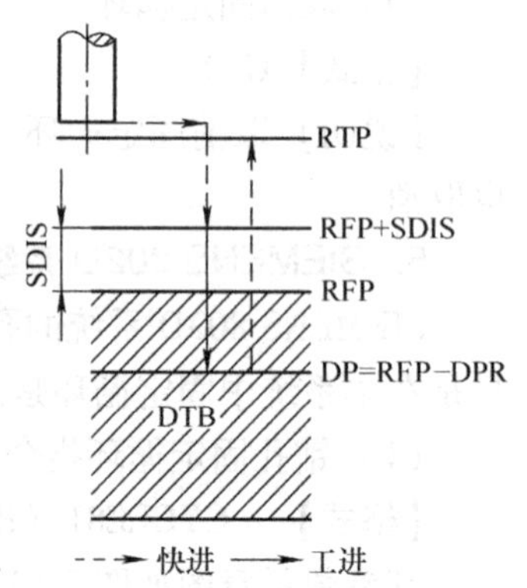

图 2-134　钻孔、锪孔循环 CYCLE82 的参数示意图

钻孔、锪孔循环 CYCLE82 的参数及说明见表 2-52。

表 2-52 钻孔、锪孔循环 CYCLE82 的参数及说明

参 数	说 明
RTP	返回平面（绝对值）
RFP	参考平面（绝对值）
SDIS	安全间隙（安全平面至参考平面之间的距离，无符号输入）
DP	最后钻孔、锪孔的深度（绝对值）
DPR	相对于参考平面的最后钻孔、锪孔深度（无符号输入）
DTB	最后钻孔、锪孔深度时的停留时间（断屑）

（3）深孔加工循环指令 CYCLE83

【格式】 CYCLE83（RTP，RFP，SDIS，DP，DPR，FDEP，FDPR，DAM，DTB，DTS，FRF，VARI）

【说明】

1）刀具以编程定义的进给速率开始钻深孔，直至定义的最后钻孔深度。钻头可以在每次进给深度完成以后退回至安全平面进行排屑，或者每次退回 1mm 用于断屑（VARI = 0）。

2）动作顺序：

① 深孔排屑（VARI = 1），如图 2-135a 所示。刀具快速进给直至钻孔返回平面正上方位置→刀具快速移至安全平面→工进钻削至起始钻孔深度→G04 停留预定时间（参数 DTB）→快速返回安全平面→G04 停留预定时间进行排屑（参数 DTS）→快速返回到起始钻孔深度，并保持预留量距离→钻削至下一个深度，直至到达最后钻孔深度→G04 停留预定时间（参数 DTB）→快速返回至返回平面结束深孔钻削。

② 深孔断屑（VARI = 0），如图 2-135b 所示。刀具快速进给至钻孔返回平面正上方位置→刀具快速移至安全平面→工进钻削至起始钻孔深度，G04 停留预定时间（参数 DTB）→工进后退 1mm，用于断屑→工进钻削至下一个深度，直至到达最后钻孔深度后→快速返回至返回平面结束深孔钻削。

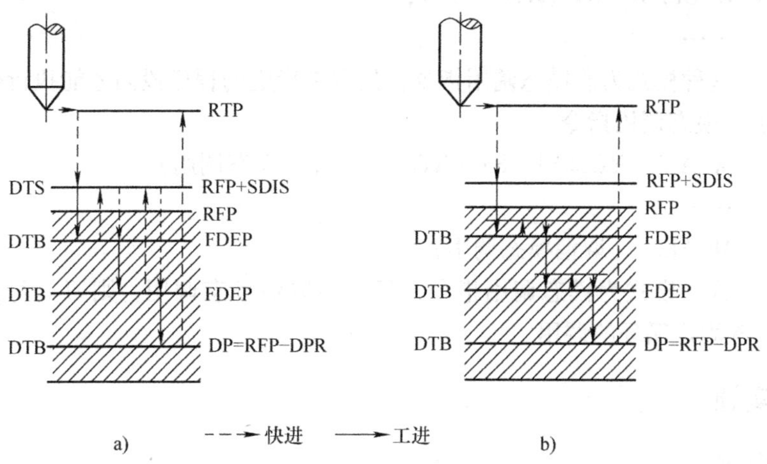

图 2-135 CYCLE83 深孔钻削时的动作及参数循环示意图
a）深孔排屑（VARI = 1） b）深孔断屑（VARI = 0）

深孔钻削循环 CYCLE83 的参数及说明见表2-53。

表2-53 深孔钻削循环 CYCLE83 的参数及说明

参 数	说 明
RTP	返回平面（绝对值）
RFP	参考平面（绝对值）
SDIS	安全间隙（无符号输入）
DP	最后钻孔的深度（绝对值）
DPR	相对于参考平面的最后钻孔的深度（无符号输入）
FDEP	起始钻孔深度（绝对值）
FDPR	相对于参考平面的起始钻孔的深度（无符号输入）
DAM	递减量，计算方法：首次钻孔深度不要超过总的钻孔深度，从第二次钻削开始，每次的钻深由上一次钻深减去递减量获得，但要求钻深大于所编程的递减量，当剩余量大于递减量两倍时，以后的钻削量等于递减量，最终的两次钻削行程被平分，始终大于递减量的一半（无符号输入）
DTB	最后钻孔深度时的停留时间（断屑）
DTS	在 VARI=1 方式下，用于排屑的停留时间
FRF	起始钻孔深度的进给系数，只适用于循环中的首次钻孔深度。范围：0.001~1（无符号输入）
VARI	加工方式：VARI=1 排屑，VARI=0 断屑

问题思考

1. 华中系统钻孔循环指令 G81 与 G82 的主要区别是什么？
2. SIEMENS 802D 系统钻孔加工循环 CYCLE81 与 CYCLE82 的主要区别是什么？

6. 孔加工固定循环指令的调用

（1）孔加工非模态调用指令。

【格式】 CYCLE81~89（RTP ……）;

……

【说明】 这种模式为非模态调用指令，只有在指定的程序段内才能执行循环动作。

（2）孔加工模态调用指令

【格式】 MCALL CYCLE81~89（RTP ……）;（模态调用）

……

MCALL;（取消模态调用）

【说明】 这种模式为模态调用指令，只要不取消模态调用，则刀具每执行一次移动量，将执行一次固定循环的调用。

任务实施

1. 图样分析

1）该零件为长方体孔系零件，结构外形部分无尺寸精度要求，表面粗糙度值均为 *Ra*3.2μm，坯料表面及外形尺寸已经加工。

2）左下角为光孔 ϕ20mm，其中心线至两基准侧边均为20mm。

3）工件中心处为圆柱形沉头孔，其沉头直径为 ϕ20mm、深5mm 的 ϕ12mm 通孔，该孔中心线至左下角光孔中心线的距离分别为30mm 和20mm。

4）右上角为90°锥角沉头孔、沉锥深5mm 的 ϕ12mm 通孔，其中心线至两基准侧边的距离分别为80mm 和60mm。

2. 工艺分析

该零件的三个通孔精度较低，故可直接采用钻孔方式进行加工，圆柱形沉头孔及90°锥角沉头孔采用锪孔加工，钻孔时需注意钻头的超越量。

3. 工艺准备

（1）设备　华中 HNC-22M 系统或 SIEMENS 802D 系统数控加工中心。

（2）量具　0～120mm 游标卡尺、0～30mm 内径千分尺、0～150mm 深度游标卡尺、磁性表座及百分表。

（3）其他　垫铁若干橡胶锤或纯铜棒，表面粗糙度样板。

4. 刀具清单

刀具清单见表2-54。

表2-54　刀具清单

产品名称或代号		零件名称		零件图号	
序号	刀具名称	刀具规格	加工表面	数量	备注
1	中心钻	A2	钻中心孔	1	
2	钻头	ϕ12mm	两个 ϕ12mm 通孔	1	
3	钻头	ϕ20mm	一个 ϕ20mm 通孔	1	
4	锥角90°锪孔钻	锥角90°	锪 ϕ12mm 沉锥孔	1	
5	圆柱形锪孔钻	ϕ20mm	锪 ϕ20mm 圆柱孔	1	
编制	审核	批准		共　页	第　页

5. 工艺流程

工艺流程见表2-55。

表2-55　工艺流程

单位		产品名称		零件名称	第　页
工序号	工序内容	工序简图			
1	中心钻定位 使用A2 中心钻钻三个通孔的中心孔，深 孔为2mm				
2	钻 ϕ12mm 通孔一个，孔深为25mm，含超越量为5mm				

（续）

单位		产品名称		零件名称		第　页
工序号	工序内容	工序简图				
3	钻 ϕ20mm 通孔一个，孔深为 25mm，含超越量为 5mm					
4	使用 ϕ20mm 圆柱锪孔钻锪中心处的圆柱沉头孔，深度为 5mm					
5	使用 90°锥角锪孔钻锪工件右上角 ϕ12mm 沉锥孔，深度为 5mm					

6. 工艺制订

数控加工工艺卡见表 2-56。

表 2-56　数控加工工艺卡

单位		机床型号		零件名称			第　页	
工序	工序名称			程序编号		备注		
工步号	作业内容	刀具号	半径补偿号	长度补偿号	n/(r/min)	f/(mm/min)	a_p/mm	半径补偿
1	A2 中心钻	T01	—	H01	1500	60		—
2	ϕ12mm 钻头	T02	—	H02	700	80	6	—
3	ϕ20mm 钻头	T03	—	H03	400	80	10	—
4	ϕ20mm 圆柱锪孔钻	T04	—	H04	200	40		—
5	90°锥角锪孔钻	T05	—	H05	700	40		—
6	整体精度检验							

工件坐标系的原点设置在零件上表面左下角，将 X、Y、Z 向的零偏值输入工件坐标系 G54 中，工件上表面为 Z0。

7. 华中 HNC-22M 系统数控程序及说明

```
%2270;                               主程序名（主轴安装 T01 号 A2 中心钻刀具）
N10 G54 G17 G21 G40 G90 G80 G49      程序初始设置
N20 G91 G28 Z0                       返回参考点
N30 M03 S1500                        主轴正转，转速 1500 r / min
N40 G43 G00 H01 Z50 M07              建立 1 号长度补偿，切削液开
N50 Z5                               落刀
N60 G99 G81 X20 Y20 Z-2 R3 F60       钻孔固定循环
N70 X50 Y40
```

N80 X80 Y60	
N90 G80 M09	取消钻孔固定循环，切削液关
N100 M05	主轴停转
N110 G49 G28 G91 Z0	返回参考点、取消1号刀具长度补偿
N120 T02 M06	换2号 ϕ12mm 钻头
N130 M03 S700	主轴正转，转速700 r／min
N140 G43 G00 H02 Z50 M07	建立2号长度补偿
N150 Z5	落刀
N160 G98 G81 X50 Y40 Z－25 R3 F80	钻孔固定循环
N170 X80 Y60	
N180 G80 M09	取消钻孔固定循环、切削液关
N190 M05	主轴停转
N200 G49 G28 G91 Z0	返回参考点，取消2号刀具长度补偿
N210 M06 T03	换3号 ϕ20mm 钻头
N220 M03 S400	主轴正转，转速400 r／min
N230 G43 G00 H03 Z50 M07	建立3号长度补偿，切削液开
N240 Z5	落刀
N250 G98 G81 X20 Y20 Z－25 R3 F80	钻孔固定循环
N260 G80 M09	取消钻孔固定循环，切削液关
N270 M05	主轴停转
N280 G49 G28 G91 Z0	返回参考点、取消3号刀具长度补偿
N290 M06 T04	换4号 ϕ20mm 圆柱锪孔钻
N300 M03 S200	主轴正转，转速200 r／min
N310 G43 G00 H04 Z50 M07	建立4号长度补偿，切削液开
N320 Z5	落刀
N330 G98 G82 X50 Y40 Z－10 R3 P2000 F40	锪圆柱孔固定循环
N340 G80 M09	取消钻孔固定循环，切削液关
N350 M05	主轴停转
N360 G49 G28 G91 Z0	返回参考点，取消4号刀具长度补偿
N370 M06 T05	换5号90°锥角锪孔钻
N380 M03 S700	主轴正转，转速700 r／min
N390 G43 G00 H05 Z50 M07	建立5号长度补偿，切削液开
N400 Z5	落刀
N410 G98 G82 X80 Y60 Z－10 R3 P2 F40	钻孔固定循环
N420 G80 M09	取消钻孔固定循环，切削液关
N430 G49 G28 G91 Z0	返回参考点、取消5号刀具长度补偿
N440 M30	程序结束

8. SIEMENS 802D 系统数控程序及说明

BB421. MPF；	主程序
N10 G90 G94 G40 G71 G54 F60；	取程序初始化，主轴正转，转速600
N20 G74 Z0；	返回参考点
N30 T1 D1；	换1号中心钻，刀补生效
N40 M6；	换刀

```
N50 G00 X20 Y20;                              进刀至左下角孔中心点位置
N60 Z5;                                       Z轴至5mm处
N70 S1500 M3;                                 主轴正转，转速1500 r/min
N80 MCALL CYCLE81 (10, 0, 3, -2);             钻孔固定循环，模态调用
N90 X20 Y20;
N100 X50 Y40;
N110 X80 Y60;
N120 MCALL;                                   取消模态调用
N130 G74 Z0;                                  返回参考点
N140 M05;                                     主轴停转
N150 T2 D2;                                   换2号φ12mm钻头，刀补生效
N160 M6;                                      换刀
N170 G00 X50 Y40;                             进刀至中心处孔中心点位置
N180 Z5;                                      Z轴至5mm处
N190 S700 M03;                                主轴正转，转速700 r/min
N200 MCALL CYCLE81 (10, 0, 3, -25);           钻孔固定循环，模态调用
N210 X80 Y60;
N220 MCALL;                                   取消模态调用
N230 G74 Z0;                                  返回参考点
N240 M05;                                     主轴停转
N250 T3 D3;                                   换3号φ20mm钻头，刀补生效
N260 M6;                                      换刀
N270 M03 S400;                                主轴正转，转速400r/min
N280 G00 X20 Y20;                             进刀至左下角孔中心点位置
N290 Z5;                                      Z轴至5mm处
N300 CYCLE81 (10, 0, 3, -25);                 钻孔固定循环
N310 G74 Z0;                                  返回参考点
N320 M05;                                     主轴停转
N330 T4 D4;                                   换4号φ20mm圆柱锪孔钻，刀补生效
N340 M6;                                      换刀
N350 M03 S200;                                主轴正转，转速200 r/min
N360 G00 X50 Y40;                             进刀至中心处孔中心点位置
N370 Z5;                                      Z轴至5mm处
N380 CYCLE82 (10, 0, 3, -5,, 2);              锪圆柱孔固定循环
N390 G74 Z0;                                  返回参考点
N400 M05;                                     主轴停转
N410 T5 D5;                                   换5号90°锥角锪孔钻，刀补生效
N420 M6;                                      换刀
N430 M03 S700;                                主轴正转，转速700r/min
N440 G00 X80 Y60;                             进刀至右上角孔中心点位置
N450 Z5;                                      Z轴至20mm处
N460 CYCLE82 (10, 0, 3, -10,, 2);             锪孔固定循环
N470 G74 Z0;                                  返回参考点
```

N480 M30；　　　　主程序结束

编程提示

模态调用循环 MCALL 指令：是指在标有 MCALL 指令的程序段中调用循环程序，调用循环结束也要用 MCALL 指令进行取消循环，应单独成一个程序段，其目的主要是为了简化编程。它主要应用于各种孔排列等。

零件加工及检测

1）打开总电源、机床电源，开启数控系统。

2）检查机床状态，手动低速运行主轴及 *X*、*Y*、*Z* 轴动作。

3）机床回参考点（先 *Z* 轴回零，后 *X*、*Y* 轴回零）。

4）检查夹具，使用百分表将钳口与 *X* 轴的平行度控制在 0. 02mm 以内。

5）夹紧工件，工作面超出钳口 5mm 左右。

6）输入零件加工程序，检查程序并模拟校验进给路线。

7）加工中心刀库安装 A2 中心钻为 1 号刀位、ϕ12mm 钻头为 2 号刀位、ϕ20mm 钻头为 3 号刀位、ϕ20mm 圆柱锪孔钻为 4 号刀位、90°锥角锪孔钻为 5 号刀位。

8）用试切法对刀，并将 *X*、*Y* 向零点值输入偏置寄存器，偏置寄存器中 Z 值设定为 0。输入 H01、H02、H03、H04、H05 刀具长度补偿数据（SIEMENS 系统输入 T1、…、T5 中长度补偿数据）。

9）工件试切车削加工。

10）检验零件尺寸。

11）加工结束，卸下刀具、工件，清理机床并将各坐标轴停在中间位置。

零件加工后将所测结果填写零件检测评分表，见表 2-57。

表 2-57　零件检测评分表

姓名			定额时间		总分	
序号	评价项目	评分内容	配分	评分标准	实测	得分
1	内径	ϕ12mm 通孔（两处）	10	每处超差 0. 1mm，扣 2. 5 分		
		ϕ20mm 通孔（一处）	5	超差 0. 1mm，扣 2. 5 分		
		ϕ20mm（沉孔一处）	5	超差 0. 1mm，扣 2. 5 分		
2	深度	5mm（沉孔及沉锥孔）	20	每处超差 0. 1mm，扣 5 分		
3	位置	20mm（三处）	30	每处超差 0. 1mm，扣 5 分		
		30mm	10	超差 0. 1mm，扣 5 分		
		60mm	5	超差 0. 1mm，扣 2. 5 分		
		80mm	5	超差 0. 1mm，扣 2. 5 分		
4	文明生产	按企业相关标准执行	10			

注意事项

1）在 SIEMENS 系统加工中心编程中，有些换刀指令也可以将“M6”写成“L06”，因此在编程时，还应详细阅读机床编程说明书。

2）钻孔深度应考虑钻头要留有越程量。

3）关机后对于加工中心来说，主轴应处于无刀具状态。

4）若批量加工零件需重复使用程序，这时要注意第一把刀的处理。

5）加工中心在自动换刀过程中，对于一些直径较大或尺寸较长的刀具，在换刀时应留出足够的空间，以免在换刀时发生撞刀事故。

扩展训练

1. 方板群孔零件加工如图2-136所示，材料：45钢，毛坯：53 mm×53mm×13mm。要求：坯料规方，进行工艺分析，填写刀具卡片，数控加工工艺卡，编写加工程序，加工零件，检查零件尺寸精度。

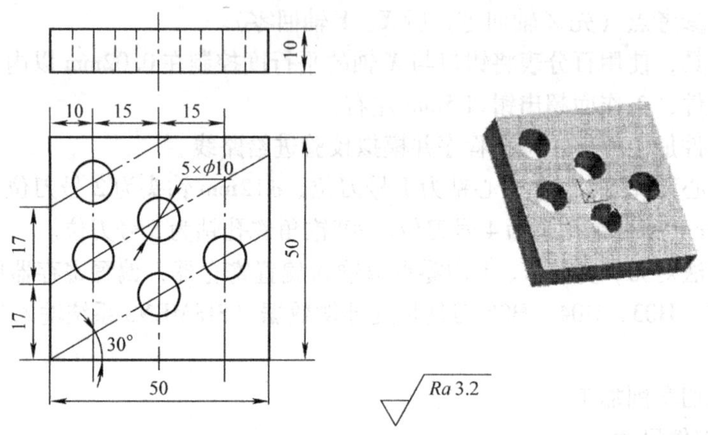

图2-136　方板群孔零件

2. 圆盘形钻孔、锪孔零件如图2-137所示，材料为45钢，毛坯尺寸为ϕ80mm ×25mm，外圆已车削加工。要求：进行工艺分析并填写刀具卡片和数控加工工艺卡，选择装夹方式，

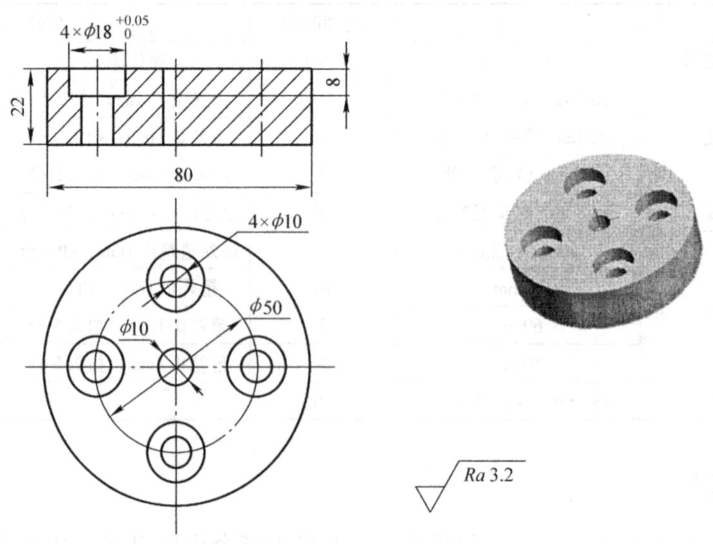

图2-137　圆盘形钻孔、锪孔零件

编写程序实施加工，加工零件，检测零件尺寸精度。

任务二 铰孔、镗孔零件铣削加工

任务描述

该零件采用数控加工中心完成加工，加工出的零件应符合图样技术要求，进行加工操作时要符合操作规程，要求能够选择合理的切削加工工艺参数，能熟练操作数控加工中心实施对零件的调整加工和尺寸精度的检测及对数控加工中心的日常维护与保养。

任务工单

图2-138所示为铰、镗孔零件，材料为45钢，零件的外轮廓已经加工完成，单件加工。

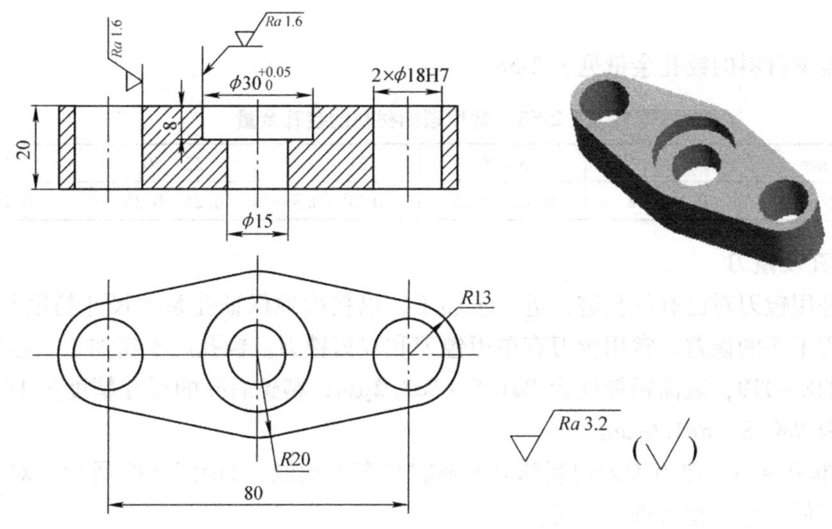

图2-138 铰、镗孔零件铣削加工

任务准备

在零件图中尺寸公差如果标注公差带代号时，在加工前应将其转换为极限偏差的形式，转换可以查相关金属切削手册。如ϕ24H8为孔的公差带代号，其公称尺寸为ϕ24mm，公差等级为IT8，孔的基本偏差代号为“H”，经查孔的尺寸为$\phi24^{+0.033}_{0}$mm。

1. 铰孔及铰刀

铰孔是对已有孔进行微量切削的一种精加工方法。铰孔使用铰刀进行加工，铰刀的柄部可分为锥柄和直柄两种，材料常用高速钢及合金工具钢。机用铰刀如图2-139所示，有4～12齿，铰刀由工作部分、颈部和柄部三部分组成。选用时要根据生产条件及加工要求来定，单件或小批量生产时，选用手用铰刀；大批量生产时，选用机用铰刀。一般铰孔后的加工精度为IT8～IT9，表面粗糙度为Ra0.8～Ra1.6μm。

铰削用量的选择如下：

1）铰削钢件及铸铁件时，f=0.5～1mm/r；铰削铜件或铝件时，f=1～1.2mm/r。

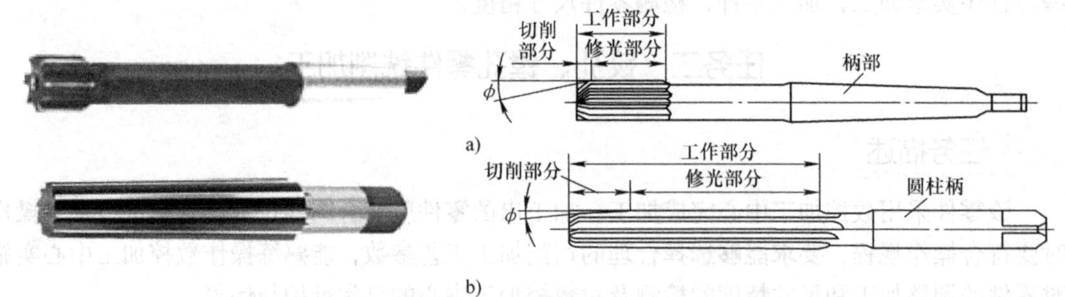

图 2-139　机用铰刀

a）锥柄　b）直柄

2）用高速钢铰刀铰削钢件及铸铁件时，$v=4\sim8$ m/min；铰削铜件或铝件时，$v=8\sim12$m/min。

常用碳钢材料的铰孔余量见表 2-58。

表 2-58　常用碳钢材料的铰孔余量

孔直径/mm	<5	5 ~ 20	21 ~ 32	33 ~ 50	51 ~ 70
铰削余量/mm	0.1 ~ 0.2	0.15 ~ 0.25	0.20 ~ 0.3	0.25 ~ 0.35	0.25 ~ 0.35

2. 镗孔及镗刀

镗孔是用镗刀对已有的孔进行进一步加工，以精确地保证孔系的尺寸精度和几何精度，并纠正上道工序的误差。常用镗刀有单刃镗刀和双刃镗刀。镗孔属于精加工，粗镗后孔的尺寸精度为 IT8 ~ IT9，表面粗糙度为 $Ra1.6\sim Ra3.2\mu m$；精镗后孔的尺寸精度为 IT7 ~ IT8，表面粗糙度为 $Ra0.8\sim Ra1.6\mu m$。

（1）单刃镗刀　单刃镗刀切削部分的形状与车刀相似，如图 2-140 所示。对于小直径孔的镗削可以使用单刃镗刀进行加工。

常见的单刃镗刀在刀杆上的安装位置有两种：一种是切削部分垂直镗刀杆轴线安装，适合加工通孔，如图 2-141a 所示；另一种是切削部分倾斜镗刀杆轴线安装，适合于加工不通孔和台阶孔，如图 2-141b 所示。

图 2-140　单刃镗刀

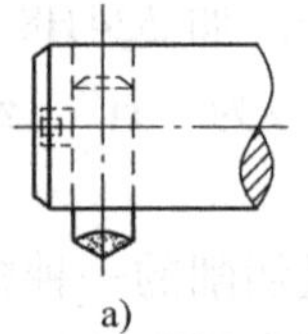
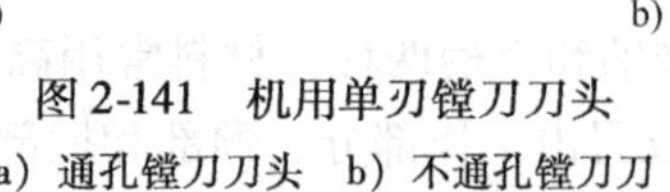

图 2-141　机用单刃镗刀刀头

a）通孔镗刀刀头　b）不通孔镗刀刀

（2）双刃镗刀　双刃镗刀是指镗刀的两端有一对称的切削刃同时参与切削，如图 2-142 所示。其优点是平衡性好，可以消除径向力对镗杆的影响，可以用较大的切削用量，对刀杆刚度要求低，不易振动，所以切削效率高。

（3）镗削用量的选择　由于刀具尺寸受到被加工孔径的限制，影响了镗刀的刚度，因此镗孔时应根据实际情况，适当选用较小的切削速度和较小的进给量。此外，镗刀杆的刚度随着镗刀杆伸出铣床主轴的长度而变化，镗削点距离主轴越远，则镗孔质量越差，因此镗削点应尽量靠近主轴。

1）镗削碳钢及铸铁件时，切削速度 $v=40\sim60\text{m/min}$，$f=0.3\sim1.0\text{mm/r}$。

2）镗削铜、铝及合金件时，$v=200\sim250\text{m/min}$，$f=0.4\sim1.5\text{mm/r}$。

3）一般钢件粗镗后余量留 0.2mm；精镗后余量留 0.1mm；另外，一次粗镗削时，加工余量应该是粗加工余量加上精加工余量。

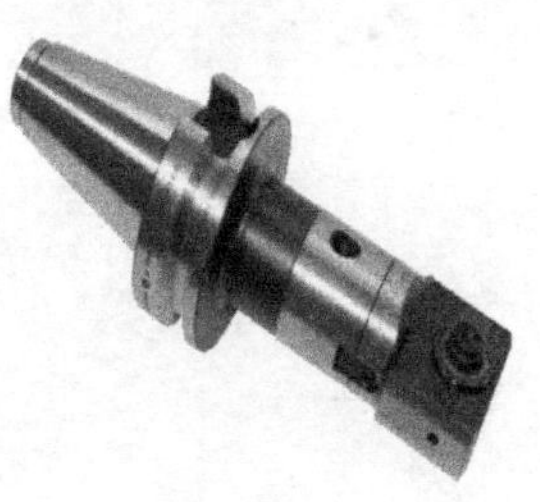

图 2-142　双刃镗刀

3. 华中 HNC-22M 系统铰、镗孔加工固定循环

（1）铰孔加工固定循环　在数控铣床或加工中心上进行铰孔，可使用钻孔 G81 指令和 G82 指令，该指令也常用于铰孔和扩孔，其进给动作如图 2-143 所示。

（2）镗孔加工固定循环

1）粗镗孔加工固定循环。

【格式】　G98（G99）G85 X __ Y __ Z __ R __ F __ L __

【说明】　该指令各参数含义与 G81 指令完全相同。从 R 点到 Z 点主轴正转，刀具正向进给到孔底部，然后主轴以快速动作退出，在孔底时主轴不反转。其中，L __为循环次数，不指定时默认为 1 次，当 L=0 时机床不动作；F __为进给率。

2）精镗孔加工固定循环。

【格式】　G98（G99）G76 X __ Y __ Z __ R __ Q __ P __ I __ J __ K __ F __ L __

【说明】　Q __为刀具在孔底的反向偏移量，如图 2-144 所示，为正值，须小心指定；P __为刀具在孔底的暂停时间（单位为 ms）；I __ J __为刀具刀尖反方向的移动量，I 对应 X 轴，J 对应 Y 轴；K __为每次退刀的距离。

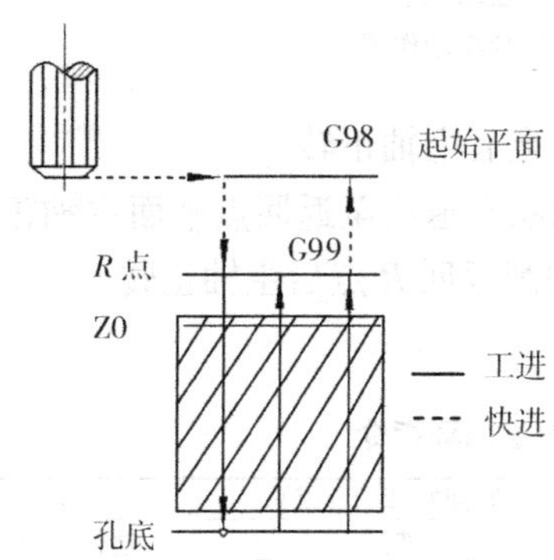

图 2-143　G81、G82 指令铰孔进给动作

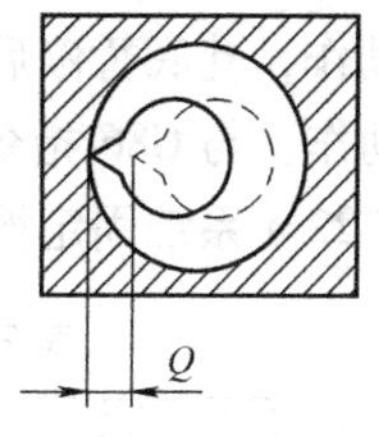

图 2-144　定向停止

G76 指令进给动作如图 2-145 所示。除 Q 指令字以外，各参数含义与 G81 指令完全相同。另外在使用该指令前，须确认机床是否具有主轴准停功能，否则可能会发生撞刀。

3）其他镗孔固定循环。

【格式】　①半精镗循环指令 G98（G99）G86 X __ Y __ Z __ R __ F __ L __

②手动退刀镗孔循环指令 G98（G99）G88 X __ Y __ Z __ R __ P __ F __ L __

③镗阶梯孔循环指令 G98（G99）G89 X __ Y __ Z __ R __ P __ F __ L __

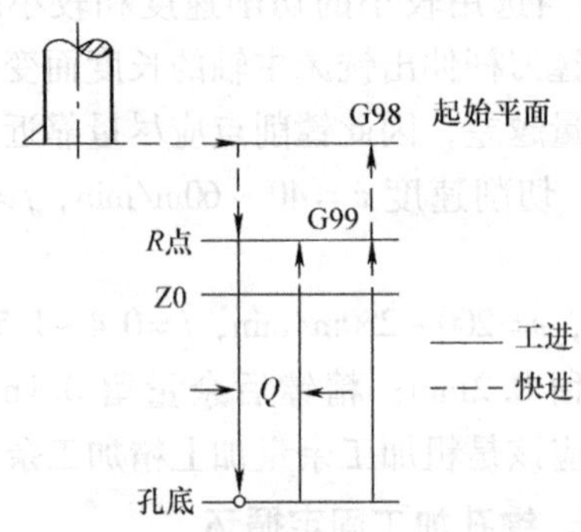

图 2-145　G76 指令进给动作

【说明】　G85。G86、G88、G89 指令进给动作如图 2-146 所示。

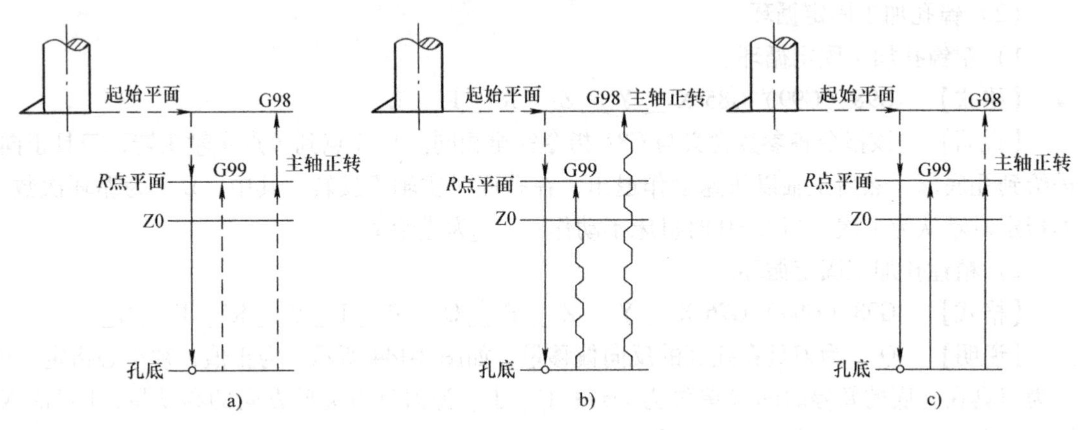

图 2-146　G86、G88、G89 指令进给动作

a）G86 动作图　b）G88 动作图　c）G89 动作图

a）G86 动作，至孔底后主轴停转，并快速返回 R 点后主轴正转。

b）G88 动作，孔底暂停后主轴停转，转换为手动状态退出至返回点平面主轴正转。

c）G89 动作，与 G86 指令相同，有孔底暂停，切削返回 R 点后主轴正转。

华中 HNC-22M 系统固定循环指令见表 2-59。

表 2-59　华中 HNC-22M 系统固定循环指令

G 代码	加工行程（-Z）	孔底动作	返回行程（+Z）	用　途
G73	往复进给		快速	高速深孔往复排屑钻
G74	切削进给	主轴正转	快速	攻左螺纹
G76	切削进给	主轴准停、刀具移位	快速	精镗固定循环
G80	—	—	—	取消固定循环指令
G81	切削进给		快速	钻孔循环（中心钻）
G82	切削进给	暂停	快速	带停顿钻孔循环
G83	往复进给		快速	深孔加工循环
G84	切削进给	主轴反转	切削	攻右螺纹
G85	切削进给		切削	镗孔循环
G86	切削进给	主轴停止	快速	镗孔循环
G87	切削进给	刀具移位、主轴启动	快速	反镗循环
G88	切削进给	暂停、主轴停转	手动操作后快速返回	镗孔循环
G89	切削进给	暂停	切削	镗孔循环

4. SIEMENS 802D 系统铰、镗孔加工固定循环

（1）铰孔循环

【格式】 CYCLE85（RTP，RFP，SDIS，DP，DPR，DTB，FFR，RFF）

【说明】 刀具按照编程的进给速率铰孔、镗孔，直至达到最后预定的铰孔深度；在执行该循环指令前应快速至返回平面上方铰孔坐标位置，然后快速进给至安全平面位置，再以工进进给倍率速度进行铰孔至预定深度；“RFF”为回退进给率，从孔底工进回退至安全平面；在铰孔底设定停留时间。

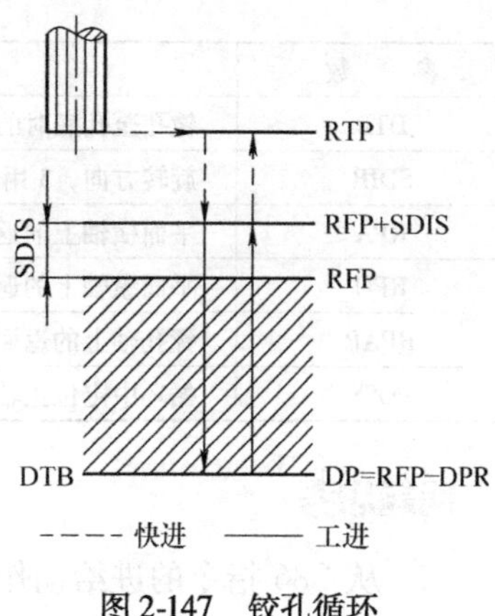

图 2-147　铰孔循环 CYCLE85 的参数示意图

其参数示意图如图 2-147 所示。

铰孔循环 CYCLE85 的参数及说明见表 2-60。

表 2-60　铰孔循环 CYCLE85 的参数及说明

参　数	说　明
RTP	返回平面（绝对值）
RFP	参考平面（绝对值）
SDIS	安全间隙（安全平面到参考平面之间的距离，无符号输入）
DP	最后铰孔的深度（绝对值）
DPR	相对于参考平面的最后铰孔深度（无符号输入）
DTB	铰孔至孔底时的停留时间（断屑）
FFR	进给倍率
RFF	退回进给倍率

（2）镗孔循环

【格式】 CYCLE86（RTP，RFP，SDIS，DP，DPR，DTB，SDIR，RPA，RPO，RPAP，POSS）

【说明】

1）镗孔一旦到达镗孔深度，便激活主轴准停功能，主轴将从返回平面快速回到编程的返回位置。

2）SDIR（旋转方向），该参数的值为 3 或 4（M03 或 M04），否则将产生报警。

其循环参数示意图如图 2-148 所示，其参数及说明见表 2-61。

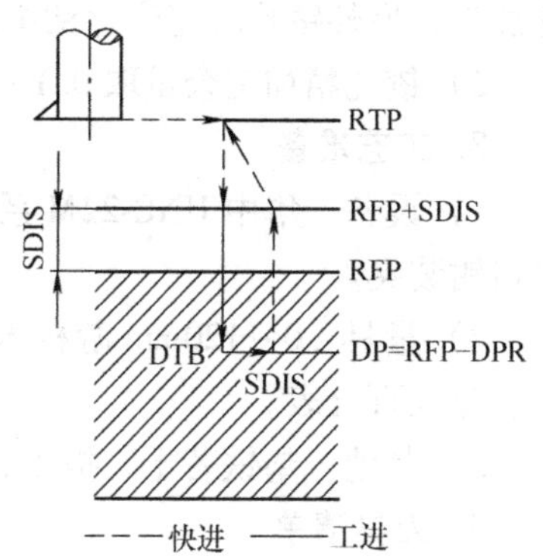

图 2-148　CYCLE86 镗孔循环示意图

表 2-61　镗孔循环、CYCLE86 的参数及说明

参　数	说　明
RTP	返回平面（绝对值）
RFP	参考平面（绝对值）
SDIS	安全间隙（加工平面到参考平面之间的距离，无符号输入）
DP	最后镗孔的深度（绝对值）
DPR	相对于参考平面的最后镗孔深度（无符号输入）

（续）

参　数	说　明
DTB	镗孔至孔底时的停留时间（断屑）
SDIR	旋转方向，3 用于 M3，4 用于 M4
RPA	平面横轴上的返回路径（增量、带符号输入）
RPO	平面纵轴上的返回路径（增量、带符号输入）
RPAP	镗孔轴上的返回路径（增量、带符号输入）
POSS	循环中定位主轴准停的位置［以（°）为单位］

问题思考

1. 从 G86 指令的进给动作看，为什么 G86 指令适合粗镗与半精镗？
2. 从提高效率角度来讲，为什么少用 G88 指令进行镗削？
3. 从 G89 指令的进给动作看，为什么 G89 指令适合阶梯孔的镗削？

任务实施

1. 图样分析

该零件为高精度孔加工零件，对称结构，两个通孔尺寸均为 ϕ18H7，查相关金属切削手册，其尺寸为 $\phi 18^{+0.021}_{0}$mm，阶梯孔尺寸为 $\phi 30^{+0.05}_{0}$mm，并均有表面粗糙度 $Ra1.6\mu m$ 要求，中间阶梯通孔为 ϕ15mm 表面无尺寸精度和表面粗糙度要求。

2. 工艺分析

1）该零件两侧通孔的尺寸精度及表面粗糙度要求较高，故可采用钻、铰孔方式进行加工；中间圆柱形沉头孔精度高，需用钻、镗孔方式进行加工；下部通孔精度较低，可直接钻孔加工，另外钻孔时需注意钻头的超越量。

2）铰孔精加工余量取 0.1 ~ 0.2mm（直径量），精镗孔余量取 0.4 ~ 0.6mm（直径量）。

3. 工艺准备

1）设备　华中 HNC-22M 系统及 SIEMENS 802D 系统数控加工中心，采用两 V 形块和平口钳装夹。

2）量具　0 ~ 120mm 游标卡尺、5 ~ 30mm 内径千分尺、0 ~ 150mm 深度游标卡尺、磁性表座及百分表。

3）其他　垫铁若干，扳手，纯铜棒或橡胶锤。

4. 刀具清单

刀具清单见表 2-62。

表 2-62　刀具清单

产品名称或代号		零件名称		零件图号	
序号	刀具名称	刀具规格	加工表面	数量	备注
1	中心钻	A2.5	中心定位孔	1	
2	钻头	ϕ17.5mm	两侧 ϕ18H7 通孔	1	

（续）

产品名称或代号			零件名称		零件图号	
序号	刀具名称		刀具规格	加工表面	数量	备注
3	钻头		ϕ15mm	阶梯通孔	1	
4	铰刀		ϕ18mm	两侧通孔	1	
5	键槽立铣刀		ϕ18mm	铣 ϕ30mm 阶梯孔	1	
6	精镗刀		ϕ30mm	精镗阶梯孔	1	
编制		审核	批准		共　页	第　页

5. 工艺流程

数控加工工艺流程见表2-63。

表2-63　工艺流程

单位		产品名称		零件名称		第　页
工序号	工序内容	工序简图				
1	A2.5 中心钻钻三个定位中心孔，孔深为 2mm	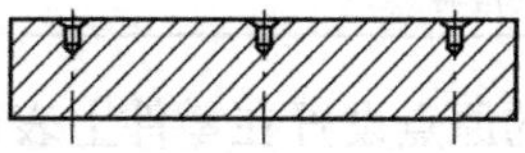				
2	钻 ϕ17.5mm 通孔两个，孔深为 25mm，超越量为 7mm	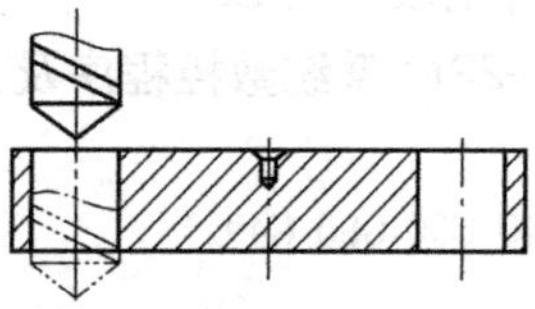				
3	钻 ϕ15mm 中心通孔，孔深为 25mm，超越量 5mm	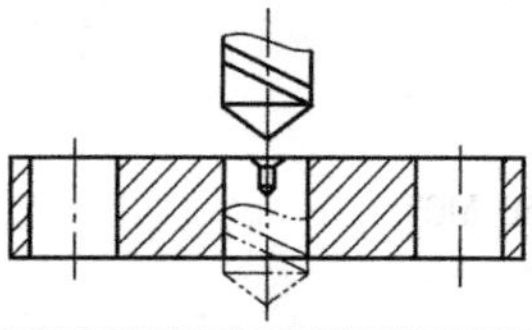				
4	铰 ϕ18H7 两侧通孔，孔深为 25mm，超越量为 7mm	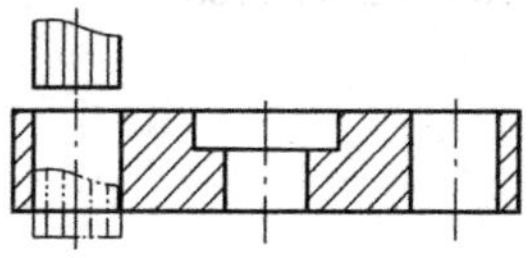				
5	使用 ϕ8mm 铣刀加工中间 ϕ15mm 阶梯孔至 ϕ29.5mm，背吃刀量为 8mm	R14.75 ϕ15				
6	镗 ϕ29.5mm 阶梯孔至 ϕ30mm，深度为 8mm	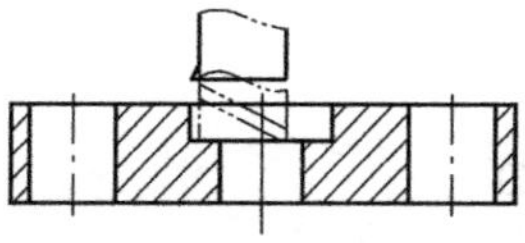				

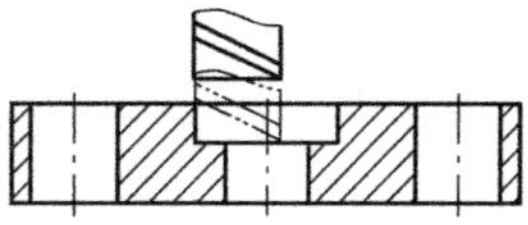

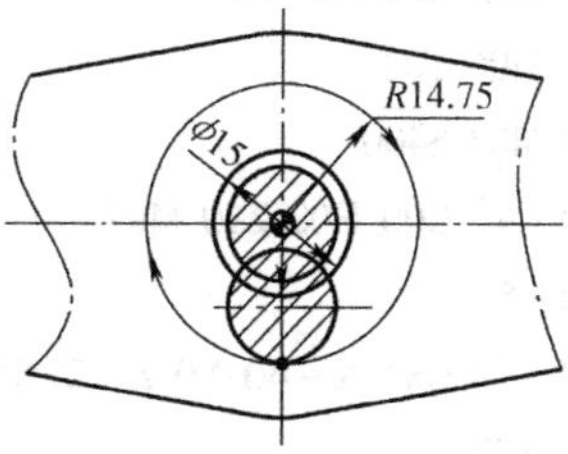

6. 工艺制订

数控加工工艺卡见表2-64。

表2-64 数控加工工艺卡

单位			机床型号		零件名称			第　页	
工序		工序名称			程序编号		备注		
工步号	作业内容		刀具号	半径补偿号	长度补偿号	n/(r/min)	f/(mm/min)	a_p/mm	半径补偿
1	钻A2.5中心孔		T01	—	H01	1500	100		—
2	钻ϕ17.5mm两孔		T02	—	H02	400	80	8.75	—
3	钻ϕ15mm中心孔		T03	—	H03	400	80	7.5	—
4	铰ϕ18mm两侧孔		T04	—	H04	200	20	0.1	—
5	用立铣刀铣中心孔至ϕ29.5mm		T05	D05	H05	1400	80/150	5~10	9.25
6	精镗ϕ30mm孔		T06	—	H06	300	40	0.25	—
7	整体精度检验								

工件坐标系的原点设置在零件上表面中心孔位置，将X、Y、Z向的零偏值输入工件坐标系G54中，工件上表面为Z0

7. 华中HNC-22M系统数控程序及说明

```
%2230                              主程序名
N10 G54 G17 G94 G40 G90 G80 G49    程序初始设置
N20 G91 G28 Z0                     返回参考点
N30 M06 T01                        换1号中心钻
N40 M03 S1500                      主轴正转，转速1500r/min
N50 G00 G43 H01 Z50 M07            建立1号长度补偿，切削液开
N60 Z5                             落刀
N70 G99 G81 X-40 Y0 Z-2 R3 F100    钻孔固定循环
N80 X40                            至X40点
N90 G80 M09                        取消钻孔固定循环，切削液关
N100 M05                           主轴停转
N110 G49 G28 G91 Z0                返回参考点，取消1号刀补
N120 M06 T02                       换2号φ17.5mm钻头
N130 M03 S400                      主轴正转，转速400r/min
N140 G43 G00 H02 Z50 M07           建2号长度补偿，切削液开
N150 Z5                            落刀
N160 G98 G81 X-40 Y0 Z-27 R3 F80   钻孔固定循环
N170 X40                           至X40点
N180 G80 M09                       取消钻孔固定循环，切削液关
N190 M05                           主轴停转
N200 G49 G28 G91 Z0                返回参考点，取消2号刀补
N210 M06 T03                       换3号φ15mm钻头
```

N220 M03 S400	主轴正转，转速 400r/min
N230 G43 G00 H03 Z50 M07	建立 3 号长度补偿，切削液开
N240 Z5	落刀
N250 G98 G81 X0 Y0 Z－25 R3 F80；	钻孔固定循环
N260 G80 M09	取消钻孔固定循环，切削液关
N270 M05	主轴停转
N280 G49 G28 G91 Z0	返回参考点，取消 3 号刀补
N290 M06 T04	换 4 号 ϕ18mm 铰刀
N300 M03 S200	主轴正转，转速 200r/min
N310 G43 G00 H04 Z50 M07	建立 4 号长度补偿，切削液开
N320 Z5	落刀
N330 G98 G85 X－40 Y0 Z－27 R3 F20	铰孔固定循环
N340 X40	至 X40 点
N350 G80 M09	取消钻孔固定循环，切削液关
N360 M05	主轴停转
N370 G49 G28 G91 Z0	返回参考点，取消 4 号刀补
N380 M06 T05	换 5 号立铣刀
N390 M03 S1400	主轴正转，转速 1400r/min
N400 G43 G00 H05 Z50 M07	建立 5 号长度补偿，切削液开
N410 G90 G00 X0 Y0	至零点
N420 Z3	落刀
N430 G01 Z－8 F80	*Z* 轴进刀至 8mm
N440 G42 G01 Y－15 D05 F150	建立右补偿 D05＝9.25mm
N450 G02 I0 J14.5	加工整圆
N470 G40 G01 X0 Y0 M09	返回零点，取消刀补，切削液关
N480 G49 G28 G91 Z0	返回参考点，取消 5 号刀长度补偿
N490 M05	主轴停转
N500 M06 T06	换 6 号镗刀
N510 S300 M03	主轴正转，转速 300r/min
N520 G90 G43 G00 H06 Z50 M07	建立 6 号刀长度补偿，切削液开
N530 Z5	落刀
N540 G98 G76 X0 Y0 Z－8 R3 Q1 P2000 I－1 K1 F40 L2	镗孔固定循环
N550 G80 M09	取消固定循环，切削液关
N560 G49 G28 G91 Z0	返回参考点，取消 6 号刀长度补偿
N570 M30	程序结束

编程提示

采用 G76 指令精镗孔时，一定要在加工之前仔细验证镗刀退刀的方向，是否与工件发生干涉，从而保证镗刀刀尖向反方向退刀。镗刀在孔底反方向移动后，不会划伤已加工内孔表面，退刀位置由 G98 或 G99 决定。

8. SIEMENS（802D）系统数控程序及说明

程序	说明
BB531. MPF；	程序名
N10 G90 G94 G40 G71 G54；	程序初始化
N20 G74 Z0；	回参考点
N30 T1 D1；	换 1 号中心钻，刀补生效
N40 M06；	换刀
N50 S1500 M03 F100；	主轴正转，转速 1500r/min
N60 G00 X－40 Y0；	至左侧孔位置
N70 Z5 M08；	Z 轴至 20mm 处，切削液开
N80 MCALL　CYCLE81（10，0，3，－2）；	钻孔固定循环、模态调用
N90 X0 Y0；	至中心原点位置加工
N100 X40；	至右侧孔位置加工
N120 MCALL；	取消模态调用
N130 G74 Z0；	返回参考点
N140 M05；	主轴停转
N150 T2 D2；	换 2 号 ϕ17.5mm 钻头，刀补生效
N160 M06；	换刀
N170 S400 M03 F80；	主轴正转，转速 400r/min
N180 G00 X－40 Y0；	进刀至左侧孔位置
N190 Z5；	Z 轴至 5mm 处
N200 CYCLE81（10，0，3，－27）；	钻孔固定循环设定
N210 X40 Y0；	至右侧孔位置
N220 CYCLE81（10，0，3，－27）；	钻孔固定循环设定
N230 G74 Z0；	回参考点
N240 M05；	主轴停转
N250 T3 D3；	换 3 号 ϕ15mm 钻头，刀补生效
N260 M06；	换刀
N270 M03 S400 F80；	主轴正转，转速 400r/min
N280 G00 X0 Y0；	进刀至中心点位置
N290 Z5；	Z 轴至 5mm 处
N300 CYCLE81（10，0，3，－25）；	钻孔固定循环设定
N310 G74 Z0；	返回参考点
N320 M05；	主轴停转
N330 T4 D4；	换 4 号 ϕ18mm 铰刀，刀补生效
N340 M06；	换刀
N350 M03 S200 F20；	主轴正转，转速 200r/min
N360 G00 X－40 Y0；	进刀至左侧孔位置
N370 Z5；	Z 轴至 5mm 处
N380 MCALL CYCLE85（10，0，3，－27，，1，120，120）；	模态调用、铰孔固定循环设定
N390 X40 Y0；	铰孔坐标点位置
N400 MCALL；	取消模态调用
N410 G74 Z0；	自动返回参考点
N420 M05；	主轴停转

```
N430 T5 D5;                                         换5号立铣刀，刀补生效
N420 M06;                                           换刀
N430 M03 S800;                                      主轴正转，转速800r/min
N440 G00 X0 Y0 Z10;                                 进刀至中心点位置
N450 POCKET4 (10, 0, 0, -8, 14.75, 0, 0, 4, 0.25, 0, 150, 80, 0, 21, 0, 0, 0,,);
N460 G74 Z0;                                        回参考点
N470 M05;                                           主轴停转
N480 T6 D6;                                         换6号镗刀，刀补生效
N490 M06;                                           换刀
N500 M03 S300 F40;                                  主轴正转，转速300r/min
N510 G00 X0 Y0;                                     快进至中心点位置
N520 Z10;                                           Z轴至5mm处
N530 CYCLE86 (10, 0, 3, -8, 8, 1, 3, 0, 0, 0, 0);   精镗孔固定循环
N540 G74 Z0;                                        返回参考点，切削液关闭
N550 M09;                                           切削液关
N560 M30;                                           程序结束
```

编程提示

对于型腔加工华中HNC-22M系统无型腔加工循环，一般情况下，应采用子程序编写程序；而对于SIEMENS系统有型腔加工循环，因此在编程时，为简化编程考虑，采用型腔加工循环指令。

零件加工及检测

1）打开总电源、机床电源，开启数控系统。

2）检查机床状态，手动低速运行主轴及X、Y、Z轴动作。

3）机床回参考点（先Z轴回零，后X、Y轴回零）。

4）检查夹具，使用百分表将钳口与X轴的平行度误差控制在0.02mm以内。

5）工件采用V形块装夹，工作面超出V形块5mm左右。

6）输入零件加工程序，检查程序并模拟校验进给路线。

7）加工中心刀库安装A2.5中心钻为1号刀位，ϕ17.5mm钻头为2号刀位，ϕ15mm钻头为3号刀位，ϕ18mm铰刀为4号刀位，ϕ18mm键槽立铣刀为5号刀位，ϕ30mm镗刀为6号刀位。

8）用试切法对刀，并将X、Y零点值输入偏置寄存器，偏置寄存器中Z值设定为0，输入H01、H02、H03、H04、H05、H06刀具长度补偿数据及D01、D02半径补偿数据9.5mm、9.25mm（SIEMENS系统输入T1、…、T6中长度补偿数据及T5的半径补偿数据）。

9）工件试切加工。

10）检验零件尺寸。

11）加工结束，卸下刀具、工件，清理机床并将各坐标轴停在中间位置。

零件加工后将所测结果填写零件检测评分表，见表2-65。

表2-65　零件检测评分表

姓名			定额时间		总分	
序号	评价项目	评分内容	配分	评分标准	实测	得分
1	内径	$\phi18^{+0.021}_{0}$mm（两处）	30	每处超差0.01mm，扣5分		
		$\phi15$mm（一处）	5	超差0.1mm扣2.5分		
		$\phi30^{+0.05}_{0}$mm（一处）	15	超差0.01mm，扣5分		
2	深度	8mm（沉孔）	10	超差0.1mm，扣5分		
3	位置	80mm	10	超差0.1mm，扣5分		
4	表面粗糙度	$Ra1.6\mu m$（两处）	20	$>Ra1.6\mu m$，每处酌情扣分		
5	文明生产	按企业相关标准执行	10			

注意事项

1）为保证钻孔轴线与铰孔轴线一致，工件不能二次装夹，利用两V形块装夹时，V形块应与钳口平齐，以避免刀具与夹具发生干涉。

2）铰削若余量过大，则切削温度高，会使铰刀直径膨胀导致孔径扩大，使切屑增多而擦伤孔表面，若余量过小，则会留下原孔的刀痕而影响表面粗糙度，一般粗铰余量为0.15~0.25mm，精铰余量为0.08~0.15mm。铰削应采用低切削速度，以免产生积屑瘤和引起振动。

3）铰孔时排屑能力差，为减小摩擦、抑制振动和减小表面粗糙度值，应加注足够的切削液，铰削钢件时可用乳化液，铰削铸铁件时可用煤油。

4）铰孔的适应性较差。一定直径的铰刀只能加工一种直径和尺寸精度的孔，如需提高孔径的公差等级，则需对铰刀进行研磨。铰削的孔径一般在$\phi40$mm以下，对于阶梯孔和不通孔则铰削的工艺性较差。

5）为增加镗刀的刚度，减小镗刀在加工过程中的变形，除了增大刀杆的截面积外还应尽量缩短其悬出长度。

6）在单件加工过程中，造成镗孔尺寸错误的主要原因是对镗刀的调整不正确。若批量生产该零件，则可采用自动换刀编程加工方式，若单件生产则采用手动换刀编程加工方式。

扩展训练

1. 长方形定位板零件如图2-149所示，材料为45钢，毛坯尺寸为93mm×53mm×24mm。要求：坯件规方，进行工艺分析，确定工件坐标原点，编写加工程序，加工零件，检查零件尺寸精度。

2. 凹圆盘钻、锪孔零件如图2-150所示，材料为45钢，毛坯尺寸为103mm ×83mm×34mm。要求：坯件规方，进行工艺分析，选择装夹方式，编写加工程序，进行零件加工，加工零件，检测零件的尺寸精度。

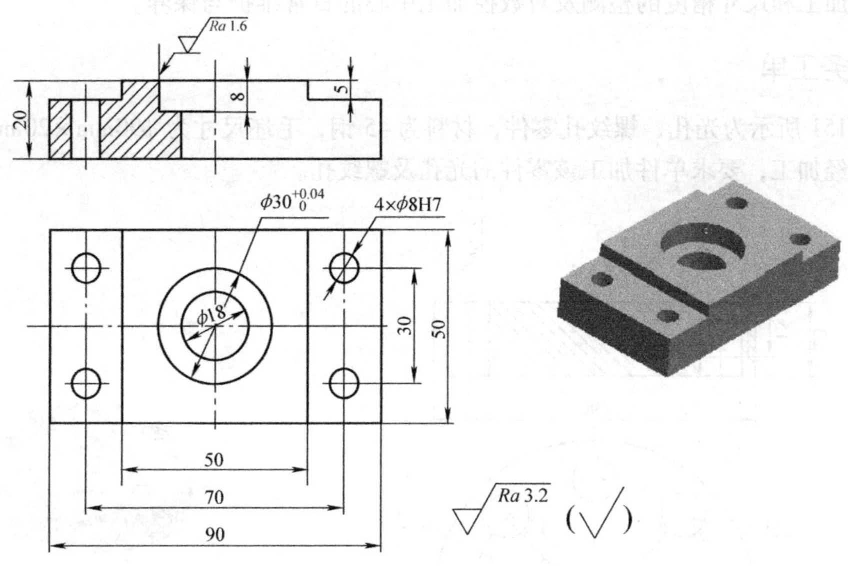

图 2-149 长方形定位板零件

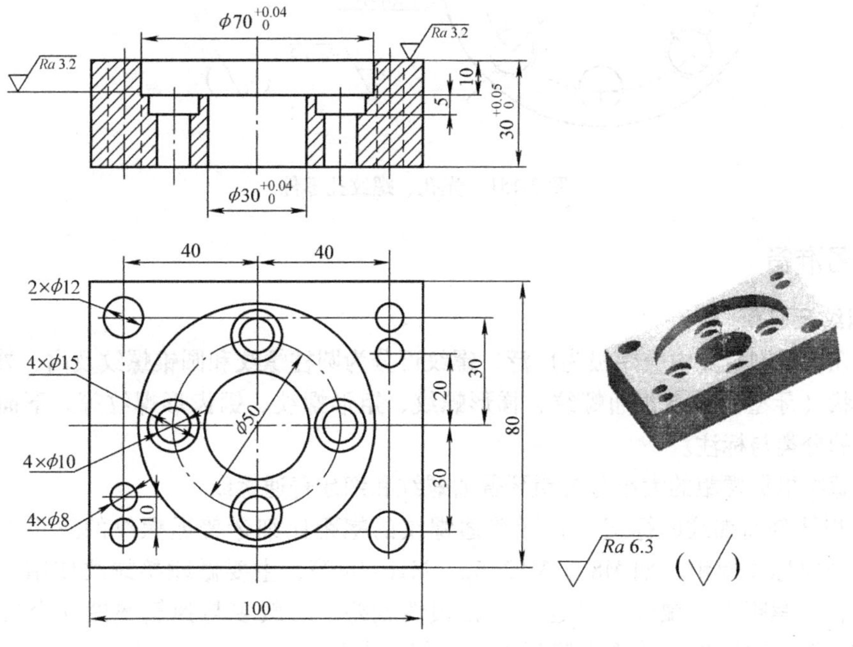

图 2-150 凹圆盘钻、锪孔零件

任务三 螺纹孔零件铣削加工

任务描述

该零件采用数控加工中心加工完成，加工出的零件应符合图样技术要求，进行加工操作时要符合操作规程，要求能够选择合理的切削加工工艺参数，能熟练操作数控机床实施对零件的调整加工和尺寸精度的检测及对数控加工中心的日常维护与保养。

任务工单

图 2-151 所示为光孔、螺纹孔零件，材料为 45 钢，毛坯尺寸为 ϕ90mm×20mm，零件的外轮廓已经加工，要求单件加工该零件的光孔及螺纹孔。

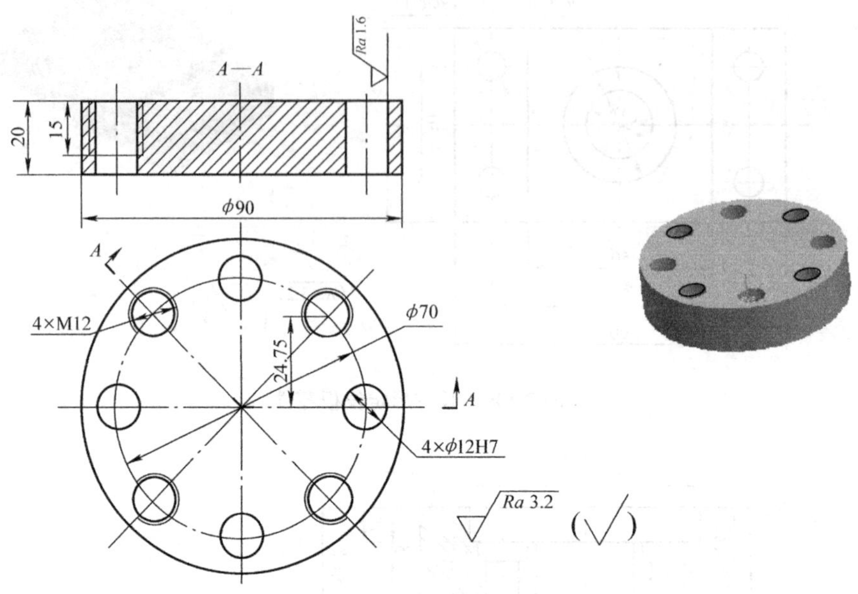

图 2-151　光孔、螺纹孔零件

任务准备

1. 螺纹及应用

螺纹在机械制造业中应用极为广泛，螺纹可分为圆柱螺纹和圆锥螺纹及内、外螺纹，按其截面形状（牙型）分为普通螺纹、梯形螺纹、矩形螺纹、锯齿形螺纹等。下面主要介绍普通螺纹的分类与标注。

普通螺纹根据螺距的大小分为粗牙普通螺纹和细牙普通螺纹。

（1）粗牙普通螺纹的标记　粗牙普通螺纹的螺距比细牙普通螺纹的螺距大，粗牙普通螺纹不需要标注螺距，如 M8 、M12-6g、M16-7h 等，主要做联接螺纹使用，与细牙普通螺纹比，因螺距大，螺纹升角也大，自锁性就差，一般多与弹簧垫圈配合使用；螺距大，牙型也深，对零件本体强度降低较大。其优点是拆装方便，与之配套的标准件齐全，容易互换。

（2）细牙普通螺纹的标记　细牙普通螺纹必须标注螺距，以示与粗牙普通螺纹的区别，如 M30×1.5 表示螺纹公称直径（大径）为 ϕ30mm、螺距为 1.5mm 的细牙普通螺纹。

2. 数控铣床（加工中心）常见螺纹加工方法

（1）攻螺纹

1）丝锥。丝锥是一种高速工具钢制成的成形多刃刀具，攻螺纹是用丝锥加工内螺纹的一种加工方法。丝锥可以分为手用丝锥与机用丝锥两种，两者外形基本相同。手用丝锥对于同一尺寸的内螺纹，一般有两根或者三根为一组，分别称为第一粗锥、第二粗锥和精锥，适用于手工攻螺纹，而同一尺寸的机用丝锥只有一根，在生产中两者也可互换使用。

生产加工中常用丝锥有直槽和螺旋槽两大类，如图 2-152 所示。直槽丝锥加工容易，精度略低，产量较大，切削速度较慢；螺旋槽丝锥多用于不通孔攻螺纹，加工速度较快，精度高，排屑与对中性好。

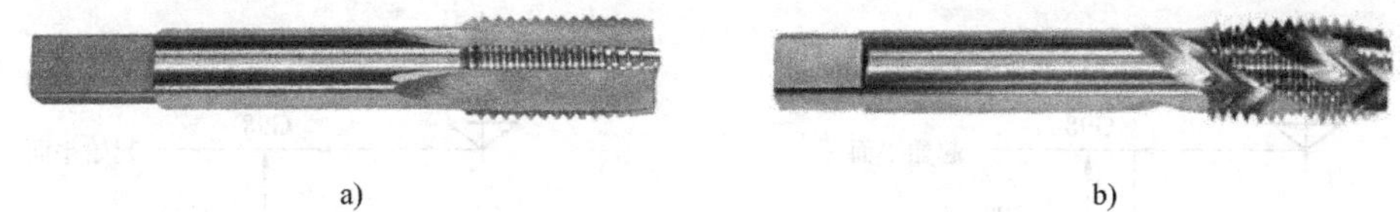

a)　　　　b)

图 2-152　丝锥

a）直槽丝锥　b）螺旋槽丝锥

2）攻螺纹相关孔径的确定。攻螺纹前孔径 D_1 的计算：

加工钢件和塑性较大的材料

$$D_1 = D - P$$

加工铸件及塑性较小的材料

$$D_1 = D - (1.05 \sim 1.1)P$$

式中　D——螺纹大径（mm）。

D_1——攻螺纹前的孔径（mm）。

P——螺距（mm）。

3）不通孔螺纹底孔深度及孔口倒角的确定。通常钻孔深度约等于螺纹的有效长度加上螺纹公称直径的70%，孔口倒角直径以大于螺纹大径为宜。

（2）铣螺纹　对于较大直径如（$D > 25$mm）的内、外螺纹加工，可采用铣削方式完成，如图 2-153 所示。切削螺纹的刀片既可以是单面，也可以是双面。其特点是刀片易于制造，价格较低，可以加工具有相同螺距的任意螺纹直径，可以按所需公差要求加工，螺纹尺寸由加工循环控制；不受加工材料的限制，那些无法用传统方法加工的材料可以用螺纹铣刀进行加工；但抗冲击性能较整体螺纹铣刀稍差，铣削螺纹的加工效率低，只适用于单件小批量生产、特殊螺距螺纹和没有相应刀具加工的情况。

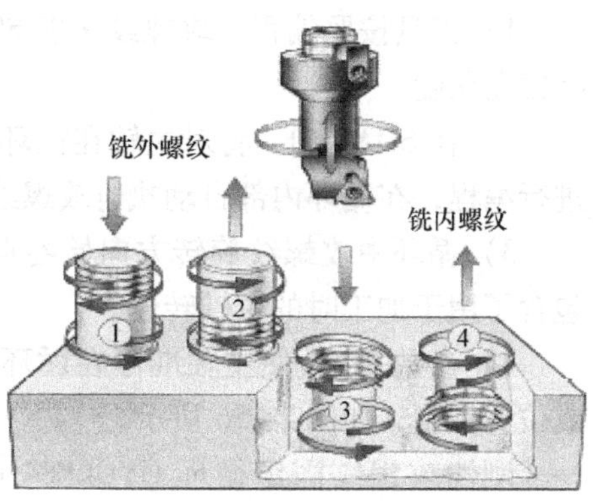

图 2-153　螺纹铣削加工

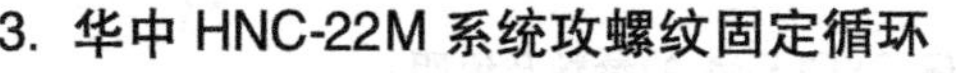

3. 华中 HNC-22M 系统攻螺纹固定循环

（1）攻左旋螺纹循环指令 G74

【格式】　G98（G99）G74 X __ Y __ Z __ R __ P __ F __ L __

【说明】　G74 为攻左旋螺纹循环，当刀具以反转方式切削螺纹至孔底后，主轴正转返回 R 点平面或初始平面，最终加工出左旋的螺纹孔，如图 2-154 所示。

其中，P __为刀具在孔底暂停时间；L __为指定循环次数；F __为切削进给速度，进给模式为 G94 分钟进给时，进给量 F = 导程 × 转速，进给模式为 G95 每转进给时，进给量 F =

导程。

（2）右旋螺纹攻螺纹循环 G84

【格式】 G98（G99）G84 X__Y__Z__R__P__F__L__

【说明】 G84 为右旋螺纹攻螺纹循环，当刀具以正转方式切削螺纹至孔底后，主轴反转返回 R 点平面或初始平面，最终加工出右旋的螺纹孔，如图 2-155 所示。

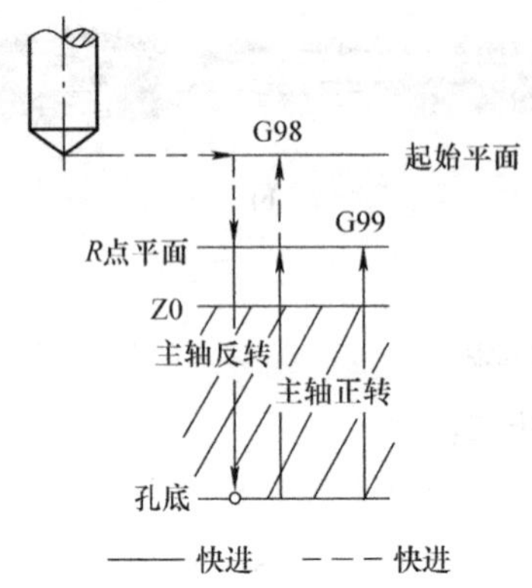

图 2-154 G74 左旋攻螺纹进给动作示意图

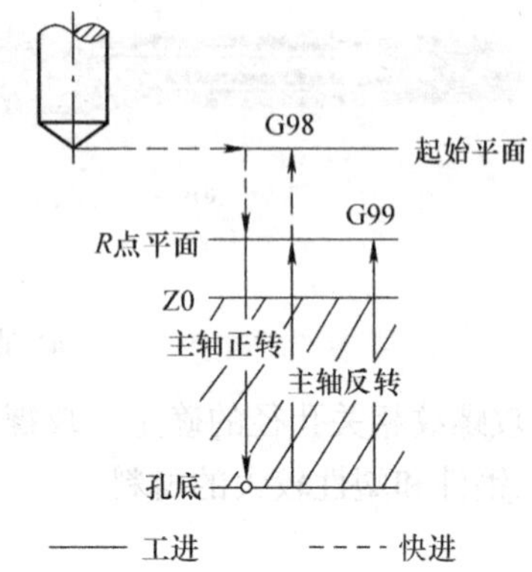

图 2-155 G84 右旋攻螺纹进给动作示意图

4. SIEMENS 802D 系统螺纹加工

（1）刚性攻螺纹固定循环 CYCLE84

【格式】 CYCLE84（RTP，RFP，SDIS，DP，DPR，DTB，SDAC，MPIT，PIT，POSS，SST，SST1）

【说明】

1）刀具按照编程的攻螺纹速度 SST 进行攻螺纹至最终钻孔深度。

2）在 SDAC 中，将对主轴在循环结束后的旋转方向进行编程，在循环内部自动执行攻螺纹时的反方向。

3）循环中攻螺纹旋转方向始终自动颠倒。参数 SST 包含了用于加工时的主轴转速。

4）参数 POSS 使主轴准停在循环中定义的位置转换成位置控制，如图 2-156 所示。

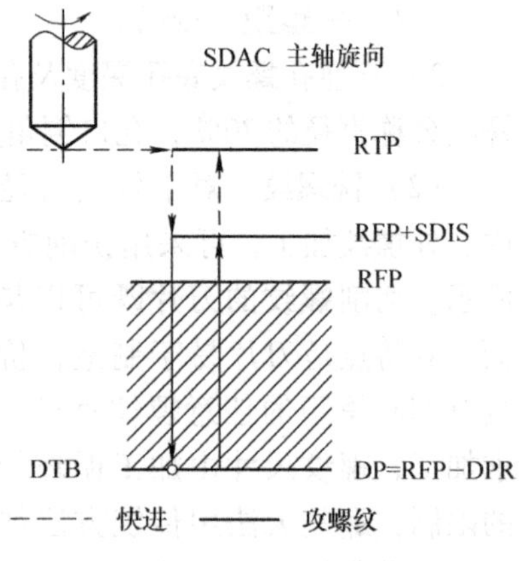

图 2-156 刚性攻螺纹固定循环 CYCLE84 的参数示意图

刚性攻螺纹固定循环 CYCLE84 的参数及说明见表 2-66。

表 2-66 刚性攻螺纹固定循环 CYCLE84 的参数及说明

参 数	说 明
RTP	返回平面（绝对值）
RFP	参考平面（绝对值）
SDIS	安全间隙（安全平面到参考平面之间的距离，无符号输入）
DP	最后攻螺纹的深度（绝对值）

（续）

参　数	说　明
DPR	相对于参考平面的最后攻螺纹的深度（无符号输入）
DTB	攻螺纹到达预定深度时的停留时间（断屑）
SDAC	循环结束后的旋转方向值：3、4 或 5（用于 M3、M4 或 M5）
MPIT	螺距作为螺纹尺寸（有符号），数值范围为 3（用于 M3）~48（用于 M48），符号决定了螺纹的旋向
PIT	螺距作为数值（有符号），数值范围为 0.001 ~2000.000mm；符号决定了螺纹的旋向
POSS	循环中主轴的准停位置［以（°）为单位］
SST	攻螺纹的速度
SST1	退回速度

（2）柔性攻螺纹固定循环 CYCLE840

【格式】　CYCLE840（RTP，RFP，SDIS，DP，DPR，DTB，SDR，SDAC，ENC，MPIT，PIT）

【说明】　CYCLE840 动作与 CYCLE840 基本相似，只是 CYCLE840 循环在刀具到达最后钻孔深度回退时，主轴旋向是由 SDR 决定的，即 3、4 时对应 M3、M4；带编码器时，SDR = 0 为自动反向。使用该循环可以带补偿夹具进行攻螺纹。其参数示意图如图 2-157 所示。

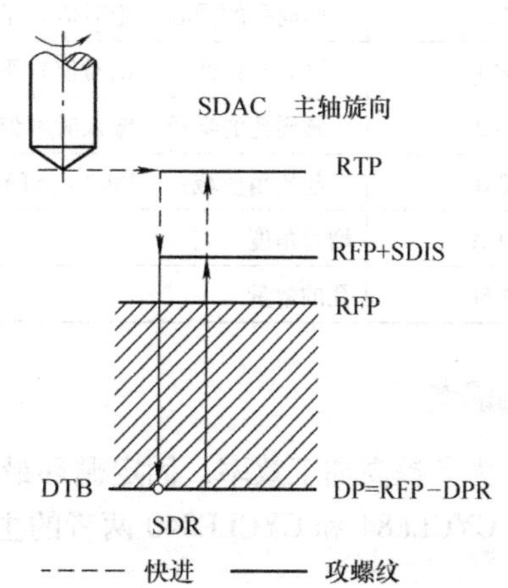

图 2-157　柔性攻螺纹固定循环 CYCLE840 的参数示意图

柔性攻螺纹循环 CYCLE840 的参数及说明见表 2-67。

表 2-67　柔性攻螺纹循环 CYCLE840 的参数及说明

参　数	说　明
RTP	返回平面（绝对值）
RFP	参考平面（绝对值）
SDIS	安全间隙（安全平面到参考平面之间的距离，无符号输入）
DP	最后攻螺纹的深度（绝对值）
DPR	相对于参考平面的最后攻螺纹的深度（无符号输入）
DTB	攻螺纹到达预定深度时的停留时间（断屑）
SDR	回退时的旋向：0（旋向自动颠倒），3、4 时对应 M3、M4
SDAC	循环结束后的旋转方向值：3，4 或 5（用于 M3、M4 或 M5）
ENC	带或不带编码器攻螺纹：0 为编码器，1 为不带编码器
MPIT	螺距作为螺纹尺寸（有符号），数值范围为 3（用于 M3）~48（用于 M48）；符号决定了螺纹的旋向
PIT	螺距作为数值（有符号），数值范围为 0.001 ~2000.000mm；符号决定了螺纹的旋向

5. 圆弧均布孔循环 HOLES2

【格式】HOLES2（CPA，CPO，RAD，STAI，INDA，NUM）；

【说明】参数STAI定义了循环调用前有效的工件坐标系中横坐标与第一个孔之间的旋转角；参数INDA定义了从一个孔到下一个孔的旋转角，若值为零，则循环会根据孔的数量算出所需的角度，使之均匀分布在圆弧上。

圆弧均布孔循环参数见表2-68。

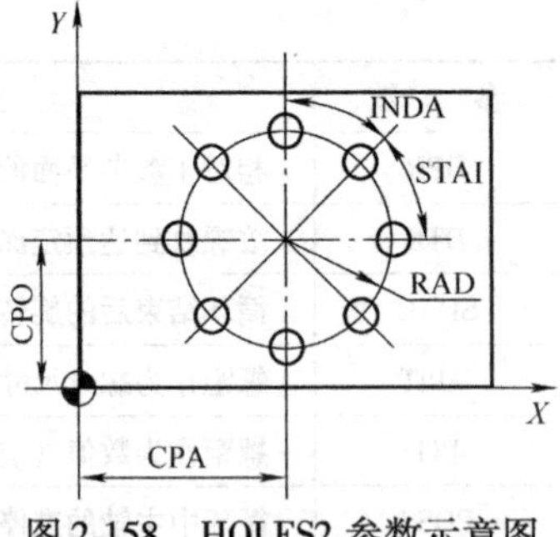

图2-158 HOLES2参数示意图

表2-68 HOLES2 圆弧均布孔循环参数

参数	说明
CPA	圆周孔的圆心（绝对值）平面横坐标
CPO	圆周孔的圆心（绝对值）平面纵坐标
RAD	圆周孔的半径（输入时不带正负号）
STAI	起始角值域：$-180° < STAI \leq 180°$
INDA	增量角度
NUM	孔的数量

问题思考

1. 为了提高加工效率，固定循环最好采用G99指令还是G98指令？
2. CYCLE84和CYCLE840两者的主要区别在什么地方？

任务实施

1. 图样分析

该零件为高精度的孔及螺纹孔加工，圆形对称结构，四个通孔均为ϕ12H7，经查表尺寸为$\phi 12^{+0.018}_{0}$mm，表面粗糙度均为Ra1.6μm要求，四个螺纹孔均为M12，深度均为15mm。

2. 工艺分析

1）该零件外形均已加工完成，根据四个通孔的尺寸精度要求，可采用钻、铰方式进行加工，底孔钻削直径ϕ11.8mm，钻、铰孔时需刀具的超越量为5mm，四个螺纹孔可采用钻、攻螺纹进行加工，底孔钻削直径ϕ10.3mm。

2）M12为粗牙普通螺纹，经查表，螺距为1.75mm，采用分钟进给则F = 100r/min × 1.75mm/r = 175mm/min。

3. 工艺准备

（1）设备　华中HNC-22M系统及SIEMENS 802D系统数控加工中心配套机用平口钳（V形块）。

（2）量具　0～120mm游标卡尺、5～30mm两点内径千分尺、磁性表座及百分表。

（3）其他　M12螺纹通止规、垫铁若干、橡胶锤或纯铜棒、表面粗糙度比较样块。

4. 刀具清单

刀具清单见表2-69。

表2-69　刀具清单

产品名称或代号		零件名称		零件图号	
序号	刀具名称	刀具规格	加工表面	数量	备注
1	中心钻	A2.5	钻八个中心孔定位，孔深2mm	1	
2	钻头	ϕ11.8mm	钻四个通孔	1	
3	钻头	ϕ10.3mm	钻四个螺纹孔	1	
4	铰刀	ϕ12mm	铰四个通孔	1	
5	丝锥	M12mm	攻四个螺纹孔深15mm	1	
编制	审核	批准		共　页	第　页

5. 工艺流程

工艺流程见表2-70。

表2-70　工艺流程

单位		产品名称		零件名称		第　页
工序号	工序内容	工序简图				
1	用A2.5中心钻，钻圆周均匀分布的定位中心孔八个，深度为2mm					
2	钻ϕ11.8mm钻头，钻均匀分布在坐标轴上的通孔四个，深度为25mm，超越量为5mm					
3	钻ϕ10.3mm均匀分布在第一、二、三、四象限上的通孔四个，深度为25mm，超越量为5mm					
4	铰ϕ12mm通孔，将四个ϕ11.8mm孔铰至ϕ12mm尺寸，铰孔深度为25mm，超越量为5mm					
5	攻M12均匀分布在第一、二、三、四象限上的螺纹孔，深度为15mm					

6. 工艺制订

数控加工工艺卡见表2-71。

表2-71　数控加工工艺卡

单位		机床型号		零件名称			第　页	
工序	工序名称			程序编号		备注		
工步	作业内容	刀号	半径补偿号	长度补偿号	n/(r/min)	f/(mm/min)	a_p/(mm)	半径补偿
1	钻A2.5中心孔	T01	—	H01	1500	50		—
2	钻ϕ11.8mm孔	T02	—	H02	500	80	5.9	—
3	钻ϕ10.3mm孔	T03	—	H03	500	80	5.15	—
4	铰ϕ12mm孔	T04	—	H04	200	20	0.1	—
5	攻M12mm螺纹	T05	—	H05	100	175		—
6	整体精度检验							

工件坐标系的原点设置在零件上表面中心孔位置，将X、Y、Z向的零偏值输入工件坐标系G54中，工件上表面为Z0。

7. 华中HNC-22M系统数控程序及说明

```
%2230                                   程序名
N10 G54 G17 G94 G40 G90 G80 G49         程序初始设置
N20 G91 G28 Z0                          返回参考点
N30 M06 T01                             换1号中心钻
N40 M03 S1500                           主轴正转，转速1500r/min
N50 G43 H01 Z50 M07                     建立1号刀长度补偿，切削液开
N60 Z3                                  至安全平面
N70 G99 G81 X0 Y35 Z-2 R3 F50           钻孔固定循环
N80 X24.75 Y24.75                       ……
N90 X35 Y0
N100 X24.75 Y-24.75
N110 X0 Y-35
N120 X-24.75 Y-24.75
N130 X-35 Y0
N140 X-24.75 Y24.75
N150 G80 M09                            取消钻孔固定循环，切削液关
N160 M05                                主轴停转
N170 G49 G28 G91 Z0                     返回参考点，取消1号刀补
N180 M06 T02                            换2号φ11.8mm钻头
N190 M03 S500                           主轴正转500 r / min
N200 G43 G00 H02 Z50 M07                建立2号刀长度补偿，切削液开
N210 Z3                                 至安全平面
N220 G98 G81 X35 Y0 Z-25 R3 F80         钻孔固定循环
N230 M98 P7000                          调子程序%7000
N240 G80 M09                            取消钻孔固定循环、切削液关
```

N250 M05	主轴停转
N260 G49 G28 G91 Z0	回参考点，取消 2 号刀补
N270 M06 T03	换 3 号 φ10.3mm 钻头
N290 M03 S500	主轴正转，转速 500 r / min
N300 G43 G00 H03 Z50 M07	建立 3 号刀长度补偿，切削液开
N310 Z3	至安全平面
N320 G98 G81 X24.75 Y24.75 Z-25 R3 F80	钻孔固定循环
N330 M98 P8000	调子程序%8000
N340 G80 M09	取消钻孔固定循环，切削液关
N350 M05	主轴停转
N360 G49 G28 G91 Z0	回参考点、取消 3 号刀补
N370 M06 T04	换 4 号 φ12mm 铰刀
N380 M03 S200	主轴正转，转速 200 r / min
N390 G43 G00 H04 Z50 M07	建立 4 号刀长度补偿，切削液开
N400 Z3	至安全平面
N410 G98 G85 X0 Y35 Z-25 R3 F20	铰孔固定循环
N420 M98 P7000	调子程序%7000
N430 G80 M09	取消钻孔固定循环，切削液关
N450 M05	主轴停转
N460 G49 G28 G91 Z0	回参考点，取消 4 号刀补
N470 M06 T05	换 5 号 M12mm 丝锥
N480 G43 G00 H05 Z50 M07	建立 5 号刀长度补偿，切削液开
N490 Z3	至安全平面
N500 M03 S100	主轴正转，转速 100r/min
N510 G98 G84 X24.75 Y24.75 Z-15 R3 F175	攻螺纹固定循环
N520 M98 P8000	调子程序%8000
N530 G80 M09	取消攻螺纹固定循环，切削液关
N540 G49 G28 G91 Z0	回参考点，取消 5 号刀补
N550 M30	程序结束
%7000	……
N10 X0 Y35	
N20 X-35 Y0	
N30 X0 Y-35	
N40 M99	
%8000	
N10 X-24.75	
N20 Y-24.75	
N30 X24.75	
N40 M99	

8. SIEMENS (802D) 系统数控程序及说明

EE551. MPF;	程序名
N10 G90 G94 G40 G71 G54;	程序初始化
N20 G74 Z0;	返回参考点

```
N30 T1 D1;                                         换1号中心钻，刀补生效
N40 M06;                                           换刀
N50 S1500 M03;                                     主轴正转，转速1500r/min
N60 G00 X0 Y35 Z10 M08;                            进刀至第一孔位置，切削液开
N70 G01 Z3 F50;                                    Z轴至3mm处
N80 MCALL CYCLE81 (10, 0, 3, -2);                  钻孔固定循环，模态调用
N90 HOLES2 (0, 0, 35, 0, 45, 8)                    圆弧均布孔循环
N100 MCALL;                                        取消模态调用
N110 G74 Z0;                                       返回参考点
N120 M05;                                          主轴停转
N130 T2 D2;                                        换2号φ11.8 mm钻头，刀补生效
N140 M06;                                          换刀
N150 M03 S500;                                     主轴正转，转速500r/min
N160 G00 X0 Y35 Z10;                               进刀至第一孔位置
N170 G01 Z3 F80;                                   Z轴至3mm处
N180 MCALL CYCLE81 (10, 0, 3, -25);                钻孔固定循环、模态调用
N190 HOLES2 (0, 0, 35, 0, 90, 4)                   圆弧均布孔循环
N200 MCALL;                                        取消模态调用
N210 G74 Z0;                                       返回参考点
N220 M05;                                          主轴停转
N230 T3 D3;                                        换3号φ10. 3 mm钻头，刀补生效
N240 M06;                                          换刀
N250 M03 S500;                                     主轴正转，转速500r/min
N260 G00 X24.75 Y24.75 Z10;                        进刀至第一孔位置
N270 G01 Z3 F80;                                   Z轴至3mm处
N280 MCALL CYCLE81 (10, 0, 3, -25);                钻孔固定循环，模态调用
N290 HOLES2 (0, 0, 35, 45, 90, 4)                  圆弧均布孔循环
N300 MCALL;                                        取消模态调用
N310 G74 Z0;                                       返回参考点
N320 M05;                                          主轴停转
N330 T4 D4;                                        换4号φ12mm铰刀，刀补生效
N340 M06;                                          换刀
N350 M03 S200;                                     主轴正转，转速200r/min
N360 G00 X0 Y35 Z10;                               进刀至第一孔孔位置
N370 G01 Z3 F20;                                   Z轴至3mm处
N380 MCALL CYCLE85 (10, 0, 3, -25,, 1, 20, 20);    铰孔固定循环，模态调用
N390 HOLES2 (0, 0, 35, 0, 90, 4)                   圆弧均布孔循环
N400 MCALL;                                        取消模态调用
N410 G74 Z0;                                       回参考点
N420 M05;                                          主轴停
N430 T5 D5;                                        换5号M12丝锥，刀补生效
N440 M06;                                          换刀
N450 M03 S100;                                     主轴正转，转速100r/min
```

```
N460 G00 X24.75 Y24.75;                                   进刀至第一螺纹孔孔位置
N470 Z3;                                                   Z轴至3mm处
N480 MCALL CYCLE840 (10, 0, 2, -15,, 0, 4, 3, 0,, 17.5);  攻螺纹固定循环，模态调用
N490 HOLES2 (0, 0, 35, 45, 90, 4)                          圆弧均布孔循环
N500 MCALL                                                 取消模态调用
N510 G74 Z0;                                               返回参考点
N520 M30;                                                  程序结束
```

编程提示

1. 在执行右旋螺纹攻螺纹循环 G84 及 CYCLE840 加工过程中，攻螺纹进给速度 F 及主轴转速 S 均不受倍率开关的控制（固定在100%）。

2. 在 G84 及 CYCLE840 指令执行前，主轴必须以 M03 指令刀具正转。

零件加工及检测

1）打开总电源、机床电源，开启数控系统。

2）检查机床状态，手动低速运行主轴及 *X*、*Y*、*Z* 轴动作。

3）机床回参考点（先 *Z* 轴回零，后 *X*、*Y* 轴回零）。

4）检查夹具，使用百分表将钳口与 *X* 轴的平行度误差控制在0.02mm以内。

5）工件采用V形块装夹，工作面超出V形块5mm左右。

6）输入零件加工程序，检查程序并模拟校验进给路线。

7）加工中心刀库安装A2.5中心钻为1号位，ϕ11.8mm钻头为2号位，ϕ12mm钻头为3号位，ϕ10.3mm铰刀为4号位，M12mm丝锥为5号位。

8）用试切法对刀，并将 *X*、*Y* 零点值输入偏置寄存器，偏置寄存器中 *Z* 值设定为0，输入H01、H02、H03、H04、H05刀具长度补偿数据。

9）工件试切加工。

10）检验零件尺寸。

11）加工结束，卸下刀具、工件，清理机床并将各坐标轴停在中间位置。

零件加工后将所测结果填写零件检测评分表，见表2-72。

表2-72 零件检测评分表

姓名			定额时间		总分	
序号	评价项目	评分内容	配分	评分标准	实测	得分
1	四个通孔	$\phi12^{+0.018}_{0}$mm（四处）	40	每处超差0.01mm，扣5分		
2	四个螺纹孔	M12mm（四处）	40	通止规检验不合格全扣每处10分		
3	表面粗糙度	*Ra*3.2μm	10	>*Ra*3.2μm酌情扣分		
4	文明生产	按企业相关标准执行	10			

注意事项

1）钻中心孔时，注意孔径大小及深度是否合理，是否起到定位引导作用。

2）加工光孔时，应注意孔精度，若精度较低可直接采用钻孔方式进行，另外须注意钻头的越程量。

3）在加工扩、铰底孔时，一定注意其钻孔直径的大小，可查相关切削手册。

4）对于多孔零件的批量加工，宜采用加工中心加工（自动换刀）；而单件加工时，宜采用单独的程序段分别进行钻孔、铰孔、攻螺纹及镗孔加工。

5）加工群孔零件在装夹时，注意垫板的位置一定不能与每一个通孔位置在加工时出现干涉，加工时应加注切削液，若出现长切屑，不得用手去清理。

6）数控系统固定循环是先 X、Y 向定位，后 Z 向进给，在编程时一定要考虑零件表面高低轮廓，工件首次加工时，须用单段方式进行程序运行，要注意检查刀具轨迹是否合理，快速移动时是否安全，加工时转速是否合理，防止程序中因 G01 指令错误地输成了 G00 指令而产生撞刀事故。

扩展训练

1. 方板圆周群孔零件加工如图 2-159 所示，材料：45 钢，毛坯：83 mm × 83mm ×13mm。

要求：坯料规方，进行工艺分析，填写刀具卡片、数控加工工艺卡，编写加工程序，加工零件，检查零件尺寸精度。

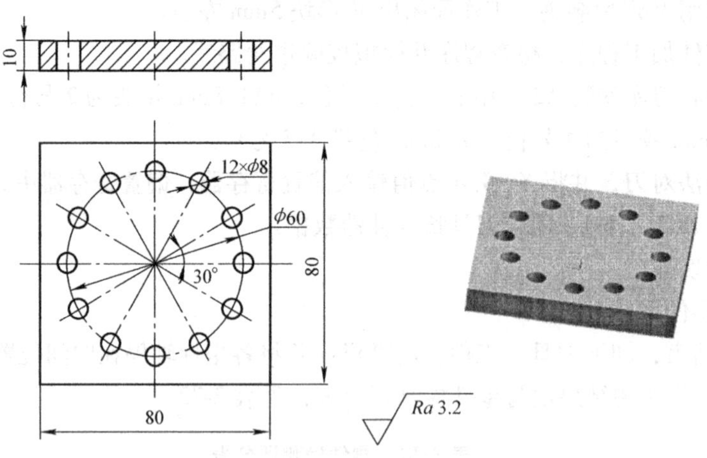

图 2-159　方板群孔零件

2. 圆周均布群孔零件如图 2-160 所示，材料：45 钢，毛坯：ϕ80mm ×18mm 零件外圆已经加工，单件加工。要求：平上下表面，进行工艺分析，编写加工程序，加工零件，检查零件尺寸精度。

项目小结

本项目主要通过钻孔、扩孔、锪孔、铰孔、镗孔及攻螺纹等典型零件的工艺分析，介绍

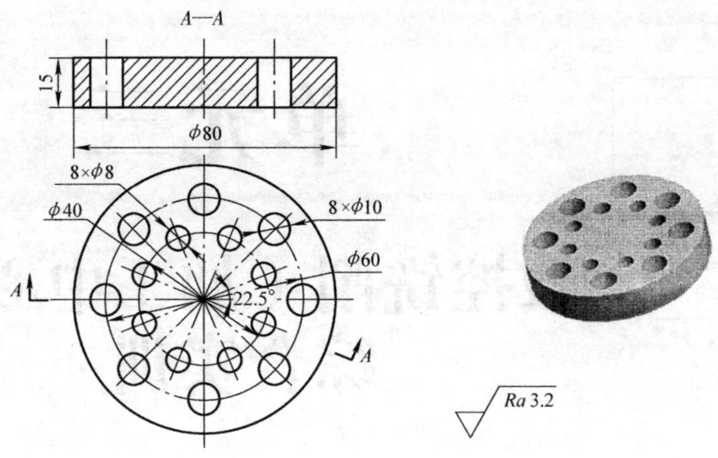

图 2-160 圆周均布群孔零件

合理选择刀具、切削用量、加工路径及程序编制等项内容，再配合单件加工训练，综合多方面知识以解决加工中的工艺、编程、加工、检测等问题，学会不同孔系零件形状结构的加工方法及孔系零件尺寸精度的检测方法。

单元三

数控铣削（加工中心）综合实训

学习目标

➲ 通过典型工件的加工训练，掌握复杂轮廓加工技术、型腔加工技术、孔加工技术的综合应用。

➲ 通过三个中级综合件的加工实训，了解数铣中级工的职业标准要求，具备相应理论水平和实践技能。

实训一　单面综合零件铣削加工

零件工单

圆弧槽板零件如图 3-1 所示，材料为 45 钢，毛坯尺寸为 100mm × 80mm × 20mm（上下

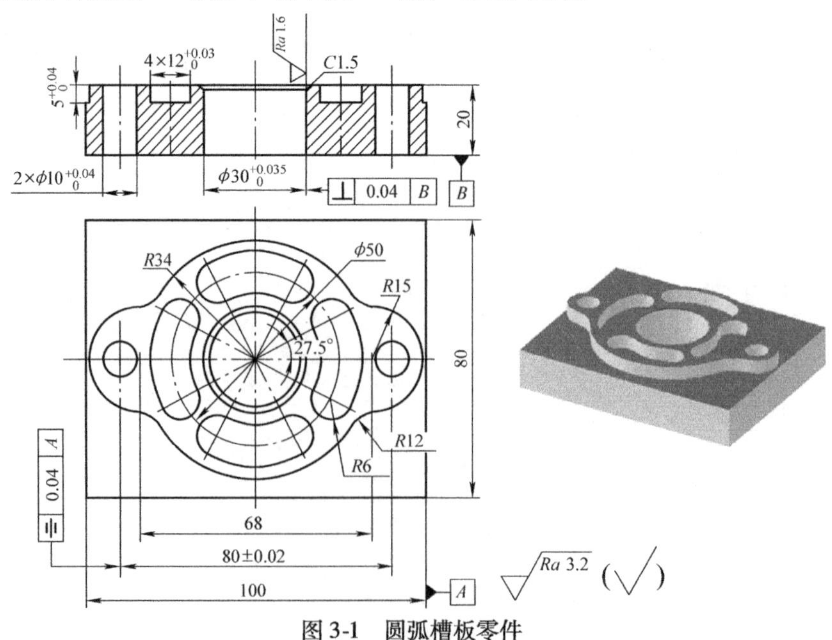

图 3-1　圆弧槽板零件

面及四周轮廓均已加工），按单件生产安排其数控铣削工艺，编制加工程序，采用数控铣床（加工中心）实施对零件的加工。

工艺分析

1. 工件装夹

选用机用平口钳装夹。装夹前须用百分表找正钳口，并在工件下表面与钳口之间放入精度较高的平行垫铁，垫铁的厚度与宽度要适当，应保证工件在定位装夹中所有需要完成的待加工面充分暴露在外，最后用橡胶锤敲击工件，使垫铁不能移动后夹紧工件。

2. 确定加工顺序

1）粗、精加工外轮廓，零件的精加工通过刀具半径补偿值的方法来实现。使用同一加工程序，只需调整刀具参数分 3 次调用相同的程序进行加工即可。

2）粗、精加工外轮廓采用 ϕ20mm 键槽立铣刀，圆弧槽采用 ϕ10mm 键槽立铣刀。

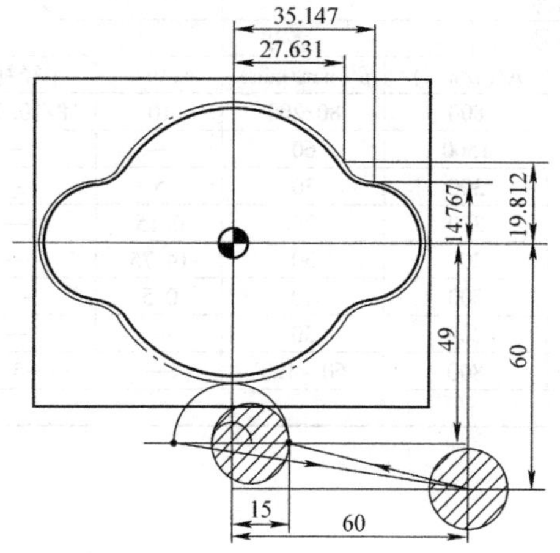

图 3-2　曲面轮廓刀具路线工件标值尺寸

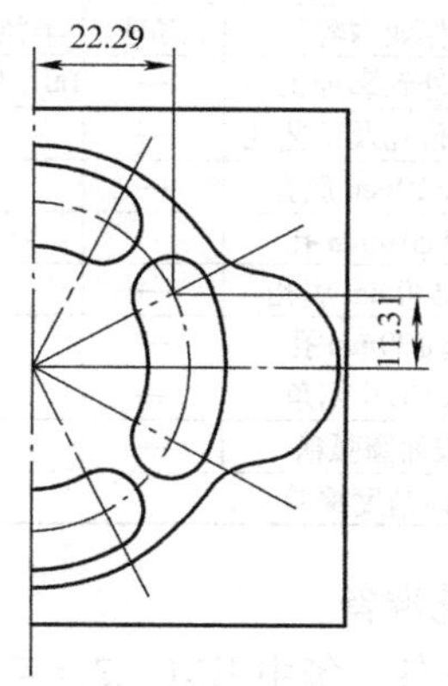

图 3-3　圆弧槽标值尺寸

3）曲面轮廓刀具路线及工件标值尺寸如图 3-2 所示，采用 ϕ20mm 硬质合金键槽立铣刀加工外轮廓→用 A2 中心钻加工 ϕ30mm 中心孔和两侧 ϕ10mm 中心孔→用 ϕ9.7mm 钻头钻两侧底孔→使用 ϕ10mm 铰刀铰削 2 × ϕ10mm 的孔至尺寸→用 ϕ28mm 钻头钻中心 ϕ30mm 底孔→镗 ϕ30mm 孔至尺寸→用 ϕ60mm 的 90°锥角锪孔钻倒角 C1.5 至尺寸→用 ϕ12mm 硬质合金键槽立铣刀铣顶面四个凹圆弧槽至尺寸要求。圆弧槽标值尺寸如图 3-3 所示。

3. 刀具的选择

刀具应根据工件的材料、加工性质及结构来选择。刀具清单见表 3-1。

表 3-1　刀具清单

产品名称或代号		零件名称		零件图号	
序号	刀具名称	刀具规格	加工表面	数量	备注
1	键槽立铣刀	ϕ20mm	外轮廓	1	
2	A2 中心钻		钻定位孔及工艺孔	1	
3	钻头	ϕ9.7mm	钻 ϕ10mm 底孔	1	

（续）

产品名称或代号		零件名称		零件图号	
序号	刀具名称	刀具规格	加工表面	数量	备注
4	铰刀	ϕ10mm	铰 ϕ10mm 孔	1	
5	钻头	ϕ28mm	钻 ϕ30mm 底孔	1	
6	镗刀		镗 ϕ30mm 孔	1	
7	锪孔刀	90°锥角 ϕ60mm	锪 $C1.5$ 倒角	1	
8	键槽立铣刀	ϕ12mm	表面圆弧槽	1	
编制	审核	批准		共　页	第　页

4. 切削用量及数控加工工艺卡

切削用量根据刀具加工性质、实际加工数值、机床性能、参阅相关金属切削手册并结合实际经验来确定。数控加工工艺卡见表3-2。

表3-2 数控加工工艺卡

单位		机床型号		零件名称			第　页	
工序	工序名称			程序编号		备注		
工步	作业内容	刀号	半径补偿号	长度补偿号	n/(r/min)	f/(mm/min)	a_p/mm	半径补偿
1	铣外轮廓加工	—	D01/D02/D03	—	800	80/200	10	18/10.5/10
2	钻定位孔及工艺孔	—	—	H01	1500	60	—	—
3	钻 ϕ10mm 底孔	—	—	H02	300	30	5	—
4	铰 ϕ10mm 孔	—	—	H03	300	30	0.15	—
5	钻 ϕ30mm 底孔	—	—	H04	200	30	14.75	—
6	镗 ϕ30mm 孔	—	—	H05	500	40	0.5	—
7	锪 $C1.6$ 倒角	—	—	H06	200	50	—	—
8	表面圆弧槽	—	—	—	800	60～120	—	5
9	整体精度检验							

5. 工艺准备

（1）设备　华中 HNC-22M 系统数控铣床。

（2）量具　0～120mm 游标卡尺、0～150mm 深度游标卡尺，0～25mm 深度千分尺、0～25mm 两点内径千分尺、半径样板一套、磁性表座及百分表。

（3）其他　垫铁若干。

6. 华中 HNC-22M 系统数控程序及说明

工件坐标系的原点设置在零件上表面的中心处，将 X、Y、Z 向的零偏值输入工件坐标系 G54 中，工件上表面为 Z0。

铣外轮廓

```
%0001                                   主程序名（主轴安装 φ20mm 键槽立铣刀）
N10 G54 G00 G90 G17 G21 G94 G49 G40     程序初始设置
N20 G00 Z20 S800 M03                    主轴正转，转速 800 r / min
N30 G00 X60 Y-60 Z20 M08                快进至加工起点，切削液开
N40 M98 P1100 D01                       调用轮廓子程序，刀补 D01 = 18mm
N50 M98 P1100 D02                       调用轮廓子程序，刀补 D02 = 10.5mm
N60 M98 P1100 D03                       调用轮廓子程序，刀补 D03 = 10mm
N70 G00 Z100 M09                        抬刀，切削液关
N80 M30                                 主程序结束
```

%1100	轮廓子程序
N10 G00 G41 X15 Y -49	……
N20 G90 G01 Z -5 F80	
N30 G03 X0 Y -34 R15 F200	
N40 G02 X -27.631 Y -19.812 R34	
N50 G03 X -35.417 Y -14.967 R12	
N60 G02 X -35.417 Y14.967 R15	
N70 G03 X -27.631 Y19.812 R12	
N80 G02 X27.631 Y19.812 R34	
N90 G03 X35.417 Y14.967 R12	
N100 G02 X35.417 Y -14.967 R15	
N110 G03 X27.631 Y -19.812 R12	
N120 G02 X0 Y -34 R34	
N130 G03 X -15 Y -49 R15	
N140 G00 G40 X60 Y -60	
N150 M99	

加工中心 $\phi30$ mm 孔及两侧 $\phi10$ mm 通孔

%0002	程序名（主轴安装中心钻）
N10 G54 G90 G17 G21 G40 G49 G80	程序初始设置
N20 S1500 M03	主轴正转，转速 1500r/min
N30 G00 X0 Y0	快进至加工起点，切削液开
N40 G43 H01 Z50	建立 1 号中心钻长度补偿
N40 G99 G81 X40 Z -4 R3 F60	钻孔固定循环
N50 X0	钻工艺孔
N60 X -40	……
N70 G80	取消固定循环
N80 G49 G28 G91 Z0	取消长度补偿，返回参考点
M90 M05	主轴停
N100 M00	程序暂停，手动换 $\phi9.7$mm 钻头
N110 G54 G90 G17 G21 G40 G49 G80	初始化
N120 S300 M03	主轴正转，转速 300r/min
N130 G00 X0 Y0	快进至加工起点
N140 G43 H02 Z50 M07	建立 2 号 $\phi9.7$mm 钻头长度补偿，切削液开
N150 G99 G81 X40 Y0 Z -24 R5 F30	钻孔固定循环
N160 X -40	……
N170 G80 M09	取消固定循环
N180 G49 G28 G91 Z0	取消 2 号 $\phi9.7$mm 钻头长度补偿，返回参考点
N190 M05	主轴停
N200 M00	程序暂停，手动换 $\phi10$mm 铰刀
N210 G54 G90 G17 G21 G40 G49 G80	初始化
N220 S300 M03	主轴正转，转速 300r/min
N230 G00 X0 Y0	快进至加工起点
N240 G43 H03 Z50 M07	建立 3 号铰刀长度补偿，切削液开

N250 G83 X40 Y0 Z－24 R5 Q－2 P2000 F30	铰孔固定循环
N260 X－40	……
N270 G80 M09	取消固定循环
N280 G49 G28 G91 Z0	取消3号铰刀长度补偿，返回参考点
N290 M05	主轴停
N300 M00	程序暂停，手动换 ϕ28 mm 钻头
N310 G54 G90 G17 G21 G40 G49 G80	初始化
N320 S300 M03	主轴正转，转速300r/min
N330 G00 X0 Y0	快进至加工起点
N340 G43 H04 Z50 M07	建立4号 ϕ28 mm 钻头长度补偿，切削液开
N350 G99 G81 X0 Y0 Z－24 R5 F30	钻孔固定循环
N360 G80 M09	取消固定循环，切削液关
N370 G49 G28 G91 Z0	取消4号 ϕ28mm 钻头长度补偿，返回参考点
N380 M30	程序结束

镗 ϕ30 mm 孔并倒角 $C1.5$

%0003	程序名（主轴安装 ϕ30mm 镗刀）
N10 G54 G90 G17 G21 G40 G49 G80	程序初始化
N20 S500 M03	主轴正转，转速500r/min
N30 G00 G43 H05 Z50 M07	建立5号镗刀长度补偿，切削液开
N40 G99 G85 X0 Y0 Z－22 R5 F40	镗孔固定循环
N50 G80 M09	取消循环，切削液关
N70 G49 G28 G91 Z0	取消5号镗刀长度补偿，返回参考点
N60 M05	主轴停转
N80 M00	程序暂停，手动换90°锥角 ϕ60mm 锪孔钻
N90 G54 G90 G17 G21 G40 G49 G80	初始化
N100 S200 M03	进刀，主轴正转，转速200r/min
N110 G00 G43 H06 Z50	建立6号锪刀长度补偿
N120 G00 Z3	至Z轴起刀点
N130 G99 G82 X0 Y0 Z－10 R5 P1000 F50	锪倒角
N140 G80 Z50 M09	取消循环，切削液关
N150 G49 G28 G91 Z0	取消长度补偿，返回参考点
N160 M30	程序结束

圆弧槽程序（主轴手动安装 ϕ10 mm 键槽立铣刀）

%0004	程序名
N10 G54 G90 G17 G21 G94 G49 G40	程序初始化
N20 S800 M03	主轴正转，转速800r/min
N30 G00 X22.29 Y－11.31 Z5 M08	至起刀点，切削液开
N40 G01 Z0 F60	至零点
N40 M98 P0005	调用圆弧槽子程序
N50 G68 X0 Y0 R90	坐标旋转90°
N60 M98 P0005	调用圆弧槽子程序
N70 G69	取消坐标旋转
N80 G68 X0 Y0 R180	坐标旋转180°

```
N90 M98 P0005                调用圆弧槽子程序
N100 G69                     取消坐标旋转
N110 G68 X0 Y0 R270          坐标旋转270°
N120 M98 P0005               调用圆弧槽子程序
N130 G69                     取消坐标旋转
N140 G00 Z100 M09            退刀，切削液关
N150 M30                     程序结束
%0005                        子程序名
N10 G90 G01 Z-5 F60          至圆弧槽切削起点
N20 G02 X22.29 Y11.31 R25 F120   铣圆弧槽
N30 G00 Z5                   Z轴退刀
N40 G40 X0 Y0                取消刀补，返回零点
N50 M99                      子程序结束
```

综合训练

1. 训练目的

1）掌握典型零件的工艺分析。

2）通过分析零件图，能合理选择加工设备、刀具、量具、夹具、切削用量及程序编写。

2. 训练要求

1）能正确填写数控加工工艺卡（表3-3）。

2）零件轮廓、削边孔的编程、加工，检测尺寸精度。

3）填写零件检测评分表（表3-4）、自我评价（表3-5）、能力评价（表3-6）及任务评价（表3-7）。

3. 训练项目

方体圆台零件如图3-4所示，材料为45钢，毛坯尺寸为 ϕ93mm ×ϕ93mm×34mm。

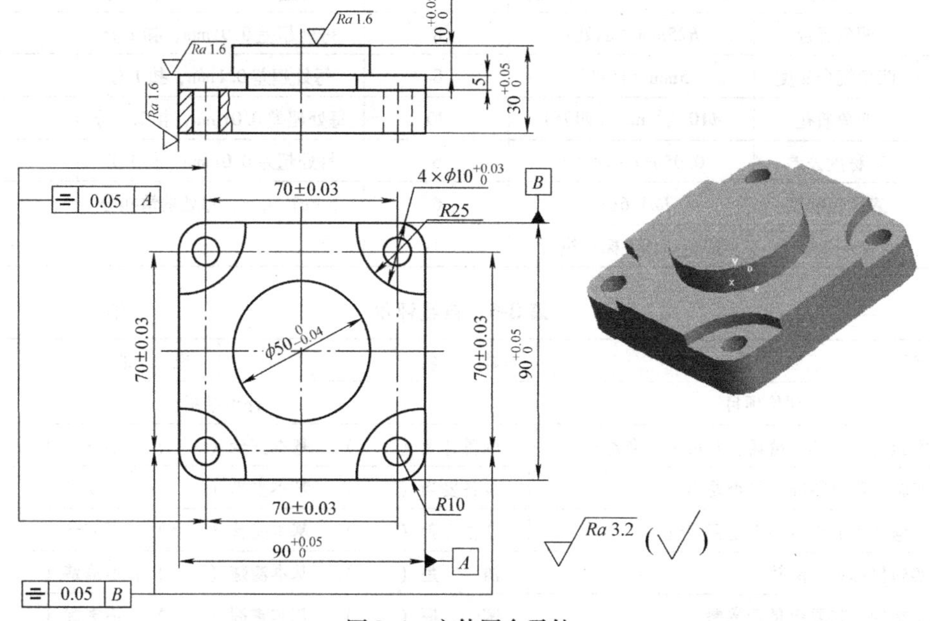

图3-4 方体圆台零件

表 3-3　数控加工工艺卡

单位			机床型号		零件名称			第　页
工序		工序名称		程序编号			备注	
工步	加工内容	刀号	长度补偿号	半径补偿号	半径补偿量	n/(r/min)	v_f/(mm/min)	a_p/mm

表 3-4　零件检测评分表

姓名			定额时间		总分	
序号	评价项目	评分内容	配分	评分标准（不倒扣分）	实测	得分
1	外形尺寸	$90^{+0.05}_{0}$mm（两处）	8	每处超差 0.01mm，扣 2 分		
		$30^{+0.05}_{0}$mm	4	超差 0.01mm，扣 2 分		
		圆角 R10mm（四处）	4	每处超差 0.1mm，扣 2 分		
2	圆凸台高度尺寸	$10^{+0.05}_{0}$mm	4	超差 0.01mm，扣 2 分		
3	圆凸台直径尺寸	$\phi 50^{0}_{-0.04}$mm	6	超差 0.01mm，扣 3 分		
4	中心距	(70 ± 0.03) mm（四处）	16	每处超差 0.01mm，扣 2 分		
5	凹角沉台	R25mm（四处）	8	每处超差 0.01mm，扣 1 分		
6	凹角沉台深度	5mm（四处）	8	每处超差 0.1mm，扣 1 分		
7	四角通孔	$\phi 10^{+0.03}_{0}$mm（四处）	20	每处超差 0.01mm，扣 2.5 分		
8	对称度公差	0.05mm（两处）	6	每处超差 0.01mm，扣 1 分		
9	表面粗糙度	Ra1.6μm	6	>Ra1.6μm，每处酌情扣分		
10	文明生产	按企业相关标准执行	10			

表 3-5　自我评价　　　　年　　月　　日

项目名称：	姓　名		班　级
评价项目	评价结果		
项目实施所需工具、量具、刀具是否准备齐全	准备齐全（　）	基本齐全（　）	不齐全（　）
项目实施所需材料准备是否妥当	准备妥当（　）	基本妥当（　）	不妥当（　）
项目实施所需的设备事先是否完善	准备完善（　）	基本完善（　）	不完善（　）
项目实施目标是否清楚	清　楚（　）	基本清楚（　）	不清楚（　）
项目实施的工艺要点是否掌握	掌　握（　）	基本掌握（　）	不掌握（　）

表 3-6　能力评价　　　　年　月　日

项目名称			姓　名		班级	
	学习目标	评价项目	评价结果			
知识	应知应会	1. 识读零件图关键点明确	明确（　） 一般（　） 不明确（　）			
		2. 编写（输入）加工程序	正确（　） 有误（　）			
		3. 工艺的编制	合理（　） 基本合理（　） 不合理（　）			
专业能力	技能点	1. 切削参数在加工中是否改动，效果如何	改动后效果 好（　） 中（　） 差（　）			
		2. 刀具使用情况	正常（　） 撞刀（　）			
		3. 设备使用情况	正常（　） 撞坏（　）			
		4. 项目完成情况	提前完成质量 好（　） 中（　） 差（　）			
			正常完成质量 好（　） 中（　） 差（　）			
			滞后完成质量 好（　） 中（　） 差（　）			
		5. 工件自我检测	尺寸准确（　） 一般（　） 差（　）			
通用能力	组织沟通能力					
	解决问题能力					
	自我创新能力					

表 3-7　任务评价　　　　年　月　日

项目名称		姓名		班级	
评价项目	考核要求	评价结果			
安全文明生产	1. 安全规范	好（　） 一般（　） 差（　）			
	2. 工量夹具的摆放及使用	合理（　） 不合理（　）			
	3. 工件定位与装夹	合理（　） 不合理（　）			
	4. 设备维护保养	保养（　） 不保养（　）			
	5. 操作规程的执行	好（　） 一般（　） 差（　）			
加工规范操作	1. 开机检查及开机顺序	正确（　） 不正确（　）			
	2. 正确回参考点	回参考点（　） 不回参考点（　）			
	3. 工件装夹规范	合理（　） 不合理（　）			
	4. 刀具安装规范	好（　） 一般（　） 差（　）			
	5. 对刀及工件坐标系建立	正确（　） 不正确（　）			
	6. 程序校验	正确（　） 不正确（　）			
	7. 自动加工防护门关闭	关闭（　） 不关闭（　）			
学习态度	1. 出勤情况	良好（　） 一般（　） 差（　）			
	2. 课堂纪律	良好（　） 一般（　） 差（　）			
	3. 实操前的准备	充分（　） 不充分（　） 不准备（　）			
	4. 团队协作	好（　） 一般（　） 差（　）			

实训二 双面零件铣削加工

零件工单

双面零件如图 3-5 所示，材料为 45 钢、毛坯尺寸为 85mm×85mm×30mm（该零件需加工上、下表面、侧面、内轮廓、外轮廓及各孔），按单件生产安排其数控铣削工艺、编制加工程序及采用数控加工中心实施对零件的加工。

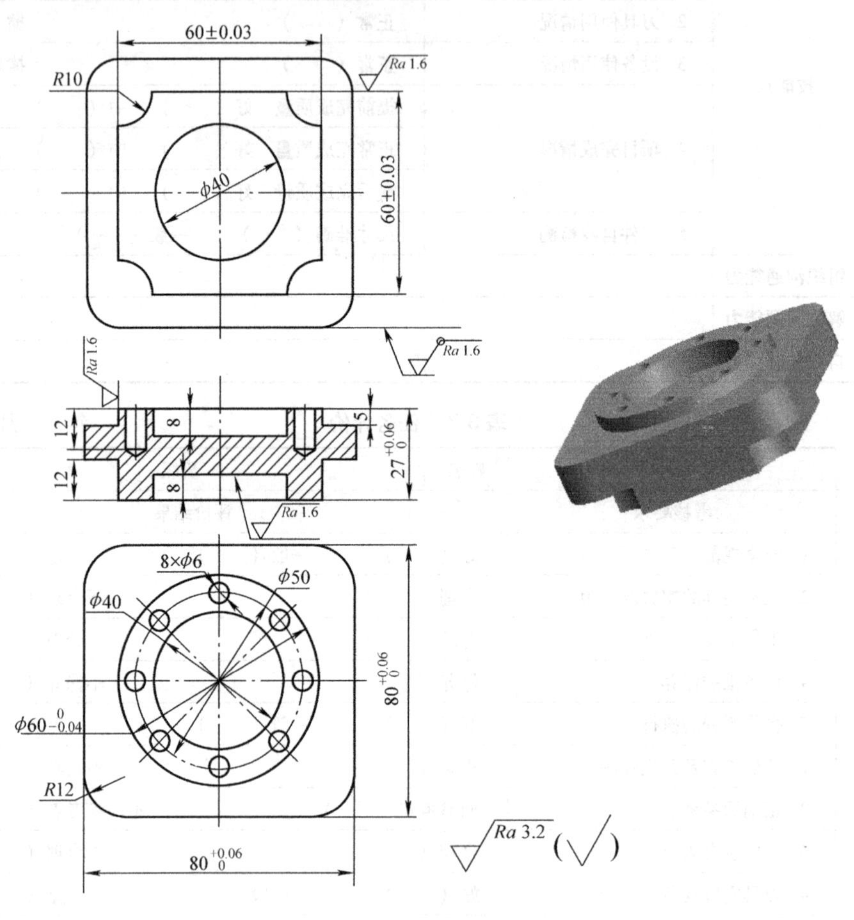

图 3-5 双面零件

工艺分析

1. 确定加工顺序

该零件用两个程序分别进行两面加工。

（1）第一道工序加工凹圆角方凸台

1）工件装夹。用机用平口钳装夹，装夹前须用百分表找正钳口，并在工件下表面与钳口之间放入精度较高的平行垫铁，垫铁的厚度与宽度要适当，工件被加工部位应高出钳口 5~10mm，避免刀具与钳口发生干涉，为避免工件上浮，应用橡胶锤敲击工件后夹紧。

2）用 ϕ32mm 面铣刀加工表面（手控加工）。

3）采用 ϕ16mm 硬质合金键槽立铣刀铣削 60mm×60mm 外轮廓凹圆角方凸台；由于深度为 12mm，Z 向采用分层切削方式加工，分三层进刀，每次背吃刀量为 4mm 直接至尺寸要求→ϕ40mm 内圆轮廓切削深度为 8mm，分两层进刀，每次背吃刀量为 4mm，铣削加工，圆侧壁精度要求较低可直接一次铣削至尺寸要求。凹圆角方凸台铣削刀具进给路线如图 3-6 所示。

4）该面的内、外轮廓铣削加工，由于加工余量较小，可通过改变刀补值保证，外轮廓进刀采用在左下角延长线进刀，内圆轮廓精度低可采用内壁法向进刀。

（2）第二道工序加工圆环台

1）装夹方凸台 60mm×60mm 两侧面，在工件下表面与机用平口钳之间放入精度较高的平行垫铁，保证装夹深度 7mm 左右，为避免工件上浮，应用橡胶锤敲击工件后夹紧。

2）用 ϕ32mm 面铣刀加工表面，保证工件厚度尺寸 $27^{+0.06}_{0}$mm（手控加工）。

3）采用 ϕ16mm 硬质合金键槽立铣刀加工 80mm×80mm 凸圆角外轮廓，由于毛坯外轮廓侧面较薄，Z 向采用一次深度进给，侧面需粗、精铣至尺寸要求→ϕ60mm 圆环台外轮廓深度为 5mm，Z 向采用一次深度进给加工，外侧面需粗、精铣至尺寸要求→ϕ40mm 内圆环切削深度为 8mm，Z 向分两次切削进给，由于内圆环面尺寸精度较低，可采用键槽立铣刀直接铣削至尺寸要求。圆环台铣削刀具进给路线如图 3-7 所示。

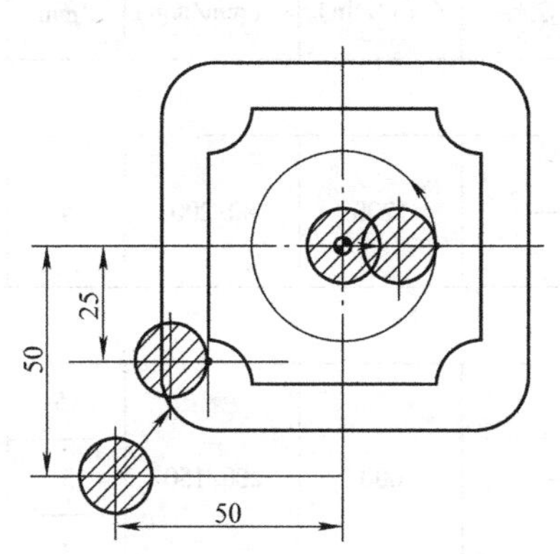

图 3-6　凹圆角方凸台铣削刀具进给路线

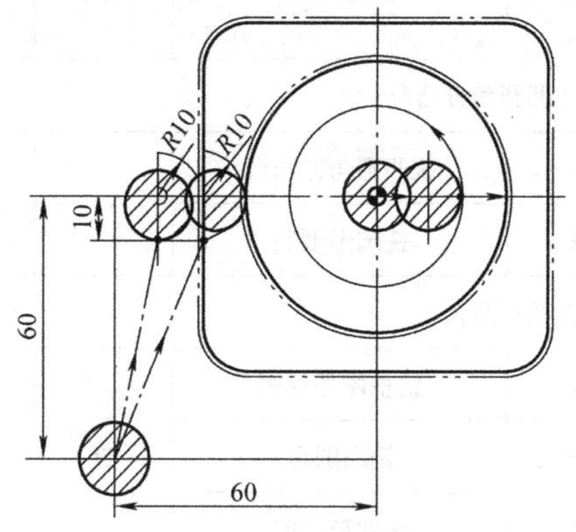

图 3-7　圆环台铣削刀具进给路线

4）该面的外轮廓粗、精铣削加工，可通过改变刀补值保证，外轮廓进刀采用圆弧切入、切出，内圆轮廓采用内壁法向进刀。

5）用 A2 中心钻加工 8×ϕ6mm 各中心孔→用 ϕ6mm 钻头加工深 12mm 的 8 个圆周孔。

2. 刀具的选择

刀具应根据工件的材料、加工性质及结构来选择。刀具清单见表 3-8。

表 3-8　刀具清单

产品名称或代号			零件名称		零件图号	
序号	刀具名称		刀具规格	加工表面	数量	备注
1	面铣刀		ϕ32mm	上、下表面	1	手控加工

（续）

产品名称或代号		零件名称		零件图号	
序号	刀具名称	刀具规格	加工表面	数量	备注
2	硬质合金键槽立铣刀	ϕ16mm	铣方、圆凸台	1	
3			上、下两圆形内腔	1	
4	A2 中心钻（工艺孔）		钻定位孔及工艺孔	1	
5	钻头	ϕ6mm	钻 ϕ6mm 不通孔	1	
编制		审核	批准	共　页	第　页

3. 切削用量及数控加工工艺卡

数控加工工艺卡见表3-9。

表3-9　数控加工工艺卡

单位		机床型号		零件名称			第　页	
工序		工序名称		程序编号		备注		
工步	作业内容	刀号	半径补偿号	长度补偿号	n /（r/min）	f /（mm/min）	a_p /mm	半径补偿/mm
加工凹圆角方凸台								
1	铣凹圆角方凸台	T1	D1	—	1200	80/200	4	8
2	铣圆形型腔							
加工圆环凸台								
1	铣整体外轮廓	T1	D1	—	600	200/150	15	—
2	铣凸圆台						5	
3	铣圆形型腔						4	
4	钻中心定位孔	T2	—	—	1500	50	—	—
5	钻孔	T3	—	—	800	60	3	—
6	整体精度检验							

4. 工艺准备

（1）设备　SIEMENS 802D 系统数控加工中心配套机用平口钳。

（2）量具　0~120mm 游标卡尺、0~150mm 深度游标卡尺、75~100mm 外径千分尺、50~75mm 外径千分尺、0~25 深度千分尺磁性表座及百分表。

（3）其他　垫铁若干。

5. SIEMENS 802D 系统数控程序及说明

工件坐标系的原点设置在零件上表面中心点位置，将 X、Y、Z 向的零偏值输入工件坐标系 G54 中，工件上表面为 Z0。

第一道工序　加工凹圆角方凸台程序。

R516. MPF；	主程序名
N10 G90 G54 G17 G94 G40 G71；	程序初始设置
N20 G74 Z0；	返回参考点
N30 T1 D1；	换 1 号 φ16mm 键槽立铣刀，刀补值生效
N40 G00 X－50 Y－50；	快进至轮廓起点
N50 G00 Z20 M08；	Z 轴至 20mm 处，切削液开
N60 M03 S1200；	主轴正转，转速 1200r/min
N70 G01 Z0 F80；	工进至 Z 轴零平面位置
N80 L1 P3；	调用加工方凸台子程序 3 次
N90 G00 Z5；	快速进刀至 Z5 平面
N100 G00 X0 Y0；	回零点
N110 G01 Z0 F80；	工进至 Z0 平面
N120 L2 P2；	调用加工内圆腔子程序 2 次
N130 G74 Z0 M09；	自动返回参考点，切削液关
N140 M30；	主程序结束
L1. SPF；	加工方凸台子程序
N10 G91 G01 Z－4 F80；	Z 轴进刀至－4mm
N20 G90 G41 G01 X－30 Y－25 D1 F200；	左刀补、至轮廓起点
N30 Y20；	铣方凸台轮廓程序
N40 G03 X－20 Y30 CR＝10；	……
N50 G01 X20；	
N60 G03 X30 Y20 CR＝10；	
N70 G01 Y－20；	
N80 G03 X20 Y－30 CR＝10；	
N90 G01 X－20；	
N100 G03 X－30 Y－20 CR＝10；	
N110 G40 X－50 Y－50；	
N120 RET；	
L2. SPF；	内圆型腔子程序
N10 G91 G01 Z－4.0 F80；	Z 轴进刀至－4mm
N20 G90 G41 G01 X20 Y0 D1 F200；	左刀补，至内圆起点
N30 G03 I－20 J0；	整圆加工
N40 G01 G40 X0 Y0；	回零点取消半径补偿
N50 RET；	子程序结束

第二道工序　调面重新装夹，加工外轮廓及圆环凸台程序

EE421. MPF；	外轮廓程序名
N10 G90 G54 G94 G71；	程序初始化
N20 G74 Z0；	回参考点
N30 T1 D1；	换 1 号 φ16mm 键槽立铣刀，刀补循生效
N40 M06；	换刀

```
N50 M3 S600;                                   主轴正转，转速600r/min
N60 G00 X-60 Y-60 Z20 M08;                     至轮廓起点，切削液开
N70 G01 Z3 F200;                               Z轴至3mm处、准备加工外轮廓
N80 CYCLE76 (10, 0, 3, -16,, 80, 80, 12, 0, 0, 0, 6, 0.25, 0, 200, 80, 0, 1, 1, 85, 65);
N90 G00 X-60 Y-60;                             至φ60mm外凸圆台起点
N100 Z20;                                      Z轴至20 mm处
N110 G01 Z3 F200;                              至3mm处、准备加工外凸圆台
N120 CYCLE77 (10, 0, 3, -5,, 60, 0, 0, 5, 0.25, 0, 200, 80, 0, 2, 55);
N130 G00 X0 Y0;                                至φ40mm内圆槽起点
N140 Z20;                                      Z轴至20mm处
N150 G01 Z3 F150;                              至3mm处，准备加工内圆槽
N160 POCKET4 (10, 0, 3, -8, 20, 0, 0, 4, 0, 0, 200, 80, 0, 21, 0, 0, 0,,);
N170 G74 Z0 M09;                               回参考点，切削液关
N180 T2 D2;                                    换2号中心钻，刀补生效
N190 M06;                                      换刀
N200 M03 S1500;                                主轴正转，转速1500 r/min
N210 G00 X0 Y0 Z20;                            Z轴至Z20 mm，切削液开
N220 G01 Z3 F50 M08;                           至3 mm处
N230 MCALL CYCLE81 (3, 0, 3, -2.5);            模态调用铅孔固定循环
N240 HOLES2 (0, 0, 25, 0, 45, 8);              调用圆周孔系统循环
N250 MCALL;                                    取消模态调用
M260 G74 Z0 M09;                               返回参考点，切削液关
N270 M05;                                      主轴停转
N280 T3 D3;                                    换3号φ6mm钻头，刀补生效
N290 M06;                                      换刀
N300 M03 S800;                                 主轴正转，转速800r/min
N310 G00 Z20 M08;                              Z轴至20mm处，切削液开
N320 G01 Z3 F60;                               至3mm处
N330 MCALL CYCLE81 (3, 0, 3, -12);             模态调用钻孔固定循环
N340 HOLES2 (0, 0, 25, 0, 45, 8);              调用圆周孔系统循环
N350 MCALL;                                    取消模态调用
N360 G74 Z0 M09;                               自动返回参考点，切削液关
N370 M30;                                      程序结束
```

综合训练

1. 训练项目

槽板零件如图3-8所示，材料为45钢，毛坯尺寸为103mm×83mm×26mm。

2. 训练要求

填写数控加工工艺卡（表3-10），编程及零件加工，检测尺寸精度，填写零件检测百分表（3-11）、自我评价（表3-12）、能力评价（表3-13）及任务评价（表3-14）。

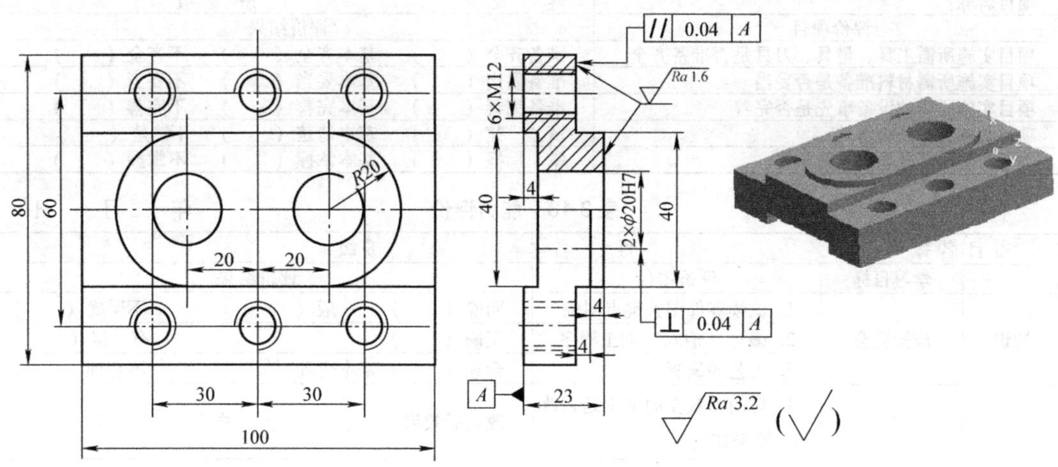

图 3-8 槽板零件

表 3-10 数控加工工艺卡

单位		机床型号		零件名称				第 页
工序		工序名称		程序编号			备注	
工步	加工内容	刀号	长度补偿号	半径补偿号	半径补偿量	n/(r/min)	v_f/(mm/min)	a_p/mm

表 3-11 零件检测评分表

姓名			定额时间		总分		
序号	评价项目	评分内容	配分	评分标准（不倒扣分）		实测	得分
1	外形尺寸	80mm	4	超差 0.1mm，扣 4 分			
		100mm	4	超差 0.1mm，扣 4 分			
		23mm	4	超差 0.1mm，扣 4 分			
		40mm（凸台）	4	超差 0.1mm，扣 4 分			
		40mm（凹槽）	4	超差 0.1mm，扣 4 分			
2	高度尺寸	4mm（圆凸台）	5	超差 0.1mm，扣 2.5 分			
		4mm（方凸台）	5	超差 0.1mm，扣 2.5 分			
3	深度尺寸	4mm（凹槽）	5	超差 0.1mm，扣 2.5 分			
4	径向尺寸	ϕ20H7（两处）	6	每处超差 0.01mm，扣 3 分			
		R20mm（两处）	4	每处超差 0.1mm，扣 2 分			
5	中心距尺寸	30mm	5	超差 0.1mm，扣 2.5 分			
		60mm	5	超差 0.1mm，扣 2.5 分			
6	螺纹尺寸	M12（六处）	18	螺纹塞规检验 每处不合格扣 3 分			
7	垂直度公差	0.04mm	6	超差 0.01mm，扣 3 分			
8	平行度公差	0.04mm	6	超差 0.01mm，扣 3 分			
9	表面粗糙度	Ra1.6μm	5	>Ra1.6μm，酌情扣分			
10	文明生产	按企业相关标准执行	10				

表 3-12 自我评价 年 月 日

项目名称：	姓 名	班 级
评价项目	评价结果	
项目实施所需工具、量具、刀具是否准备齐全	准备齐全（ ） 基本齐全（ ） 不齐全（ ）	
项目实施所需材料准备是否妥当	准备妥当（ ） 基本妥当（ ） 不妥当（ ）	
项目实施所需的设备事先是否完善	准备完善（ ） 基本完善（ ） 不完善（ ）	
项目实施目标是否清楚	清 楚（ ） 基本清楚（ ） 不清楚（ ）	
项目实施的工艺要点是否掌握	掌 握（ ） 基本掌握（ ） 不掌握（ ）	

表 3-13 能力评价 年 月 日

项 目 名 称		姓 名		班级	
	学习目标	评价项目	评价结果		
知识	应知应会	1. 识读零件图关键点明确	明确（ ） 一般（ ） 不明确（ ）		
		2. 编写（输入）加工程序	正确（ ） 有 误（ ）		
		3. 工艺的编制	合理（ ） 基本合理（ ） 不合理（ ）		
专业能力	技能点	1. 切削参数在加工中是否改动，效果如何	改动后效果 好（ ） 中（ ） 差（ ）		
		2. 刀具使用情况	正常（ ） 撞刀（ ）		
		3. 设备使用情况	正常（ ） 撞坏（ ）		
		4. 项目完成情况	提前完成质量 好（ ） 中（ ） 差（ ）		
			正常完成质量 好（ ） 中（ ） 差（ ）		
			滞后完成质量 好（ ） 中（ ） 差（ ）		
		5. 工件自我检测	尺寸准确（ ） 一般（ ） 差（ ）		
通用能力	组织沟通能力				
	解决问题能力				
	自我创新能力				

表 3-14 任务评价 年 月 日

项目名称		姓名		班级	
评价项目	考核要求	评价结果			
安全文明生产	1. 安全规范	好（ ）	一般（ ）	差（ ）	
	2. 工量夹具的摆放及使用	合理（ ）		不合理（ ）	
	3. 工件定位与装夹	合理（ ）		不合理（ ）	
	4. 设备维护保养	保养（ ）		不保养（ ）	
	5. 操作规程的执行	好（ ）	一般（ ）	差（ ）	
加工规范操作	1. 开机检查及开机顺序	正确（ ）		不正确（ ）	
	2. 正确回参考点	回参考点（ ）		不回参考点（ ）	
	3. 工件装夹规范	合理（ ）		不合理（ ）	
	4. 刀具安装规范	好（ ）	一般（ ）	差（ ）	
	5. 对刀及工件坐标系建立	正确（ ）		不正确（ ）	
	6. 程序校验	正确（ ）		不正确（ ）	
	7. 自动加工防护门关闭	关闭（ ）		不关闭（ ）	
学习态度	1. 出勤情况	良好（ ）	一般（ ）	差（ ）	
	2. 课堂纪律	良好（ ）	一般（ ）	差（ ）	
	3. 实操前的准备	充分（ ）	不充分（ ）	不准备（ ）	
	4. 团队协作	好（ ）	一般（ ）	差（ ）	

实训三 配合综合零件铣削加工

零件工单

图 3-9 所示为凸、凹模配合零件。凸、凹模零件的毛坯料均已加工完毕。材料为 45 钢，

毛坯尺寸分别为 150mm × 80mm × 23mm、150mm × 80mm × 23mm，单件加工。

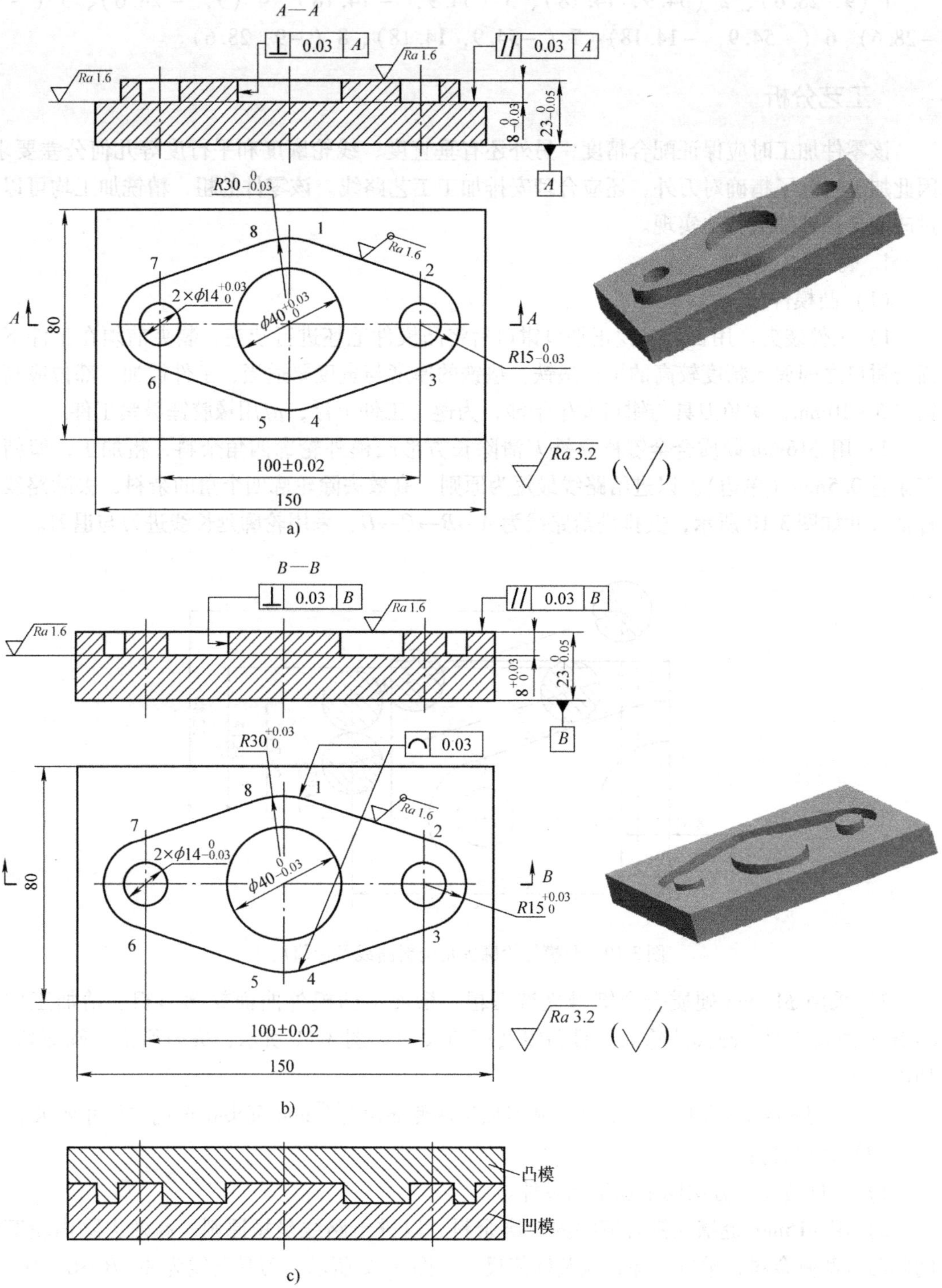

a）

b）

c）

图 3-9 凸、凹模配合零件

a）凸模件 b）凹模件 c）配合件

零件图凸、凹模零件圆弧节点坐标分别为：

1（9，28.6）、2（54.9，14.18）、3（54.9，－14.18）、4（9，－28.6）、5（－9，－28.6）、6（－54.9，－14.18）、7（－54.9，14.18）、8（－9，28.6）。

工艺分析

该零件加工时应保证配合精度，另外还有垂直度、线轮廓度和平行度等几何公差要求。因此加工时除了精确对刀外，还应合理安排加工工艺路线。该零件的粗、精铣加工均可以通过改变半径补偿值方法实现。

1. 确定加工顺序

（1）凸模件加工

1）工件装夹。用百分表找正平口钳口后将凸模件毛坯进行装夹，装夹前须在工件下表面与钳口之间放入精度较高的平行垫铁，垫铁的厚度与宽度要适当，工件被加工部位应高出钳口5～10mm，避免刀具与钳口发生干涉，为避免工件上浮，应用橡胶锤敲紧工件。

2）用ϕ16mm硬质合金键槽立铣刀清除长方形凸模外轮廓四角余料，粗加工，留精加工余量0.5mm（单边）。以进给路线最短为原则，高效去除轮廓四个角的余料，去除路线及标值尺寸如图3-10所示，安排进给路线为$A \to B \to C \to D$，采用轮廓延长线进刀与退刀。

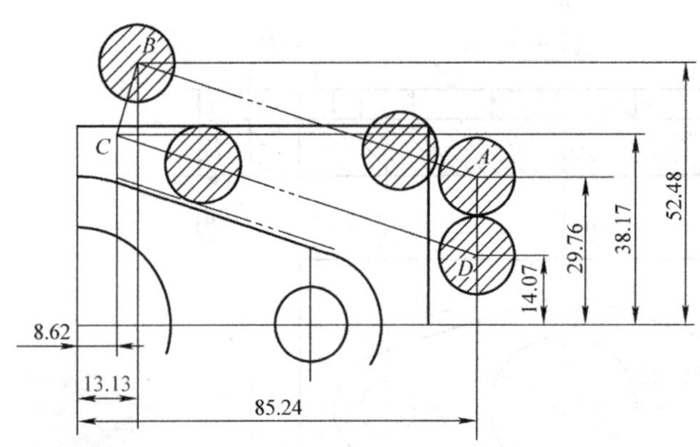

图3-10　凸模外轮廓去角余料路线及标值尺寸

3）采用ϕ16mm硬质合金键槽立铣刀粗、精加工凸模外曲面轮廓→粗、精加工中间ϕ40mm内圆轮廓。凸模外轮廓刀具路线及标值尺寸如图3-11所示，进刀均采用圆弧切入、切出。

4）采用ϕ14mm硬质合金键槽立铣刀加工两侧$\phi 14^{+0.03}_{0}$mm沉头孔至规定尺寸要求。

（2）凹模件加工

1）工件装夹。方法同上加工凸模件。

2）用ϕ16mm键槽立铣刀清除内轮廓余料。以进给路线最短原则，高效去除内轮廓中间圆凸台两侧余料，单侧去除路线及标值尺寸如图3-12所示，刀具路线为$A \to B \to C \to D$。

3）用ϕ6mm硬质合金键槽立铣刀粗、精加工凹模内曲面轮廓至规定尺寸要求，如图3-13所示→粗、精加工$\phi 40^{\ 0}_{-0.03}$mm外圆至规定尺寸要求→粗、精加工$2 \times \phi 14^{\ 0}_{-0.03}$mm两侧外圆至规定尺寸要求，如图3-14所示，所有粗、精加工均采用圆弧切入、切出。

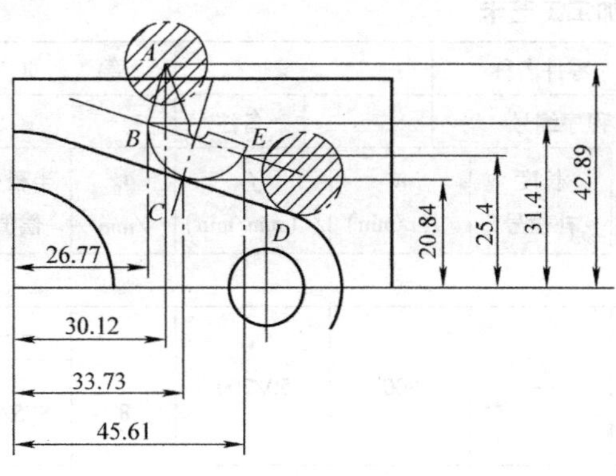

图 3-11　凸模外轮廓刀具路线及标值尺寸

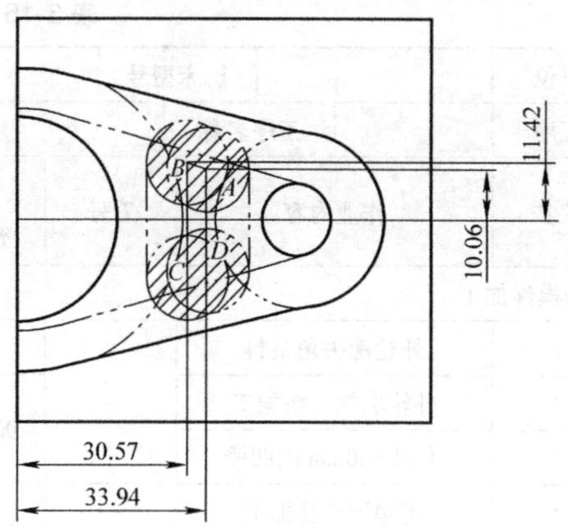

图 3-12　凹模内轮廓去余料单侧路线及标值尺寸

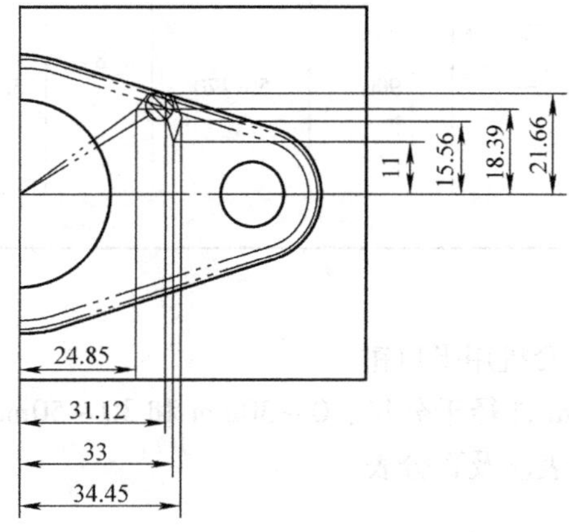

图 3-13　单侧凹模曲面内轮廓粗、精加工路线及标值尺寸

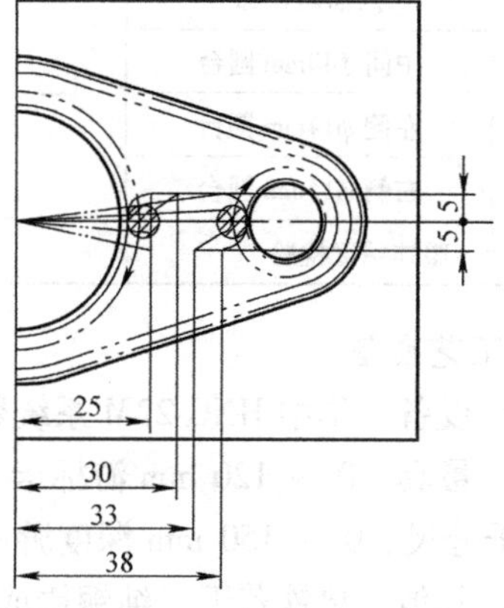

图 3-14　单侧凹模内圆粗、精加工路线及标值尺寸

2. 刀具的选择

刀具应根据工件的材料、加工性质及结构来选择。刀具清单见表 3-15。

表 3-15　刀具清单

产品名称或代号		零件名称		零件图号	
序号	刀具名称	刀号	刀具规格	加工表面	数量
凸模件加工					
1	硬质合金键槽立铣刀		ϕ16mm	去余料、外轮廓、内圆轮廓	1
2	硬质合金键槽立铣刀		ϕ14mm	两侧沉头孔	1
凹模件加工					
1	硬质合金键槽立铣刀		ϕ16mm	去余料	1
2	硬质合金键槽立铣刀		ϕ6mm	外圆轮廓　两侧外圆轮廓	1
编制	审核	批准		共　页	第　页

3. 切削用量及数控加工工艺卡

数控加工工艺卡见表 3-16。

表 3-16　数控加工工艺卡

<table>
<tr><td>单位</td><td colspan="2"></td><td>机床型号</td><td></td><td colspan="2">零件名称</td><td></td><td>第　页</td></tr>
<tr><td>工序</td><td>工序名称</td><td colspan="2"></td><td colspan="2">程序编号</td><td>备注</td><td colspan="2"></td></tr>
<tr><td>工步</td><td>作业内容</td><td>刀号</td><td>半径补偿号</td><td>长度补偿号</td><td>n /（r/min）</td><td>f /（mm/min）</td><td>a_p /mm</td><td>半径补偿值</td></tr>
<tr><td colspan="9">凸模件加工</td></tr>
<tr><td>1</td><td>外轮廓去角余料</td><td rowspan="3">—</td><td>—</td><td rowspan="3">—</td><td rowspan="3">800</td><td rowspan="3">50/200</td><td rowspan="4">8</td><td>—</td></tr>
<tr><td>2</td><td>外轮廓粗、精加工</td><td rowspan="2">D01/D02</td><td rowspan="2">8.5/8</td></tr>
<tr><td>3</td><td>中间 ϕ40mm 内凹槽</td></tr>
<tr><td>4</td><td>两侧沉头孔加工</td><td>—</td><td>—</td><td>—</td><td>600</td><td>60</td><td>—</td></tr>
<tr><td colspan="9">凹模件加工</td></tr>
<tr><td>1</td><td>内轮廓去余料</td><td>—</td><td>—</td><td>—</td><td>600</td><td>50/200</td><td rowspan="5">8</td><td>—</td></tr>
<tr><td>2</td><td>内曲面轮廓</td><td rowspan="4">—</td><td>—</td><td rowspan="4">—</td><td rowspan="4">900</td><td rowspan="4">50/120</td><td rowspan="4">3.5/3</td></tr>
<tr><td>3</td><td>中间 ϕ40mm 圆台</td><td rowspan="3">D01/D02</td></tr>
<tr><td>4</td><td>左侧 ϕ14mm 圆台</td></tr>
<tr><td>5</td><td>右侧 ϕ14mm 圆台</td></tr>
<tr><td>6</td><td colspan="8">整体精度检验</td></tr>
</table>

4. 工艺准备

（1）设备　华中 HNC-22M 系统数控铣床及配套机用平口钳。

（2）量具　0 ~ 120 mm 游标卡尺、25 ~ 50mm 外径千分尺、0 ~ 30mm 和 30 ~ 50mm 两点内径千分尺、0 ~ 150 mm 深度游标卡尺、磁性表座及百分表。

（3）其他　垫铁若干、纯铜棒或橡胶锤。

5. 华中 HNC-22M 系统数控程序及说明

工件坐标系的原点设置在零件上表面中心点，将 X、Y、Z 向的零偏值输入工件坐标系 G54 中，工件上表面为 Z0。

（1）凸模外曲面轮廓去四角余料程序（数控铣床无换刀功能，可直接手动换 ϕ16mm 键槽立铣刀，此加工不考虑刀具半径及长度补偿）

1）凸模外曲面轮廓去四角余料程序（图 3-10）。

```
%0001                           程序名
N10 G54 G17 G94 G90 G21 G40     程序初始设置
N20 M03 S800                    主轴正转，转速 800r/min
N30 G00 X0 Y0 Z20 M07           至工件零点，切削液开
N40 M98 P1200                   调取余料子程序
N50 G68 X0 Y0 P90               旋转 90°
N60 M98 P1200                   余料子程序
N70 G69                         取消旋转
N80 G68 X0 Y0 P180              ……
N90 M98 P1200
N100 G69
```

```
N110 G68 X0 Y0 P270
N120 M98 P1200
N130 G69
N140 M05 M30
%1200                                  余料子程序
N10 G00 X85.24 Y29.76                  ……
N20 G01 Z-8.0 F50
N30 G01 X13.13 Y52.48 F200
N40 X8.62 Y38.17
N50 X85.24 Y14.07
N60 G00 Z10
N70 X0 Y0
N80 M99
```

2）凸模曲面外轮廓程序（外轮廓需精加工，应两次半径补偿）（图 3-11）。

```
%0002                                  程序名
N10 G90 G54 G17 G40 G21                程序初始设置
N20 M03 S800                           主轴正转，转速 800r/min
N30 G00 X30.12 Y42.89 M07              至起刀点，切削液开
N40 G01 Z0 F50                         至零点
N50 M98 P1300 D1                       调用外轮廓子程序，刀补半径 D1 = 8.5mm
N60 M98 P1300 D2                       调用外轮廓子程序，刀补半径 D2 = 8mm
N70 G00 Z100 M09                       抬刀，切削液关
N80 M30                                主程序结束
%1300                                  外轮廓子程序
N10 G90 G01 Z-8 F50                    至轮廓深度 Z = 8 mm
N20 G41 G01 X26.77 Y31.41 F200         至起刀点、建立左补偿
N30 G03 X33.73 Y20.84 R10              外轮廓加工
N40 G01 X54.9 Y14.18                   ……
N50 G02 Y-14.18 R15
N60 G01 X9.0 Y-28.6
N70 G02 X-9.0 R30
N80 G01 X-54.9 Y-14.18
N90 G02 X-54.9 Y14.18 R15
N100 G01 X-9.0 Y28.6;
N110 G02 X9.0 Y28.6 R30
N120 G01 X33.73 Y20.84
N130 G03 X45.61 Y25.4 R10
N140 M99;
```

3）凸模中间内凹圆 ϕ40mm 槽（采用 ϕ16mm 键槽立铣刀）。

```
%0003                                  程序名
N10 G90 G54 G17 G40 G21                程序初始设置
N20 M03 S600                           主轴正转，转速 600r/min
N50 G00 X0 Z0 Z10 M07                  至起刀点，切削液开
```

```
N30 G01 Z0 F50                      至零点
N40 M98 P1400 D1                    调用内凹圆子程序，刀补半径 D1 = 8.5mm
N50 M98 P1400 D2                    调用内凹圆子程序，刀补半径 D2 = 8mm
N60 G00 Z100 M09                    抬刀，切削液关
N70 M05 M30                         主程序结束
%1400                               内凹圆子程序
N10 G90 G01 Z-8 F50                 至内凹圆深度 Z = 8mm
N20 G42 G01 X10 Y-10 F200           至起刀点，建立右补偿
N30 G02 X0 Y-20 R10                 内凹圆加工
N40 G02 I0 J-20                     ……
N50 G02 X-10 Y-10 R10
N60 G40 G01 X0 Y0
N70 M99
```

4）凸模两侧沉头孔（采用 ϕ14mm 键槽立铣刀）加工程序。

```
%0004                               程序名
N10 G90 G54 G21                     程序初始设置
N20 M03 S600                        主轴正转，转速 600r/min
N30 G00 X50 Y0 Z50 M07              X、Y 轴至起刀点、切削液开
N40 G01 Z10                         Z 轴至起刀点
N50 G99 G82 X50 Y0 Z-8 R3 P2 F60    固定钻孔循环
N60 X-50                            ……
N70 G80 M09;
N80 M30;
```

（2）凹模内轮廓去余料程序（图 3-12）

1）凹模内轮廓去余料程序。

```
%0005                               程序名
N10 G90 G54 G00 G17 G49 G40 G80     程序初始设置
N20 M03 S600                        主轴正转，转速 600r/min
N30 G00 X33.94 Y10.06 M07           X、Y 轴至起刀点，切削液开
N40 G00 Z10                         至起刀点
N50 G01 Z-8 F50                     落刀
N60 X30.57 Y11.42 F200              ……
N70 Y-11.42
N80 X33.94 Y-10.06
N90 Y10.06;
N100 G00 Z10;
N110 G00 X-33.94 Y10.06
N120 G01 Z-8 F50
N130 G01 X-30.57 Y11.42 F200
N140 Y-11.42
N150 X-33.94 Y-10.06
N160 Y10.06
```

```
N170 G00 Z50 M09
N180 M30
```

2）凹模内曲面轮廓，中间 ϕ400mm 圆台程序，两侧 ϕ14mm 小圆台（采用 ϕ14mm 键槽立铣刀）加工程序。

①凹模内曲面轮廓程序（需精加工，应两次半径补偿）（图 3-13）。

%0006	程序名
N10 G54 G00 G17 G40 G80 G90;	程序初始设置
N30 M03 S900;	主轴正转，转速 600 r／min
N50 G00 X0 Y0 Z10 M07	至起刀点，切削液开
N40 M98 P1500 D1	调用内曲面子程序，刀补半径 D1 = 7.5mm
N50 M98 P1500 D2	调用内曲面子程序，刀补半径 D2 = 7mm
N60 G00 Z100 M09	抬刀，切削液关
N70 M30	主程序结束
%1500	内曲面子程序
N10 G42 X24.85 Y18.39 F200	至内曲面深度 Z = 8 mm
N20 G90 G01 Z-8 F50	至起刀点，建立右补偿
N30 G02 X31.12 Y21.66 R5 F200;	内曲面加工
N40 G01 X54.9 Y14.18	……
N50 G02 Y-14.18 R15	
N60 G01 X9 Y-28.6	
N70 G02 X-9 Y-28.6 R30	
N80 G01 X-54.9 Y-14.18	
N90 G02 X-54.9 Y14.18 R15	
N100 G01 X-9 Y28.6	
N110 G02 X9 Y28.6 R30	
N120 G01 X31.12 Y21.66;	
N130 G02 X34.45 Y15.56 R5	
N140 G00 Z10	
N150 G01 G40 X0 Y0	
N160 M99	

②中间 ϕ40mm 圆台程序（需精加工，应两次半径补偿）（图 3-14）。

%0007	程序名
N10 G54 G00 G17 G40 G80 G90	程序初始设置
N20 M03 S900;	主轴正转，转速 900 r／min
N30 G00 X0 Y0 Z10 M07	至起刀点，切削液开
N40 M98 P1600 D1	调用圆台子程序，刀补半径 D1 = 7.5mm
N50 M98 P1600 D2	调用圆台子程序，刀补半径 D2 = 7mm
N60 G00 Z100 M09	抬刀，切削液关
N70 M30	主程序结束
%1600	圆台子程序
N10 G00 G41 X25 Y5	至起刀点，建立左补偿
N20 G90 G01 Z-8 F50	圆台加工

```
N30 G03 X20 Y0 R5                  ……
N40 G02 I-20 J0
N50 G03 X25 Y-5 R5
N60 G00 Z5
N70 G40 X0 Y0
N80 M99
```

③右侧 ϕ14mm 小圆台程序（需精加工，应两次半径补偿）（图 3-14）。

```
%0008                              程序名
N10 G54 G00 G17 G40 G80 G90        程序初始设置
N30 M03 S900                       主轴正转，转速 900r/min
N50 G00 X0 Y0 Z10 M07              至起刀点，切削液开
N40 M98 P1700 D1                   调用右侧小圆台子程序，刀补半径 D1 = 7.5mm
N50 M98 P1700 D2                   调用右侧小圆台子程序，刀补半径 D2 = 7mm
N60 G00 Z100 M09                   抬刀，切削液关
N70 M30                            主程序结束
%1700                              右侧小圆台子程序
N10 G00 G90 G41 X38 Y-5            至起刀点，建立左补偿
N20 G01 Z-8 F50                    右侧小圆台加工
N30 G03 X43 Y0 R5                  ……
N40 G02 I7 J0
N50 G03 X38 Y5 R5
N60 G00 Z5
N70 G40 X0 Y0
N80 M99;
```

④左侧 ϕ14mm 小圆台程序（需精加工，应两次半径补偿）。

```
%0009                              程序名
N10 G54 G00 G17 G40 G80 G90        程序初始设置
N20 M03 S900                       主轴正转，转速 900r/min
N30 G00 X0 Y0 Z10 M07              至起刀点，切削液开
N40 M98 P1800 D1                   调用左侧小圆台子程序，刀补半径 D1 = 7.5mm
N50 M98 P1800 D2                   调用左侧小圆台子程序，刀补半径 D2 = 7mm
N60 G00 Z100 M09                   抬刀，切削液关
N70 M30                            主程序结束
%1800                              左侧小圆台子程序
N10 G00 G90 G42 X-38 Y-5           至起刀点，建立右补偿
N20 G01 Z-8 F50                    左侧小圆台加工
N30 G02 X-43 Y0 R5                 ……
N40 G03 I-7 J0
N50 G03 X-38 Y5 R5
N60 G00 Z100
N70 G40 X0 Y0
N80 M99;
```

综合训练

十字对配零件如图3-15所示，材料为45钢，毛坯尺寸为ϕ80mm×33mm，两块坯料外圆已加工完成。

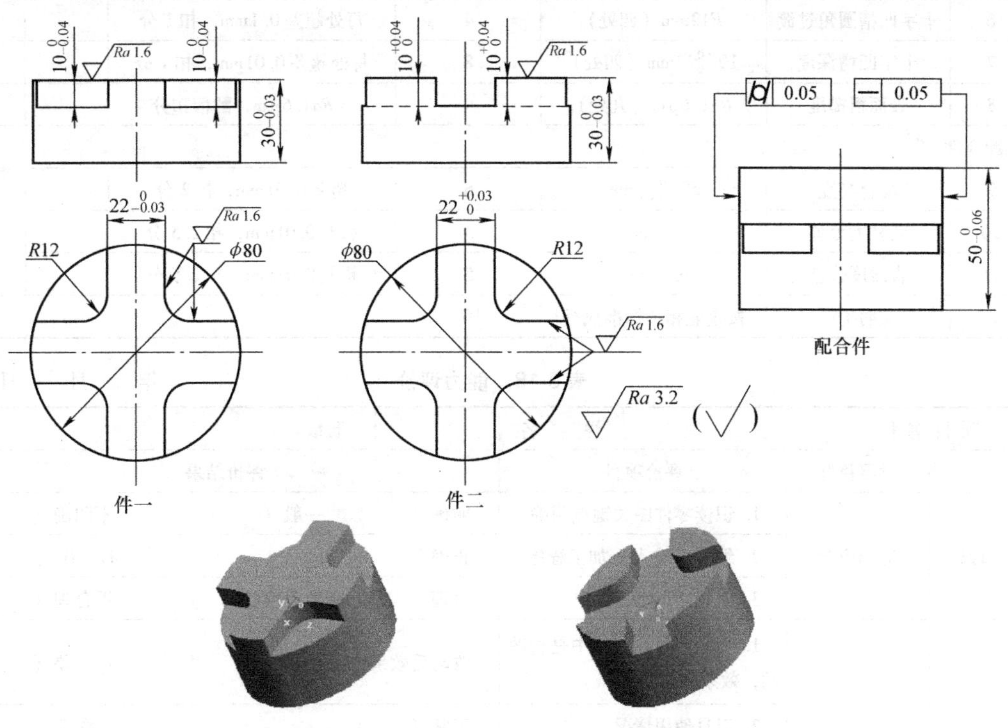

图3-15　十字对配零件

要求：

1）对零件进行工艺分析，合理选择刀具、量具、夹具、切削用量，编写程序，填写数控加工工艺卡，平上下端面后进行零件加工，检测尺寸精度。

2）填写零件检测评分表（3-17）能力评价（表3-18）、自我评价（表3-19）及任务评价（表3-20）。

表3-17　零件检测评分表

姓名			定额时间		总分		
序号	评价项目	评分内容	配分	评分标准（不倒扣分）		实测	得分
件一							
1	十字凸台宽度	$22_{-0.03}^{\ 0}$mm（四处）	16	每处超差0.01mm，扣2分			
2	十字凸台圆角过渡	*R*12mm（四处）	4	每处超差0.1mm，扣1分			
3	十字凸台高度	$10_{-0.04}^{\ 0}$mm（四处）	8	每处超差0.01mm，扣1分			
4	表面粗糙度	*Ra*1.6μm（九处）	9	>*Ra*1.6μm，酌情扣分			

（续）

姓名			定额时间		总分	
序号	评价项目	评分内容	配分	评分标准（不倒扣分）	实测	得分
件二						
5	十字凹槽宽度	$22^{+0.03}_{0}$mm（四处）	16	每处超差 0.01mm，扣 2 分		
6	十字凹槽圆角过渡	*R*12mm（四处）	4	每处超差 0.1mm，扣 1 分		
7	十字凹槽深度	$10^{+0.04}_{0}$mm（四处）	8	每处超差 0.01mm，扣 1 分		
8	表面粗糙度	*Ra*1.6μm（九处）	9	>*Ra*1.6μm，酌情扣分		
配合件						
9	配合高度	$50^{0}_{-0.06}$mm	6	超差 0.01mm，扣 2 分		
10	圆柱度公差	0.05mm	5	超差 0.01mm，扣 2.5 分		
11	直线度公差	0.05mm	5	超差 0.01mm，扣 2.5 分		
12	文明生产	按企业相关标准执行	10			

表 3-18　能力评价　　　　年　　月　　日

项目名称			姓　名	班级
	学习目标	评价项目	评价结果	
知识	应知应会	1. 识读零件图关键点明确	明确（　）　一般（　）　不明确（　）	
		2. 编写（输入）加工程序	正确（　）　有　误（　）	
		3. 工艺的编制	合理（　）基本合理（　）　不合理（　）	
专业能力	技能点	1. 切削参数在加工中是否改动，效果如何	改动后效果　好（　）　中（　）　差（　）	
		2. 刀具使用情况	正常（　）　撞刀（　）	
		3. 设备使用情况	正常（　）　撞坏（　）	
		4. 项目完成情况	提前完成质量　好（　）　中（　）　差（　）	
			正常完成质量　好（　）　中（　）　差（　）	
			滞后完成质量　好（　）　中（　）　差（　）	
		5. 工件自我检测	尺寸准确（　）　一般（　）　差（　）	
通用能力	组织沟通能力			
	解决问题能力			
	自我创新能力			

表 3-19　自我评价　　　　年　　月　　日

项目名称：	姓　名	班　级
评价项目	评价结果	
项目实施所需工具、量具、刀具是否准备齐全	准备齐全（　）　基本齐全（　）　不齐全（　）	
项目实施所需材料准备是否妥当	准备妥当（　）　基本妥当（　）　不妥当（　）	
项目实施所需的设备事先是否完善	准备完善（　）　基本完善（　）　不完善（　）	
项目实施目标是否清楚	清　楚（　）　基本清楚（　）　不清楚（　）	
项目实施的工艺要点是否掌握	掌　握（　）　基本掌握（　）　不掌握（　）	

表 3-20　任务评价　　　　年　　月　　日

项目名称		姓名		班级	
评价项目	考核要求	评价结果			
安全文明生产	1. 安全规范	好（　）	一般（　）	差（　）	
	2. 工量夹具的摆放及使用	合理（　）		不合理（　）	
	3. 工件定位与装夹	合理（　）		不合理（　）	
	4. 设备维护保养	保养（　）		不保养（　）	
	5. 操作规程的执行	好（　）	一般（　）	差（　）	
加工规范操作	1. 开机检查及开机顺序	正确（　）		不正确（　）	
	2. 正确回参考点	回参考点（　）		不回参考点（　）	
	3. 工件装夹规范	合理（　）		不合理（　）	
	4. 刀具安装规范	好（　）	一般（　）	差（　）	
	5. 对刀及工件坐标系建立	正确（　）		不正确（　）	
	6. 程序校验	正确（　）		不正确（　）	
	7. 自动加工防护门关闭	关闭（　）		不关闭（　）	
学习态度	1. 出勤情况	良好（　）	一般（　）	差（　）	
	2. 课堂纪律	良好（　）	一般（　）	差（　）	
	3. 实操前的准备	充分（　）	不充分（　）	不准备（　）	
	4. 团队协作	好（　）	一般（　）	差（　）	

单元小结

在掌握前述单元基本技能操作的基础上，本单元主要通过单面、双面及配合等典型零件的工艺分析、刀具、切削用量、加工路径的选择及程序编制等进行加工训练，在进一步巩固基本技能操作基础上，综合多方面知识以解决加工中在工艺、编程、加工及检测等方面的问题。

单元四

数控铣削（加工中心）考级与提升

【知识要求试题】

模拟一　中级应知考核模拟试题Ⅰ

一、判断题（第1~50题。正确画“√”，错误画“×”，每题1分，共50分）

1. 只有当工件的六个自由度全部被限制，才能保证加工精度。（　）
2. 数控机床按控制系统的特点可分为开环、闭环和半闭环系统数控机床。（　）
3. 数控机床适用于单品种的生产。（　）
4. 一个主程序中只能有一个子程序。（　）
5. 数控铣床检测装置可以将工作台的位移量转换成电信号，并反馈回数控装置。（　）
6. 最常见的两轴半坐标控制的数控铣床，实际上就是一台三轴联动的数控铣床。（　）
7. 四坐标数控铣床是在三坐标数控铣床上增加一个数控回转工作台。（　）
8. 数控铣床加工时保持工件切削点的线速度不变的功能称为恒线速度控制。（　）
9. 点位控制的特点是，可以以任意途径达到要计算的点，因为在定位过程中不进行加工。（　）
10. 以交流伺服电动机为驱动单元的数控系统称为闭环数控系统。（　）
11. 图样中没有标注几何公差的加工面，表示该加工面无几何公差要求。（　）
12. 数控系统的脉冲当量是指数控系统每发出一个脉冲所对应的机床移动量。（　）
13. 编制程序时一般以机床坐标系作为编程依据。（　）
14. 直线式光栅尺可以直接测量工作台的进给位移。（　）
15. 当数控加工程序编制完成后即可进行正式加工。（　）
16. 圆弧插补中，对于整圆，其起点和终点相重合，用R编程无法定义，所以只能用圆

心坐标编程。（　）

17. 插补运动的实际插补轨迹始终不可能与理想轨迹完全相同。（　）

18. 数控机床编程有绝对值和增量值编程，使用时不能将它们放在同一程序段中。（　）

19. G代码可以分为模态G代码和非模态G代码。（　）

20. G00、G01指令都能使机床坐标轴准确到位，因此它们都是插补指令。（　）

21. 不同的数控机床可能选用不同的数控系统，但数控加工程序指令都是相同的。（　）

22. 采用滚珠丝杠作为 X 轴和 Z 轴传动的数控车床机械间隙一般可忽略不计。（　）

23. 顺时针方向圆弧插补（G02）和逆时针方向圆弧插补（G03）的判别方向是：沿着不在圆弧平面内的坐标轴负方向向正方向看去，顺时针方向为G02，逆时针方向为G03。（　）

24. 不同结构布局的数控机床有不同的运动方式，但无论何种形式，编程时都认为刀具相对于工件运动。（　）

25. 数控机床的镜像功能适用于数控铣床和加工中心。（　）

26. 在数控机床上加工零件，应尽量选用组合夹具和通用夹具装夹工件，避免采用专用夹具。（　）

27. 保证数控机床各运动部件间的良好润滑就能提高机床寿命。（　）

28. 数控机床的定位精度与数控机床的分辨率精度是一致的。（　）

29. 固定循环是预先给定一系列操作，用来控制机床的位移或主轴运转。（　）

30. 为了保证工件达到图样所规定的精度和技术要求，夹具上的定位基准应与工件上设计基准、测量基准尽可能重合。（　）

31. 为了防止工件变形，夹紧部位要与支承对应，不能在工件悬空处夹紧。（　）

32. 在批量生产的情况下，用直接找正的方法装夹工件比较合适。（　）

33. 加工零件在数控编程时，首先应确定数控机床，然后分析加工零件的工艺特性。（　）

34. 当数控机床失去对机床参考点的记忆时，必须进行返回参考点的操作。（　）

35. 数控机床在手动和自动运行中，一旦发现异常情况，应立即使用紧急停止按钮。（　）

36. 在切削用量中，影响切削温度最大的参数是主轴转速。（　）

37. 刀具刃磨后，由于各刀面微观不平及刃磨后具有新的表面层组织，所以当开始切削时，初期磨损最为缓慢。（　）

38. 在子程序中，不可以再调用另外的子程序，即不可调用两重子程序。（　）

39. 镗孔可以保证箱体类零件上孔系间的位置精度。（　）

40. 在G00程序中，不需编写F指令。（　）

41. 子程序的编写方式必须是增量方式。（　）

42. 零件上凡已加工过的表面就是精基准。（　）

43. 数控机床的机床坐标原点和机床参考点是重合的。（　）

44. 机床参考点在机床上是一个浮动的点。（　）

45. 刀具补偿功能包括刀补的建立、刀补的执行和刀补的取消三个阶段。（　）

46. 数控机床配备的固定循环功能主要用于孔加工。（　）
47. 数控铣削机床配备的固定循环功能主要用于钻孔、镗孔、攻螺纹等。（　）
48. 在立式铣床上镗孔，镗杆过长会产生弹性偏让，使孔径超差产生废品。（　）
49. 切削用量的选择原则，粗加工时，一般以提高生产率为主，但也应考虑经济性和加工成本。（　）
50. 当机床运行至 M01 指令时，机床不一定停止执行下面的程序。（　）

二、选择题（第51~100题，选择正确的答案，将相应的字母填入题内括号中，每题1分，共50分）

51. 进给伺服系统根据（　）驱动工作台（刀具）运动。
A. 输入信号　B. 输入电压　C. 脉冲当量
52. 数控机床采用的开环伺服进给系统（　）位置测量反馈装置。
A. 有　B. 没有　C. 某一部分有
53. 可以精确调整滚珠丝杠螺母副轴向间隙的结构形式是（　）。
A. 双螺母齿差式　B. 双螺母垫片式　C. 双螺母螺纹式
54. 目前数控机床应用的最普遍的刀具材料是（　）。
A. 陶瓷　B. 硬质合金　C. 立方氮化硼
55. 数控铣削加工在工件表面会留下驻刀痕迹的进、退刀方式是（　）进给。
A. 沿曲面的切矢方向
B. 垂直　C. 沿圆弧段
56. 数控铣削工顺铣、逆铣交替进行的走刀方式是（　）。
A. 单向走刀　B. 环切走刀　C. 往复走刀
57. 数控铣床和加工中心加工零件时最难保证的尺寸是（　）。
A. 加工面与加工面之间的尺寸
B. 加工面与设计基准之间的尺寸
C. 加工面与非加工面之间的尺寸
58. 工件坐标系与机床坐标系的相对位置关系是（　）
A. 对应的坐标轴平行方向不一致
B. 对应的坐标轴平行正方向一致
C. 对应的坐标轴平行正方向不一致
59. 在通常情况下，在加工中心加工直径（　）的孔可以不铸出毛坯孔可以全部在加工中心上完成。
A. 大于30mm　B. 小于30mm　C. 大于或等于50mm
60. 采用百分表测量平面时，触头应与被检测平面（　）。
A. 倾斜　B. 垂直　C. 水平　D. 平行
61. 对数控铣床坐标轴的最基本要求是（　）轴控制。
A. 2　B. 3　C. 4　D. 5
62. 具有刀具交换装置的自动换刀装置形式是（　）。
A. 回转式　B. 带刀库式　C. 转塔式

63. 数控铣床上加工平面类零件中，需联动的坐标轴数为（ ）。

A. 三轴　　B. 两轴　　C. 两轴半

64. 数控铣削加工程序起始点和返回点应定义在高出被加工零件中最高点（ ）

A. 10~50mm　　B. 5~10mm　　C. 50~100mm

65. 适合数控车削要求和特点的加工内容是（ ）

A. 数控加工走刀路线

B. 数控车削工序尺寸及公差的确定

C. 零件图形的数学处理

66. 为了便于换刀，镗铣类数控机床的主轴孔锥度是（ ）

A. 莫氏锥度　　B. 自锁的7:24的锥度

C. 不自锁的7:24的锥度

67. 属于数控车削加工工艺文件内容的是（ ）

A. 零件结构工艺分析　　B. 零件图形的数学处理

C. 刀具调整图

68. 属于数控车削工步顺序内容的是（ ）

A. 先粗后精　　B. 先加工定位面　　C. 阶梯切削进给路线

69. 减少毛坯误差的方法是（ ）。

A. 增大毛坯的形状误差　　B. 增大毛坯的余量

C. 精化毛坯

70. 数控铣床可以通过（ ）实现不同速度的手动进给。

A. 手动参考点返回方式　　B. 手摇脉冲发生器手动进给方式

C. 手动连续进给　　D. 增量进给方式

71. 在FANUC系统数控车床中，用（ ）指令进行恒线速控制。

A. G97 S __　　B. G96S __　　C. G99 F __　　D. G98 F __

72. 在FANUC系统中G50 X200.0 Z100.0指令表示（ ）。

A. 机床回零　　B. 原点检查　　C. 刀具定位　　D. 工件坐标系设定

73. 闭环控制系统的位置检测装置装在（ ）。

A. 传动丝杠上　　B. 伺服电动机轴上　　C. 机床移动部件上　　D. 数控装置中

74. 数控铣床的默认加工平面是（ ）。

A. *XY*平面　　B. *XZ*平面　　C. *YZ*平面

75. 加工中心与数控铣床的主要区别是（ ）。

A. 数控系统复杂程度不同　　B. 机床精度不同

C. 有无自动换刀系统

76. 球头铣刀的球半径通常（ ）加工曲面的曲率半径。

A. 小于　　B. 大于　　C. 等于

77. 建立刀具半径右补偿的指令是（ ）。

A. G41　　B. G42　　C. G40

78. 可使刀具作短时间的无进给光整加工，常用于车槽、镗平面、锪孔等场合，以减小表面粗糙度值的指令是（ ）。

A. G02　　B. G04　　C. G06　　D. G03

79. 数控线切割机床的工艺范围应属于（　　）。

A. 普通数控机床　B. 加工中心　C. 特种数控机床　D. 普通机床

80. 采用全闭环伺服的数控系统的特点是（　　）。

A. 精度高，成本高　　B. 精度低，成本低

C. 精度高，成本低　　D. 精度低，成本高

81. 位置检测元件是位置控制闭环系统重要组成部分，是保证数控机床（　　）的关键。

A. 精度　　B. 稳定性　　C. 效率　　D. 速度

82. 数控系统中，（　　）在加工过程中是模态的。

A. G01 F　　B. G27 G28　　C. G04　　D. M02

83. 在判断数控机床坐标轴的正负方向时，对刀具与工件间的运动关系，应该（　　）。

A. 假定刀具运动，工件静止　　B. 假定工件运动，刀具静止

C. 假定刀具与工件同时运动　　D. 假定两者都静止

84. 在数控机床的各个组成部分中，用于程序进行分析处理的是（　　）。

A. 数控装置　　B. 伺服系统　　C. 控制设置　　D. 机床

85. 在数控机床中，自动刀具交换装置的简称为（　　）。

A. APC　　B. ATC　　C. PLC　　D. PMC

86. 下列零件中，适合使用自动编程的是（　　）。

A. 形状简单，批量较大的零件　　B. 二维轮廓粗加工的零件

C. 带复杂曲面的零件　　D. 箱体类零件

87. 在采用半径补偿进行轮廓铣削时，若加大刀补值，则刀具的（　　）

A. 加工轨迹远离零件　　B. 加工轨迹趋近加工轮廓

C. 加工轨迹 Z 向提高　　D. 加工轨迹 Z 向降低

88. 用端铣刀铣削时（　　）不是产生异常振动现象的原因。

A. 刀柄伸出长度过长　　B. 刀柄伸出长度较短

C. 刀柄刚性不足　　D. 刀柄过细

89. 基准位移误差在当前工序中产生，一般受（　　）影响。

A. 夹具　　B. 量具　　C. 定位器

90. 铣削外轮廓，为了避免切入与切出点产生刀痕，最好采用（　　）。

A. 法向切入与切出　B. 垂直切入与切出　C. 切向切入与切出

91. 根据数控装置发来的控制信息（脉冲信号），驱动机床发生正确位移的是（　　）。

A. 控制介质　　B. 可编程序控制器

C. 伺服系统　　D. 其他控制装置

92. 通过主轴旋转与进给运动保持同步关系，可以为实现（　　）加工提供必要的支持。

A. 端面　　B. 钻孔　　C. 螺纹　　D. 镗孔

93. 在一个程序的执行中，模态 G 代码被取消的条件是（　　）。

A. 出现了一个非模态代码　　B. 出现了程序停止指令

C. 再次出现同一指令　　　　D. 出现同组指令

94. 下列哪种措施不一定能缩短进给路线（　　）。

A. 减少空行程　　　　B. 缩短切削加工路线

C. 缩短换刀路线　　　　D. 减少程序段

95. 在使用数控机床前为了达到热平衡状态必须使机床低速运转（　　）。

A. 15min 以上　　B. 5～10min　　C. 1～5min

96. 数控机床上电后首先检查（　　）是否正常。

A. 机床导轨　　　　B. 工作台

C. 各开关按键与按钮　　　　D. 机床防护装置

97. 刀具补偿包括长度补偿和（　　）补偿。

A. 径向　　B. 直径　　C. 轴向

98. 数控铣床一般采用半闭环控制方式，其位置检测一般使用的是（　　）。

A. 光栅尺　　B. 感应同步器　　C. 脉冲编码器

99. 数控机床在选择刀具起点时应考虑（　　）。

A. 方便工件安装于测量

B. 防止与工件或夹具干涉

C. 刀具刀尖在起点重合

100. 机床原点是一个（　　）。

A. 在机床上某一个固定位置的点　　　　B. 由机床厂家设定的点

【中级应知考核模拟试题 I 答案】

1. 判断题

1. ×　2. ×　3. ×　4. ×　5. ✓　6. ×　7. ✓　8. ×　9. ✓　10. ×　11. ×
12. ✓　13. ×　14. ✓　15. ×　16. ✓　17. ✓　18. ×　19. ✓　20. ×　21. ×　22. ✓
23. ×　24. ✓　25. ✓　26. ✓　27. ×　28. ×　29. ✓　30. ✓　31. ✓　32. ×　33. ×
34. ✓　35. ×　36. ✓　37. ×　38. ×　39. ✓　40. ✓　41. ×　42. ×　43. ×　44. ×
45. ✓　46. ×　47. ✓　48. ✓　49. ✓　50. ✓

2. 选择题

51. C　52. B　53. A　54. B　55. B　56. C　57. C　58. B　59. B　60. B　61. B
62. B　63. B　64. C　65. A　66. C　67. C　68. A　69. C　70. B　71. B　72. D
73. C　74. A　75. C　76. A　77. B　78. B　79. C　80. A　81. A　82. A　83. A
84. A　85. B　86. C　87. A　88. B　89. A　90. C　91. C　92. C　93. D　94. D
95. A　96. C　97. B　98. C　99. B　100. C

模拟二　中级应知考核模拟试题 II

一、判断题（第 1～50 题。正确画“✓”，错误画“×”，每题 1 分，共 20 分）

1. “数字控制”的概念是指在数控加工程序中包含数字符号。（　　）

2. 一台轮廓控制系统的机床，应至少有两个联动轴。（ ）
3. 应用于插补计算的方法，只有逐点比较法一种。（ ）
4. 在数控机床上由于采用了主轴伺服系统，所以可以实现无级的连续调速功能。（ ）
5. 由于有合理的精度、较低的价格，使半闭环数控系统被大量用于数控机床。（ ）
6. 在进给传动系统中，由于采用滚珠丝杠螺母副，所以有良好的传动精度和自锁性。（ ）
7. 刀具寿命管理功能指数控机床控制系统能对刀具的使用寿命和刀具破损进行监控和管理（ ）
8. 在对数控系统进行选刀时，应首先考虑功能全、性能好的产品。（ ）
9. 随着自动编程系统的进一步完善，手工编程不久就将被淘汰。（ ）
10. 一个完善的程序，必须包含程序名称和程序结束。（ ）
11. 基点是采用拟合算法逼近非圆线时，人为选定的点。（ ）
12. 采用直线拟合的办法去加工非圆线，由于计算简单，所以逼近程序较短。（ ）
13. 在确定一台数控机床的坐标系时，应按 *X*、*Y*、*Z*、*A*、*B*、*C* 的顺序来一一确定各轴的正方向。（ ）
14. 在一台加工中心上，至少可以完成原来需由两种不同普通机床才能完成的加工工艺内容。（ ）
15. “联动”是指两个可控轴间的一种关系，所以没有一轴联动的机床。（ ）
16. 数控机床主轴组件，通常采用动压滑动轴承作支承。（ ）
17. 数控装置接到执行的指令信号后，即可直接驱动伺服电动机进行工作。（ ）
18. 数控机床的坐标系规定与普通机床相同，都是采用右手笛卡儿坐标系确定。（ ）
19. 数控机床最适合加工形状复杂、批量较大的零件。（ ）
20. 数控机床的分辨率越高，加工精度也越高。（ ）
21. 编制数控加工程序时一般以机床坐标系作为编程的坐标系。（ ）
22. 因为毛坯表面的重复定位精度差，所以粗基准一般只能使用一次。（ ）
23. 表面粗糙度高度参数 *Ra* 值越大，表示表面粗糙度要求越高；*Ra* 值越小，表示表面粗糙度要求越低。（ ）
24. 轮廓控制数控机床，须对进给运动的位置和运动速度两方面同时实现自动控制。（ ）
25. 对刀具材料的基本木要求：高的硬度、耐磨性，足够的强度和韧性，以及高的耐热性和良好的工艺性。（ ）
26. 数控机床最适合加工精度要求不高、批量特别大的零件。（ ）
27. 数控机床编程有绝对值和增量值编程，使用时不能将它们放在同一程序段中。（ ）
28. 数控机床的坐标系规定与普通机床相同，均是由左手笛卡儿直角坐标系确定。（ ）
29. 数控机床的坐标系是采用笛卡儿直角坐标系。（ ）
30. 数控加工技术的发展，在一定程度上反映了一个国家自动化水平的高低。（ ）

31. 对于负荷较小、精度要求不高的机床来说，采用开环控制系统可以控制成本。（　　）
32. 机床主轴旋转运动的正方向是按照右旋螺纹进入工件的方向。（　　）
33. 数控机床采用了滚珠丝杠作为进给传动部件，是因为其结构简单便于调整。（　　）
34. 数控机床采用无间隙传动部件的目的是提高传动精度和刚性。（　　）
35. 选择合理的工艺步骤，是编好加工程序的前提。（　　）
36. 对于三轴联动的数控机床中，至少应有三个可控轴才行。（　　）
37. 在数控机床上加工零件时，进给速度 F150 一定比 F200 慢。（　　）
38. 在数控机床上，只能通过编辑运行一个完整的程序来执行合法的指令代码。（　　）
39. 在欲编程完成整圆加工时，只能适应给定的圆心坐标的格式。（　　）
40. 数控机床由于按下急停按钮而终止，程序再运行的话，则必须重新回零后才能继续进行其他的工作。（　　）
41. 进行零件的型腔加工时，所选刀具半径必须大于零件轮廓上的最小圆角半径，以保证表面质量。（　　）
42. 球头铣刀在进行零件曲面加工时，比普通立铣刀寿命更长。（　　）
43. 在数控铣床上进行攻螺纹时主轴倍率是无效的。（　　）
44. 数控机床与其他自动控制机床相比，由于采用程序控制所以适用范围更广。（　　）
45. 采用直线式步进电动机做执行元件的数控机床上，可以省略丝杠螺母副。（　　）
46. 采用滚珠丝杠螺母副可以有效地减少爬行的现象。（　　）
47. 在数控机床上热和传动机构的传动间隙都是不可避免的。（　　）
48. 在数控机床的各坐标轴中 C 轴的回转轴线与主轴平行。（　　）
49. 自动编程较适合用于编制简单轮廓零件的加工程序。（　　）
50. 坐标尺寸字主要用在程序段中，指定刀具运动后应到达的位置。（　　）

二、选择题（第 51～100 题，选择正确的答案，将相应的字母填入题内括号中，每题 1 分，共 50 分）

51. 下列对于绝对坐标方式和增量坐标方式的概述正确的是（　　）。

A. 绝对坐标方式依赖于机床坐标系
B. 相对坐标方式依赖于机床坐标系
C. 绝对坐标方式不依赖于固定的编程原点
D. 相对坐标方式不依赖于固定的编程起点

52. 在采用拟合法加工一段曲线时，节点的数量越多，则（　　）。

A. 拟合误差越大　B. 拟合误差不变　C. 程序段越多　D. 程序段的数量不变

53. 使用增量编程时，（　　）。

A. 只能针对特定的点　B. 只能以机床坐标系的原点为原点
C. 不必考虑原点　D. 不能用于整圆加工的编程

54. 在采用步进电动机作为执行元件的数控机床上，步距角的大小决定了（　　）。

A. 机床的加工精度　B. 机床的功能多少
C. 运动坐标的多少　D. 以上全不对

55. 对于数控机床来说，其联动轴数越多，意味着（　　）

A. 加工精度高　　B. 同时加工更多零件
C. 加工速度越快　　D. 可加工更多的曲面

56. 在数控机床的组成部分中，用于完成人机信息交互的部分为（　　）。
A. 控制介质　B. 数控装置　C. 伺服系统　D. 机床

57. 采用开环伺服的数控系统与其他数控系统相比，其特点是（　　）。
A. 精度高，成本高　　B. 精度低，成本低
C. 精度高，成本低　　D. 精度低，成本高

58. 在数控机床上，自动交换工作台的简称是（　　）。
A. APC　B. ATC　C. PLC　D. PMC

59. 在 ISO 或 EIA 标准中，被说明的 G 代码（即可用）的共有（　　）个。
A. 99　B. 30　C. 100　D. 10

60. 当系统定义某一个指令为模态指令时，则该指令（　　）生效。
A. 一次使用永久　　B. 一次使用只在本段
C. 自系统通电后，即开始
D. 一次使用，在其他同组指令出现前，继续

61. 下列各种刀具材料中，（　　）的硬度最高。
A. 高速钢　B. 硬质合金　C. 金属陶瓷　D. 立方氮化硼

62. 闭环伺服系统的位置检测装置安装在（　　）上。
A. 数控装置　　B. 传动丝杠
C. 伺服电动机轴上　　D. 机床移动部件

63. 数控机床的数控装置包括（　　）。
A. 控制介质和光电阅读机　　B. 伺服电动机和驱动系统
C. 信息处理，输入、输出装置　　D. 位移速度检测系统

64. 当被加工圆弧对应圆心角为 360°时，（　　）采用半径编程。
A. 可以　B. 不可以　C. 经处理后可以　D. 以上全错

65. ISO 标准规定增量尺寸方式的指令为（　　）。
A. G90　B. G91　C. G92　D. G50

66. 一般卧式加工中心有（　　）个坐标轴。
A. 1～3　B. 3～5　C. 5～8　D. 以上说法都不对

67. 在复合加工中心上，零件一次装夹后，能完成对（　　）个面的加工。
A. 3　B. 4　C. 5　D. 6

68. 当选用加工中心最长的刀具作基准进行对刀，且保证长度刀补值为正时，可采用（　　）指令进行编程。
A. G41　B. G42　C. G43　D. G44

69. 数控加工过程中，发现刀具突然损坏，应首先采用的措施是（　　）。
A. 关闭电源　B. 关闭数控系统　C. 速按暂停键　D. 速按急停键

70. 常用数控设备，断电或急停后要重新回零的原因是：它采用的位置检测装置是（　　）式的。
A. 增量　B. 绝对　C. 数字　D. 模拟

71. 数控机床工作时，当发生任何异常现象需要紧急处理时应启动（　　）。

A. 程序停止功能　B. 暂停功能　C. 紧停功能

72. 在进行非圆的拟合加工时为了保证拟合误差不至过大，在曲率半径越小位置，应采用（　　）的节点数量。

A. 越多　B. 越少　C. 先少后多　D. 先多后少

73. 脉冲当量与数控机床精度的关系是（　　）。

A. 脉冲当量越小，机床精度越高　B. 脉冲当量就是精度

C. 两者无关系　D. 脉冲当量越大，机床精度越高

74. 对于开环数控系统来说，其采用的执行元件是（　　）。

A. 直流伺服电动机　B. 交流伺服电动机　C. 步进电动机　D. 直线伺服电动机

75. 数控机床所采用的执行元件是（　　）。

A. 贴塑导轨　B. 滚动导轨　C. 液体静压导轨　D. 气体静压导轨

76. 快速定位指令 G00 的移动速度由（　　）。

A. F 指令指定　B. 数控系统确定　C. 用户指定　D. S 指令确定

77. 一般在使用圆弧指令进行外轮廓加工时，使用（　　）的加工方式。

A. G02 指令，顺铣　B. G02 指令，逆铣　C. G03 指令，顺铣

78. （　　）精度是在机床实际切削状态下进行检验的。

A. 定位精度　B. 几何精度　C. 工作精度　D. 主轴回转精度

79 测量与反馈装置的作用是为了（　　）。

A. 提高机床的安全性　B. 提高机床的使用寿命

C. 提高机床的定位精度、加工精度　D. 提高机床的灵活性

80. 在数控机床在进行两轴或三轴直线插补时，F 指令所指定的速度是（　　）。

A. 各进给轴的进给速度　B. 两轴或三轴合成进给速度

C. 位移量较大进给轴的进给速度　D. 位移量较小进给轴的进给速度

81 在编制加工中心程序时，一个主程序可以调用的子程序的个数为（　　）个。

A. 1　B. 2　C. 999　D. 任意多

82. 数控机床的各移动坐标轴中，B 轴是一个回转运动轴，且其回环轴线是（　　）。

A. 与主轴轴线重合　B. 平行于 Z 轴　C. 平行于 Y 轴　D. 与 X 轴重合

83. 如果工件表面 Z 坐标为 0，刀具当前点的 Z 坐标为 2，执行下列程序后，钻孔深度是（　　）。

G90 G01 G43 Z－50 H01 F100（H01 中的补偿值为 2.00mm）

A. 48mm　B. 52mm　C. 50mm　D. 46mm

84. 封闭环的公称尺寸等于各增环的公称尺寸（　　）各减环的公称尺寸之和。

A. 之和乘以　B. 之和除以　C. 之和减去

85. 数控机床的伺服进给系统中的传动间隙影响闭环系统的（　　）。

A. 传动精度　B. 系统的稳定性

C. 系统的固有频率　D. 定位精度

86. 主轴在转动时如果有一定的径向圆跳动，则工件加工后会产生（　　）的误差。

A. 垂直度　B. 同轴度　C. 倾斜度　D. 表面粗糙度

87. 加工中心的自动换刀装置是由驱动机构、（　　）组成。

A. 刀库和机械手　　B. 刀库和控制系统

C. 机械手和控制系统　　D. 控制系统

88. 在循环加工时，当执行有 M00 指令的程序段后，如果要继续执行下面的程序，必须按（　　）按钮。

A. 循环启动　　B. 进给保持　　C. 单段

89. 加工中心与数控铣床的主要区别是（　　）。

A. 数控系统复杂程度不同　　B. 机床精度不同

C. 有无自动换刀系统

90. 数控机床的标准坐标系是以（　　）来确定的。

A. 右手笛卡儿坐标系　　B. 绝对坐标系

C. 左手笛卡儿坐标系　　D. 相对坐标系

91. 分辨率是指数控机床的（　　）。

A. 定位精度　　B. 重复定位精度

C. 所能控制和检测的最小位移　　D. 屏幕显示精度

92. 为了为非圆曲线进行拟合加工，所选择的各拟合线段间的连接点称（　　）。

A. 基点　　B. 节点　　C. 换刀点　　D. 回零点

93. 在加入刀具半径补偿的程序段中，不能使用（　　）指令。

A. F　　B. S　　C. G01　　D. G02

94. 数控机床上常用的几种导轨形式中，（　　）是成本较低。

A. 贴塑导轨　　B. 滚动导轨　　C. 液体静压导轨　　D. 气体静压导轨

95. 下述移动部件中，可参与插补运动的是（　　）。

A. 数控分度工作台　　B. 数控回转工作台　　C. 交换工作台　　D. 刀具库

96. 目前的标准型数控机床主要采用的伺服电动机为（　　）。

A. 步进电动机　　B. 直流伺服电动机

C. 电液脉冲伺服电动机　　D. 交流伺服电动机

97. 半闭环数控系统，是指采用（　　）测量反馈方式的数控系统。

A. 直接　　B. 间接　　C. 不需要　　D. 任意

98. 在数控机床的坐标系统中，y 轴与回转轴（　　）的回转轴线平行。

A. A 轴　　B. B 轴　　C. C 轴　　D. U 轴

99. 提高加工效率的最终目的是（　　）。

A. 缩短刀轨路径　　B. 减少程序数量　　C. 缩短加工时间　　D. 降低刀具损耗

100. 合理选择换刀点可以实现（　　）的优点。

A. 便于零件的测量安装　　B. 便于提高零件的表面质量

C. 便于坐标的计算　　D. 减少切削时间

【中级应知考核模拟试题Ⅱ答案】

1. 判断题

1. ×　2. ✓　3. ×　4. ✓　5. ×　6. ×　7. ✓　8. ×　9. ×　10. ✓　11. ✓

12. × 13. × 14. ✓ 15. ✓ 16. ✓ 17. × 18. ✓ 19. ✓ 20. ✓ 21. × 22. ✓
23. × 24. ✓ 25. ✓ 26. × 27. × 28. × 29. ✓ 30. ✓ 31. ✓ 32. × 33. ×
34. ✓ 35. ✓ 36. ✓ 37. × 38. × 39. ✓ 40. ✓ 41. × 42. ✓ 43. ✓ 44. ✓
45. × 46. ✓ 47. × 48. ✓ 49. × 50. ✓

2. 选择题

51. D 52. C 53. C 54. A 55. D 56. B 57. B 58. A 59. C 60. D 61. D
62. D 63. B 64. A 65. B 66. B 67. C 68. C 69. D 70. B 71. C 72. A
73. A 74. C 75. B 76. B 77. A 78. C 79. C 80. B 81. D 81. C 83. C
84. C 85. D 86. B 87. A 88. A 89. C 90. A 91. C 92. B 93. D 94. A
95. A 96. D 97. B 98. B 99. C 100. D

模拟三 中级应知考核模拟试题Ⅲ

一、判断题（第1～50题。正确画“✓”，错误画“×”，每题1分，共50分）

1. 数控机床与其他自动控制机床比，由于采用程序控制，所以使用范围更广泛。（ ）
2. 在数控机床的各坐标轴中，*C*轴的回转轴线与主轴轴线平行。（ ）
3. 数空机床的任何传动机构，传动间隙都是不可避免的。（ ）
4. 自动编程较适合用于编制结构简单轮廓零件的加工程序。（ ）
5. 坐标尺寸字主要用在程序段中，指定刀具运动后应到达的坐标位置。（ ）
6. 一个加工程序中只能使用一个确定的坐标原点。（ ）
7. 一个程序指令若只在本程序段中生效，则称之为非模态指令。（ ）
8. 不管零件的结构如何，在制订加工方案时都必须遵守先粗后精、先近后远、先外后内的原则。（ ）
9. 为使进给路径最短，减少不必要的空行程是缩短进给路线行之有效的措施。（ ）
10. 立方氮化硼刀具由于脆性大、韧性差，所以适用于车、镗等进行平稳连续切削的加工。（ ）
11. 由于数控系统的伺服系统有无级调速的功能，所以在加工过程中可随时进行调速进给倍率，以获得不同的速度。（ ）
12. 数控机床不仅指金属切削机床，还泛指机械加工中各种设备在数控系统中的工作母机。（ ）
13. 数控机床开机后，必须先进行回参考点操作。（ ）
14. 数控机床中，所有的控制信号都是从数控系统发出的。（ ）
15. 全闭环数控机床可以进行反向间隙补偿。（ ）
16. 滚珠丝杠副消除轴向间隙的主要目的是减少摩擦力矩。（ ）
17. 轮廓控制机床是指能对两个或两个以上的主轴同时进行控制的机床。（ ）
18. G00 执行时，刀具是先加速至预定速度，等速前进，再减速至定位点。（ ）
19. G02 及 G03 指令的半径，可用“R”值或“I”“k”值来表示。（ ）
20. G00 指令不受 F 值影响。（ ）

21. G00、G01 指令都能使机床坐标轴准确到位，因此它们都是插补指令。（ ）
22. 在开环和半闭环数控机床上，定位精度主要取决于进给丝杠的精度。（ ）
23. 在命名和编程时，不论使用何种数控机床，都一律假定工件静止而刀具移动。（ ）
24. 数控三坐标测量机床也是一种数控机床。（ ）
25. 数控铣床没有安装主轴脉冲编码器等主轴检测装置，也可进行螺纹加工。（ ）
26. 图形模拟不但能检查刀具运动轨迹是否正确，还能查出被加工零件的精度。（ ）
27. G90、G01、G17、G80 均为准备功能。（ ）
28. 数控机床上工件坐标系的零点可以随意设定。（ ）
29. 对右旋立铣刀铣削时，用 G41 是逆铣，用 G42 是顺铣。（ ）
30. 镜像功能执行后，第一象限的顺时针方向圆弧 G02 到第三象限还是顺时针方向圆弧 G02。（ ）
31. 定位误差包括工艺误差和设计误差。（ ）
32. 因为试切法的加工精度高，所以主要用于大批量生产中。（ ）
33. 经试加工验证的数控加工程序就能保证零件加工合格。（ ）
34. 在数控加工中，如果圆弧指令后的半径遗漏，则圆弧指令作直线指令执行。（ ）
35. 数控机床加工过程中可以根据需要改变主轴速度和进给速度。（ ）
36. 切削中，对切削力影响较小的是前角和主偏角。（ ）
37. 同一工件，无论用数控机床加工还是用普通机床加工，其工序都一样。（ ）
38. 刀具补偿寄存器内只允许存入正值。（ ）
39. 因为毛坯表面的重复定位精度差，所以粗基准一般只能使用一次。（ ）
40. 为了保证工件达到图样所规定的精度和技术要求，夹具上的定位基准应与工件上的设计基准、测量基准尽可能重合。（ ）
41. 在批量生产的情况下，用直接找正装夹工件比较合适。（ ）
42. 加工零件在数控编程时，首先应确定数控机床，然后分析加工零件的工艺特性。（ ）
43. 工件定位时，被消除的自由度少于六个，但完全能满足加工要求的定位称不完全定位。（ ）
44. 工艺尺寸链中，组成环可分为增环与减环。（ ）
45. 用一个精密的塞规可以检查加工孔的质量。（ ）
46. 数控机床的反向间隙可用补偿来消除，因此对顺铣无明显影响。（ ）
47. 开环进给伺服系统的数控机床，其定位精度主要取决于伺服驱动元件和机床传动机构的精度、刚度和动态特性。（ ）
48. G00 功能是以车床设定的最大运动速度定位到目标点，其轨迹为一直线。（ ）
49. 全闭环数控机床可以进行反向间隙补偿。（ ）
50. 伺服系统的作用是把来自数控装置的脉冲信号转换成机床移动部件的运动。（ ）

二、选择题（第 51 ~ 100 题，选择正确的答案，将相应的字母填入题内括号中，每题 1 分，共 50 分）

51. 一个数控加工程序中，可以有（ ）个编程原点。

A. 1　B. 2　C. 6　D. 任意多

52. 数控代码中 M 代码的主要作用是（　　）。
A. 建立加工模式　　B. 完成辅助行为或环境设定
C. 给定主轴转速　　D. 进给量设定
53. 下列刀具材料中，（　　）更适用于中碳钢的高速镗削加工。
A. 高速钢　　B. 硬质合金　　C. 立方氮化硼　　D. 陶瓷
54. 下列夹具中，（　）更适用于数控加工中。
A. 专用夹具　　B. 组合夹具　　C. 通用夹具　　D. 其他
55. 下述情况中，（　　）不能适用半径补偿。
A. 外轮廓铣削加工　　B. 内轮廓铣削加工
C. 平面铣削加工　　D. 钻孔加工
56. 在加工直径较小、位置精度和表面质量要求又较高的孔时，较合理工艺是（　　）。
A. 钻、扩、铰　　B. 钻、扩、镗
C. 钻、扩、铣、镗　　D. 钻、扩、镗、铰
57. 数控机床的机床坐标系原点由（　）设定。
A. 数控机床的生产厂家　　B. 操作者通过对刀
C. 编程者根据需要
58. 合理地使用绝对坐标方式或增量坐标方式，可以使（　　）变得更容易。
A. 坐标计算　　B. 工艺分析　　C. 输入程序　　D. 调试程序
59. 自动编程主要适合于（　　）的场合。
A. 零件批量较大　　B. 零件几何公差要求高
C. 零件形状复杂且不易计算　　D. 加工中需频繁换刀的
60. 数控机床坐标系的各坐标轴中，Y 轴的确定原则是（　）。
A. 水平面内刀具远离工件相对运动的方向为正
B. 由已确定的 X、Z 轴正方向和右手法则确定
C. 与主轴轴线平行刀具远离工件的运动方向为正
61. 若在立式加工中心上完成自动换刀动作，则必需的主轴功能为（　　）。
A. 无级变速　　B. 恒限速控制　　C. 主轴准停　　D. 同步运动
62. 镗削加工的主运动是（　　）。
A. 镗刀旋转　　B. 工件旋转
C. 镗刀沿主轴轴线方向运动　　D. 镗刀快速定位至被加工孔的轴线上
63. 刀具的选择主要取决于工件的结构、材料、加工方法和（　　）。
A. 设备　　B. 加工余量
C. 加工精度　　D. 被加工表面的表面粗糙度
64. 以塞规度量工件尺度，若通端与止端都能通过，则此部位的尺度为（　　）。
A. 刚好　　B. 过小　　C. 过大　　D. 过短
65. 圆弧插补指令“G91 G03 X __ Y __ R __;”中，X、Y 后的值表示圆弧的（　　）。
A. 起点坐标值　　B. 终点坐标值
C. 圆心坐标相对于起点的值　　D. 终点相对于起点的坐标值
66. 金属切削刀具切削部分的材料应具备（　　）。

A. 高硬度、高耐磨性、高耐热性
B. 高硬度、高耐热性、足够的强度和韧性和良好的工艺性
C. 高耐磨性、高韧性、高强度
67. 数控机床每次接通电源后在运行前首先应做的是（　　）。
A. 给机床各部分加润滑油　　B. 检查刀具安装是否正确
C. 机床各坐标轴回参考点　　D. 检查工件是否安装正确
68. 在数控机床上使用的夹具最重要的是（　　）。
A. 夹具的刚性好　　B. 夹具的精度高
C. 夹具上有对刀基准
69. 铣削 80mm×80mm 平面时，使用直径为（　　）mm 的面铣刀较节省时间。
A. 20　B. 30　C. 50　D. 60
70. 选择刀具起点时应考虑（　　）。
A. 防止与工件或夹具干涉碰撞　　B. 方便工件安装与测量
C. 每把刀具刀尖在起始点重合　　D. 必须选择在工件外侧对刀
71. 数控机床适用于（　　）生产。
A. 大型零件　　B. 小型高精密
C. 中、小批量复杂零件　　D. 大批量零件
72. 在数控铣或加工中心中，*R* 基准面一般是指（　　）。
A. *XY* 平面　　B. *YZ* 平面
C. 工件的表面　　D. 离开工件一定距离的 *XY* 平面
73. 打开切削液用（　　）代码编程。
A. M03　B. M05　C. M08　D. M09
74. 孔加工循环结束后，刀具返回起始平面的指令为（　　）。
A. G96　B. G97　C. G98　D. G99
75. 数控机床精度检验主要包括机床的几何精度检验、坐标精度及（　　）精度检验。
A. 综合　B. 运动　C. 切削　D. 工作
76. 在钢件上攻 M10×1 的螺纹，理论上应加工出（　　）mm 的底孔。
A. $\phi8$　B. $\phi8.5$　C. $\phi8.75$　D. $\phi8.917$
77. FANUC 系统铣床中，用于深孔加工的代码是（　　）。
A. G73　B. G81　C. G82　D. G86
78. 在切断、加工深孔或用高速钢刀具加工时，宜选择（　　）的进给速度。
A. 较高　　B. 较低
C. 数控系统设定的最低　　D. 数控系统设定的最高
79. 在数控编程指令中，表示程序结束并返回程序开始处的功能指令是（　　）。
A. M02　B. M03　C. M08　D. M30
80. 夹紧力的方向应尽可能和切削力、工件重力（　　）。
A. 同向　B. 平行　C. 相反　D. 垂直
81. 在数控铣床上用 $\phi20$mm 铣刀执行下列程序后，其加工圆弧的直径尺寸是（　　）mm。

G90 G00 G41 X18.0 Y24.0 S600 M03 D01

G02 X74.0 Y32.0 R40.0 F180（D01 = 10.1mm）

A. ϕ80.2　　B. ϕ80.4　　C. ϕ79.8　　D. ϕ79.6

82. 设置零点偏置（G54 ~ G59）是从（　）输入的。

A. 程序段中　　B. 机床操作面板

C. 计算机　　D. CNC 控制面板

83. 顺铣时，铣刀寿命同逆铣时相比（　　）。

A. 提高　　B. 降低　　C. 相同　　D. 无关

84. 立式铣床主轴与工作台面不垂直，用盘铣刀进行端铣时会铣出（　　）。

A. 平行或垂直面　　B. 斜面　　C. 凹面　　D. 凸面

85. 基准中最主要的是设计基准、装配基准、测量基准和（　）。

A. 粗基准　　B. 精基准　　C. 定位基准　　D. 原始基准

86. 数控机床与普通机床的主机最大不同是数控机床的主机采用（　　）。

A. 数控装置　　B. 滚动导轨　　C. 滚珠丝杠　　D. 变频器

87. MDI 方式是指（　　）。

A. 执行手动的功能　　B. 执行一个加工程序

C. 执行某一 G 功能　　D. 执行经操作面板输入的一段指令

88. 在加工表面、刀具和切削用量中的切削速度和进给量都不变的情况下，所连续完成的那部分工艺过程称为（　　）。

A. 工步　　B. 工序　　C. 工位　　D. 进给

89. 数控系统的报警大体可以分为操作报警、程序错误报警、驱动报警及系统错误报警，某个程序在运行过程中出现“圆弧端点错误”，这属于（　）。

A. 程序错误报警　　B. 操作报警

C. 驱动报警　　D. 系统错误报警

90. 对于配有设计完善位置伺服系统的数控机床，其定位和加工精度主要取决于（　　）。

A. 机床机械结构的精度　　B. 驱动装置的精度

C. 位置检测元器件的精度　　D. 计算机的运算速度

91. 数控机床加工轮廓时，一般最好沿着轮廓（　）进刀。

A. 法向　　B. 切向　　C. 45°方向　　D. 任意方向

92. 精铣的进给率应比粗铣（　　）。

A. 大　　B. 小　　C. 不变　　D. 无关

93. 数控机床操作时，每起动一次，只进给一个设定单位的控制称为（　　）。

A. 增量进给　　B. 点动进给　　C. 单段操作　　D. MDI 方式

94. 提高机床动刚度的有效措施是（　　）。

A. 增大摩擦或增加切削液　　B. 减少切削液或增大偏斜度

C. 增大阻尼

95. 在铣削铸铁等脆性金属时，一般（　　）。

A. 加切削液　　B. 加润滑油

C. 不加切削液　　　　D. 加煤油

96. 数控加工中心的固定循环功能适用于（　　）。

A. 曲面形状加工　　　　B. 平面形状加工

C. 孔系加工　　　　D. 精加工

97. 在数控机床上使用的夹具最重要的是（　　）。

A. 夹具的刚性好　　　　B. 夹具的精度高

C. 夹具上有对刀基准　　　　D. 夹紧方便

98. 用数控铣床铣削凹模型腔时，粗精铣的余量可用改变铣刀直径设置值的方法来控制，半精铣时，铣刀直径设置值应（　　）铣刀实际直径值。

A. 小于　　B. 等于　　C. 大于　　D. 小于或等于

99. G28、G29 的含义为（　　）。

A. G28 从参考点返回，G29 返回机床参考点

B. G28 返回机床参考点，G29 从参考点返回

100. 在粗加工和半精加工时一般应留加工余量，如果加工尺寸为 200mm，公差等级为 IT7，下列半精加工余量（　　）相对较为合理。

A. 10mm　　B. 0.5mm　　C. 0.01mm　　D. 0.005mm

【中级应知考核模拟试题Ⅲ答案】

1. 判断题

1. ✓　2. ✓　3. ×　4. ×　5. ✓　6. ×　7. ✓　8. ✓　9. ✓　10. ✓　11. ✓
12. ✓　13. ✓　14. ×　15. ✓　16. ×　17. ×　18. ✓　19. ✓　20. ✓　21. ×　22. ✓
23. ✓　24. ✓　25. ×　26. ×　27. ✓　28. ✓　29. ×　30. ✓　31. ×　32. ×　33. ×
34. ×　35. ✓　36. ×　37. ×　38. ×　39. ✓　40. ✓　41. ×　42. ×　43. ✓　44. ✓
45. ×　46. ×　47. ✓　48. ×　49. ✓　50. ✓

2. 选择题

51. D　52. B　53. C　54. B　55. D　56. A　57. A　58. A　59. C　60. B　61. C
62. A　63. A　64. C　65. C　66. B　67. C　68. C　69. D　70. A　71. C　72. D
73. C　74. C　75. D　76. D　77. A　78. B　79. D　80. B　81. A　82. D　83. A
84. C　85. C　86. A　87. D　88. A　89. A　90. B　91. B　92. B　93. A　94. C
95. C　96. C　97. C　98. C　99. B　100. B

【技能要求试题】

模拟一 中级技能考核模拟试题Ⅰ

一、零件图样

零件图样如图4-1所示。

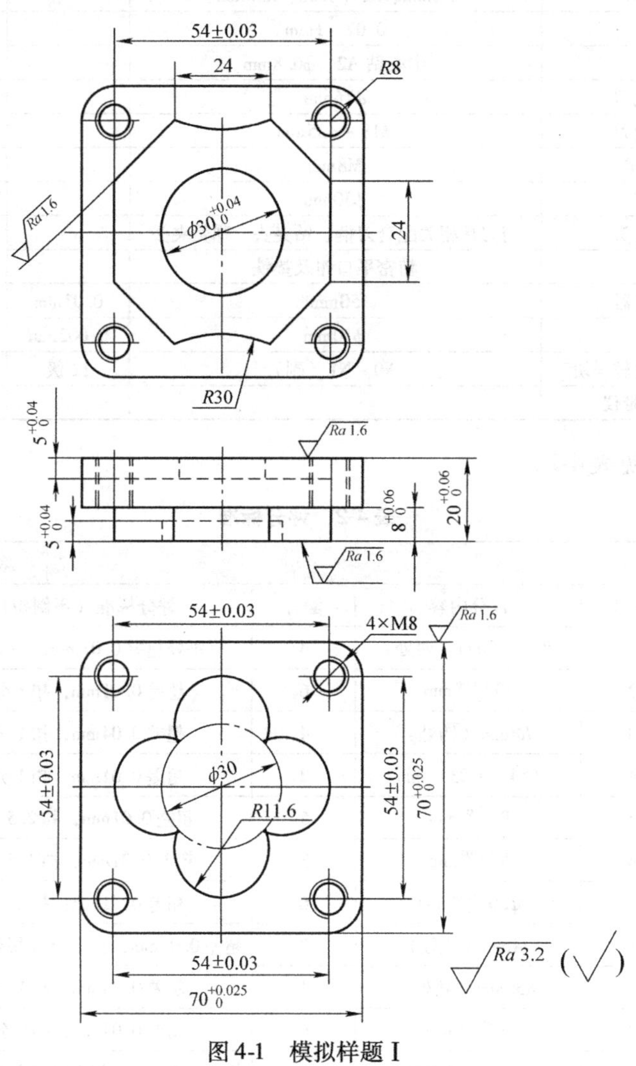

图4-1 模拟样题Ⅰ

二、准备要求

1）机床选用华中HNC-22M系统或SIEMENS 802D系统均可。

2）材料为45钢，毛坯尺寸为73mm×73mm×23mm。

3）工、量、刀具清单见表4-1。

表 4-1　工、量、刀具清单

序号	名　称	规　格	精　度	数　量	备　注
1	游标卡尺	0～150mm	0.02mm	1	
2	深度千分尺	0～25mm	0.01mm	1	
3	游标万能角度尺	0～320°	2′	1	
4	外径千分尺	0～25mm、25～50mm、50～75mm	0.02mm	1	
5	内径量表	18～35mm	0.01mm	1	
6	螺纹塞规	M8		1	
7	百分表、磁性表座	0～10mm	0.01mm	1	
8	半径样板	*R*8mm、*R*11.6mm、*R*30mm		1	
9	塞尺	0.02～1mm		1	
10	钻头	中心钻 A2、ϕ6.8mm		各 1	
11	键槽立铣刀	ϕ16mm		1	
12	粗、精镗刀	ϕ18～ϕ35mm		1	
13	机用丝锥	M8mm		1	
14	面铣刀	ϕ50mm		1	
15	刀柄、夹头	与刀具相关配套刀柄、钻夹头、弹簧夹头		若干	
16	夹具	精密平口钳及垫铁		各 1	
17	*Z* 轴设定器	50mm	0.01mm	1	
18	寻边器	ϕ10mm	0.002mm	1	
19	表面粗糙度比较样块	N0～N1（副）	12 级	1	
20	三坐标测量仪			1	

4）评分标准见表 4-2。

表 4-2　评分标准

工件编号					总得分	
项目	序号	评分内容	配分	评分标准（不倒扣）	实测	得分
外形轮廓	1	$70^{+0.025}_{0}$mm（两处）	4	每处超差 0.01mm，扣 1 分		
	2	$20^{+0.06}_{0}$mm	6	超差 0.01mm，扣 3 分		
	3	*R*8mm（四处）	4	超差 0.04mm，扣 1 分		
八角圆弧沉孔凸台轮廓	4	（54±0.03）mm	2	超差 0.01mm，扣 1 分		
	5	$8^{+0.06}_{0}$mm	5	超差 0.01mm，扣 2.5 分		
	6	$5^{+0.04}_{0}$mm	3	超差 0.01mm，扣 1.5 分		
	7	$\phi30^{+0.04}_{0}$mm	6	超差 0.01mm，扣 2 分		
	8	24mm（八处）	8	超差 0.04mm，扣 1 分（每处 1 分）		
	9	*R*30mm（两处）	4	超差 0.04mm，扣 1 分		
梅花凹槽	10	$5^{+0.04}_{0}$mm	6	超差 0.01mm，扣 2 分		
	11	*R*11.6mm（四处）	4	超差 0.04mm，扣 1 分（每处 1 分）		
螺纹	12	（54±0.03）mm（四处）	8	超差 0.01mm，扣 1 分		
	13	M8（四处）	16	螺纹塞规检验超差全扣		
表面粗糙度	14	*Ra*1.6μm（十四处）	14	>*Ra*1.6μm，酌情扣分		
文明生产	15	按企业相关标准执行	10			

模拟二 中级技能考核模拟试题Ⅱ

一、零件图样

零件图样如图 4-2 所示。

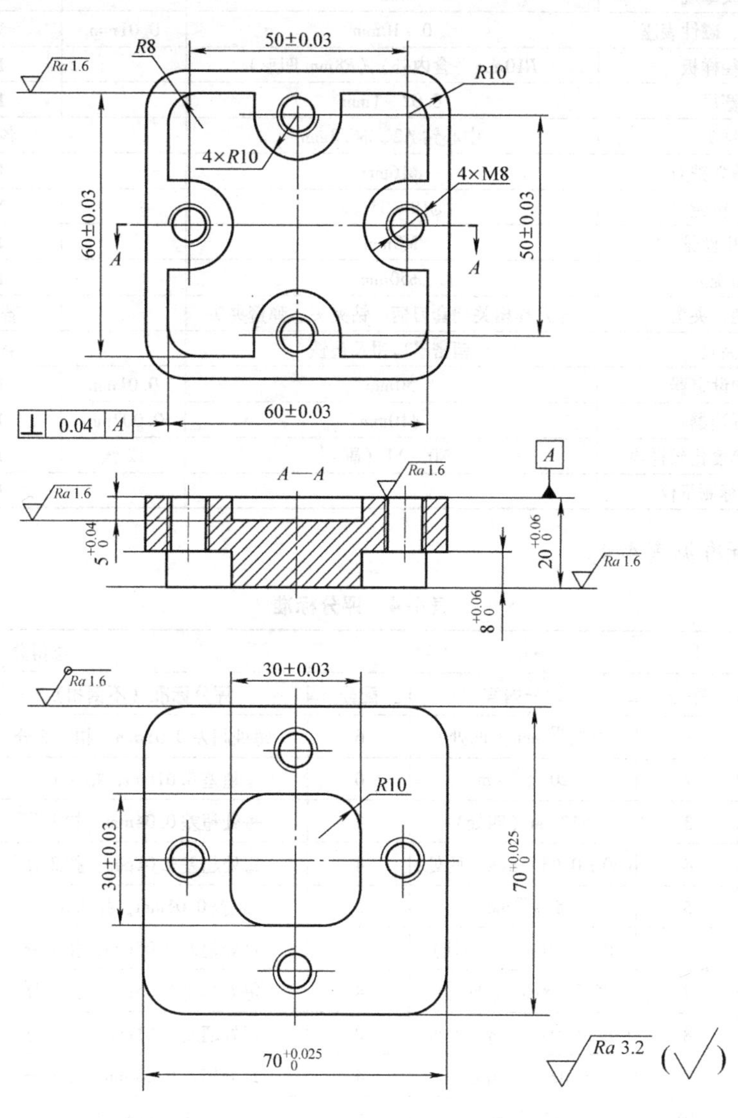

图 4-2 模拟样题Ⅱ

二、准备要求

1）机床选用华中 HNC-22M 系统或 SIEMENS 802D 系统均可。

2）材料为 45 钢，毛坯尺寸为 73mm×73mm×23mm。

3）工、量刃具清单见表 4-3。

表 4-3　工、量、刃具清单

序号	名　称	规　格	精　度	数　量	备　注
1	游标卡尺	0～150mm	0.02mm	1	
2	深度千分尺	0～25mm	0.01mm	1	
3	外径千分尺	0～25mm、25～50mm、50～75mm	0.01mm	1	
4	两点内径千分尺	5～35mm	0.01mm	1	
5	螺纹塞规	M8		1	
6	百分表、磁性表座	0～10mm	0.01mm	1	
7	半径样板	*R*10mm（含内外）（*R*8mm 凹形）		1	
8	塞尺	0.02～1mm		1	
9	钻头	中心钻 A2、ϕ6.8mm		各 1	
10	键槽立铣刀	ϕ16mm		1	
11	粗、精镗刀	ϕ18～35mm		1	
12	机用丝锥	M8mm		1	
13	面铣刀	ϕ50mm		1	
14	刀柄、夹头	与刀具相关配套刀柄、钻夹头、弹簧夹头		若干	
15	夹具	精密平口钳及垫铁		各 1	
16	*Z* 轴设定器	50mm	0.01mm	1	
17	寻边器	ϕ10mm	0.002mm	1	
18	表面粗糙度比较样块	N0～N1（副）	12 级	1	
19	三坐标测量仪			1	

4）评分标准见表 4-4。

表 4-4　评分标准

工件编号				总得分		
项目	序号	评分内容	配分	评分标准（不倒扣）	实测	得分
外形轮廓	1	$70^{+0.025}_{0}$mm（两处）	6	每处超差 0.01mm，扣 1.5 分		
	2	$20^{+0.06}_{0}$mm	6	超差 0.01mm，扣 3 分		
	3	*R*10mm（四处）	4	每处超差 0.04mm，扣 1 分		
花瓣凸台轮廓	4	（60±0.03）mm（两处）	4	每处超差 0.01mm，扣 2 分		
	5	$8^{+0.06}_{0}$mm	5	超差 0.01mm，扣 2.5 分		
	6	内凹 *R*10mm（四处）	4	每处超差 0.05mm，扣 1 分		
	7	外凸 *R*8mm（四处）	4	每处超差 0.05mm，扣 1 分		
圆角方形凹槽	8	（30±0.03）mm（两处）	8	每处超差 0.01mm，扣 1 分		
	9	*R*10mm（四处）	4	每处超差 0.05mm，扣 1 分		
	10	$5^{+0.04}_{0}$mm	6	超差 0.01mm，扣 3 分		
螺纹	11	（50±0.03）mm（两处）	4	每处超差 0.01mm，扣 1 分		
	12	M8mm（四处）	20	每处螺纹塞规检验超差全扣		
垂直度公差	13	0.04mm	4	超差 0.01mm，扣 1 分		
表面粗糙度	14	*Ra*1.6μm（十一处）	11	>*Ra*1.6μm，酌情扣分		
文明生产	15	按企业相关标准执行	10			

模拟三　中级技能考核模拟试题Ⅲ

一、零件图样

零件图样如图 4-3 所示。

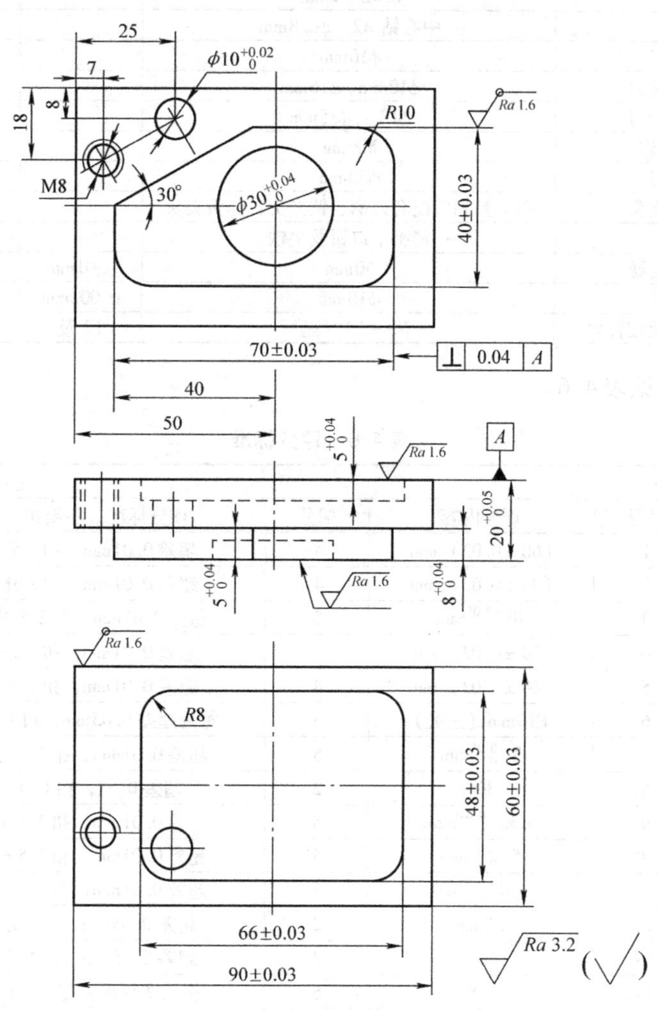

图 4-3　模拟样题Ⅲ

二、准备要求

1）机床选用华中 HNC-22M 系统或 SIEMENS 802D 系统均可。

2）材料为 45 钢，毛坯尺寸为 63mm×93mm×23mm。

3）工、量、刀具清单见表 4-5 所示。

表 4-5 工、量、刀具清单

序号	名称	规格	精度	数量	备注
1	游标卡尺	0～150mm	0.02mm	1	
2	深度千分尺	0～25mm	0.01mm	1	
3	外径千分尺	0～25mm、50～75mm、75～100mm	0.01mm	1	
4	两点内径千分尺	5～35mm	0.01mm	1	
5	螺纹塞规	M8		1	
6	百分表、磁性表座	0～10mm	0.01mm	1	
7	半径样板	*R*8mm、*R*10mm			
8	塞尺	0.02～1mm			
9	钻头	中心钻 A2、ϕ6.8mm		各1	
10	机铰刀	ϕ10mm			
11	键槽立铣刀	ϕ10mm、ϕ16mm		各1	
12	粗、精镗刀	ϕ18～ϕ35mm			
13	机用丝锥	M8mm		1	
14	面铣刀	ϕ50mm		1	
15	刀柄、夹头	与刀具相关配套刀柄、钻夹头、弹簧夹头		若干	
16	夹具	精密平口钳及垫铁		各1	
17	*Z* 轴设定器	50mm	0.01mm	1	
18	寻边器	ϕ10mm	0.002mm	1	
19	表面粗糙度比较样块	N0～N1（副）	12 级	1	

4）评分标准见表 4-6。

表 4-6 评分标准

工件编号				总得分		
项目	序号	评分内容	配分	评分标准（不倒扣）	实测	得分
外形轮廓	1	(60±0.03) mm	4	超差 0.01mm，扣 2 分		
	2	(90±0.03) mm	4	超差 0.01mm，扣 2 分		
	3	$20^{+0.05}_{0}$ mm	5	超差 0.01mm，扣 2.5 分		
斜角凸台轮廓	4	(70±0.03) mm	4	超差 0.01mm，扣 2 分		
	5	(40±0.03) mm	4	超差 0.01mm，扣 2 分		
	6	*R*10mm（三处）	3	每处超差 0.05mm，扣 1 分		
	7	$8^{+0.04}_{0}$ mm	5	超差 0.01mm，扣 2.5 分		
	8	30°	2	超差 0.5°，扣 1 分		
ϕ30mm 沉孔	9	$\phi30^{+0.04}_{0}$ mm	5	超差 0.01mm，扣 2.5 分		
	10	$5^{+0.04}_{0}$ mm	5	超差 0.01mm，扣 2.5 分		
螺纹及通孔	11	$\phi10^{+0.02}_{0}$ mm	5	超差 0.01mm，扣 2.5 分		
	12	25mm	2	超差 0.05mm，扣 1 分		
	13	8mm	2	超差 0.05mm，扣 1 分		
	14	M8	6	螺纹塞规检验超差全扣		
	15	18mm	2	超差 0.05mm，扣 1 分		
	16	7mm	2	超差 0.05mm，扣 1 分		
圆角方形凹槽	17	(48±0.03) mm	4	超差 0.01mm，扣 2 分		
	18	(66±0.03) mm	4	超差 0.01mm，扣 2 分		
	19	*R*8mm（四处）	4	每处超差 0.05mm，扣 1 分		
	20	$5^{+0.04}_{0}$ mm	4	超差 0.01mm，扣 2 分		
垂直度公差	21	0.04mm	4	超差 0.01mm，扣 2 分		
表面粗糙度	22	*Ra*1.6μm（十三处）	10	大于 *Ra*1.6μm 酌情扣分		
文明生产	23	按企业相关标准执行	10			

附　　录

1. 华中 HNC-22M 系统数控铣床（加工中心）的准备功能（附表 I）

附表 I　华中 HNC-22M 系统常用准备功能 G 代码表

代　码	组	功　能	代　码	组	功　能
G00	01	快速定位	G57	11	工件坐标系 4 选择
G01 ▼		直线插补	G58		工件坐标系 5 选择
G02		顺时针圆弧插补	G59		工件坐标系 6 选择
G03		逆时针圆弧插补	G60	00	单方向定位
G04	00	暂停	G61	12	精确停止检验
G07		虚轴指定	G64 ▼		连续切削方式
G09		准停校验	G65	00	子程序调用
G17 ▼	02	*XY* 平面选择	G68	05	建立旋转
G18		*ZX* 平面选择	G69 ▼		取消旋转
G19		*YZ* 平面选择	G73	06	深孔钻削循环
G20	08	寸制输入（英寸）	G74		攻左旋螺纹循环
G21 ▼		米制输入（毫米）	G76		精镗循环
G22		脉冲当量	G80 ▼		固定循环取消
G24	03	建立镜像	G81		钻削循环、钻中心孔
G25 ▼		取消镜像	G82		锪孔循环
G28	00	返回参考点	G83		深孔钻循环
G29		由参考点返回	G84		攻螺纹循环
G40 ▼	09	刀具半径补偿取消	G85		镗孔循环
G41		刀具半径左补偿	G86		镗孔循环
G42		刀具半径右补偿	G87		反镗孔循环
G43	10	刀具长度正向补偿	G88		镗孔循环
G44		刀具长度负向补偿	G89		镗孔循环
G49 ▼		刀具长度补偿取消	G90 ▼	13	绝对指令编程
G50	04	缩放关	G91		增量指令编程
G51		缩放开	G92	11	工件坐标系设定
G52	00	局部坐标系设定	G94 ▼	14	每分钟进给
G53		直接机床坐标系编程	G95		每转进给
G54 ▼	11	工件坐标系 1 选择	G98	15	规定循环返回起始点
G55		工件坐标系 2 选择	G99 ▼		固定循环返回到 *R* 点
G56		工件坐标系 3 选择			

注：1. 表中 00 组中的 G 代码是非模态的，其他组的 G 代码是模态的。

2. 当机床电源打开或复位时，标有“▼”符号的 G 代码被激活，即为默认值。

3. 无共同地址符的不同组 G 指令代码可以放在同一程序段中，且与顺序无关，如 G90 G00 G41… 可以放在同一程序段中。

2. SIEMENS 802D 系统数控铣床（加工中心）的准备功能（附表Ⅱ）

附表Ⅱ SIEMENS 802D 系统常用准备功能 G 代码表

代码	功能	组	代码	功能	组
G0	快速定位	01	G505 ~ G599	调用 1 ~ 99 零点偏置	
G1 ▼	直线插补		G60 ▼	准确定位	12
G2	顺时针方向圆弧插补		G601 ▼	精确准停	
G3	逆时针方向圆弧插补		G602	粗准停	
G4	暂停时间	02	G603	插补结束时的准停	
G9	准确定位	11	G63	攻螺纹方式	2
G17 ▼	*XY* 平面选择	06	G64	连续路径方式	10
G18	*ZX* 平面选择		G641	过渡圆轮廓加工方式	
G19	*YZ* 平面选择		G70	寸制尺寸（英寸）	13
G22	半径编程	29	G71 ▼	米制尺寸（毫米）	
G23	直径编程		G74	返回参考点	2
G25	主轴低速限制	3	G75	返回固定点	
G26	主轴高速限制		G90 ▼	绝对值编程	14
G33	螺纹切削	01	G91	增量值编程	
G331	攻螺纹		G94	分进给	
G332	攻螺纹返回		G95 ▼	转进给	
G40 ▼	取消刀具半径补偿	07	G96	恒线速度	
G41	刀具半径左补偿		G97	每分钟转数	
G42	刀具半径右补偿		G110	相对于上次编程极点设定位置	3
G53	解除零点偏置	9	G111	相对于当前工件坐标系极点零点	
G54	第 1 工件坐标系设置	8	G112	相对于上次有效的极点	
G55	第 2 工件坐标系设置		G450 ▼	圆角过渡拐角方式	18
G56	第 3 工件坐标系设置		G451	尖角过渡拐角方式	
G57	第 4 工件坐标系设置		CIP	中间点圆弧插补	01
TRANS	可编程偏置	框架指令	CFTCP	关闭进给率修调	
ATRANS	附加的编程偏置		CFC	圆弧进给打开进给率修调	
ROT	编程旋转		BRISK ▼	轨迹跳跃加速	
AROT	附加的可编程旋转		SOFT	轨迹平滑加速	
SCALE	可编程比例系数		FFWOF ▼	预控关闭	
ASCALE	附加的可编程比例系数		FFWON	预控打开	
MIRROR	可编程镜像功能		WALIMON ▼	工作区域限制生效	
AMIRROR	附加的可编程镜像功能		WALLIMOF	工作区域限制取消	
CALL	循环调用	固定循环	CYCLE87	带停止钻孔 1、镗孔（镗孔 3）循环	固定循环
CYCLE	加工循环		CYCLE88	带停止钻孔 2、镗孔（镗孔 4）循环	
CYCLE81	钻孔循环		CYCLE89	铰孔 2、镗孔（镗孔 5）循环	
CYCLE82	钻孔、锪平面循环		HOLES1	直线均布孔循环	样式循环
CYCLE83	深孔钻削循环		HOLES2	圆周均布孔循环	
CYCLE84	刚性攻螺纹循环		SLOT1	圆弧槽铣削循环	
CYCLE840	柔性攻螺纹循环		SLOT2	圆周槽铣削循环	
CYCLE85	铰孔 1（镗孔 1）循环		POCKET1	矩形型腔铣削循环	
CYCLE86	镗孔 2 循环		POCKET2	圆形型腔铣削循环	

注：带▼号为机床上电时生效。

3. 华中 HNC-22M 系统数控铣床（加工中心）的辅助功能（附表Ⅲ）

附表Ⅲ　华中 HNC-22M 系统常用辅助功能 M 代码表

M 代码	功　能	附　注	M 代码	功　能	附　注
M00	程序停止	非模态	M06	换刀	非模态
M01	条件停止	非模态	M07	切削液开	模态
M02	程序结束	非模态	M09	切削液关	模态
M03	主轴顺时针旋转	模态	M30	程序结束并返回	非模态
M04	主轴逆时针旋转	模态	M98	调用子程序	非模态
M05	主轴停止	模态	M99	子程序结束	非模态

4. SIEMENS 802D 系统数控铣床（加工中心）的准备功能（附表Ⅳ）

附表Ⅳ　SIEMENS 802D 系统常用辅助功能 M 代码表

代　码	功　能	说　明
M0	程序停止	用 M00 停止程序的执行，按启动按键加工继续执行
M1	程序有条件停止	与 M00 一样，仅在“条件停止 M01 有效”
M2	程序结束	在主程序的最后，使用 M02 的程序结束后，若要重新执行该程序，即重新调用该程序
M30	主程序结束	主程序结束，还兼有控制返回到零件程序起点
M17	子程序结束	在子程序最后一段被写入
M03	主轴顺时针旋转（正转）	
M04	主轴逆时针旋转（反转）	
M05	主轴停转	
M06	更换刀具	机床数据有效时用 M06 更换刀具，其他情况下直接用于 T 指令更换刀具
M40	自动更换齿轮级	
M41 ~ M45	齿轮级 1 ~ 齿轮级 5	
M70、M19		预定、没用

参 考 文 献

[1] 中国机械工业教育协会. 数控技术 [M]. 北京：机械工业出版社，2005.
[2] 韩鸿鸾. 数控铣工/加工中心操作工（中级）[M]. 北京：机械工业出版社，2010.
[3] 叶伯生. 计算机数控系统原理、编程与操作 [M]. 武汉：华中科技大学出版社，1999.
[4] 陈秋霞. 数控加工技术 [M]. 武汉：武汉大学出版社，2011.
[5] 晏初宏. 数控机床与机械结构 [M]. 北京：机械工业出版社，2010.
[6] 于万成. 数控机床及应用 [M]. 北京：机械工业出版社，2008.
[7] 韩鸿鸾. 数控机床的结构与维修 [M]. 北京：机械工业出版社，2004.
[8] 武友德. 数控设备故障诊断与维修技术 [M]. 北京：机械工业出版社，2003.